CAMBRIDGE LIBRARY COLLECTION

Books of enduring scholarly value

Mathematical Sciences

From its pre-historic roots in simple counting to the algorithms powering modern desktop computers, from the genius of Archimedes to the genius of Einstein, advances in mathematical understanding and numerical techniques have been directly responsible for creating the modern world as we know it. This series will provide a library of the most influential publications and writers on mathematics in its broadest sense. As such, it will show not only the deep roots from which modern science and technology have grown, but also the astonishing breadth of application of mathematical techniques in the humanities and social sciences, and in everyday life.

Mécanique analytique

Joseph-Louis Lagrange (1736–1813), one of the notable French mathematicians of the Revolutionary period, is remembered for his work in the fields of analysis, number theory and mechanics. Like Laplace and Legendre, Lagrange was assisted by d'Alembert, and it was on the recommendation of the latter and the urging of Frederick the Great himself that Lagrange succeeded Euler as the director of mathematics at the Prussian Academy of Sciences in Berlin. The two-volume Mécanique analytique was first published in 1788; the edition presented here is that of 1811-15, revised by the author before his death. In this work, claimed to be the most important on classical mechanics since Newton, Lagrange developed the law of virtual work, from which single principle the whole of solid and fluid mechanics can be derived.

Cambridge University Press has long been a pioneer in the reissuing of out-of-print titles from its own backlist, producing digital reprints of books that are still sought after by scholars and students but could not be reprinted economically using traditional technology. The Cambridge Library Collection extends this activity to a wider range of books which are still of importance to researchers and professionals, either for the source material they contain, or as landmarks in the history of their academic discipline.

Drawing from the world-renowned collections in the Cambridge University Library, and guided by the advice of experts in each subject area, Cambridge University Press is using state-of-the-art scanning machines in its own Printing House to capture the content of each book selected for inclusion. The files are processed to give a consistently clear, crisp image, and the books finished to the high quality standard for which the Press is recognised around the world. The latest print-on-demand technology ensures that the books will remain available indefinitely, and that orders for single or multiple copies can quickly be supplied.

The Cambridge Library Collection will bring back to life books of enduring scholarly value (including out-of-copyright works originally issued by other publishers) across a wide range of disciplines in the humanities and social sciences and in science and technology.

Mécanique analytique

Volume 2

Joseph Louis Lagrange

Cambridge
University Press

CAMBRIDGE UNIVERSITY PRESS

Cambridge, New York, Melbourne, Madrid, Cape Town, Singapore,
São Paolo, Delhi, Dubai, Tokyo

Published in the United States of America by Cambridge University Press, New York

www.cambridge.org
Information on this title: www.cambridge.org/9781108001762

This edition first published 1815
This digitally printed version 2009

ISBN 978-1-108-00176-2 Paperback

MÉCANIQUE
ANALYTIQUE.

DE L'IMPRIMERIE DE Mme Ve COURCIER.

MÉCANIQUE ANALYTIQUE,

Par J. L. *Lagrange*, *de l'Institut des Sciences, Lettres et Arts, du Bureau des Longitudes; Grand-Officier de la Légion-d'Honneur, etc., etc., etc.*

NOUVELLE ÉDITION,

REVUE ET AUGMENTÉE PAR L'AUTEUR.

TOME SECOND.

PARIS,

Mme Ve COURCIER, IMPRIMEUR-LIBRAIRE POUR LES MATHÉMATIQUES.

1815.

AVERTISSEMENT.

La publication de ce deuxième volume de la Mécanique analytique a éprouvé un retard dont nous allons exposer les principaux motifs. M. Lagrange en avait déjà fait imprimer les premières feuilles, lorsque la mort l'enleva aux sciences. M. Prony se chargea de suivre l'édition de ce volume, et fut aidé dans la revision des épreuves par M. Garnier, Professeur à l'École Royale Militaire. Le manuscrit des VIIe et VIIIe Sections se trouva fort en ordre; mais étant arrivé à la IXe Section, on reconnut que cette partie était incomplète, et que le premier paragraphe seul en était achevé. M. Binet (J.) fut invité à faire avec MM. Prony et Lacroix, les recherches nécessaires dans les papiers de M. Lagrange, pour compléter, s'il était possible, les matières qui devaient entrer dans cette Section. Leurs recherches fournirent la conviction que notre illustre Auteur n'avait fait que préparer cette partie, et que rien d'entièrement achevé n'avait été égaré.

De nombreuses occupations ayant détourné M. Prony des soins de l'impression, qui dans la Section IX en particulier, exigeait une grande attention, pour coordonner les matières et les notations de l'ancienne édition, avec ce qui était imprimé de la nouvelle, M. Binet (J.) a bien voulu se charger de ce travail, souvent pénible. On a profité de toutes les notes marginales rencontrées sur l'exemplaire de M. Lagrange, et écrites de sa main. N'ayant pu renfermer dans le texte quelques matières relatives au mouvement de rotation, trop peu complètes pour former un paragraphe, on les a réunies dans une note à la fin du volume.

Une autre note a été formée d'une remarque également trouvée parmi les manuscrits; elle se rapporte au problème de la détermination de l'orbite des Comètes, problème traité dans le paragraphe III de la section VII.

TABLE DES MATIÈRES
CONTENUES DANS CE VOLUME.

SECONDE PARTIE DE LA MÉCANIQUE, OU LA DYNAMIQUE.

FIN DE LA TABLE DU SECOND VOLUME.

MÉCANIQUE

ANALYTIQUE.

SECONDE PARTIE.

LA DYNAMIQUE.

SEPTIÈME SECTION.

Sur le mouvement d'un système de corps libres, regardés comme des points, et animés par des forces d'attraction.

On peut ranger en trois classes tous les systèmes de corps qui agissent les uns sur les autres, et dont on peut déterminer le mouvement par les lois de la Mécanique; car leur action mutuelle ne peut s'exercer que de trois manières différentes qui nous soient connues, ou par des forces d'attraction, lorsque les corps sont isolés, ou par des liens qui les unissent, ou enfin par la collision immédiate. Notre système planétaire appartient à la première classe, et par cette raison les problèmes qui s'y rapportent doivent tenir le premier rang parmi tous les problèmes de la Dynamique. Nous allons en faire l'objet de cette Section.

Quoique dans les systèmes de cette classe, où les corps sont supposés se mouvoir librement, il soit très-facile de trouver les équations de leur mouvement, puisqu'il ne s'agît que de réduire toutes les forces à trois directions perpendiculaires entre elles, et d'égaler, par le principe des forces accélératrices, la force suivant chacune de ces directions, à l'élément de la vîtesse relative à la même direction, divisé par l'élément du temps; néanmoins l'usage des formules données dans la quatrième Section est toujours préférable, parce qu'elles fournissent directement, et sans aucune décomposition préalable de forces, les équations différentielles les plus simples, quelles que soient les coordonnées qu'on emploie pour déterminer la position des corps, même lorsque les corps, au lieu d'être tout-à-fait libres, sont contraints de se mouvoir sur des surfaces ou des lignes données.

Nous commencerons par rappeler les formules dont nous ferons usage.

1. Soient m, m′, m″, etc. les masses des différens corps regardés comme des points, x, y, z les coordonnées rectangles du corps m, x', y', z' celles du corps m′, et ainsi de suite; ces coordonnées étant toutes rapportées aux mêmes axes fixes dans l'espace. On fera

$$T = \mathrm{m}\,\frac{dx^2+dy^2+dz^2}{2dt^2} + \mathrm{m}'\,\frac{dx'^2+dy'^2+dz'^2}{2dt^2} + \text{etc.}$$

Et si à la place des coordonnées rectangles x, y, z on veut employer d'autres coordonnées quelconques ξ, η, ζ, il n'y aura qu'à substituer les valeurs de x, y, z en ξ, η, ζ dans la formule $dx^2+dy^2+dz^2$; de même on substituera dans $dx'^2+dy'^2+dz'^2$ les valeurs de x', y', z' en ξ', η', ζ', si on veut transformer les coordonnées rectangles x', y', z' en ξ', η', ζ', et ainsi de suite. De cette manière la quantité T deviendra une fonction des variables ξ, η, ζ, ξ', η', ζ', etc., et de leurs différences premières.

Soient maintenant R, Q, P, etc. les forces avec lesquelles chaque point de la masse m tend vers des centres fixes ou non, dont les distances soient r, q, p, etc., lesquelles étant données en x, y, z, deviendront aussi des fonctions de ξ, ψ, ζ; on fera

$$\delta\Pi = R\delta r + Q\delta q + P\delta p + \text{etc.},$$

soit que $\delta\Pi$ soit une différentielle complète ou non; et dénotant par les mêmes lettres marquées d'un trait, de deux traits, etc., les quantités analogues relatives aux corps m′, m″, etc.; on fera de plus

$$\delta V = \text{m}\delta\Pi + \text{m}'\delta\Pi' + \text{m}''\delta\Pi'' + \text{etc.}$$

Si, outre ces forces dirigées vers des centres donnés, il y avait des forces d'attraction mutuelle entre toutes les molécules des corps m et m′, en nommant r la distance de ces corps regardés comme des points, et R la force d'attraction dépendante de la distance ou non, il faudrait ajouter à δV le terme $\text{mm}'\text{R}\delta\text{r}$, et ainsi pour tous les autres corps qui s'attireraient mutuellement.

Or les corps étant supposés libres, les coordonnées qui déterminent leur position dans l'espace sont indépendantes, et chacune d'elles, comme ξ, donnera une équation de la forme

$$d.\frac{\delta T}{\delta d\xi} - \frac{\delta T}{\delta \xi} + \frac{\delta V}{\delta \xi} = 0.$$

2. Lorsque les quantités $\delta\Pi$, $\delta\Pi'$, etc. sont des différentielles complètes, ce qui a toujours lieu dans le cas où les forces sont proportionnelles à des fonctions quelconques de leurs distances aux centres d'attraction, lequel est celui de la nature, il sera plus simple de prendre d'abord les intégrales Π, Π', etc., lesquelles seront

$$\Pi = \int Rdr + \int Qdq + \int Pdp + \text{etc.},$$
$$\Pi' = \int R'dr' + \int Q'dq' + \int P'dp' + \text{etc.},$$
etc.

et la quantité V deviendra

$$V = m\Pi + m'\Pi' + m''\Pi'' + \text{etc.},$$

laquelle étant réduite en fonction des variables ξ, η, ζ, ξ', η', etc., il sera aisé d'en déduire par la différentiation les différences partielles $\frac{\delta V}{\delta \xi}$, $\frac{\delta V}{\delta \eta}$, etc. Dans ce cas, si les fonctions T et V ne renferment point le temps fini t, on aura toujours l'intégrale

$$T + V = H,$$

H étant une constante arbitraire, laquelle renferme le principe des forces vives.

CHAPITRE PREMIER.

Du mouvement d'un corps regardé comme un point et attiré, vers un centre fixe, par des forces proportionnelles à une fonction de la distance; et en particulier du mouvement des planètes et des comètes autour du soleil.

3. Lorsqu'on ne considère que le mouvement d'un corps isolé, on peut supposer sa masse m égale à l'unité, et l'on aura simplement

$$T = \frac{dx^2 + dy^2 + dz^2}{2dt^2}, \qquad V = \Pi,$$

et

$$\delta V = R\delta r + Q\delta q + P\delta p + \text{etc.}$$

Dans ce cas, quelles que soient les trois coordonnées qui déterminent le lieu du corps dans l'espace, comme elles sont indépendantes, elles donneront trois équations différentielles de la forme

$$d.\frac{\delta T}{\delta d\xi} - \frac{\delta T}{\delta \xi} + \frac{\delta V}{\delta \xi} = 0,$$

auxquelles on pourra joindre l'équation du premier ordre

$$T + V = H,$$

qui tiendra lieu de l'une d'entre elles.

Si le mouvement se faisait dans un milieu résistant, en désignant la résistance par R, il n'y aurait qu'à ajouter à la valeur de δV les termes (art. 8, Sect. II).

$$\mathrm{R}\left(\frac{dx}{ds}\delta x + \frac{dy}{ds}\delta y + \frac{dz}{ds}\delta z\right);$$

mais l'équation $T + V = H$ n'aurait plus lieu.

4. Supposons que le corps m soit attiré vers un centre fixe par une force R fonction de la distance r du corps au centre, on aura simplement $V = \int R dr$.

Prenons la distance r pour l'une des coordonnées du corps, et prenons, pour les deux autres, l'angle ψ que le rayon vecteur r fait avec le plan des x et y, et l'angle φ que la projection de r sur ce plan fait avec l'axe des x; en plaçant l'origine des coordonnées rectangles x, y, z dans le centre des rayons r, de manière que l'on ait $r = \sqrt{x^2 + y^2 + z^2}$, on trouve facilement

$$x = r\cos\psi\cos\varphi, \quad y = r\cos\psi\sin\varphi, \quad z = r\sin\psi,$$

et de là

$$T = \frac{r^2(\cos\psi^2 d\varphi^2 + d\psi^2) + dr^2}{2dt^2}, \qquad V = \int R dr.$$

On aura donc ces trois équations différentielles relatives à r, ψ, φ,

$$d.\frac{\delta T}{\delta dr} - \frac{\delta T}{\delta r} + \frac{\delta V}{\delta r} = 0,$$

$$d.\frac{\delta T}{\delta d\psi} - \frac{\delta T}{\delta \psi} + \frac{\delta V}{\delta \psi} = 0,$$

$$d.\frac{\delta T}{\delta d\varphi} - \frac{\delta T}{\delta \varphi} + \frac{\delta V}{\delta \varphi} = 0,$$

lesquelles deviennent

$$\frac{d^2r}{dt^2} - \frac{r(\cos\psi^2 d\varphi^2 + d\psi^2)}{dt^2} + R = 0,$$

$$d.\frac{r^2 d\psi}{dt^2} + \frac{r^2 \sin\psi \cos\psi\, d\varphi^2}{dt^2} = 0,$$

$$d.\frac{r^2 \cos\psi^2\, d\varphi}{dt^2} = 0,$$

et l'équation $T + V = H$ donnera tout de suite cette première intégrale,

$$\frac{r^2(\cos\psi^2 d\varphi^2 + d\psi^2) + dr^2}{dt^2} + 2\int R dr = 2H,$$

dans laquelle H est une constante arbitraire.

5. La dernière des trois équations différentielles est intégrable d'elle-même; son intégrale est

$$\frac{r^2 \cos\psi^2 d\varphi}{dt} = C,$$

C étant une constante arbitraire; et la seconde devient intégrable en y substituant pour $\frac{d\varphi}{dt}$ sa valeur $\frac{C}{r^2\cos\psi^2}$, tirée de celle-ci, et en la multipliant par $2r^2 d\psi$; l'intégrale est

$$\frac{r^4\, d\psi^2}{dt^2} + \frac{C^2}{\cos\psi^2} = E^2,$$

E étant une nouvelle constante arbitraire.

Je remarque d'abord sur cette intégrale, que si on suppose que ψ et $\frac{d\psi}{dt}$ soient nuls à la fois dans un instant, ils seront toujours nécessairement nuls; car en faisant pour un instant $\psi = 0$ et $\frac{d\psi}{dt} = 0$, la dernière équation donne $C^2 = E^2$; et elle devient, par la substitution de C^2 au lieu de E^2,

$$\frac{r^4 d\psi^2}{dt^2} + C^2 \operatorname{tang}\psi^2 = 0,$$

laquelle ne peut avoir lieu qu'en faisant

$$\psi = 0 \quad \text{et} \quad \frac{d\psi}{dt} = 0.$$

La supposition dont il s'agit revient à faire ensorte que le corps se meuve dans un instant dans le plan des x et y, ce qui est toujours possible, puisque la position de ce plan est arbitraire; alors le corps continuera de se mouvoir dans le même plan, et décrira nécessairement une orbite plane, c'est-à-dire une ligne à simple courbure. C'est ce qu'on peut aussi démontrer directement par l'intégration de la même équation.

Car en y substituant pour dt sa valeur tirée de la première intégrale, elle devient

$$\frac{C^2 d\psi^2}{\cos\psi^4 d\varphi^2} + \frac{C^2}{\cos\psi^2} = E^2.$$

Soit, lorsque $\psi = 0$, $\frac{d\psi}{d\varphi} = \text{tang}\, i$, on aura

$$E^2 = C^2 + C^2 \,\text{tang}\, i^2 = \frac{C^2}{\cos i^2},$$

et la dernière équation se changera en

$$\frac{d\psi^2}{\cos\psi^4 d\varphi^2} = \frac{1}{\cos i^2} - \frac{1}{\cos\psi^2} = \text{tang}\, i^2 - \text{tang}\,\psi^2,$$

d'où l'on tire

$$d\varphi = \frac{d\psi}{\cos\psi^2 \sqrt{\text{tang}\, i^2 - \text{tang}\,\psi^2}},$$

équation séparée dont l'intégrale est

$$\varphi - h = \text{angle}\left(\text{sinus} = \frac{\text{tang}\,\psi}{\text{tang}\, i}\right),$$

ou bien

$$\text{tang}\,\psi = \text{tang}\, i \times \sin(\varphi - h),$$

h étant la valeur de φ lorsque $\psi = 0$.

Cette équation fait voir que $\varphi - h$ et ψ sont les deux côtés d'un triangle sphérique rectangle dans lequel i est l'angle opposé au côté ψ. Ainsi puisque l'arc $\varphi - h$ est pris sur le plan des x, y, et que l'arc ψ est toujours perpendiculaire à ce même plan, il s'ensuit que l'arc qui joint ces deux-ci, et qui forme l'hypoténuse du triangle, fera avec la base $\varphi - h$ l'angle constant i; par conséquent cet arc passera par les extrémités de tous les arcs ψ, et tous les rayons r se trouveront dans le plan du même arc, lequel sera ainsi le plan de l'orbite du corps, dont l'inclinaison sur le plan des x et y sera l'angle constant i, et dont l'intersection avec ce même plan fera avec l'axe des x l'angle h.

Si, pour fixer les idées, on prend le plan des x et y pour l'écliptique, φ sera la longitude sur l'écliptique, ψ la latitude, h la longitude du nœud de l'orbite, et i son inclinaison.

6. Prenons maintenant l'intégrale

$$\frac{r^2(\cos\psi^2 d\varphi^2 + d\psi^2) + dr^2}{dt^2} + 2\int R dr = 2H;$$

en y substituant pour $d\psi$ sa valeur en $d\varphi$ trouvée ci-dessus, elle devient

$$\frac{r^2 \cos\psi^4 d\varphi^2}{\cos i^2 dt^2} + \frac{dr^2}{dt^2} + 2\int R dr = 2H,$$

laquelle doit être combinée avec l'autre intégrale

$$\frac{r^2 \cos\psi^2 d\varphi}{dt} = C.$$

Si on y substitue la valeur de $d\varphi$ tirée de celle-ci, et qu'on fasse $\frac{C}{\cos i} = D$, on aura l'équation

$$\frac{dr^2}{dt^2} + \frac{D^2}{r^2} + 2\int R dr = 2H,$$

d'où l'on tire

$$dt = \frac{dr}{\sqrt{2H - 2\int R dr - \frac{D^2}{r^2}}}.$$

En

En intégrant cette équation on aura l'expression de t en r, et réciproquement celle de r en t.

7. On aura ensuite φ par l'équation

$$d\varphi = \frac{D \cos i\, dt}{r^2 \cos \psi^2};$$

or, comme le plan des angles φ est arbitraire, si on le fait coïncider avec le plan de l'orbite, en faisant $i = 0$, on aura aussi $\psi = 0$ (art. 5), par conséquent $d\varphi = \frac{Ddt}{r^2}$, et dans ce cas, l'angle $d\varphi$ sera celui que le rayon r décrit dans le plan de l'orbite. Donc si on désigne en général cet angle par $d\Phi$, on aura $d\Phi = \frac{Ddt}{r^2}$, et substituant la valeur de dt en dr,

$$d\Phi = \frac{Ddr}{r^2 \sqrt{2H - 2\int Rdr - \frac{D^2}{r^2}}},$$

équation dont l'intégrale donnera la valeur de Φ en r, et réciproquement celle de r en Φ.

Ensuite on aura φ en Φ par l'équation

$$d\Phi = \frac{\cos \psi^2 d\varphi}{\cos i},$$

laquelle, en substituant pour $\cos \psi$ sa valeur tirée de l'équation $\operatorname{tang} \psi = \operatorname{tang} i \times \sin (\varphi - h)$ trouvée plus haut, devient

$$d\Phi = \frac{d\varphi}{\cos i\, [1 + \operatorname{tang} i^2 \sin (\varphi - h)^2]}$$
$$= \frac{\cos i\, d.\operatorname{tang} (\varphi - h)}{\cos i^2 + \operatorname{tang} (\varphi - h)^2},$$

d'où l'on tire par l'intégration

$$\Phi + k = \text{angl.}\left(\operatorname{tang} = \frac{\operatorname{tang} (\varphi - h)}{\cos i}\right),$$

k étant une constante arbitraire ; et de là

$$\tang(\varphi - h) = \cos i \times \tang(\Phi + k),$$

équation qui indique que $\Phi + k$ est l'hypoténuse du même triangle sphérique rectangle dont la base est $\varphi - h$, et l'angle adjacent i (art. 5), et dont le côté opposé à i est ψ.

On voit par là que $\Phi + k$ est l'angle décrit par le rayon r dans le plan de l'orbite, et dont l'origine est à la ligne d'intersection de ce plan avec celui des x, y; que $\varphi - h$ est l'angle décrit par la projection de ce rayon sur le même plan, et que i est l'inclinaison du plan de l'orbite sur le plan fixe des x, y.

8. Le problème est donc résolu, puisqu'il ne dépend plus que de l'intégration des deux équations séparées entre t, Φ et r; les six constantes arbitraires nécessaires pour l'intégration complète des trois équations différentielles en r, φ et ψ seront i, h, D, H, et les deux que l'intégration introduira dans les valeurs de t et de Φ.

Dans la solution que nous venons de donner, nous avons pris pour coordonnées le rayon vecteur avec les deux angles de longitude et de latitude, pour nous conformer à l'usage des astronomes; aussi cette solution a-t-elle l'avantage d'offrir directement la plupart des théorèmes que l'on ne trouve ordinairement que par la Trigonométrie sphérique. Mais en l'envisageant du côté analytique, elle est moins simple que si on avait conservé les coordonnées rectangles primitives; c'est ce qu'il est bon de faire voir, d'autant qu'il en résultera de nouvelles formules qui pourront être utiles par la suite.

9. En prenant x, y, z pour les trois variables indépendantes, les formules générales de l'article 3 donnent tout de suite les trois

équations différentielles

$$\frac{d^2x}{dt^2} + R\,\frac{x}{r} = 0,$$

$$\frac{d^2y}{dt^2} + R\,\frac{y}{r} = 0,$$

$$\frac{d^2z}{dt^2} + R\,\frac{z}{r} = 0,$$

et l'équation intégrale

$$\frac{dx^2 + dy^2 + dz^2}{2dt^2} + \int R dr = H.$$

En chassant R des trois équations différentielles, on a immédiatement trois équations intégrables et dont les intégrales sont

$$\frac{xdy - ydx}{dt} = C,$$

$$\frac{zdx - xdz}{dt} = B,$$

$$\frac{ydz - zdy}{dt} = A,$$

C, B, A étant des constantes arbitraires dont la première est la même que celle de l'équation $\frac{r^2 \cos\psi^2 d\varphi}{dt} = C$ de l'article 5, parce qu'en effet celle-ci n'est qu'une transformée de l'équation $\frac{xdy - ydx}{dt} = C$ par la substitution des valeurs de x, y, z de l'article 4.

Ces trois intégrales répondent à celles que nous avons données pour un système de corps, dans l'article 9 de la Section III, d'où nous aurions pu les emprunter.

10. En ajoutant ensemble les carrés des trois dernières équations, et employant cette réduction connue,

$$(xdy - ydx)^2 + (zdx - xdz)^2 + (ydz - zdy)^2$$
$$= (x^2 + y^2 + z^2)(dx^2 + dy^2 + dz^2) - (xdx + ydy + zdz)^2,$$

on a l'équation

$$\frac{r^2(dx^2+dy^2+dz^2)-r^2dr^2}{dt^2}=A^2+B^2+C^2,$$

laquelle, en y substituant pour $dx^2+dy^2+dz^2$, sa valeur tirée de la première intégrale, et faisant pour abréger,

$$A^2+B^2+C^2=D^2,$$

donne

$$2r^2(H-\int Rdr)-\frac{r^2dr^2}{dt^2}=D^2,$$

d'où l'on tire tout de suite

$$dt=\frac{dr}{\sqrt{2(H-\int Rdr)-\frac{D^2}{r^2}}},$$

comme dans l'article 6.

Les mêmes équations étant ajoutées ensemble, après avoir multiplié la première par z, la seconde par y et la troisième par x, donnent celle-ci :

$$Cz+By+Ax=0,$$

laquelle est à un plan passant par l'origine des coordonnées, et fait voir que l'orbite décrite par le corps est une courbe plane décrite autour du centre des forces.

11. Nommons ξ, η les coordonnées rectangles de cette courbe, l'axe des ξ étant pris dans la ligne d'intersection du plan de la courbe avec celui des x, y; nommons de plus, comme dans l'article 5, i l'angle formé par ces deux plans, et h l'angle que la même ligne d'intersection fait avec l'axe des x; ces deux quantités i et h seront constantes; et par les formules connues de la transformation des coordonnées, on aura

$$x=\xi\cos h-\eta\cos i\sin h,$$
$$y=\xi\sin h+\eta\cos i\cos h,$$
$$z=\eta\sin i.$$

Ces valeurs étant substituées dans les mêmes équations, donneront celles-ci :

$$\frac{\xi d\eta - \eta d\xi}{dt} \cos i = C,$$

$$\frac{\eta d\xi - \xi d\eta}{dt} \sin i \cos h = B,$$

$$\frac{\xi d\eta - \eta d\xi}{dt} \sin i \sin h = A.$$

Ajoutant leurs carrés ensemble, et extrayant ensuite la racine, on a

$$\frac{\xi d\eta - \eta d\xi}{dt} = \sqrt{A^2 + B^2 + C^2}$$

$$= \frac{C}{\cos i} = D \text{ (art. 6)};$$

de sorte que les valeurs des constantes A, B, C seront

$$C = D \cos i, \quad B = - D \sin i \cos h, \quad A = D \sin i \sin h.$$

Or désignant par $\Phi + k$, comme dans l'article 7, l'angle que le rayon r fait avec la ligne d'intersection du plan de l'orbite et du plan fixe des x, y, il est clair qu'on aura

$$\xi = r \cos (\Phi + k), \qquad \eta = r \sin (\Phi + k),$$

et la dernière des équations précédentes deviendra

$$r^2 d\Phi = D dt,$$

laquelle donne le théorème connu des secteurs $\int r^2 d\Phi$ proportionnels aux temps t.

Substituant la valeur de dt, on aura

$$d\Phi = \frac{D dr}{r^2 \sqrt{2H - 2\int R dr - \frac{D^2}{r^2}}},$$

comme dans l'article cité.

Ainsi le problème est de nouveau réduit à l'intégration des deux équations séparées en t, Φ et r, que nous avions déjà trouvées ci-dessus (art. 6 et 7); mais cette intégration dépend de l'expression de la force centrale R en fonction du rayon r.

12. On voit par ces équations, que ce rayon sera le plus grand ou le plus petit, soit relativement au temps t, soit relativement à l'angle Φ, lorsqu'il sera déterminé par l'équation

$$2H - 2\int R dr - \frac{D}{r^2} = 0.$$

Supposons qu'en intégrant ces mêmes équations, on prenne les intégrales en r de leurs seconds membres, de manière qu'elles commencent au point où r est un *minimum*, et que l'angle Φ commence aussi à ce point, l'angle k sera alors celui que le rayon qui passe par le même point fera avec la ligne d'intersection de l'orbite avec le plan fixe (art. 7); et cette constante k, jointe à celle que l'intégration peut ajouter à t, et aux constantes A, B, C, H, ou D, i, h, H, complètera le nombre des six constantes arbitraires que l'intégration des trois équations différentielles en x, y, z et t doit donner.

13. Si maintenant on fait

$$X = r\cos\Phi, \qquad Y = r\cos\Phi,$$

il est clair que X et Y seront les coordonnées rectangles de la courbe, placées dans son plan, et ayant la même origine que le rayon r, les abscisses X étant dirigées vers le point où r est un *minimum;* et si on substitue ces quantités dans les expressions de ξ et η de l'article 11, on aura

$$\xi = X\cos k - Y\sin k, \qquad \eta = Y\cos k + X\sin k.$$

Substituons ces valeurs dans celles de x, y, z du même article, et faisons pour abréger,

$$\alpha = \cos k \cos h - \sin k \sin h \cos i,$$
$$\beta = -\sin k \cos h - \cos k \sin h \cos i,$$
$$\alpha_1 = \cos k \sin h + \sin k \cos h \cos i,$$
$$\beta_1 = -\sin k \sin h + \cos k \cos h \cos i,$$
$$\alpha_2 = \sin k \sin i,$$
$$\beta_2 = \cos k \sin i,$$

on aura

$$x = \alpha X + \beta Y = r(\alpha \cos \Phi + \beta \sin \Phi),$$
$$y = \alpha_1 X + \beta_1 Y = r(\alpha_1 \cos \Phi + \beta_1 \sin \Phi),$$
$$z = \alpha_2 X + \beta_2 Y = r(\alpha_2 \cos \Phi + \beta_2 \sin \Phi),$$

expressions qui ont cet avantage, que les quantités dépendantes du mouvement dans l'orbite sont séparées des quantités qui dépendent uniquement de la position de l'orbite, relativement au plan fixe des x, y.

Ces expressions de x, y, z sont conformes à la théorie générale exposée dans la seconde Section (art. 10), et on aurait pu les en déduire immédiatement.

En effet, en considérant tout de suite le mouvement dans l'orbite, on a les coordonnées X, Y, la troisième Z étant nulle, lesquelles ne renfermant que trois constantes arbitraires, peuvent être regardées comme des valeurs particulières des coordonnées générales x, y, z; ensuite on aura celles-ci, par le moyen des coefficiens α, β, α_1, etc., qui renferment les trois autres constantes.

14. Si, au lieu de considérer le mouvement dans l'orbite propre du corps, on rapportait ce mouvement à un plan quelconque, par

les trois coordonnées X, Y, Z, lesquelles ne continssent aussi que trois constantes arbitraires, on aurait alors par la même théorie les expressions générales

$$x = \alpha X + \beta Y + \gamma Z,$$
$$y = \alpha_1 X + \beta_1 Y + \gamma_1 Z,$$
$$z = \alpha_2 X + \beta_2 Y + \gamma_2 Z,$$

et comme on a trouvé dans l'article 10 de la troisième Section,

$$\gamma = \alpha_1\beta_2 - \beta_1\alpha_2, \quad \gamma_1 = \beta\alpha_2 - \alpha\beta_2, \quad \gamma_2 = \alpha\beta_1 - \beta\alpha_1,$$

on aurait

$$\gamma = \sin h \sin i, \quad \gamma_1 = -\cos h \sin i, \quad \gamma_2 = \cos i.$$

Ces valeurs de α, β, γ, α_1, etc. renfermant les trois arbitraires k, h, i satisfont d'une manière générale aux six équations de condition données dans l'article 10 de la Section III de la première Partie,

$$\alpha^2 + \alpha_1^2 + \alpha_2^2 = 1, \quad \beta^2 + \beta_1^2 + \beta_2^2 = 1, \quad \gamma^2 + \gamma_1^2 + \gamma_2^2 = 1,$$
$$\alpha\beta + \alpha_1\beta_1 + \alpha_2\beta_2 = 0, \quad \alpha\gamma + \alpha_1\gamma_1 + \alpha_2\gamma_2 = 0, \quad \beta\gamma + \beta_1\gamma_1 + \beta_2\gamma_2 = 0.$$

Après avoir donné les formules générales pour le mouvement d'un corps attiré vers un point fixe, il ne reste qu'à les appliquer au mouvement des planètes et des comètes; c'est l'objet des paragraphes suivans.

§ I.

Du mouvement des planètes et des comètes autour du soleil supposé fixe.

15. Dans le système du monde, la force attractive étant en raison inverse du carré des distances, on fera $R = \frac{g}{r^2}$, g étant la force

attractive

attractive d'une planète vers le soleil, à la distance $=1$, ce qui donnera $\int Rdr = -\frac{g}{r}$.

Substituant cette valeur dans l'équation entre Φ et r (art. 11), on voit que la quantité sous le signe devient $2H + \frac{2g}{r} - \frac{D^2}{r^2}$, laquelle peut se mettre sous la forme

$$2H + \frac{g^2}{D^2} - \left(\frac{D}{r} - \frac{g}{D}\right)^2;$$

alors le second membre de l'équation exprimera la différentielle de l'angle ayant pour cosinus la quantité

$$\frac{\frac{D}{r} - \frac{g}{D}}{\sqrt{2H + \frac{g^2}{D^2}}};$$

de sorte qu'intégrant, ajoutant à Φ la constante arbitraire K, et passant des arcs à leurs cosinus, on aura

$$\frac{D}{r} - \frac{g}{D} = \sqrt{2H + \frac{g^2}{D^2}} \times \cos(\Phi + K).$$

On voit que la plus petite valeur de r aura lieu lorsque l'angle $\Phi + K$ est nul; de sorte que, comme nous avons supposé (art. 12) que l'angle Φ commence au point qui répond au *minimum* de r, on aura $K = 0$.

Donc, en faisant pour abréger,

$$b = \frac{D^2}{g}, \quad e = \sqrt{1 + \frac{2HD^2}{g^2}},$$

on aura

$$r = \frac{b}{1 + e\cos\Phi},$$

équation polaire d'une section conique dont b est le paramètre, e l'excentricité, c'est-à-dire, le rapport de la distance des foyers au grand axe, r le rayon vecteur partant d'un des foyers, et Φ l'angle qu'il fait avec la partie du grand axe qui répond au sommet le plus proche de ce foyer.

La plus grande et la plus petite valeur de r étant $\frac{b}{1-e}$ et $\frac{b}{1+e}$, leur demi-somme sera $\frac{b}{1-e^2}$; c'est la distance moyenne que nous désignerons par a; de sorte qu'on aura

$$b = a(1-e^2),$$

et si on substitue ici pour b et e leurs valeurs en D et H, on aura

$$\frac{1}{a} = \frac{1-e^2}{b} = -\frac{2H}{g};$$

d'où l'on voit que la constante H doit être négative pour que l'orbite soit elliptique; si elle était nulle, l'axe $2a$ serait infini, et l'orbite deviendrait parabolique; mais si elle était positive, l'axe $2a$ serait négatif et l'orbite serait hyperbolique. Dans le premier cas, la valeur de l'excentricité e sera moindre que l'unité; elle sera $=1$ dans le second cas, et >1 dans le troisième.

Il y a encore une autre hypothèse d'attraction qui donne aussi une orbite elliptique, c'est l'attraction en raison directe des distances; mais comme elle n'est point applicable aux planètes, nous ne nous y arrêterons pas ici. On peut voir les Principes de Newton et les ouvrages où l'on a traduit ses théories en Analyse.

16. Revenons maintenant à l'équation qui donne t en r (art. 10), et substituons-y $-\frac{g}{r}$ à la place de $\int R dr$, $gb = ga(1-e^2)$ à la place de D^2, et $-\frac{g}{a}$ à la place de $2H$; elle deviendra

$$dt = \frac{r dr}{\sqrt{ga} \times \sqrt{e^2 - \left(1 - \frac{r}{a}\right)^2}}.$$

Faisons $1 - \frac{r}{a} = e \cos\theta$, ce qui donne

$$r = a(1 - e\cos\theta),$$

on aura

$$dt = \sqrt{\frac{a^3}{g}} \times (1 - e\cos\theta)\, d\theta,$$

et intégrant avec une constante arbitraire c,

$$t - c = \sqrt{\frac{a^3}{g}} \times (\theta - e\sin\theta).$$

Cette équation donnera θ en t, et comme on a r en θ, on aura par la substitution, r en t.

Si on fait la même substitution dans l'équation entre Φ et r de l'art. 11, on aura celle-ci:

$$d\Phi = \frac{d\theta\sqrt{1-e^2}}{1 - e^2\cos\theta},$$

dont l'intégrale est

$$\Phi = \text{ang.}\left(\sin = \frac{\theta\sqrt{1-e^2}}{1 - e\cos\theta}\right) + \text{const.}$$

Mais on peut avoir la valeur de Φ en θ sans une nouvelle intégration, par la simple comparaison des valeurs de r, laquelle donne l'équation

$$\frac{b}{1 + e\cos\Phi} = a(1 - e\cos\theta),$$

d'où l'on tire, à cause de $b = a(1 - e^2)$,

$$\cos\Phi = \frac{\cos\theta - e}{1 - e\cos\theta}, \qquad \sin\Phi = \frac{\sin\theta}{1 - e\cos\theta}\sqrt{1 - e^2},$$

et de là

$$\text{tang}\,\frac{\Phi}{2} = \sqrt{\left(\frac{1+e}{1-e}\right)} \times \text{tang}\,\frac{\theta}{2}.$$

On voit par ces formules, que lorsque l'angle θ est augmenté de 360° le rayon r revient le même, et que l'angle Φ est aussi augmenté de 360°. Ainsi la planète revient au même point, après avoir fait une révolution entière. Or l'angle θ augmentant de 360°, le temps t se trouve augmenté de $\sqrt{\frac{a^3}{g}} \times 360°$; c'est le temps que la planète emploie pour revenir au même point de son orbite, et qu'on nomme le *temps périodique*. Ainsi ce temps ne dépend que du grand axe $2a$, et il est le même que si la planète décrivait un cercle ayant pour rayon la distance moyenne a. Dans ce cas on aurait $e = 0$, $t - c = \theta \sqrt{\frac{a^3}{g}}$, et $\theta = \Phi$; ainsi le temps serait proportionnel aux angles parcourus. Et si on suppose $g = 1$, et qu'on prenne la distance moyenne a de la terre pour l'unité des distances, les temps seront représentés par les angles mêmes que la terre décrirait si elle se mouvait dans un cercle dont la distance moyenne serait le rayon, avec une vîtesse égale à l'unité. Le mouvement, dans ce cercle, est celui que les astronomes appellent *mouvement moyen* de la terre ou du soleil, et auquel ils rapportent communément les mouvemems des autres planètes.

17. Lorsque l'orbite est hyperbolique, le grand axe a devient négatif, et l'angle θ imaginaire. Pour appliquer les formules précédentes à ce cas, faisons $a = -A$, et $\theta = \frac{\Theta}{\sqrt{-1}}$, on aura par les formules connues, i étant le nombre dont le logarithme hyperbolique est 1,

$$\sin\theta = \frac{i^{\Theta} - i^{-\Theta}}{2\sqrt{-1}}, \quad \cos\theta = \frac{i^{\Theta} + i^{-\Theta}}{2},$$

et les équations de l'article précédent deviendront

$$t - c = \sqrt{\frac{A^3}{g}}\left(\Theta - e \times \frac{i^{\Theta} - i^{-\Theta}}{2}\right),$$

$$\text{tang}\,\frac{\Phi}{2} = \sqrt{\frac{e+1}{e-1}} \times \frac{i^{\frac{1}{2}\Theta} - i^{-\frac{1}{2}\Theta}}{i^{\frac{1}{2}\Theta} + i^{-\frac{1}{2}\Theta}},$$

à cause de $e > 1$.

18. L'équation $r(1 + e\cos\Phi) = b$, trouvée dans l'article 15,

donne, en substituant X pour $r\cos\Phi$ (art. 13),

$$X = \frac{b-r}{e} = \frac{a(1-e^2)-r}{e}$$

Substituant pour r sa valeur en θ, $a(1-e\cos\theta)$, on aura

$$X = a(\cos\theta - e),$$

et comme $Y = \sqrt{r^2 - X^2}$, on trouvera

$$Y = a\sqrt{1-e^2} \times \sin\theta,$$

expressions fort simples qu'on pourra substituer dans les expressions générales de x, y, z du même article.

Ainsi il ne s'agira plus que de substituer la valeur de θ en t, tirée de l'équation donnée dans l'article 16, pour avoir les trois coordonnées en fonctions du temps.

19. L'angle θ que nous venons d'introduire à la place de t, est ce qu'on appelle en Astronomie *anomalie excentrique*, et qui répond à l'*anomalie moyenne* $(t-c)\sqrt{\frac{g}{a^3}}$, et à l'*anomalie vraie* Φ; mais les astronomes ont coutume de compter ces angles depuis le sommet de l'ellipse le plus éloigné du foyer où le soleil est supposé placé, et qu'on nomme *aphélie* ou *apside* supérieure, au lieu que dans les formules précédentes, ils sont supposés comptés depuis le sommet le plus proche du même foyer, qu'on nomme *périhélie* ou *apside* inférieure. Pour les rapporter à l'aphélie, il n'y aurait qu'à y ajouter l'angle de 180°, ou, ce qui revient au même, changer le signe de la quantité e; mais en prenant l'origine des anomalies au périhélie, on a l'avantage d'avoir des formules également applicables aux planètes, dont l'excentricité est assez petite, et aux comètes, dont l'excentricité est presqu'égale à l'unité, leur grand axe étant très-grand, tandis que le paramètre conserve une valeur finie.

20. Il nous reste à déterminer θ en t, c'est-à-dire l'anomalie excentrique par l'anomalie moyenne; c'est le problème connu sous le nom de *problème de Képler*, parce qu'il est le premier qui l'ait proposé et qui en ait cherché une solution. Comme l'équation entre t et θ est transcendante, il est impossible d'avoir en général la valeur de θ en t par une expression finie; mais en supposant l'excentricité e fort petite, on peut l'avoir par une série plus ou moins convergente. Pour y parvenir de la manière la plus simple, nous ferons usage de la formule générale que nous avons démontrée ailleurs (*), pour la résolution en série d'une équation quelconque.

Soit une équation de la forme

$$u = \theta - f\theta;$$

$f.\theta$ dénotant une fonction quelconque de θ, on aura réciproquement

$$\theta = u + f.u + \frac{d.(f.u)^2}{2du} + \frac{d^2.(f.u)^3}{2.3du^2} + \text{etc.}$$

En général, si on demande la valeur d'une fonction quelconque de θ désignée par $F.\theta$, on fera $F'.\theta = \frac{d.F.\theta}{d\theta}$, et l'on aura

$$\text{F}.\theta = F.u + f.u \times F'.u + \frac{d.[(f.u)^2 \times F'.u]}{2du} + \frac{d^2.[(f.u)^3 \times F'.u]}{2.3du^2} + \text{etc.}$$

21. Pour appliquer cette formule à l'équation de l'article 16, on fera $f.\theta = e\sin\theta$, et

$$u = (t - c)\sqrt{\frac{g}{a^3}};$$

on aura immédiatement

$$\theta = u + e\sin u + e^2\,\frac{d.\sin u^2}{2du} + e^3\,\frac{d^2.\sin u^3}{2.3du} + \text{etc.},$$

où il n'y aura plus qu'à exécuter les différentiations indiquées;

(*) Voyez les Mém. de Berlin, années 1768—9; la *Théorie des Fonctions*, chap. XVI, première Partie, et le Traité de Résolution des équations, note 11.

mais pour avoir des expressions plus simples, il conviendra de développer auparavant les puissances des sinus en sinus et cosinus d'angles multiples de u.

On aura de même

$$\sin\theta = \sin u + e\sin u\cos u + e^2\frac{d.(\sin u^2\cos u)}{2du} + e^3\frac{d^2.(\sin u^3\cos u)}{2.3du^2} + \text{etc.},$$

$$\cos\theta = \cos u - e\sin u^2 - e^2\frac{d.\sin u^3}{2du} + e^3\frac{d^2.\sin u^4}{2.3du^2} - \text{etc.},$$

$$\text{tang}\,\theta = \text{tang}\,u + e\frac{\sin u}{\cos u^2} + e^2\frac{d.\frac{\sin u^2}{\cos u^2}}{2du} + e^3\frac{d^2.\frac{\sin u^3}{\cos u^2}}{2.3du^2} + \text{etc.}$$

On aura ainsi, par les formules des articles 16 et 17,

$$r = a\,(1 - e\cos u + e^2\sin u^2 + e^3\frac{d.\sin u^3}{2du} + e^4\frac{d^2.\sin u^4}{2.3du^2} - \text{etc.},$$

$$r^n = a^n\left[(1-e\cos u)^n + ne^2\sin u^2(1-e\cos u)^{n-1} + \frac{ne^3d.\sin u^3(1-e\cos u)^{n-1}}{2du} + \text{etc.}\right],$$

$$X = a\left[\cos u - e(1+\sin u^2) - e^2\frac{d.\sin u^3}{2du} - e^3\frac{d^2.\sin u^4}{2.3du^2} - \text{etc.}\right],$$

$$Y = a\sqrt{1-e^2}\times\left(\sin u + e\sin u\cos u + e^2\frac{d.(\sin u^2\cos u)}{2du} + e^3\frac{d^2.(\sin u^3\cos u)}{2.3du^2} + \text{etc.}\right),$$

$$\text{tang}\,\frac{\Phi}{2} = \sqrt{\left(\frac{1+e}{1-e}\right)}\times\left(\text{tang}\,\frac{u}{2} + e\frac{\sin u^2}{1+\cos u} + e^2\frac{d.\frac{\sin u^2}{1+\cos u}}{2du} + e^3\frac{d^2.\frac{\sin u^3}{1+\cos u}}{2.3du^2} + \text{etc.}\right).$$

22. On pourrait tirer de là la valeur de l'angle Φ par la série qui donne l'angle par la tangente; mais on aurait difficilement de cette manière une série dont on pût connaître la loi. Pour obtenir une telle série, il faudra tirer d'abord la valeur de l'angle Φ de l'équation

$$\operatorname{tang}\frac{\Phi}{2}=\sqrt{\frac{1+e}{1-e}}\times\operatorname{tang}\frac{\theta}{2},$$

ce qu'on peut faire d'une manière élégante, en employant les exponentielles imaginaires. On aura ainsi cette transformée, en prenant i pour le nombre dont le logarithme hyperbolique est l'unité,

$$\frac{i^{\frac{\Phi}{2}\sqrt{-1}}-i^{-\frac{\Phi}{2}\sqrt{-1}}}{i^{\frac{\Phi}{2}\sqrt{-1}}+i^{-\frac{\Phi}{2}\sqrt{-1}}}=\sqrt{\frac{1+e}{1-e}}\times\frac{i^{\frac{\theta}{2}\sqrt{-1}}-i^{-\frac{\theta}{2}\sqrt{-1}}}{i^{\frac{\theta}{2}\sqrt{-1}}+i^{-\frac{\theta}{2}\sqrt{-1}}},$$

laquelle se réduit à celle-ci :

$$\frac{i^{\Phi\sqrt{-1}}-1}{i^{\Phi\sqrt{-1}}+1}=\sqrt{\frac{1+e}{1-e}}\times\frac{i^{\theta\sqrt{-1}}-1}{i^{\theta\sqrt{-1}}+1},$$

d'où l'on tire, en faisant $\sqrt{\frac{1+e}{1-e}}=\varepsilon$,

$$i^{\Phi\sqrt{-1}}=\frac{(1+\varepsilon)i^{\theta\sqrt{-1}}+1-\varepsilon}{(1-\varepsilon)i^{\theta\sqrt{-1}}+1+\varepsilon},$$

ou bien, en supposant $E=\frac{\varepsilon-1}{\varepsilon+1}=\frac{e}{1+\sqrt{1-e^2}}$,

$$i^{\Phi\sqrt{-1}}=i^{\theta\sqrt{-1}}\times\frac{1-Ei^{-\theta\sqrt{-1}}}{1-Ei^{\theta\sqrt{-1}}}.$$

Prenons maintenant les logarithmes des deux membres, on aura, en divisant par $\sqrt{-1}$,

$$\Phi=\theta+\frac{1}{\sqrt{-1}}l(1-Ei^{-\theta\sqrt{-1}})-\frac{1}{\sqrt{-1}}l(1-Ei^{\theta\sqrt{-1}});$$

réduisant

réduisant les logarithmes du second membre en série, et substituant, ensuite, à la place des exponentielles imaginaires, les sinus réels qui y répondent, on aura enfin la série (*)

$$\Phi = \theta + 2E\sin\theta + \frac{2E^2}{2}\sin 2\theta + \frac{2E^3}{3}\sin 3\theta + \text{etc.}$$

Il ne s'agira donc plus que de substituer pour θ sa valeur en u. Si donc on fait, pour abréger,

$$U = \cos u + E\cos 2u + E^2\cos 3u + \text{etc.},$$

on aura

$$\Phi = u + 2E\sin u + \frac{2E^2}{2}\sin 2u + \frac{2E^3}{3}\sin 3u + \text{etc.}$$

$$+ 2eEU\sin u + 2e^2E\frac{d.(U\sin u^2)}{2du} + 2e^3E\frac{d^2.(U\sin u^3)}{2.3du^2} + \text{etc.}$$

On peut réduire la valeur de U à une forme finie, et l'on trouve

$$U = \frac{\cos u - E}{1 - 2E\cos u + E^2} = \frac{(1+\sqrt{1-e^2})\cos u - e}{2(1-e\cos u)}.$$

Ces formules ont l'avantage de donner la loi des séries, qui n'était pas connue auparavant.

23. Puisqu'en prenant le plan des x, y pour celui de l'écliptique supposée fixe, et supposant l'axe des x dirigé vers le premier point d'*Aries*, l'angle φ est ce qu'on appelle la longitude de la planète, l'angle h est la longitude du nœud, l'angle ψ est la latitude, il est clair que l'angle $\Phi+k$, dont $\varphi-h$ est la projection sur l'écliptique, sera la longitude dans l'orbite comptée du nœud, ou ce qu'on appelle l'*argument de la latitude*, et l'équation (art. 7)

$$\text{tang}(\varphi - h) = \cos i \times \text{tang}(\Phi + k),$$

qui donne l'angle φ par Φ, pourra, lorsque l'inclinaison est assez petite, se résoudre en série par la méthode des exponentielles ima-

(*) Voyez dans les Mémoires de l'Académie de Berlin, de 1776, plusieurs applications de cette méthode.

ginaires employée ci-dessus. Il n'y aura qu'à mettre, dans l'expression de Φ en θ, $\varphi - h$ à la place de $\frac{\Phi}{2}$, $\Phi + k$ à la place de $\frac{\theta}{2}$, et $\cos i$ à la place de ε, ce qui donnera

$$E = \frac{\cos i - 1}{\cos i + 1} = -\left(\frac{\sin \frac{i}{2}}{\cos \frac{i}{2}}\right)^2 = -\operatorname{tang}\frac{i^2}{2},$$

et l'on aura

$$\varphi - h = (\Phi + k) - \left(\operatorname{tang}\frac{i}{2}\right)^2 \sin 2(\Phi + k) + \frac{1}{2}\left(\operatorname{tang}\frac{i}{2}\right)^4 \sin 4(\Phi + k)$$
$$- \frac{1}{3}\left(\operatorname{tang}\frac{i}{2}\right)^6 \sin 6(\Phi + k) + \text{etc.}$$

L'équation qui donne ψ en φ (art. 5),

$$\operatorname{tang}\psi = \operatorname{tang} i \times \sin(\varphi - h),$$

pourrait aussi se résoudre de la même manière; mais il en résulterait une série moins élégante. On aurait d'abord l'équation en exponentielles imaginaires, i étant le nombre dont le logarithme hyperbolique est 1,

$$\frac{\mathrm{i}^{\psi\sqrt{-1}} - \mathrm{i}^{-\psi\sqrt{-1}}}{\mathrm{i}^{\psi\sqrt{-1}} + \mathrm{i}^{-\psi\sqrt{-1}}} = \operatorname{tang} i \times \frac{\mathrm{i}^{(\varphi - h)\sqrt{-1}} - \mathrm{i}^{-(\varphi - h) - \sqrt{1}}}{2},$$

d'où l'on tirerait

$$\mathrm{i}^{2\psi\sqrt{-1}} = \frac{1 + \frac{\operatorname{tang} i}{2}\left(\mathrm{i}^{(\varphi - h)\sqrt{-1}} - \mathrm{i}^{-(\varphi - h)\sqrt{-1}}\right)}{1 - \frac{\operatorname{tang} i}{2}\left(\mathrm{i}^{(\varphi - h)\sqrt{-1}} - \mathrm{i}^{-(\varphi - h)\sqrt{-1}}\right)},$$

et prenant les logarithmes,

$$\psi = \frac{\operatorname{tang} i}{2\sqrt{-1}}\left(\mathrm{i}^{(\varphi - h)\sqrt{-1}} - \mathrm{i}^{-(\varphi - h)\sqrt{-1}}\right)$$
$$+ \frac{\operatorname{tang} i^3}{3.8\sqrt{-1}}\left(\mathrm{i}^{(\varphi - h)\sqrt{-1}} - \mathrm{i}^{-(\varphi - h)\sqrt{-1}}\right)^3$$
$$+ \frac{\operatorname{tang} i^5}{5.32\sqrt{-1}}\left(\mathrm{i}^{(\varphi - h)\sqrt{-1}} - \mathrm{i}^{-(\varphi - h)\sqrt{-1}}\right)^5,$$

etc.;

enfin, en développant les puissances des exponentielles imaginaires et y substituant les sinus qui y répondent, on aurait

$$\begin{aligned}\psi &= \operatorname{tang} i \times \sin(\varphi - h)\\ &+ \frac{\operatorname{tang} i^3}{3.4}[\sin 3(\varphi - h) - 3\sin(\varphi - h)]\\ &+ \frac{\operatorname{tang} i^5}{5.16}[\sin 5(\varphi - h) - 5\sin 3(\varphi - h) + 10\sin(\varphi - h)],\\ &\text{etc.}\end{aligned}$$

Les séries que nous venons de donner ne sont convergentes qu'à raison de la petitesse de l'excentricité e ou de l'inclinaison i, et ne sont par conséquent applicables qu'aux orbites elliptiques peu différentes du cercle et peu inclinées, telles que celles des planètes et de leurs satellites; il n'y aurait d'exception que pour Pallas, une des quatre nouvelles petites planètes, dont l'inclinaison sur l'écliptique est d'environ 34°, ce qui donne pour $\left(\operatorname{tang}\frac{i}{2}\right)^2$ une fraction encore assez petite; de sorte que la série de la valeur de φ en Φ sera très-convergente, mais la série de ψ en φ le sera beaucoup moins.

24. Après le cas ou l'excentricité e est très-petite, le problème de Képler est encore résoluble analytiquement, dans le cas où l'excentricité est peu différente de l'unité, et qui est celui des orbites presque paraboliques, comme celles des comètes. Dans ce cas, le demi-grand axe a devient très-grand, et l'équation de l'article 15,

$$\frac{1}{a} = \frac{1 - e^2}{b},$$

dans laquelle b est le demi paramètre, donne

$$e = \sqrt{1 - \frac{b}{a}} = 1 - \frac{b}{2a} - \frac{b^2}{8a^2} + \text{etc.}$$

L'équation entre t et θ (art. 16) étant mise sous la forme

$$(t-c)\sqrt{\frac{g}{a^3}} = \theta - e\sin\theta,$$

fait voir que lorsque a est très-grand, θ devient très-petit, de sorte qu'on peut développer $\sin\theta$ en $\theta - \frac{\theta^3}{2.3} + \frac{\theta^5}{2.3.4.5} -$ etc.

En faisant ces substitutions dans l'équation précédente, on aura

$$(t-c)\sqrt{\frac{g}{a^3}} = \frac{\theta^3}{2.3} - \frac{\theta^5}{2.3.4.5} + \text{etc.}$$
$$+\frac{b}{2a}\left(\theta - \frac{\theta^3}{2.3} + \text{etc.}\right) - \frac{b^2}{8a^2}(\theta - \text{etc.}) + \text{etc.},$$

où l'on voit que la quantité θ est de l'ordre de $\frac{1}{\sqrt{a}}$. Si donc on fait $\theta = \frac{\Theta}{\sqrt{a}}$, et qu'on ne pousse l'approximation que jusqu'aux termes de l'ordre $\frac{1}{a}$, on aura

$$(t-c)\sqrt{g} = \frac{b}{2}\Theta + \frac{1}{2.3}\Theta^3$$
$$+\frac{1}{a}\left(\frac{b^2}{8}\Theta - \frac{b}{4.3}\Theta^3 - \frac{1}{2.3.4.5}\Theta^5\right) + \text{etc.}$$

On trouvera par les mêmes réductions,

$$r = \frac{1}{2}(b+\Theta^2) + \frac{1}{4a}\left(\frac{b^2}{2} - b\Theta^2 - \frac{1}{2.3}\Theta^4\right) + \text{etc.};$$
$$\text{tang}\,\frac{\Phi}{2} = \frac{1}{\sqrt{b}}\Theta - \frac{\sqrt{b}}{4a}\left(\Theta + \frac{1}{3b}\Theta^2\right),$$
$$X = \frac{1}{2}(b-\Theta^2) + \frac{b^2}{8a}\left(1 + \frac{1}{3}\Theta^4\right),$$
$$Y = \sqrt{b}\times\Theta - \frac{\sqrt{b}}{2.3a}\Theta^3.$$

Soit T la valeur de Θ lorsque $a=\infty$, ce qui est le cas de la parabole; on a pour déterminer T en t l'équation du troisième degré,

$$T^3 + 3bT = 6(t-c)\sqrt{g},$$

laquelle donne

$$T = \sqrt[3]{3(t-c)\sqrt{g} + \sqrt{9(t-c)^2 g + b^3}} + \sqrt[3]{3(t-c)\sqrt{g} - \sqrt{9(t-c)^2 g + b^3}};$$

et si on fait

$$T' = \frac{-\frac{b^2 T}{4} + \frac{bT^3}{3} + \frac{T^5}{3.4.5}}{b + \frac{T^3}{3}},$$

on aura $\Theta = T + \frac{T'}{a} + \text{etc.}$, et de là

$$r = \tfrac{1}{2}(b + T^2) + \tfrac{1}{a}\left(\frac{b^2}{8} - \frac{bT^2}{4} - \frac{T^4}{12} + TT'\right),$$

$$\text{tang}\,\tfrac{\Phi}{2} = \frac{T}{\sqrt{b}} - \frac{1}{a}\left(\frac{T\sqrt{b}}{4} + \frac{T^3}{12\sqrt{b}} - \frac{T'}{\sqrt{b}}\right),$$

$$X = \tfrac{1}{2}(b - T^2) + \tfrac{1}{a}\left(\frac{b^2}{8} + \frac{b^2 T^4}{24} - TT'\right),$$

$$Y = T\sqrt{b} + \tfrac{1}{a}\left(\frac{T^3\sqrt{b}}{6} - T'\sqrt{b}\right).$$

Mais l'irrationnalité de l'expression de T empêchera toujours que ces formules ne soient d'un grand usage dans le calcul analytique des orbites paraboliques ou presque paraboliques.

25. Il est bon de remarquer, relativement au mouvement parabolique, qu'on peut déterminer le temps employé à parcourir un arc quelconque de la parabole, par une formule assez simple, qui ne renferme que la somme des rayons vecteurs qui répondent aux deux extrémités de l'arc, et la corde qui soutend cet arc.

En faisant a infini et $\Theta = \tau\sqrt{b}$, les formules précédentes donnent

$$6(t-c)\sqrt{g} = b\sqrt{b}(3\tau + \tau^3), \qquad \tau = \text{tang}\,\tfrac{\Phi}{2},$$

$$2r = b(1 + \tau^2), \quad 2X = b(1 - \tau^2), \quad Y = b\tau.$$

Marquons par un trait les mêmes quantités rapportées à un autre point de la parabole; la différence $t' - t$, ou le temps employé à parcourir un arc de parabole contenu entre deux points donnés sera exprimé par la formule

$$6)t'-t)\sqrt{g}=b\sqrt{b}\,(3+\tau^2+\tau\tau'+\tau'^2)\,(\tau'-\tau).$$

Or on a $X=b-r$, $Y=\sqrt{2br-b^2}$, et si on nomme v la corde qui joint les deux extrémités des rayons r et r', on aura

$$v^2=(X'-X)^2+(Y'-Y)^2=(r'-r'')^2$$
$$+(\sqrt{2br'-b^2}-\sqrt{2br-b^2})^2.$$

Soit, pour abréger,

$$U^2=v^2-(r'-r'')^2,$$

on aura

$$U=\sqrt{2br'-b^2}-\sqrt{2br-b^2},$$

équation d'où il s'agit de tirer la valeur de b.

Faisant disparaître les radicaux et ordonnant les termes par rapport à b, on a

$$b^2[(r'-r)^2+U^2]-bU^2(r'+r)+\frac{U^4}{4}=0,$$

d'où l'on tire

$$b=\frac{U^2(r'+r+\sqrt{4r'r-U^2})}{2[(r'-r)^2+U^2]},$$

ou bien en multipliant le haut et le bas par $r'+r-\sqrt{4r'r-U^2}$,

$$b=\frac{U^2}{2(r'+r-\sqrt{4r'r-U^2})}.$$

Maintenant on a $\tau=\frac{\sqrt{2br-b^2}}{b}$; donc

$$\tau'-\tau=\frac{U}{b},\quad \text{et}\quad \tau^2+\tau'^2+\tau\tau'=\frac{3(r+r')}{b}-3-\frac{U^2}{2b^2};$$

donc

$$6(t'-t)\sqrt{g}=\frac{U}{2b\sqrt{b}}\,[6b(r'+r)-U^2];$$

substituant la valeur de b, cette quantité devient

$$[2(r+r')+\sqrt{4rr'-U^2}]\sqrt{[2(r'+r)-2\sqrt{4rr'-U^2}]}.$$

Donc enfin, en remettant pour U^2 sa valeur, et faisant $r+r'=s$, on aura

$$t'-t=\frac{(2s+\sqrt{s^2-v^2})\sqrt{(2s-2\sqrt{s^2-v^2})}}{6\sqrt{g}},$$

expression qui peut se mettre sous la forme suivante, plus simple,

$$t'-t=\frac{(s+v)^{\frac{3}{2}}-(s-v)^{\frac{3}{2}}}{6\sqrt{g}},$$

comme on peut s'en assurer en prenant les carrés.

26. Cette formule élégante a été donnée d'abord par Euler, dans le septième volume des *Miscellanea Berolinensis*. On pourrait la déduire du lemme X du troisième livre des Principes mathématiques, en traduisant en analyse la construction par laquelle Newton détermine la vitesse qui ferait parcourir uniformément la corde d'un arc de parabole, dans le même temps que l'arc serait parcouru par une comète, et en observant que dans la parabole la demi-somme des rayons vecteurs qui aboutissent aux extrémités d'un arc quelconque, est toujours égale au rayon vecteur qui aboutit au sommet du diamètre mené par le milieu de la corde parallèlement à l'axe, plus à la partie de ce diamètre interceptée entre l'arc et la corde; d'où et du lemme IX on tire la valeur de ce dernier rayon, exprimée par la corde et par la somme des rayons vecteurs qui répondent à ses deux extrémités.

On verra plus bas comment on peut étendre la même formule au mouvement elliptique ou hyperbolique.

27. Enfin l'équation entre θ et t est toujours résoluble par ap-

proximation, lorsqu'on suppose le temps t très-petit; on a alors pour θ, et par conséquent pour toutes les variables qui en dépendent, des séries ordonnées suivant les puissances de t, et qui seront d'autant plus convergentes que la valeur de t sera plus petite. Mais dans ce cas il est plus simple d'en tirer la solution directement des équations différentielles en x, y, z et t de l'art. 9, en y faisant $R=\frac{g}{r^2}$.

En regardant les variables x, y, z comme des fonctions de t, et supposant qu'elles deviennent $x+x'$, $y+y'$, $z+z'$, lorsque t devient $t+t'$, on a en général, par le théorème connu,

$$x' = \frac{dx}{dt}t' + \frac{d^2x}{dt^2}\times\frac{t'^2}{2} + \frac{d^3x}{dt^3}\times\frac{t'^3}{2.3} + \text{etc.},$$

$$y' = \frac{dy}{dt}t' + \frac{d^2y}{dt^2}\times\frac{t'^2}{2} + \frac{d^3y}{dt^3}\times\frac{t'^3}{2.3} + \text{etc.},$$

$$z' = \frac{dz}{dt}t' + \frac{d^2z}{dt^2}\times\frac{t'^2}{2} + \frac{d^3z}{dt^3}\times\frac{t'^3}{2.3} + \text{etc.},$$

et il ne s'agira que d'y substituer les valeurs des différentielles de x, y, z, déduites des trois équations

$$\frac{d^2x}{dt^2} + \frac{gx}{r^3} = 0, \quad \frac{d^2y}{dt^2} + \frac{gy}{r^3} = 0, \quad \frac{d^2z}{dt^2} + \frac{gz}{r^3} = 0,$$

auxquelles on pourra joindre, pour simplifier le calcul, l'équation en r de l'article 10,

$$2Hr^2 + 2gr - \frac{r^2dr^2}{dt^2} = D^2,$$

laquelle étant différentiée et divisée par $2rdr$, donne

$$2H + \frac{g}{r} - \frac{d.rdr}{dt^2} = 0,$$

d'où, en différentiant de nouveau et faisant, pour abréger, $s=\frac{rdr}{dt}$, on a celle-ci :

$$\frac{d^2s}{dt^2} + \frac{gs}{r^3} = 0,$$

laquelle est tout-à-fait semblable aux précédentes.

On aura ainsi, par des différentiations et des substitutions successives,

$$\frac{d^2x}{dt^2} = -\frac{gx}{r^3},$$

$$\frac{d^3x}{dt^3} = \frac{3gs}{r^5}x - \frac{g}{r^3}\times\frac{dx}{dt},$$

$$\frac{d^4x}{dt^4} = \left(\frac{3g}{r^5}\times\frac{ds}{dt} - \frac{3.5gs^2}{r^7} + \frac{g^2}{r^6}\right)x + \frac{2.3gs}{r^5}\times\frac{dx}{dt},$$

$$\frac{d^5x}{dt^5} = \left(-\frac{3.3.5g}{r^7}\times\frac{sds}{dt} + \frac{3.5.7gs^3}{r^9} - \frac{3.5g^2s}{r^8}\right)x + \left(\frac{3.3g}{r^5}\times\frac{ds}{dt} - \frac{3.3.5gs^2}{r^7} + \frac{g^2}{r^6}\right)\frac{dx}{dt},$$

et ainsi de suite.

On aura de pareilles expressions pour les différentielles de y et z, en changeant seulement x en y et z.

28. On fera donc ces substitutions, et comme les quantités x, y, z et leurs différentielles se rapportent, dans ces formules, au commencement du temps t', si on y change t' en t, et qu'on désigne par x, y, z, r, s les valeurs de x, y, z, r, s qui répondent à $t=0$, et qu'on suppose, pour abréger,

$$T = 1 - \frac{g}{\mathrm{r}^3}\times\frac{t^2}{2} + \frac{3g\mathrm{s}^2}{\mathrm{r}^5}\times\frac{t^3}{2.3} + \left(\frac{3g}{\mathrm{r}^5}\times\frac{d\mathrm{s}}{dt} - \frac{3.5g\mathrm{s}^2}{\mathrm{r}^7} + \frac{g^2}{\mathrm{r}^6}\right)\times\frac{t^4}{2.3.4} + \left(-\frac{3.3.5g}{\mathrm{r}^7}\times\frac{\mathrm{s}d\mathrm{s}}{dt} + \frac{3.5.7g\mathrm{s}^3}{\mathrm{r}^9} - \frac{3.5g^2\mathrm{s}}{\mathrm{r}^8}\right)\times\frac{t^5}{2.3.4.5} + \text{etc.},$$

$$V = t - \frac{g}{\mathrm{r}^3}\times\frac{t^3}{2.3} + \frac{2.3g\mathrm{s}}{\mathrm{r}^5}\times\frac{t^4}{2.3.4} + \left(\frac{3.3g}{\mathrm{r}^5}\times\frac{d\mathrm{s}}{dt} - \frac{3.3.5g\mathrm{s}^2}{\mathrm{r}^7} + \frac{g^2}{\mathrm{r}^6}\right)\times\frac{t^5}{2.3.4.5} + \text{etc.},$$

on aura ces expressions:

$$x = \mathrm{x}T + \frac{d\mathrm{x}}{dt}V, \quad y = \mathrm{y}T + \frac{d\mathrm{y}}{dt}V, \quad z = \mathrm{z}T + \frac{d\mathrm{z}}{dt}V.$$

A l'égard des constantes s et $\frac{ds}{dt}$ que renferment ces expressions, il est bon de remarquer qu'elles se réduisent immédiatement aux constantes D et H, d'où dépendent les élémens a, b, c de l'orbite elliptique, comme nous l'avons vu dans l'article 8. Car en rapportant au commencement du temps t les deux équations en r de l'article précédent, on a

$$\frac{(\mathrm{r}d\mathrm{r})^2}{dt^2} - 2\mathrm{gr} = 2H\mathrm{r}^2 - D^2, \qquad d.\frac{\mathrm{r}d\mathrm{r}}{dt^2} - \frac{\mathrm{g}}{\mathrm{r}} = 2H,$$

savoir:

$$\mathrm{s}^2 = 2\mathrm{gr} + 2H\mathrm{r}^2 - D^2, \qquad \frac{d\mathrm{s}}{dt} = 2H + \frac{\mathrm{g}}{\mathrm{r}},$$

et substituant pour H et D^2 leurs valeurs $-\frac{\mathrm{g}}{2a}$, et gb (art. 15), on aura

$$\frac{d\mathrm{s}}{dt} = \mathrm{g}\left(\frac{1}{a} - \frac{1}{\mathrm{r}}\right), \qquad \mathrm{s}^2 = \mathrm{g}\left(2\mathrm{r} - \frac{\mathrm{r}^2}{a} - b\right);$$

d'où l'on tire

$$\frac{1}{a} = \frac{1}{\mathrm{r}} + \frac{d\mathrm{s}}{\mathrm{g}dt}, \qquad b = 2\mathrm{r} - \frac{\mathrm{r}^2}{a} - \frac{\mathrm{s}^2}{\mathrm{g}}.$$

On voit par là que les quantités T et V ne dépendent que de la figure de l'orbite, et nullement de la position de son plan.

29. Comme la quantité $\frac{rdr}{dt}$, ou s est déterminée par une équation différentielle semblable à celles qui déterminent x, on aura aussi pour cette quantité une expression semblable, en changeant seulement x et $\frac{d\mathrm{x}}{dt}$ en s et $\frac{d\mathrm{s}}{dt}$. On aura ainsi

$$s = \frac{rdr}{dt} = \mathrm{s}T + \frac{d\mathrm{s}}{dt}V.$$

De là, en intégrant et ajoutant la constante r^2,

$$r^2 = \mathrm{r}^2 + 2\mathrm{s}\int Tdt + \frac{2d\mathrm{s}}{dt}\int Vdt,$$

où les intégrales doivent être prises de manière qu'elles soient nulles lorsque $t=0$. On aura ainsi, en substituant les valeurs de T et V, et ordonnant les termes par rapport aux puissances de t,

$$r^2 = \mathrm{r}^2 + 2\mathrm{s}t + \frac{d\mathrm{s}}{dt}t^2 - \frac{\mathrm{gs}}{\mathrm{r}^3}\times\frac{t^3}{3}$$
$$+\left(\frac{3\mathrm{gs}^2}{\mathrm{r}^5} - \frac{\mathrm{g}}{\mathrm{r}^3}\times\frac{d\mathrm{s}}{dt}\right)\times\frac{t^4}{3.4}$$
$$+\left(\frac{9\mathrm{g}}{\mathrm{r}^5}\times\frac{\mathrm{s}d\mathrm{s}}{dt} - \frac{15\mathrm{gs}^3}{\mathrm{r}^7} + \frac{\mathrm{g}^2\mathrm{s}}{\mathrm{r}^6}\right)\frac{t^5}{3.4.5},$$
etc.

Cette expression de r^2 doit être identique avec celle que donneraient les valeurs de x, y, z; car puisque $r^2=x^2+y^2+z^2$, on aura aussi

$$r^2 = (\mathrm{x}^2+\mathrm{y}^2+\mathrm{z}^2)T^2 + 2\,\frac{\mathrm{x}d\mathrm{x}+\mathrm{y}d\mathrm{y}+\mathrm{z}d\mathrm{z}}{dt}TV$$
$$+\frac{d\mathrm{x}^2+d\mathrm{y}^2+d\mathrm{z}^2}{dt^2}V^2.$$

Or $\mathrm{x}^2+\mathrm{y}^2+\mathrm{z}^2=\mathrm{r}^2$, $\frac{\mathrm{x}d\mathrm{x}+\mathrm{y}d\mathrm{y}+\mathrm{z}d\mathrm{z}}{dt}=\frac{\mathrm{r}d\mathrm{r}}{dt}=\mathrm{s}$, et

$$\frac{d\mathrm{x}^2+d\mathrm{y}^2+d\mathrm{z}^2}{dt^2} = 2H+\frac{2\mathrm{g}}{\mathrm{r}}\ \text{(art. 9)}$$
$$=\frac{d.\mathrm{r}d\mathrm{r}}{dt}+\frac{\mathrm{g}}{\mathrm{r}}\ \text{(art. 27)} = \frac{d\mathrm{s}}{dt}+\frac{\mathrm{g}}{\mathrm{r}},$$

de sorte qu'on aura

$$r^2 = \mathrm{r}^2T^2 + 2\mathrm{s}TV + \left(\frac{d\mathrm{s}}{dt}+\frac{\mathrm{g}}{\mathrm{r}}\right)V^2,$$

valeur qui coïncide avec la précédente.

§ II.

Détermination des élémens du mouvement elliptique, ou parabolique.

30. Dans la théorie des planètes, on nomme *élémens* les six quantités constantes qui servent à déterminer la figure de l'orbite,

sa position par rapport à un plan fixe qu'on prend pour celui de l'écliptique, et l'époque ou le moment du passage par l'aphélie ou par le périhélie.

Soit, comme dans le paragraphe précédent, a le demi-grand axe ou la distance moyenne, et b le demi-paramètre; ces deux élémens déterminent la figure de l'orbite, et si on nomme e l'excentricité, ou plutôt le rapport de la distance des deux foyers au grand axe, on a $b = a(1 - e^2)$, et par conséquent

$$e = \sqrt{1 - \frac{b}{a}}.$$

Soit, de plus, c le temps qui répond au passage de la planète par le périhélie; cet élément, avec les deux précédens, servira à déterminer le mouvement elliptique, indépendamment de la position de l'orbite dans l'espace.

Pour déterminer cette position, soit k la longitude du périhélie comptée depuis la ligne des nœuds, c'est-à-dire, l'angle que la partie du grand axe qui répond au périhélie fait avec la ligne d'intersection du plan de l'orbite, avec un plan fixe; cet élément détermine la position de l'ellipse sur le plan de l'orbite.

Soit enfin i l'inclinaison de ce plan sur le plan fixe auquel on le rapporte, et qu'en Astronomie on prend ordinairement pour l'écliptique; nous le prenons dans nos formules pour celui des coordonnées x, y, et soit h la longitude du nœud, c'est-à-dire, l'angle que l'intersection des deux plans fait avec une ligne fixe, que les astronomes supposent dirigée vers le premier point d'*Aries*, et que nous prenons pour l'axe des x.

Ces six quantités a, b, c, h, i, k sont les élémens qu'il s'agit de déterminer, d'après quelques circonstances du mouvement elliptique donné.

31. Le cas le plus simple de ce problème est celui où on connaît la position du mobile, sa vîtesse et sa direction dans un instant

quelconque donné. Dans ce cas, les données sont les valeurs de $x, y, z, \frac{dx}{dt}, \frac{dy}{dt}, \frac{dz}{dt}$ pour un instant donné, valeurs que nous désignerons par les lettres romaines $\mathrm{x}, \mathrm{y}, \mathrm{z}, \frac{d\mathrm{x}}{dt}, \frac{d\mathrm{y}}{dt}, \frac{d\mathrm{z}}{dt}$, et il s'agira d'exprimer par ces six quantités les six élémens a, b, c, k, h, i.

L'article 9 donne d'abord, en mettant $-\frac{g}{r}$ à la place de $\int R dr$, et changeant $x, y, z, r, \frac{dx}{dt}, \frac{dy}{dt}, \frac{dz}{dt}$ en $\mathrm{x}, \mathrm{y}, \mathrm{z}, \mathrm{r}, \frac{d\mathrm{x}}{dt}, \frac{d\mathrm{y}}{dt}, \frac{d\mathrm{z}}{dt}$,

$$A = \mathrm{z}\frac{d\mathrm{y}}{dt} - \mathrm{y}\frac{d\mathrm{z}}{dt},$$

$$B = \mathrm{z}\frac{d\mathrm{x}}{dt} - \mathrm{x}\frac{d\mathrm{z}}{dt},$$

$$C = \mathrm{x}\frac{d\mathrm{y}}{dt} - \mathrm{y}\frac{d\mathrm{z}}{dt},$$

$$2H = \left(\frac{d\mathrm{x}}{dt}\right)^2 + \left(\frac{d\mathrm{y}}{dt}\right)^2 + \left(\frac{d\mathrm{z}}{dt}\right)^2 - \frac{2\mathrm{g}}{\mathrm{r}},$$

et les articles 11 et 15 donnent

$$A = D \sin i \sin h, \quad B = D \sin i \cos h, \quad C = D \cos i,$$

$$D = \sqrt{(\mathrm{g}b)}, \qquad H = -\frac{\mathrm{g}}{2a}.$$

On aura ainsi immédiatement, par ces formules, les valeurs du demi-axe a, du demi-paramètre b, d'où l'on tire l'excentricité $e = \sqrt{1 - \frac{b}{a}}$, et les angles h et i; et il ne restera qu'à connaître les quantités c et k.

32. Il est bon de remarquer que la valeur de a et celle de b peuvent se réduire à une forme plus simple. En effet, il est clair que $\mathrm{x}'^2 + \mathrm{y}'^2 + \mathrm{z}'^2$ est le carré de la vîtesse initiale, laquelle étant nommée u, on aura

$$\frac{1}{a} = \frac{2}{\mathrm{r}} - \frac{\mathrm{u}^2}{\mathrm{g}},$$

d'où l'on voit que le grand axe de la section conique, et par conséquent aussi le temps périodique (art. 16) ne dépendent que de la distance primitive du corps au foyer attractif, et de la vîtesse de projection.

A l'égard du paramètre $2b$, on a réduit, dans l'article 11, la quantité D à la forme $\frac{\mathrm{r}^2 d\Phi}{dt}$, où $d\Phi$ est l'angle décrit par le rayon r dans l'instant dt; de sorte que $\mathrm{r}d\Phi$ est le petit arc décrit par le même rayon, par conséquent $\frac{\mathrm{r}d\Phi}{dt}$ est la vîtesse perpendiculaire à ce rayon, et que le corps a pour tourner autour du foyer.

Si on désignait cette vîtesse de rotation par v, on aurait

$$\frac{\mathrm{r}^2 d\Phi}{dt} = r\mathrm{v} = \sqrt{gb},$$

et par conséquent

$$b = \frac{r^2\mathrm{v}^2}{g}.$$

Ainsi le paramètre $2b$ ne dépend que du rayon r et de la partie de la vîtesse u, par laquelle le corps tend à tourner autour du foyer vers lequel il est attiré.

33. Pour trouver la valeur de l'élément c, qui détermine le temps du passage par le périhélie, on remarquera que cette constante n'est entrée dans le calcul que par l'intégration qui a donné la valeur de r en t (art. 16).

Donc si on dénote par ϑ la valeur de θ qui répond à $t=0$, on aura par les formules de l'article cité, en y faisant $t=0$, ce qui change r en r et θ en ϑ,

$$-c = \sqrt{\frac{a^3}{g}} \times (\vartheta - e\sin\vartheta), \quad \mathrm{r} = a(1 - e\cos\vartheta).$$

Ainsi on aura par l'élimination de ϑ la valeur de c en r, puisque a et e sont déjà connues.

Enfin pour déterminer le dernier élément k, qui est aussi entré par l'intégration de l'équation entre r et Φ (art. 15), on remarquera d'abord que l'on a (art. 4), en changeant x, y en x, y, et rapportant l'angle φ au commencement de t,

$$\frac{\mathrm{y}}{\mathrm{x}} = \operatorname{tang} \varphi.$$

Ensuite l'article 7 donne

$$\operatorname{tang} \Phi = \frac{\operatorname{tang}(\varphi - h)}{\cos i}.$$

De sorte que h et i étant déjà connus, on aura par l'angle intermédiaire φ, l'angle Φ en x et y; et de là on aura k par l'équation de l'article 15 rapportée à l'instant où $t = 0$,

$$\cos(\varphi - k) = \frac{1}{e}\left(\frac{b}{r} - 1\right).$$

34. Si on connaissait deux lieux du mobile dans son orbite, avec le temps écoulé entre les instans où il a occupé ces deux lieux, on aurait aussi six données par les coordonnées qui répondent aux deux points donnés de l'orbite, et les six élémens seraient aussi déterminés par les valeurs de ces coordonnées; mais l'expression transcendante du temps empêcherait de donner une solution générale et algébrique du problème. On pourra seulement le résoudre par approximation, si l'intervalle de temps entre les deux lieux est assez petite, en faisant usage des formules de l'article 19.

Soient x, y, z les trois coordonnées du premier lieu dans l'orbite, et x', y', z' celles du second lieu; en prenant t pour le temps écoulé entre les passages du mobile par ces deux lieux, on aura en général (art. 28)

$$\mathrm{x}' = \mathrm{x}T + \frac{d\mathrm{x}}{dt} V, \quad \mathrm{y}' = \mathrm{y}T + \frac{d\mathrm{y}}{dt} V, \quad \mathrm{z}' = \mathrm{z}T + \frac{d\mathrm{z}}{dt} V.$$

Supposons qu'on ne veuille porter la précision que jusqu'aux troisiémes puissances de t, on aura

$$T = 1 - \frac{g}{r^3} \times \frac{t^2}{2} + \frac{3gs}{r^5} \times \frac{t^3}{6}, \qquad V = t - \frac{g}{r^3} \times \frac{t^3}{6}.$$

Comme l'expression de T renferme la constante $s = \frac{rdr}{dt} = \frac{xdx + ydy + zdz}{dt}$, on commencera par la déterminer en ajoutant ensemble les trois équations précédentes, après avoir multiplié la première par x, la seconde par y et la troisième par z : on aura ainsi l'équation

$$xx' + yy' + zz' = r^2 T + sV,$$

d'où l'on tirera la valeur de s qu'on substituera ensuite dans l'expression de T.

Les valeurs de T et de V étant connues, les mêmes équations donneront les valeurs des différentielles $\frac{dx}{dt}$, $\frac{dy}{dt}$, $\frac{dz}{dt}$; ainsi le problème sera réduit au cas précédent.

35. Enfin si on ne connaissait que trois rayons vecteurs r, r', r'', avec les temps t et t' écoulés entre les passages par r et r' et par r et r''; on pourrait encore déterminer l'orbite par les formules de l'article 29, en supposant les temps t et t' assez petits.

Car en faisant $t = 0$ pour la valeur de r, et ne poussant les séries pour les valeurs de r'^2 et r''^2 que jusqu'aux t^3 et t'^3, on aura

$$r^2 = r^2, \qquad r'^2 = r^2 + \left(2t - \frac{gt^3}{3r^3}\right)s + t^2 \frac{ds}{dt},$$
$$r''^2 = r^2 + \left(2t' - \frac{gt'^3}{3r^3}\right)s + t'^2 \frac{ds}{dt},$$

équation d'où l'on tirera les valeurs r, s et $\frac{ds}{d}$. Ces deux dernières

nières donnent tout de suite, par les formules de l'article 19,

$$\frac{1}{a} = \frac{1}{\mathrm{r}} + \frac{d\mathrm{s}}{\mathrm{g}dt}, \qquad b = 2\mathrm{r} - \frac{\mathrm{r}^2}{a} - \frac{\mathrm{s}^2}{\mathrm{g}};$$

ensuite on aura l'angle Π compris le rayon r et celui du périhélie, par la formule (art. 15)

$$\cos\Pi = \frac{b - \mathrm{r}}{\mathrm{r}e},$$

e étant $= \sqrt{\left(1 - \frac{b}{a}\right)}$.

Si l'orbite était une parabole, on aurait $a = \infty$, et par conséquent $\frac{d\mathrm{s}}{dt} = -\frac{\mathrm{g}}{\mathrm{r}}$; alors il suffirait de connaître deux distances r et r'; la première donnerait la valeur de r et la seconde la valeur de s, par l'équation

$$r'^2 = \mathrm{r}^2 - \frac{\mathrm{g}t^2}{\mathrm{r}} + \left(2t - \frac{\mathrm{g}t^3}{3\mathrm{r}^3}\right)\mathrm{s}.$$

36. Les élémens des planètes sont assez connus; c'est par des observations de longitudes et de latitudes qu'on les a déterminés; et la petitesse de leurs excentricités et de leurs inclinaisons sur le plan de l'écliptique, a beaucoup contribué à faciliter ces déterminations.

En prenant ce plan pour celui des x et y, les angles φ et ψ (art. 4) représentent, l'un la longitude du corps, et l'autre sa latitude; et nous avons donné dans les articles 22 et 23, pour les valeurs de φ et ψ en t, des séries qui sont d'autant plus convergentes, que l'excentricité e et l'inclinaison i sont plus petites; en prenant six observations, trois de longitude et trois de latitude correspondante, ou en général de longitude ou de latitude, à des instans donnés, on aura six équations par lesquelles on pourra déterminer les six élémens, du moins pour le soleil et la lune qui tournent immédiatement autour de la terre.

Pour les autres planètes qui tournent autour du soleil, le calcul est un peu plus compliqué, parce que l'observation ne donne immédiatement que les longitudes et latitudes vues de la terre, qu'on nomme *géocentriques;* mais en supposant le mouvement du soleil connu, on peut toujours déduire de chaque observation une équation; de sorte que six observations suffiront, à la rigueur, pour la détermination des six élémens.

Ce problème est surtout important pour les comètes dont les élémens, lorsqu'elles paraissent, sont tout-à-fait inconnus; aussi depuis Newton, qui a le premier tenté de le résoudre, il y a peu de géomètres et d'astronomes qui ne s'en soient occupés. Ne pouvant établir l'approximation sur la petitesse de l'excentricité et de l'inclinaison, comme pour les planètes, ils ont tous supposé que les intervalles de temps entre les observations sont très-petits, et ils ont donné des méthodes plus ou moins approchées pour déduire les élémens des comètes de trois longitudes et d'autant de latitudes observées. Comme celle que j'ai proposée dans les Mémoires de Berlin, pour 1783, me paraît offrir la solution la plus directe et la plus générale du problème des comètes, je crois pouvoir la donner ici, mais un peu simplifiée et accompagnée de remarques nouvelles; elle fournira une application importante des principales formules que nous avons développées dans le paragraphe précédent.

§ III.

Sur la détermination des orbites des comètes.

37. Soit, dans un instant quelconque, R la distance de la comète à la terre, et l, m, n les cosinus des angles que la ligne ou le rayon visuel R fait avec trois axes perpendiculaires entr'eux et supposés fixes dans l'espace; on aura Rl, Rm, Rn pour les trois coordonnées rectangles de la comète, parallèles à ces axes

et ayant leur origine dans le centre de la terre. La quantité R sera l'inconnue, mais les trois quantités l, m, n seront connues par l'observation de la comète, et devront être telles que l'on ait la condition

$$l^2 + m^2 + n^2 = 1,$$

parce que par l'hypothèse on doit avoir

$$R^2 = (Rl)^2 + (Rm)^2 + (Rn)^2.$$

Soient de même ρ, λ, μ, ν les quantités correspondantes relativement au soleil, ensorte que $\rho\lambda$, $\rho\mu$, $\rho\nu$ soient les coordonnées rectangles du lieu du soleil par rapport à la terre, et parallèles aux mêmes axes; ces quantités doivent être censées connues par le calcul du lieu du soleil dans le même instant de l'observation de la comète, et l'on aura aussi la condition

$$\lambda^2 + \mu^2 + \nu^2 = 1.$$

Enfin soient x, y, z les coordonnées rectangles du lieu de la comète par rapport au soleil, parallèles aux mêmes axes, et r le rayon vecteur de son orbite autour du soleil; il est visible qu'on aura ces trois équations :

$$x = Rl - \rho\lambda, \quad y = Rm - \rho\mu, \quad z = Rn - \rho\nu;$$

et comme $r^2 = x^2 + y^2 + z^2$, on aura

$$r^2 = R^2 + \rho^2 - 2R\rho(l\lambda + m\mu + n\nu).$$

Or on sait que l'expression $l\lambda + m\mu + n\nu$ est celle de l'angle formé entre les deux rayons R et ρ, partant du centre commun de la terre et dirigés, l'un à la comète, l'autre au soleil; de sorte que si on désigne cet angle par σ, on aura

$$r^2 = R^2 - 2R\rho\cos\sigma + \rho^2.$$

Si donc on a trois observations de la même comète, faites à

des intervalles de temps connus, on aura trois systèmes pareils d'équations qui contiendront chacun une nouvelle inconnue ρ, et les propriétés de la parabole donneront trois autres équations.

38. Ce qui se présente de plus simple pour cet objet, est d'employer la formule donnée dans l'article 25, par laquelle on a le temps que la comète emploie à décrire un arc quelconque exprimé par la corde de l'arc, et par la somme des rayons vecteurs qui aboutissent à ses deux extrémités, et dégagée de tous les élémens de l'orbite; car les trois intervalles de temps entre les trois observations, prises deux à deux, donneront les trois équations demandées.

Nous marquerons par un trait les lettres qui designent les quantités analogues dans la seconde observation; nous aurons ainsi

$$r'^2 = R'^2 - 2R'\rho'\cos\sigma' + \rho'^2, \qquad \text{et} \qquad s = r + r'.$$

Pour la corde u de l'arc parcouru par la comète, dans l'intervalle des deux observations, il est clair qu'on aura

$$\begin{aligned} u^2 &= (x'-x)^2 + (y'-y)^2 + (z'-z)^2 \\ &= r'^2 + r^2 - 2(xx'+yy'+zz'). \end{aligned}$$

En substituant pour x, y, z et pour x', y', z' leurs valeurs, on aura

$$\begin{aligned} xx' + yy' + zz' &= RR'(ll' + mm' + nn') \\ &+ \rho\rho'(\lambda\lambda' + \mu\mu' + \nu\nu') - R\rho'(l\lambda' + m\mu' + n\nu') \\ &- R'\rho(l'\lambda + m'\mu + n'\nu). \end{aligned}$$

Or, par les théorèmes connus, l'expression $ll' + mm' + nn'$ doit représenter le cosinus de l'angle compris entre les deux rayons R et R' partant du centre de la terre et dirigés aux deux lieux de la comète dans les deux observations, de même $\lambda\lambda' + \mu\mu' + \nu\nu'$ sera le cosinus de l'angle formé au centre de la terre par les deux rayons ρ, ρ' dirigés aux deux lieux du soleil, et ainsi des autres expressions semblables.

Donc si, pour plus de clarté, on imagine que les deux lieux apparens de la comète soient marqués sur la surface de la sphère par les lettres C, C', et de même les lieux apparens du soleil par les lettres S, S', et qu'on joigne par des arcs de grands cercles les quatre points C, C', S, S', il est évident que les arcs CS, $C'S'$ représenteront les angles que nous avons dénotés par σ et σ'; que les arcs CC' et SS' représenteront les angles dont les cosinus sont $ll' + mm' + nn'$ et $\lambda\lambda' + \mu\mu' + \nu\nu'$, et qu'enfin les arcs CS' et $C'S$ représenteront les angles dont les cosinus sont $l\lambda' + m\mu' + n\nu'$ et $l'\lambda + m'\mu + n'\nu$. Ainsi en considérant le quadrilatère sphérique $CC'SS'$ qui est censé donné par les deux observations de la comète et par les deux lieux calculés du soleil, on aura

$$r^2 = R^2 - 2R\rho\cos(CS) + \rho^2,$$
$$r'^2 = R'^2 - 2R'\rho'\cos(C'S') + \rho'^2,$$
$$u^2 = r^2 + r^2 - 2RR'\cos(CC') - 2\rho\rho'\cos(SS')$$
$$- 2R\rho'\cos(CS') - 2R'\rho\cos(C'S);$$

donc, comme la différence $t' - t$ des temps t et t' qui répondent aux deux observations, c'est-à-dire leur intervalle en temps, est censé donnée, on aura, par la formule de l'article cité, l'équation

$$t' - t = \frac{(r + r' + u)^{\frac{3}{2}} - (r + r' - u)^{\frac{3}{2}}}{6\sqrt{g}},$$

dans laquelle il n'y aura d'inconnues que les deux distances R et R'.

Si l'on a une troisième observation, pour laquelle les quantités analogues soient désignées par les mêmes lettres marquées de deux traits, on aura, par la comparaison de la première observation avec celle-ci, une seconde équation tout-à-fait semblable, dans laquelle les lettres marquées d'un trait dans l'équation précédente, le seront par deux traits, et qui ne contiendra que les deux inconnues R et R''.

On aura de même une troisième équation semblable, par la comparaison de la seconde observation avec la troisième, en ne faisant que marquer d'un trait, dans la première équation, toutes les lettres qui n'ont point de trait, et de deux traits toutes celles qui en ont un; ainsi cette troisième équation ne contiendra que les mêmes inconnues R' et R''; de sorte que les trois équations ne contiendront que les trois inconnues R, R', R'', et suffiront pour les déterminer; mais quoique ces équations se présentent sous une forme assez simple, leur résolution offre des difficultés presqu'insurmontables, parce que les inconnues y sont mêlées entr'elles et renfermées dans différens radicaux.

39. Au reste, si on pouvait parvenir d'une manière quelconque à trouver les valeurs des rayons R, R', on aurait tout de suite le demi-paramètre b, qui, dans la parabole, est égal au double de la distance périhélie, par la formule (art. 25)

$$b = \frac{u^2 - (r' + r)^2}{2[r + r' - \sqrt{(r + r')^2 - u^2}]};$$

et comme on a en général (art. 10) l'équation $Cz - Ax - By = 0$, dans laquelle $\frac{A}{C} = \sin h \tan i$, $\frac{B}{C} = \cos h \tan i$ (art. 11), on aura ces deux-ci:

$$z - (x \sin h + y \cos h) \tan i = 0,$$
$$z' - (x' \sin h + y' \cos h) \tan i = 0,$$

d'où l'on tirera facilement les valeurs de $\tan i$ et $\tan h$, ce qui donnera la position du plan de la parabole, relativement au plan qu'on aura choisi pour les axes des x et y.

On peut même remarquer que par le moyen de ces équations,

qui dépendent de ce que l'orbite de la comète est supposée dans un plan passant par le soleil, on peut d'abord réduire les trois inconnues à deux seulement.

En effet, si on fait, pour abréger,

$$L = \operatorname{tang} i \sin h, \qquad M = \operatorname{tang} i \cos h,$$

on aura, en substituant les valeurs de x, y, z, l'équation

$$Rn - \rho\nu = L(Rl - \rho\lambda) + M(Rm - \rho\mu),$$

d'où l'on tire

$$R = \rho\,\frac{\nu - \lambda L - \mu M}{n - lL - mM},$$

et l'on aura de même les expressions de R' et de R'', en marquant d'un trait et de deux traits les lettres, à l'exception de L et M, qui sont les mêmes pour toutes les observations.

De cette manière, les trois inconnues R, R', R'' seront réduites aux deux L et M, de sorte qu'il ne faudra employer que deux équations pour leur détermination, ce qui simplifie un peu la solution du problème.

40. Pour la simplifier davantage, il ne paraît pas qu'il y ait d'autre moyen que de supposer les intervalles de temps entre les observations, assez petits pour qu'on puisse négliger plusieurs termes comme insensibles, ce qui ne donnera d'abord qu'une solution approchée, qu'on pourra rendre plus exacte ensuite, par de nouvelles corrections. C'est aussi ce qu'on a fait jusqu'ici dans toutes les solutions qu'on a données de ce problème.

En appliquant cette hypothèse à la solution précédente, la corde u deviendra très-petite, et en ne retenant que les deux premiers termes des radicaux qui entrent dans l'expression du temps $t'-t$, écoulé entre les deux premières observations, on aura

$$t' - t = \frac{u\sqrt{r+r'}}{2\sqrt{g}},$$

ce qui donne

$$u^2(r+r') = 4g(t'-t)^2,$$

et il n'y aura plus d'autres radicaux dans cette équation, que ceux qui entrent dans les expressions de r et r'; mais les équations entre les trois inconnues R, R', R'', ou entre les deux L, M, seront encore trop compliquées pour qu'on puisse les employer avec succès.

On peut conclure de là que ces inconnues ne sont pas celles dont l'emploi est le plus avantageux dans la question présente; et lorsqu'on ne demande d'abord qu'une solution approchée, il est beaucoup plus simple de faire usage des formules que nous avons données dans l'article 28, pour le cas ou l'on suppose le temps t très-petit.

41. Pour appliquer ces formules à la détermination de l'orbite des comètes, il n'y aura qu'à y substituer à la place x, y, z les expressions données dans l'article 37, on aura ainsi en général

$$Rl - \rho\lambda = \mathrm{x}T + \frac{d\mathrm{x}}{dt}V,$$

$$Rm - \rho\mu = \mathrm{y}T + \frac{d\mathrm{y}}{dt}V,$$

$$Rn - \rho\nu = \mathrm{z}T + \frac{d\mathrm{z}}{dt}V,$$

où les quantités x, y, z, $\frac{d\mathrm{x}}{dt}$, $\frac{d\mathrm{y}}{dt}$, $\frac{d\mathrm{z}}{dt}$ répondent au commencement du temps t et sont regardées comme constantes, et où T et V sont des fonctions rationnelles de t, et des constantes r, $\frac{d\mathrm{r}}{dt}$, $\frac{d^2\mathrm{r}}{dt^2}$.

Comme le commencement du temps t est arbitraire, on peut le fixer au moment de la première observation; or, en faisant $t=0$, on a $\tau=1$ et $\Theta=0$; donc on aura pour la première observation

tion ce premier système d'équations

$$Rl - \rho\lambda = x,$$
$$Rm - \rho\mu = y,$$
$$Rn - \rho\nu = z.$$

Pour la seconde observation, distante, de la première, du temps t, on aura, en marquant d'un trait les lettres R, l, m, n, ρ, λ, μ, ν, ce second système d'équations

$$R'l' - \rho'\lambda' = xT + \frac{dx}{dt}V,$$
$$R'm' - \rho'\mu' = yT + \frac{dy}{dt}V,$$
$$R'n' - \rho'\nu' = zT + \frac{dz}{dt}V.$$

On aura des équations pareilles pour la troisième observation, distante, de la première, du temps t', en marquant de deux traits les lettres marquées d'un trait dans les dernières équations, et d'un trait les lettres T et V, pour indiquer que le t dont elles sont fonctions doit être changé en t'; on aura ainsi ce troisième système d'équations

$$R''l'' - \rho''\lambda'' = xT' + \frac{dx}{dt}V',$$
$$R''m'' - \rho''\mu'' = yT' + \frac{dy}{dt}V',$$
$$R''n'' - \rho''\nu'' = zT' + \frac{dz}{dt}V'.$$

On peut éliminer des premières équations de chacun des trois systèmes, les deux constantes x et $\frac{dx}{dt}$; et faisant, pour abréger,

$$TV' - VT' = V'',$$

on aura

$$(Rl - \rho\lambda)V'' - (R'l' - \rho'\lambda')V' + (R''l'' - \rho''\lambda'')V = 0.$$

Éliminant de même les deux constantes y, $\frac{dy}{dt}$ des secondes équations des mêmes systèmes, on aura

$$(Rm - \rho\mu)V'' - (R'm' - \rho'\mu')V' + (R''l'' - \rho''\lambda'')V = 0.$$

Et l'élimination des constantes z, $\frac{dz}{dt}$ des dernières équations de ces systèmes donnera pareillement

$$(Rn - \rho\nu)V'' - (R'n' - \rho'\nu')V' + (R''n'' - \rho''\nu'')V = 0.$$

De ces trois équations on tire

$$R = \frac{\rho\Gamma V'' - \rho'\Gamma' V' + \rho''\Gamma'' V}{GV''},$$

$$R' = -\frac{\rho\Gamma_1 V'' - \rho'\Gamma_1' V' + \rho''\Gamma_1'' V}{GV'},$$

$$R'' = \frac{\rho\Gamma_2 V'' - \rho'\Gamma_2' V' + \rho''\Gamma_2'' V}{GV};$$

en supposant, pour abréger,

$$G = lm'n'' + mn'l'' + nl'm'' - ln'm'' - ml'n'' - nm'l'',$$

et en dénotant par Γ, Γ', Γ'' ce que devient G lorsqu'on y change l, m, n respectivement en λ, μ, ν, en λ', μ', ν' et en λ'', μ'', ν''; en dénotant de même par Γ_1, Γ_1', Γ_1'', et par Γ_2, Γ_2', Γ_2'' ce que G devient en faisant subir les mêmes changemens aux quantités l', m', n', ainsi qu'aux quantités analogues l'', m'', n''.

Maintenant les trois observations donnent aussi (art. 37, 38) les équations

$$R^2 - 2R\rho\cos(CS) + \rho^2 = r^2,$$

$$R'^2 - 2R'\rho'\cos(C'S') + \rho'^2 = r'^2,$$

$$R''^2 - 2R''\rho''\cos(C''S'') + \rho''^2 = r''^2.$$

Donc, si on y snbstitue les valeurs précédentes de R, R', R'', on aura trois équations finales qui ne contiendront que des quantités connues, avec les quantités V, V', V'' et r, r', r'', qui sont données en fonctions du temps et des trois constantes r, s, $\frac{ds}{dt}$, d'où dépendent les élémens de l'orbite (art. 28, 29); de sorte qu'on pourra déterminer ces trois constantes.

42. En ne poussant l'approximation que jusqu'aux quatrièmes puissances de t, on a

$$V = t - g\frac{t^3}{6r^3} + gs\frac{t^4}{4r^5} + \text{etc.};$$

et de même,

$$V' = t' - g\frac{t'^3}{6r^3} + gs\frac{t'^4}{4r^5} + \text{etc.};$$

et comme $V'' = TV' - VT'$, on trouvera

$$V'' = t' - t - g\frac{(t'-t)^3}{6r^3} + g\frac{(t'-t)^3(t+t')}{4r^5} + \text{etc.}$$

En faisant ces substitutions dans les valeurs de R, R', R'', et supposant $t' = mt$, le coefficient m étant donné par le rapport des deux intervalles entre les trois observations, il est clair que la quatrième dimension de t disparaîtra par la division, et qu'ainsi il suffira d'avoir égard à la troisième dans les valeurs de r' et r''.

Or on a en général, aux t^4 près,

$$r^2 = r^2 + 2st + \frac{ds}{dt}t^2 - \frac{gs}{3r^3}t^3 + \text{etc.};$$

mais nous avons supposé que la première observation répond à $t = 0$, et que les deux suivantes répondent aux temps t et $t' = mt$; ainsi on aura

$$r^2 = r^2, \quad r'^2 = r^2 + 2st + \frac{ds}{dt}t^2 - \frac{gs}{3r^3}t^3,$$

$$r''^2 = r^2 + 2mst + m^2\frac{ds}{dt}t^2 - m^3\frac{gs}{3r^3}t^3.$$

On fera donc ces substitutions dans les trois dernières équations de l'article précédent, et rejetant les termes qui contiendraient des puissances de t supérieures à la troisième, on aura trois équations entre les trois inconnues r, s et $\frac{ds}{dt}$, dont les deux dernières n'y paraîtront que sous la forme linéaire, de sorte qu'il sera très-facile de les éliminer et de réduire le problème à une seule équation en r. C'est en quoi consiste le principal avantage de la méthode que nous proposons.

Si on voulait pousser l'approximation plus loin et avoir égard à un plus grand nombre de termes dans les valeurs de V, V', V'', r'^2, r''^2, on aurait des équations où les inconnues s et $\frac{ds}{dt}$ ne seraient plus linéaires, mais monteraient successivement à des dimensions plus hautes, ce qui rendrait leur élimination plus difficile et l'équation finale encore plus compliquée.

43. Pour donner là-dessus un essai de calcul, nous nous contenterons d'avoir égard, dans les valeurs de V, V', V'', aux troisièmes dimensions de t et de t', ce qui fera disparaître les termes affectés de l'inconnue s; nous ferons, pour plus de simplicité, g $=1$, en prenant la distance moyenne de la terre au soleil pour l'unité des distances, et représentant les temps par les mouvemens moyens du soleil (art. 23); et supposant $t'=mt$, nous aurons

$$V=t-\frac{t^3}{6r^3}, \qquad V'=mt-\frac{m^3t^3}{6r^3},$$
$$V''=(m-1)\,t-\frac{(m-1)^3t^3}{6r^3}.$$

Les valeurs de R, R', R'' deviendront ainsi de la forme

$$R=\frac{6Pr^3-Qt^2}{[6(m-1)r^3-(m-1)^3t^2]G},$$
$$R'=\frac{6P_1r^3-Q_1t^2}{[6(m-1)r^3-(m-1)^3t^2]G},$$
$$R''=\frac{6P_2r^3-Q_2t^2}{[6(m-1)r^3-(m-1)^3t^2]G},$$

en supposant, pour abréger,

$$P = (m-1)\rho\Gamma - m\rho'\Gamma' + \rho''\Gamma'',$$
$$Q = (m-1)^3\rho\Gamma - m^3\rho'\Gamma' + \rho''\Gamma'',$$

et dénotant par P_1, Q_1 et P_2, Q_2 ce que P et Q deviennent en y changeant Γ, Γ', Γ'' en Γ_1, Γ'_1, Γ''_1 et en Γ_2, Γ'_2, Γ''_2.

Ces valeurs de R, R', R'', distances de la comète à la terre dans les trois observations, ne contiennent, comme l'on voit, que la seule inconnue r, rayon vecteur de la comète dans la première observation. Si donc on substitue la valeur de R dans l'équation (art. 25)

$$R^2 - 2R\rho\cos(CS) + \rho^2 = \mathrm{r}^2,$$

on aura une équation finale en r, laquelle montera au huitième degré, et le problème sera réduit à la résolution de cette équation.

Ayant trouvé la valeur de r, on aura par les formules précédentes celles de R' et R''; de là on aura, par les formules de l'article 42, les valeurs des trois rayons vecteurs r, r', r'', ainsi que celles des coordonnées x, y, z, et de leurs différentielles $\frac{dx}{dt}$, $\frac{dy}{dt}$, $\frac{dz}{dt}$; et on pourra determiner l'orbite par les formules du § II, ou si l'on aime mieux, par les formules trigonométriques connues, d'après les trois distances R, R', R'' de la comète à la terre.

44. Les expressions des distances R, R', R'' peuvent être simplifiées par la considération suivante. Comme la terre et la comète se meuvent autour du soleil, par la même force attractive de cet astre, si on nomme ξ, η, ζ les coordonnées rectangles de la terre autour du soleil lorsque $t = 0$, et qu'on désigne par Θ, Υ ce que deviennent les fonctions T et V lorsqu'on y change les élémens de l'orbite de la comète en ceux de la terre, on aura,

comme dans l'article 28, les trois équations

$$-\rho\lambda = \xi\Theta + \frac{d\xi}{dt}\Upsilon,$$

$$-\rho\mu = \eta\Theta + \frac{d\eta}{dt}\Upsilon,$$

$$-\rho\nu = \zeta\Theta + \frac{d\zeta}{dt}\Upsilon,$$

parce qu'ayant dénoté (art. 24) par $\rho\lambda$, $\rho\mu$, $\rho\nu$ les coordonnées rectangles du lieu du soleil par rapport à la terre, on aura $-\rho\lambda$, $-\rho\mu$, $-\rho\nu$ pour celles de la terre par rapport au soleil.

Comme ces équations ne diffèrent de celles de l'article 28 que parce que x, y, z, T, V sont changées en ξ, η, ζ, Θ, Υ et que R y est nul, il est clair qu'on aura des résultats analogues, en faisant ces mêmes changemens dans ceux que nous venons de trouver dans l'article précédent. Ainsi, puisque les expressions de R, R', R'', données à la fin de cet article, ne contiennent d'autre quantité dépendante des élémens de l'orbite que le rayon vecteur r, si on y change r en ρ, rayon vecteur de l'orbite de la terre, on aura $R=0$, $R'=0$, $R''=0$; d'où l'on tire

$$6P = \frac{Qt^2}{\rho^3}, \qquad 6P_1 = \frac{Q_1t^2}{\rho^3}, \qquad 6P_2 = \frac{Q_2t^2}{\rho^3}.$$

Ces valeurs étant maintenant susbtituées dans les mêmes expressions de R, R', R'', et négligeant, dans le dénominateur, le terme trop petit du second ordre $(m-1)^3t^2$ vis-à-vis du terme fini $6(m-1)\mathrm{r}^3$, on aura ces expressions plus simples :

$$R = \frac{Qt^2}{6(m-1)G}\left(\frac{1}{\rho^3} - \frac{1}{\mathrm{r}^3}\right),$$

$$R' = \frac{Q_1t^2}{6(m-1)G}\left(\frac{1}{\rho^3} - \frac{1}{\mathrm{r}^3}\right),$$

$$R'' = \frac{Q_2t^2}{6(m-1)G}\left(\frac{1}{\rho^3} - \frac{1}{\mathrm{r}^3}\right).$$

Si donc on substitue la valeur de R dans l'équation

$$R^2 - 2R\rho\cos(CS) + \rho^2 - \mathrm{r}^2 = 0,$$

et qu'on fasse, pour abréger,

$$\frac{Qt^2}{6(m-1)G} = K,$$

quantité toute connue par les observations, en multipliant par $\rho^6 r^6$, l'équation

$$K^2(r^3 - \rho^3)^2 - 2K\rho^4 r^3 (r^3 - \rho^3)\cos(CS) + \rho^6 r^6 (\rho^2 - r^2) = 0,$$

ou l'inconnue r montera au huitième degré, mais qui, étant divisible par $r - \rho$, ne sera, après la division, que du septième degré.

Cet abaissement de l'équation en r est dû à ce que nous avons représenté le mouvement de la terre, comme celui de la comète, par des formules approchées où l'on a négligé les puissances de t supérieures à la troisième; il n'aurait pas lieu en employant la valeur de R de l'article précédent, dans laquelle les lieux du soleil sont supposés exacts, étant déterminés d'après les tables.

45. On peut ramener l'équation précédente à une construction assez simple. Ayant mené d'un point donné deux droites qui fassent entr'elles un angle égal à l'arc CS, distance apparente de la comète au soleil dans la première observation, et dont la première soit égale à $\frac{K}{\rho^3}$, et la seconde égale à ρ; il s'agira de trouver dans la première un point tel, que la partie comprise entre ce point et l'extrémité de la même droite, soit à la droite entière comme le cube de la seconde droite est au cube de la droite qui joindra l'extrémité de celle-ci et le point cherché; alors cette dernière droite sera égale à r, et la partie de la première interceptée entre le point donné et le point cherché, sera égale à R. Car par cette construction on aura la proportion

$$\frac{K}{\rho^3} - R : \frac{K}{\rho^3} = \rho^3 : r^3,$$

laquelle donne

$$R = K\left(\frac{1}{\rho^3} - \frac{1}{\mathrm{r}^3}\right),$$

et ensuite

$$\mathrm{r} = \sqrt{\rho^2 - 2\rho R \cos(CS) + R^2},$$

d'ou résulte l'équation ci-dessus en r.

Lambert est, je crois, le premier qui ait réduit le problème des comètes, envisagé d'une manière approchée, mais exacte, à une équation unique à une seule inconnue. Il y est parvenu par une considération ingénieuse, fondée sur ce que le lieu apparent de la comète, dans la seconde observation, s'écarte du grand cercle mené par les lieux apparens, dans la première et dans la troisième observation; et la détermination de cet écartement l'a conduit directement à une construction analogue à celle que nous venons de donner, et qui se réduit à une équation en r du septième degré. Voyez les Mémoires de l'Académie de Berlin pour l'année 1771.

Connaissant ainsi les valeurs de r et R, on aura

$$R' = \frac{Q'}{Q} R, \qquad R'' = \frac{Q_2}{Q} R,$$

et les deux équations (art. 40 et 41)

$$R'^2 - 2R'\rho' \cos(C'S') + \rho'^2 = r' = \mathrm{r}^2 + \left(2t - \frac{t^3}{3\mathrm{r}^3}\right)\mathrm{s} + t^2 \frac{d\mathrm{s}}{dt},$$

$$R''^2 - 2R''\rho'' \cos(C''S'') + \rho''^2 = r'' = \mathrm{r}^2 + \left(2mt - \frac{m^3t^3}{3\mathrm{r}^3}\right)\mathrm{s} + m^2t^2 \frac{d\mathrm{s}}{dt},$$

donneront les valeurs des constantes s et $\frac{d\mathrm{s}}{dt}$, et de là celles des élémens a et b de l'orbite, par les formules (art. 22) de l'article 28, $2a$ étant le grand axe, et $2b$ le paramètre.

46. Si on suppose l'orbite parabolique, on aura a infini, ce qui donne $\frac{d\mathrm{s}}{dt} = -\frac{\mathrm{g}}{\mathrm{r}}$. Dans ce cas, les deux dernières équations

ne

ne contiendront plus que l'inconnue s, laquelle étant éliminée, on aura une nouvelle équation en r qui devra avoir une racine commune avec celle qu'on a déjà trouvée, ce qui servira à faciliter la recherche de cette racine.

En adoptant d'abord, pour les comètes, l'hypothèse de la parabole, il sera préférable de faire dépendre la solution uniquement de cette dernière équation, parce qu'elle a l'avantage d'être exempte de la quantité G, qui est très-petite du troisième ordre, lorsque les intervalles de temps t et t', ou mt, sont très-petits du premier, comme on le verra plus bas, de sorte que les erreurs des observations d'où cette quantité dépend, peuvent y avoir une influence très-grande.

En faisant, pour abréger,

$$\frac{m(Q_1)^2-(Q_2)^2}{Q^2}=M, \qquad \frac{mQ_1\rho'\cos(C'S')-Q_2\rho''\cos(C''S'')}{Q}=N,$$

et négligeant les termes affectés de t^3 dans les coefficiens de ρ, l'élimination de cette quantité donnera l'équation en R

$$MR^2-NR+m\rho'^2-\rho''^2-(m-1)\mathrm{r}^2=m(m-1)\frac{\mathrm{g}t^2}{\mathrm{r}}=0,$$

qui, étant combinée avec l'équation

$$R^2-2R\rho\cos(CS)+\rho^2-\mathrm{r}^2=0,$$

donnera, par l'élimination de R, une équation en r du sixième degré; et si, dans la combinaison des deux équations, on néglige le carré du terme $m(m-1)\frac{\mathrm{g}t^2}{\mathrm{r}}$, qui serait du quatrième ordre, l'équation finale ne montera plus qu'au cinquième degré. On pourrait même, dans la première approximation, négliger ce terme, qui n'est que du second ordre; alors l'équation finale ne serait plus que du quatrième degré, et pourrait se résoudre directement par les méthodes connues.

La valeur de r donnera celles de R, R', R'', et de là celles de s, par les formules de l'article précédent, et comme on suppose a infini, on aura

$$b = 2r - s^2,$$

où le demi-paramètre b devient double de la distance périhélie de la comète.

47. Après avoir réduit le problème des comètes à des équations finales à une seule inconnue, il reste à examiner les quantités qui doivent être supposées connues; ces quantités sont:

1°. Les trois rayons ρ, ρ', ρ'', qui représentent les distances du soleil à la terre dans les trois observations, et qui doivent être calculées par les tables du soleil.

2°. Les quantités G, Γ, Γ', Γ'', Γ_1, Γ'_1, Γ''_1, Γ_2, Γ'_2, Γ''_2, d'ou dépendent les valeurs de P, Q, P_1, Q_1, P_2, Q_2 (art. 41 et 43); celles-ci doivent être déterminées par les trois observations de la comète et par le calcul des lieux du soleil; mais on peut les ramener à des expressions plus simples, qui en rendront la détermination beaucoup plus facile.

Commençons par la quantité G, dont les autres ne sont que des dérivées; on a (art. 41)

$$G = lm'n'' + mn'l'' + nl'm'' - ln'm'' - ml'n'' - nm'l'';$$

le carré de cette expression peut se mettre sous la forme

$$\begin{aligned}G^2 = &(l^2 + m^2 + n^2)(l'^2 + m'^2 + n'^2)(l''^2 + m''^2 + n''^2)\\ &+ 2(ll' + mm' + nn')(ll'' + mm'' + nn'')(l'l'' + m'm'' + n'n'')\\ &- (l^2 + m^2 + n^2)(l'l'' + m'm'' + n'n'')^2\\ &- (l'^2 + m'^2 + n'^2)(ll'' + mm'' + nn'')^2\\ &- (l''^2 + m''^2 + n''^2)(ll' + mm' + nn')^2,\end{aligned}$$

comme on peut s'en convaincre par le développement. Or par la nature des quantités l, m, n, l', m', n', l'', m'', n'' (art. 37),

$$l^2 + m^2 + n^2 = 1, \quad l'^2 + m'^2 + n'^2 = 1, \quad l''^2 + m''^2 + n''^2 = 1.$$

Donc, faisant pour abréger,

$$\begin{aligned} L &= ll' + mm' + nn', \\ L' &= ll'' + mm'' + nn'', \\ L'' &= l'l'' + m'm'' + n'n'', \end{aligned}$$

on aura

$$G^2 = 1 + 2LL'L'' - L^2 - L'^2 - L''.$$

Or nous avons déjà remarqué (art. 38) que la quantité $ll' + mm' + nn'$ est égale au cosinus de l'angle compris entre les deux rayons R et R' dirigés vers la comète dans les deux premières observations, angle que nous avons désigné par le côté CC' du triangle sphérique $CC'C''$, supposé tracé sur la sphère en joignant par des arcs de grands cercles les trois lieux apparens de la comète dans les trois observations. Ce triangle est entièrement donné par les observations de la comète, de quelque manière qu'elles aient été faites; et nous pouvons regarder comme connus ses trois côtés CC', CC'', $C'C''$, ainsi que les angles C, C', C'', qui sont respectivement opposés aux côtés $C'C''$, CC'' et CC'.

On aura donc

$$L = \cos(CC'),$$

et de même

$$L' = \cos(CC''), \qquad L'' = \cos(C'C''),$$

et l'expression de la quantité G^2 deviendra

$$\begin{aligned} G^2 = 1 &+ 2\cos(CC') \times \cos(CC'') \times \cos(C'C'') \\ &- \cos(CC')^2 - \cos(CC'')^2 - \cos(C'C''). \end{aligned}$$

Cette expression de G^2 peut encore se réduire à une forme plus simple; car il est facile de se convaincre, par le développement des termes, qu'elle est la même chose que celle-ci :

$$\overline{\cos(CC'+CC'')-\cos(C'C'')}\times\overline{\cos(CC'-CC'')-\cos(C'C'')},$$

laquelle, par les transformations connues, devient celle-ci :

$$G^2=-4\sin\left(\frac{CC'+CC''+C'C''}{2}\right)\times\sin\left(\frac{CC'+CC''-C'C''}{2}\right)$$
$$\times\sin\left(\frac{CC'-CC''+C'C''}{2}\right)\times\sin\left(\frac{CC'-CC''-C'C''}{2}\right),$$

formule très-commode pour le calcul logarithmique.

Si l'on veut employer les angles du même triangle, on peut avoir encore une expression plus simple de la quantité G; car on a, par les formules connues,

$$\cos(C'C'')=\cos(CC')\times\cos(CC'')+\sin(CC')\times\sin(CC'')\times\cos C;$$

si on fait cette substitution dans la première expression de G^2, on aura, après les réductions,

$$G^2=\sin(CC')^2\times\sin(CC'')^2\times\sin C^2,$$

et par conséquent, en tirant la racine carrée,

$$G=\sin(CC')\times\sin(CC'')\times\sin C.$$

On peut trouver de la même manière

$$G=\sin(C'C'')\times\sin(C'C)\times\sin C'$$
$$=\sin(C''C)\times\sin(C'C'')\times\sin C''.$$

Il est facile de prouver que la quantité G n'est autre chose que la solidité prise six fois de la pyramide triangulaire qui a le sommet au centre de la sphère dont le rayon est supposé égal à l'unité, et qui s'appuie sur le triangle sphérique $CC'C''$, c'est-à-dire, qui a pour base le triangle rectiligne formé par les cordes des trois arcs CC', CC'', $C'C''$. Car si on considère une des faces triangulaires de cette pyramide, celle, par exemple, qui a pour base la corde de l'arc CC', on aura $\frac{1}{2}\sin(CC')$ pour l'aire de ce triangle isoscèle.

Ensuite si on considère la face adjacente qui a pour base la corde de l'arc CC'', il est visible que l'inclinaison mutuelle de ces deux faces sera égale à l'angle C du triangle sphérique; par conséquent la perpendiculaire menée de l'angle C'' sur la première face sera égale à $\sin(CC'') \times \sin C$. Cette perpendiculaire devient la hauteur de la pyramide, en la supposant couchée sur la première face égale à $\frac{1}{2}\sin(CC')$; donc la solidité de la pyramide sera égale à $\frac{1}{6}\sin(CC') \times \sin(CC'') \times \sin C$, et par conséquent égale à $\frac{G}{6}$.

48. Nous dénoterons en général par le symbole $(CC'C'')$ la fonction des côtés et des angles de tout triangle sphérique $CC'C''$, par laquelle nous avons exprimé la quantité G.

Ainsi ayant marqué sur un globe les trois lieux apparens de la comète C, C', C'', donnés par les trois observations, et formé le triangle sphérique $CC'C''$, on aura tout de suite

$$G = (CC'C'').$$

Si ensuite on place sur le même globe les trois lieux du soleil S, S', S'', dans les trois observations, et qu'en joignant ces lieux et ceux de la comète par des arcs de grands cercles, on forme différens triangles sphériques $SC'C''$; $S'C'C''$, etc., il est facile de voir, par ce que nous avons dit dans l'article 40, relativement aux quantités Γ, Γ', Γ'', Γ_1, Γ'_1, Γ''_1, Γ_2, Γ'_2, Γ''_2, que les trois premières seront données par des fonctions semblables des triangles $SC'C''$, $S'C'C''$, $S''C'C''$; que les trois autres seront données par de pareilles fonctions des triangles CSC'', $CS'C''$, $CS''C''$, et que les trois dernières le seront par de semblables fonctions des triangles $CC'S$, $CC'S'$, $CC'S''$. On aura donc ainsi, d'après la même notation,

$$\Gamma = (SC'C''), \quad \Gamma' = (S'C'C''), \quad \Gamma'' = (S''C'C''),$$
$$\Gamma_1 = (CSC''), \quad \Gamma'_1 = (CS'C''), \quad \Gamma''_1 = (CS''C''),$$
$$\Gamma_2 = (CC'S), \quad \Gamma'_2 = (CC'S'), \quad \Gamma''_2 = (CC'S'').$$

Ces quantités ne dépendent, comme l'on voit, que de la position mutuelle des lieux apparens de la comète et du soleil, et comme elles sont les seules qui entrent dans les équations qui déterminent les élémens absolus de l'orbite, notre analyse a l'avantage de séparer la détermination de ces élémens de celle des autres, élémens qu'on peut appeler *relatifs*, parce qu'ils se rapportent à la position de l'orbite dans l'espace.

49. On peut remarquer encore que les expressions que nous venons de donner ont lieu quelle que soit la position des lieux apparens de la comète et du soleil; mais lorsque, comme nous l'avons supposé, les lieux de la comète sont peu distans entr'eux, les arcs CC', $C'C''$ seront très-petits, et l'angle C' compris entre ces arcs, sera peu différent de deux droits; il serait égal à deux droits si la terre et la comète décrivaient, dans l'intervalle de la première à la troisième observation, des lignes droites, parce qu'alors les trois lieux apparens de la comète seraient dans un même grand cercle. Les sinus de CC', $C'C''$ et de C' seront donc très-petits, et la quantité $G = \sin(CC' \times \sin(C'C'') \times \sin C'$ sera très-petite du troisième ordre; mais les quantités

$$\Gamma = \sin(SC') \times \sin(SC'') \times \sin S,$$
$$\Gamma' = \sin(S'C') \times \sin(S'C'') \times \sin S', \text{ etc.}$$

ne seront que du premier; et comme d'ailleurs il n'entre dans la valeur de G que des quantités dépendantes des lieux apparens de la comète, au lieu que les quantités Γ, Γ', etc. dépendent en partie des lieux du soleil, qui, étant donnés par les tables, peuvent être regardés comme exacts; il s'ensuit que la valeur de la quantité G sera toujours beaucoup plus sujette à erreur, que celles des quantités Γ, Γ', etc., et qu'ainsi il conviendra, autant qu'il est possible, de l'éviter, comme nous l'avons montré dans l'article 46.

50. Nous remarquerons enfin que comme l'observation d'une

comète donne ordinairement son ascension droite et sa déclinaison, si on veut employer immédiatement ces données dans nos formules, il n'y aura qu'à supposer que les trois axes auxquels nous avons rapporté les rayons R, R', R'', dirigés vers la comète, et les rayons ρ, ρ', ρ'', dirigés vers le soleil, soient dirigés, le premier vers l'équinoxe du printemps, le second à angles droits sur le plan de l'équateur et suivant l'ordre des signes, et le troisième vers le pôle boréal de l'équateur; alors nommant a l'ascension droite de la comète, d sa déclinaison dans la première observation, et de même α l'ascension droite du soleil, δ sa déclinaison au même instant, il est facile de voir qu'on aura

$$l = \sin a \cos d, \qquad m = \sin a \cos d, \qquad n = \sin d,$$
$$\lambda = \sin \alpha \cos \delta, \qquad \mu = \sin \alpha \cos \delta, \qquad \nu = \sin \delta.$$

De là on aura (art. cité)

$$\begin{aligned}\cos(CS) &= l\lambda + m\mu + n\nu \\ &= \cos(a-\alpha)\cos d \cos\delta + \sin d \sin\delta,\end{aligned}$$

et pareillement

$$\cos(C'S') = \cos(a'-\alpha')\cos d'\cos\delta' + \sin d' \sin\delta',$$
$$\cos(C''S'') = \cos(a''-\alpha'')\cos d''\cos\delta'' + \sin d'' \sin\delta'',$$

en marquant, comme nous l'avons fait, par un trait et par deux traits les quantités analogues qui se rapportent à la seconde et à la troisième observation.

On aura de la même manière

$$\cos(CC') = \cos(a-a')\cos d \cos d' + \sin d \sin d',$$
$$\cos(SS') = \cos(\alpha-\alpha')\cos\delta \cos\delta' + \sin\delta \sin\delta',$$
$$\cos(CS') = \cos(a-\alpha')\cos d \cos\delta' + \sin d \sin\delta',$$

et ainsi des autres cosinus.

Si ensuite on substitue ces mêmes valeurs de l, m, n, l', m',

n', l'', m'', n'' dans l'expression de G, on aura

$$\begin{aligned} G &= \cos d \cos d' \sin d'' \sin (a' - a) \\ &- \cos d \cos d'' \sin d' \sin (a'' - a) \\ &+ \cos d' \cos d'' \sin d \sin (a'' - a') \\ &= \cos d \cos d' \cos d^2 [\sin(a' - a) \operatorname{tang} d'' \\ &- \sin (a'' - a) \operatorname{tang} d' + \sin(a'' - a') \operatorname{tang} d], \end{aligned}$$

et l'on en déduira les valeurs de Γ, Γ', Γ'', en changeant a et d en α et δ, en α' et δ', en α'' et δ''; celles de Γ_1, Γ'_1, Γ''_1, en faisant les mêmes changemens sur a' et d', et celles Γ_2, Γ'_2, Γ''_2, en faisant ces mêmes changemens sur a'', d''. On aura ainsi

$$\begin{aligned} \Gamma &= \cos \delta \cos d' \cos d'' [\sin (a' - \alpha) \operatorname{tang} d'' \\ &- \sin (a'' - \alpha) \operatorname{tang} d' + \sin (a'' - a') \operatorname{tang} \delta], \\ \Gamma_1 &= \cos d \cos \delta \cos d'' [\sin (\alpha - a) \operatorname{tang} d'' \\ &- \sin (a'' - a) \operatorname{tang} \delta + \sin (a'' - \alpha) \operatorname{tang} d], \\ \Gamma_2 &= \cos d \cos d' \cos \delta'' [\sin (a' - a) \operatorname{tang} \delta \\ &- \sin (\alpha - a) \operatorname{tang} d' + \sin (\alpha - a') \operatorname{tang} \delta], \end{aligned}$$

et pour avoir les valeurs de Γ', Γ'_1, Γ'_2, et de Γ'', Γ''_1, Γ''_2, il n'y aura qu'à marquer, dans les expressions de Γ, Γ_1, Γ_2, les lettres α et δ d'un trait et de deux traits.

Il est inutile d'observer que si, au lieu des ascensions droites et des déclinaisons, on avait pour données les longitudes et les latitudes, il n'y aurait qu'à substituer ces données à la place de celles-là dans les mêmes formules; l'orbite se trouverait alors rapportée à l'écliptique, au lieu de l'être à l'équateur.

50. Après avoir calculé ces valeurs, on calculera celles des quantités Q, Q_1, Q_2, par la formule de l'article 42, et si on veut employer la méthode de l'article 44, comme la plus courte, on aura tout de suite l'équation finale en r, dont la résolution ne

sera

sera pas difficile, en la réduisant pour la première approximation au quatrième degré.

Si les intervalles entre les observations étaient égaux, on aurait $t' = 2t$, et par conséquent $m = 2$, ce qui donnerait

$$\begin{aligned} Q &= \rho\Gamma - 8\rho'\Gamma' + \rho''\Gamma'' \\ &= - 6\rho'\Gamma' + \Delta^2.\rho\Gamma, \end{aligned}$$

en désignant par la caractéristique Δ^2 la différence seconde des quantités $\rho\Gamma$, $\rho'\Gamma'$, $\rho''\Gamma''$, dans lesquelles il n'y a que les quantités relatives au soleil qui varient. Or comme on suppose les observations peu distantes entr'elles, les différences de ces quantités seront très-petites, par conséquent la différence seconde $\Delta^2.\rho\Gamma$ sera très-petite du second ordre et pourra être négligée vis-à-vis de la quantité finie $-6\rho'\Gamma'$, ce qui réduira la valeur de Q à cette seule quantité; et on pourra faire les mêmes réductions sur les quantités analogues Q_1, Q_2; de sorte qu'on aura simplement

$$Q = -6\rho'\Gamma', \qquad Q_1 = -6\rho'\Gamma'_1, \qquad Q_2 = -6\rho'\Gamma'_2,$$

ce qui abrégera encore le calcul de la première approximation.

A l'égard de la mesure du temps, comme ce temps doit être représenté par le mouvement moyen du soleil, si on veut l'exprimer en jours moyens, il suffira de multiplier le nombre des jours et des décimales de jours par l'angle du mouvement moyen du soleil dans un jour, réduit en parties du rayon. Cet angle est de 59′ 8″,3, et donne en parties du rayon le nombre 0,0172021, par lequel il faudra donc multiplier les intervalles de temps t, réduits en jours moyens.

CHAPITRE II.

Sur la variation des élémens des orbites elliptiques produite par une force d'impulsion, ou par des forces accélératrices.

52. Un des premiers et des plus beaux résultats de la Théorie de Newton, sur le système du monde, consiste en ce que toutes les orbites des corps célestes sont de même nature, et ne diffèrent entr'elles qu'à raison de la force de projection que ces corps peuvent être supposés avoir reçue dans l'origine des choses. Il suit de là que si une planète ou une comète venait à recevoir une impulsion étrangère quelconque, son orbite en serait dérangée; mais il n'y aurait que les élémens, qui sont les constantes arbitraires de l'équation, qui pourraient changer; c'est ainsi que l'orbite circulaire ou elliptique d'une planète pourrait devenir parabolique ou même hyperbolique, ce qui transformerait la planète en comète.

Il en est de même de tous les problèmes de Mécanique. Comme les constantes arbitraires introduites par les intégrations dépendent de l'état initial du système, qui peut être placé dans un instant quelconque, si on suppose que les corps viennent à recevoir pendant leur mouvement des impulsions quelconques, les vîtesses produites par ces impulsions étant composées avec les vîtesses déjà acquises par les corps, pourront être regardées comme des vîtesses initiales, et ne feront que changer les valeurs des constantes.

Et si au lieu d'impulsions finies, qui n'agissent que dans un instant, on suppose des impulsions infiniment petites, mais dont l'action soit continuelle, les mêmes constantes deviendront tout-à-fait variables, et serviront à déterminer l'effet de ces sortes de forces, qu'il faudra regarder comme des forces perturbatrices. On aura alors le problème dont nous avons donné une solution générale dans la cinquième Section, et que nous appliquerons ici aux orbites des planètes.

§ I.

Du changement produit dans les élémens de l'orbite d'une planète, lorsqu'elle est supposée recevoir une impulsion quelconque.

53. Nous avons vu dans le paragraphe II du chapitre précédent, comment on peut exprimer tous les élémens du mouvement elliptique d'une planète, par des fonctions des coordonnées x, y, z, et de leurs différentielles $\frac{dx}{dt}$, $\frac{dy}{dt}$, $\frac{dz}{dt}$, qui expriment les vîtesses suivant les directions de ces coordonnées. Si donc on suppose qu'une planète, pendant qu'elle se meut, reçoive dans un lieu quelconque de son orbite, une impulsion qui lui communique les vîtesses $\dot{x}$, $\dot{y}$, $\dot{z}$ suivant les mêmes coordonnées et tendantes à les augmenter, il n'y aura qu'à mettre dans les mêmes fonctions $\frac{dx}{dt}+\dot{x}$, $\frac{dy}{dt}+\dot{y}$, $\frac{dz}{dt}+\dot{z}$, à la place de $\frac{dx}{dt}$, $\frac{dy}{dt}$, $\frac{dz}{dt}$, et l'on aura les élémens de la nouvelle orbite que la planète décrira après l'impulsion.

Si à la place des coordonnées rectangles x, y, z, on prend, comme dans l'article 5, le rayon vecteur r, avec les angles ψ et φ, dont le premier, ψ, soit l'inclinaison de r sur le plan fixe des x, y, et dont l'autre, φ, soit l'angle de la projection de r sur ce plan avec l'axe fixe des x, les expressions de l'orbite deviennent plus simples.

En effet, en substituant $r\cos\psi\cos\varphi$, $r\cos\psi\sin\varphi$ et $r\sin\psi$ à la place de x, y, z, on trouve pour les élémens a, b, h, i,

$$\frac{1}{a}=\frac{2}{r}-\frac{r^2(\cos\psi^2 d\varphi^2+d\psi^2)+dr^2}{gdt^2},$$

$$b=\frac{r^4(\cos\psi^2 d\varphi^2+d\psi^2)}{gdt^2},$$

$$\text{tang}\, h = \frac{\sin\varphi d\psi - \sin\psi \cos\psi \cos\varphi d\varphi}{\cos\varphi d\psi - \sin\psi \cos\psi \sin\varphi d\varphi},$$

$$\text{tang}\, i = \frac{\sqrt{d\psi^2 + \sin\psi^2 \cos\psi^2 d\varphi^2}}{\cos\psi^2 d\varphi}.$$

Dans ces formules, les expressions différentielles $\frac{dr}{dt}$, $\frac{rd\varphi}{dt}$ et $\frac{rd\psi}{dt}$ représentent les vîtesses dans la direction du rayon r, dans une direction perpendiculaire à ce rayon et parallèle au plan de projection, et dans une direction perpendiculaire à ce même plan.

54. Prenons, pour plus de simplicité, le plan de projection dans le plan même de l'orbite, et supposons que la vîtesse reçue par l'impulsion soit décomposée en trois, l'une suivant le rayon r, l'autre perpendiculaire à ce rayon dans le plan de l'orbite, et la troisième perpendiculaire à ce plan. Si on désigne la première par $\dot{r}$, la seconde par $r\dot{\varphi}$ et la troisième par $r\dot{\psi}$, on aura les élémens de la nouvelle orbite après l'impulsion, en mettant dans les expressions précédentes $dr + \dot{r}dt$, $d\varphi + \dot{\varphi}dt$, $d\psi + \dot{\psi}dt$ à la place de dr, $d\varphi$, $d\psi$, et faisant $\psi = 0$, $d\psi = 0$; alors la position de la nouvelle orbite se trouvera rapportée au plan de l'orbite primitive.

Soient A, B, H, I ce que les élémens a, b, h, i deviennent pour la nouvelle orbite, on aura

$$\frac{1}{A} = \frac{2}{r} - \frac{r^2[(d\varphi + \dot{\varphi}dt)^2 + \dot{\psi}^2 dt] + (dr + \dot{r}dt)^2}{gdt^2},$$

$$B = \frac{r^4[(d\varphi + \dot{\varphi}dt)^2 + \dot{\psi}dt^2]}{gdt^2},$$

$$\text{tang}\, I = \frac{\dot{\psi}dt}{d\varphi + \dot{\varphi}dt},$$

$$\text{tang}\, H = \frac{\sin\varphi}{\cos\varphi} = \text{tang}\, \varphi,$$

donc $H = \varphi$; en effet, il est clair que le nœud de la nouvelle orbite avec l'orbite primitive doit être dans le lieu où se fait l'impulsion.

Si on fait aussi $\psi = 0$ et $\frac{d\psi}{dt} = 0$ dans les expressions des élémens primitifs a et b, on a

$$\frac{1}{a} = \frac{2}{r} - \frac{r^2 d\varphi^2 + dr^2}{g dt^2}, \qquad b = \frac{r^4 d\varphi^2}{g dt^2},$$

et de là on tire

$$\frac{d\varphi}{\sqrt{g}dt} = \frac{\sqrt{b}}{r^2}, \qquad \frac{dr}{gdt} = \sqrt{\frac{2}{r} - \frac{1}{a} - \frac{b}{r^2}}.$$

En substituant ces valeurs, on aura les élémens de la nouvelle orbite exprimés par ceux de l'orbite primitive et par les vîtesses $\dot{r}$, $r\dot{\varphi}$, $r\dot{\psi}$ produites par l'impulsion.

55. Supposons maintenant qu'on demande l'impulsion nécessaire pour changer les élémens primitifs a, b en A et B, et pour rendre la nouvelle orbite inclinée à la première avec l'angle I, il ne s'agira que d'avoir les expressions $\dot{\varphi}$, $\dot{\psi}$, $\dot{r}$ en A, B, I et a, b, r. Les formules que nous venons de trouver donnent

$$\dot{\psi} = \frac{\sqrt{gB} \times \sin I}{r^2},$$

$$\dot{\varphi} = \frac{\sqrt{gB} \times \cos I - \sqrt{gb}}{r^2},$$

$$\dot{r} = \sqrt{g} \times \sqrt{\frac{2}{r} - \frac{1}{A} - \frac{B}{r^2}} - \sqrt{g} \times \sqrt{\frac{2}{r} - \frac{1}{a} - \frac{b}{r^2}}.$$

Soit u la vîtesse imprimée par l'impulsion, et soient α, β, γ les angles que la direction de l'impulsion fait avec trois axes dont l'un soit le rayon r prolongé, l'autre perpendiculaire à ce rayon dans le plan de l'orbite primitive et dans le sens du mouvement de la planète, et le troisième perpendiculaire au même plan, on aura par le principe de la décomposition, $u\cos\alpha$, $u\cos\beta$, $u\cos\gamma$ pour les trois vîtesses suivant ces axes, lesquelles sont aussi celles que nous avons désignées par $\dot{r}$, $r\dot{\varphi}$ et $r\dot{\psi}$. On aura donc

$$u\cos\alpha = \dot{r}, \quad u\cos\beta = r\dot{\varphi}, \quad u\cos\gamma = r\dot{\psi};$$

d'ou l'on tire, à cause de $\cos\alpha^2 + \cos\beta^2 + \cos\gamma^2 = 1$,

$$u = \sqrt{\dot{r}^2 + r^2\dot{\varphi}^2 + r^2\dot{\psi}^2}.$$

Donc, si on fait pour abréger,

$$F = \sqrt{\frac{2}{r} - \frac{1}{A} - \frac{B}{r^2}}, \quad f = \sqrt{\frac{2}{r} - \frac{1}{a} - \frac{b}{r^2}},$$

on aura

$$u = \sqrt{g\left(\frac{4}{r} - \frac{1}{A} - \frac{1}{a} - \frac{\sqrt{Bb}}{r^2}\cos I - 2Ff\right)},$$

$$\cos\alpha = \frac{F-f}{u}\sqrt{g},$$

$$\cos\beta = \frac{\sqrt{B}\cos I - \sqrt{b}}{ur}\sqrt{g},$$

$$\cos\gamma = \frac{\sqrt{B}\sin I}{ur}\sqrt{g}.$$

Mais si on voulait rapporter la direction de l'impulsion à deux autres axes placés dans le plan de l'orbite primitive, dont l'un serait perpendiculaire et l'autre tangent à cette orbite, alors en nommant ε l'angle que la perpendiculaire à l'orbite fait avec le rayon vecteur r, et dont la tangente est exprimée par $\frac{dr}{rd\varphi}$, les vîtesses imprimées suivant ces deux axes seront

$$\dot{r}\cos\varepsilon - r\dot{\varphi}\sin\varepsilon \quad \text{et} \quad \dot{r}\sin\varepsilon + r\dot{\varphi}\cos\varepsilon,$$

la vîtesse suivant le troisième axe perpendiculaire au plan de l'orbite demeurant la même. Si donc on désigne par α' et par β' les angles que la direction de l'impulsion fait avec ces nouveaux axes, on aura

$$u \cos \alpha' = \dot{r} \cos \varepsilon - r\dot{\varphi} \sin \varepsilon,$$
$$u \cos \beta' = \dot{r} \sin \varepsilon + r\dot{\varphi} \cos \varepsilon;$$

or on a

$$\operatorname{tang} \varepsilon = \frac{dr}{rd\varphi} = \frac{fr}{\sqrt{b}};$$

d'où l'on tire, en substituant la valeur de f,

$$\sin \varepsilon = \frac{f}{\sqrt{\frac{2}{r} - \frac{1}{a}}}, \qquad \cos \varepsilon = \frac{\sqrt{b}}{r\sqrt{\frac{2}{r} - \frac{1}{a}}},$$

et de là on aura

$$\cos \alpha' = \frac{F\sqrt{b} - f\sqrt{B} \times \cos I}{ur\sqrt{\frac{2}{r} - \frac{1}{a}}} \sqrt{g},$$

$$\cos \beta' = \left(\frac{r^2 Ff + \sqrt{Bb} \times \cos I}{ur^2 \sqrt{\frac{2}{r} - \frac{1}{a}}} - \frac{\sqrt{\frac{2}{r} - \frac{1}{a}}}{u} \right) \sqrt{g},$$

où l'on remarquera que $\sqrt{g} \times \sqrt{\frac{2}{r} - \frac{1}{a}}$ est la vîtesse dans l'orbite primitive.

A l'égard des signes ambigus des radicaux qui entrent dans ces formules, on remarquera, 1°. que f étant la valeur de $\frac{dr}{gdt}$, exprime la vîtesse suivant le rayon r, dans l'orbite primitive, et qne F exprimera la vîtesse suivant ce rayon dans la nouvelle orbite; ainsi il faudra prendre ces quantités positivement ou négativement, suivant que les vîtesses qu'elles représentent tendront à augmenter ou à diminuer le rayon r, c'est-à-dire, à éloigner ou à rapprocher le corps du foyer.

2°. Que $\frac{\sqrt{b}}{r}$ étant $= \frac{r^2 d\varphi}{gdt}$, représente la vîtesse circulatoire autour du foyer dans l'orbite primitive, et que de même $\frac{\sqrt{B}}{r}$ représentera la vîtesse circulatoire dans la nouvelle orbite, et $\frac{\sqrt{B}}{r}\cos I$ sera cette vîtesse circulatoire rapportée au plan de l'orbite primitive. Ainsi en prenant $\sqrt{b}$ positivement, il faudra prendre l'autre radical $\sqrt{B}$ positivement ou négativement, suivant que la nouvelle orbite sera, par rapport au plan de l'orbite primitive, dans le même sens que dans cette orbite, ou en sens contraire, c'est-à-dire, suivant que le mouvement dans la nouvelle orbite sera direct ou rétrograde, relativement au mouvement dans l'orbite primitive.

56. Lorsqu'on voudra appliquer ces formules aux planètes et aux comètes, on fera $g=1$, en prenant la distance moyenne de la terre au soleil pour l'unité des distances, et la vîtesse moyenne de la terre dans son orbite, pour l'unité des vîtesses. Cette vîtesse est à peu près de 7 lieues, de 25 au degré, par seconde. La vîtesse d'un boulet de 24, au sortir du canon, est d'environ 1400 pieds, ou 233 toises par seconde, laquelle est aussi à peu près celle d'un point de l'équateur dans le mouvement diurne de la terre, celle-ci étant de 238 toises par seconde. Donc si, pour rendre nos estimations plus sensibles, nous prenons pour unité cette vîtesse d'un boulet de 24, laquelle est à peu près d'un dixième de lieue, la vîtesse de la terre dans son orbite sera exprimée par le nombre 70; par conséquent il faudra multiplier par 70 la valeur u de la vîtesse d'impulsion.

Voyons quelle peut être la plus grande valeur de u.

En nommant e l'excentricité de l'orbite primitive, et φ l'anomalie vraie qui répond au rayon r, on a (art. 15)

$$r=\frac{b}{1+e\cos\varphi}=\frac{a(1-e^2)}{1+e\cos\varphi};$$

donc

donc

$$\frac{1}{a} = \frac{1-e^2}{r(1+e\cos\varphi)}.$$

Ainsi la plus petite valeur de $\frac{1}{a}$ sera $\frac{1-e}{r}$, et de même la plus petite valeur de $\frac{1}{A}$ sera $\frac{1-E}{r}$, en nommant E l'excentricité de la nouvelle orbite. Donc la plus grande valeur des termes $\frac{4}{r}-\frac{1}{A}-\frac{1}{a}$ sera $\frac{2+E+e}{r}$; et cette expression aura lieu aussi pour les orbites hyperboliques où E et e surpasseraient l'unité.

Par les mêmes formules on a $\frac{b}{r} = 1+e\cos\varphi$, dont la plus grande valeur est $1+e$; la plus grande valeur de $\frac{B}{r}$ sera de même $1+E$; donc la plus grande valeur de $\frac{\sqrt{Bb}}{r^2}$ sera $\frac{\sqrt{(1+E)(1+e)}}{r}$; mais il est facile de prouver que $\sqrt{(1+E)(1+e)} < 1+\frac{E+e}{2}$; car la différence de leurs carrés est $\frac{1}{4}(E-e)^2$; donc on aura toujours

$$\frac{2\sqrt{Bb}}{r^2} < \frac{2+E+e}{r},$$

Il faut encore chercher les plus grandes valeurs de f et F. Or les plus petites valeurs de $\frac{1}{a}$ et de $\frac{b}{r^2}$ étant $\frac{1-e}{r}$, la plus grande valeur de f sera $\sqrt{\frac{2e}{r}}$, et de même la plus grande valeur de F sera $\sqrt{\frac{2E}{r}}$.

Donc, puisque dans les expressions de u, $\sqrt{b}$, $\sqrt{B}$, f et F peuvent avoir les signes $+$ ou $-$, en prenant positivement les termes qui contiennent ces radicaux, et donnant aussi à $\cos I$ sa plus grande valeur 1, on aura

$$u < \sqrt{\frac{4+2(E+e)+4\sqrt{Ee}}{r}}.$$

Cette limite se réduira à $\sqrt{\frac{6}{r}}$, lorsque l'orbite primitive sera circulaire ou presque circulaire comme celles des planètes, et que la nouvelle sera parabolique comme celles des comètes.

57. Les principales circonstances du mouvement des planètes autour du soleil, nous portent à croire qu'elles ont eu une origine connue; c'est le contraire pour les comètes; elles n'ont de commun entr'elles que le mouvement dans une parabole, ou, en général, dans une section conique; et elles paraissent avoir été jetées au hasard dans l'espace.

Ne peut-on pas supposer que la cause qui a produit nos planètes en a produit en même temps un plus grand nombre d'autres placées au-delà de Saturne, et décrivant des orbites semblables, comme Uranus, mais dont plusieurs seront devenues ensuite comètes, en éclatant par une explosion interne; car une planète étant brisée en deux ou plusieurs morceaux, par la force de l'explosion, chacun de ses morceaux recevra une impulsion qui lui fera décrire une orbite différente de celle de la planète; et pour que cette orbite soit parabolique, il suffira que la vîtesse imprimée par l'explosion n'excède pas 70 $\sqrt{\frac{6}{r}}$ fois celle d'un boulet de canon. Pour Saturne on a $r=9$, et pour Uranus $r=19$: en supposant $r=24$, il suffira d'une vîtesse moindre que 35 fois celle d'un boulet qui n'est produite que par une poignée de poudre.

L'hypothèse d'une planète brisée par une explosion interne, a déjà été proposée par M. Olbers, pour expliquer la presqu'égalité des élémens des quatre nouvelles planètes, et ce qui pourrait la confirmer, ce sont les variations de lumière qu'on observe dans ces planètes, et qui, en indiquant un mouvement de rotation, indiquent en même temps que leur figure n'est pas de révolution comme celles des autres planètes; que par conséquent elles ne pouvaient pas être fluides, mais qu'elles devaient être déjà durcies lorsqu'elles sont devenues planètes comme elles le sont dans l'état actuel.

Si on suppose l'orbite primitive circulaire, et l'orbite changée par l'explosion, elliptique mais peu différente d'un cercle, et peu inclinée au plan de l'orbite primitive, et qu'on n'ait égard qu'aux premières dimensions de l'excentricité E et du sinus de l'inclinaison I, on a

$$u = \frac{\sqrt{E^2(\sin\Phi^2 + \frac{1}{4}\cos\Phi^2) + \sin I^2}}{\sqrt{r}},$$

$$\cos\alpha = \frac{E\sin\Phi}{u\sqrt{r}}, \quad \cos\beta = \frac{E\cos\Phi}{2u\sqrt{r}}, \quad \cos\gamma = \frac{\sin I}{u\sqrt{r}},$$

l'angle Φ étant celui que le rayon r fait avec le rayon du périhélie.

Ainsi, puisque les excentricités et les inclinaisons des planètes ne gardent entr'elles aucune loi, et n'ont de commun que leur petitesse, on pourrait supposer que les orbites des planètes ont été circulaires dans leur formation, et qu'elles sont devenues ensuite elliptiques et inclinées par l'effet de petites explosions internes. En effet, si un petit morceau m de la masse M d'une planète en avait été détaché et lancé avec une vîtesse V capable d'en faire une comète, la planète n'aurait reçu en sens contraire qu'une petite vîtesse $\frac{\mathrm{m}V}{\mathrm{M}-\mathrm{m}}$ qui aurait pu changer son orbite circulaire en elliptique et inclinée, comme celles de nos planètes, et la même impulsion aurait pu produire aussi quelque changement sur sa rotation, comme nous le verrons plus bas.

§ II.

Variations des élémens des planètes produites par des forces perturbatrices.

58. Supposons maintenant que les impulsions qui changent les constantes arbitraires soient infiniment petites et continuelles : ces constantes deviendront variables, et on pourra, de cette manière, réduire l'effet des forces perturbatrices des planètes, aux variations des élémens de leurs orbites.

Soient X, Y, Z les forces perturbatrices décomposées suivant les directions des coordonnées rectangles x, y, z, et tendantes à augmenter ces coordonnées; ces forces engendreront pendant l'instant dt les petites vîtesses Xdt, Ydt, Zdt, qu'il faudra ajouter aux vîtesses $\frac{dx}{dt}$, $\frac{dy}{dt}$, $\frac{dz}{dt}$, dans l'expression de chacun des élémens a, b, c, etc., comme dans l'article 52. Mais comme ces vîtesses additionnelles sont ici infiniment petites, elles ne produiront dans les élémens que des variations infiniment petites, qu'on pourra déterminer par le calcul différentiel.

Faisons, pour abréger,

$$\frac{dx}{dt} = x', \qquad \frac{dy}{dt} = y', \qquad \frac{dz}{dt} = z';$$

chacun des élémens sera exprimé par une fonction donnée de x, y, z, x', y', z'. Soit a un quelconque de ces élémens, on aura sa variation da, en augmentant x', y', z' des quantités infiniment petites Xdt, Ydt, Zdt; on aura ainsi

$$da = \left(\frac{da}{dx'} X + \frac{da}{dy'} Y + \frac{da}{dz'} Z\right) dt,$$

et l'on aura de pareilles équations pour les autres élémens de l'orbite b, c, h, i, k.

Pour faire usage de ces équations, il faudra substituer à la place des variables x, y, z, x', y', z', leurs valeurs en t et en a, b, c, etc. données par les formules trouvées dans le chapitre premier; on aura ainsi autant d'équations du premier ordre entre le temps t et les élémens a, b, c, etc., devenus variables, qu'il y a de ces élémens, et il ne s'agira plus que de les intégrer.

Si on voulait introduire directement les forces perturbatrices dans les équations de l'orbite primitive, (art. 4), il n'y aurait qu'à ajouter respectivement les quantités X, Y, Z aux termes $R\frac{dr}{dx}$, $R\frac{dr}{dy}$, $R\frac{dr}{dz}$ de ces équations. Ainsi on peut regarder les équations précédentes entre les nouvelles variables a, b, c, etc., comme des transformées des équations en x, y, z; mais ces transformations seraient peu utiles pour la solution générale du problème. Leur grande utilité est lorsque la solution rigoureuse est impossible, et que les forces perturbatrices sont très-petites; elles fournissent alors un moyen d'approximation que nous avons exposé d'une manière générale dans la cinquième Section.

59. Cette approximation, fondée sur la variation des élémens, est surtout applicable aux orbites elliptiques des planètes, autant qu'elles sont dérangées par l'action des autres planètes, et les géomètres l'ont souvent employée dans la théorie des planètes et des comètes; on peut dire que ce sont les observations elles-mêmes qui l'ont fait connaître, avant qu'on y eût été conduit par le calcul; elle a l'avantage de conserver la force elliptique des orbites, et même de supposer l'ellipse invariable pendant un temps infiniment petit, de manière que non-seulement le lieu de la planète, mais aussi sa vîtesse et sa direction ne soient point affectées de la variation instantanée des élémens.

En effet, en regardant les coordonnées x, y, z comme des fonctions du temps et des élémens a, b, c, etc., devenues variables, on a par la différentiation

$$dx = \frac{dx}{dt}dt + \frac{dx}{da}da + \frac{dx}{db}db + \frac{dx}{dc}dc + \text{etc.},$$

et il est facile de prouver que la partie qui contient les variations da, db, etc. devient nulle par la substitution de la valeur de da donnée ci-dessus, et des valeurs semblables de db, dc, etc. Car en faisant ces substitutions dans les termes $\frac{dx}{da}da + \frac{dx}{db}db + \text{etc.}$, et ordonnant par rapport aux quantités X, Y, Z, on aura

$$\left(\frac{dx}{da} \times \frac{da}{dx'} + \frac{dx}{db} \times \frac{db}{dx'} + \frac{dx}{dc} \times \frac{dc}{dx'} + \text{etc.}\right) Xdt$$
$$+ \left(\frac{dx}{da} \times \frac{da}{dy'} + \frac{dx}{db} \times \frac{db}{dy'} + \frac{dx}{dc} \times \frac{dc}{dy'} + \text{etc.}\right) Ydt$$
$$+ \left(\frac{dx}{da} \times \frac{da}{dz'} + \frac{dx}{db} \times \frac{db}{dz'} + \frac{dx}{dc} \times \frac{dc}{dz'} + \text{etc.}\right) Zdt.$$

Mais en regardant d'abord x, y, z, x', y', z' comme fonctions de a, b, c, h, i, k, et ensuite a, b, c, etc. comme fonctions de x, y, z, x', etc., on a

$$dx = \frac{dx}{da}da + \frac{dx}{db}db + \frac{dx}{dc}dc + \frac{dx}{dh}dh + \text{etc.},$$

$$dy = \frac{dy}{da}da + \frac{dy}{db}db + \frac{dy}{dc}dc + \frac{dy}{dh}dh + \text{etc.},$$

etc.;

$$da = \frac{da}{dx}dx + \frac{da}{dy}dy + \frac{da}{dz}dz + \frac{da}{dx'}dx' + \text{etc.},$$

$$db = \frac{db}{dx}dx + \frac{db}{dy}dy + \frac{db}{dz}dz + \frac{db}{dx'}dx' + \text{etc.},$$

etc.

Substituant dans l'expression de dx, dy, etc. ces valeurs de da, db, etc., on doit avoir des équations identiques; par conséquent il faudra que les termes affectés de dx', dy', dz', dans les expressions de dx, dy, dz, deviennent nuls, ce qui donnera, par rapport à dx, les équations identiques

$$\frac{dx}{da}\times\frac{da}{dx'}+\frac{dx}{db}\times\frac{db}{dx'}+\frac{dx}{dc}\times\frac{dc}{dx'}+\text{etc.}=0,$$

$$\frac{dx}{da}\times\frac{da}{dy'}+\frac{dx}{db}\times\frac{db}{dy'}+\frac{dx}{dc}\times\frac{dc}{dy'}+\text{etc.}=0,$$

$$\frac{dx}{da}\times\frac{da}{dz'}+\frac{dx}{db}\times\frac{db}{dz'}+\frac{dx}{dc}\times\frac{dc}{dz'}+\text{etc.}=0.$$

On aura donc simplement, $dx=\frac{dx}{dt}dt$, et l'on trouvera de la même manière $dy=\frac{dy}{dt}dt$, $dz=\frac{dz}{dt}dt$, comme si les constantes a, b, c, h, etc. ne variaient point.

60. Lorsque les forces perturbatrices viennent des attractions d'autres corps fixes ou mobiles, et que ces attractions sont proportionnelles à des fonctions des distances, alors si on désigne, comme dans l'article 8 de la Section V, par $-\Omega$ la somme des intégrales de chaque force multipliée par l'élément de sa distance au centre d'attraction, et qu'on regarde la quantité Ω comme fonction de x, y, z les forces X, Y, Z sont de la forme

$$X=\frac{d\Omega}{dx},\quad Y=\frac{d\Omega}{dy},\quad Z=\frac{d\Omega}{dz};$$

je donne ici le signe $+$ à la quantité Ω, parce que j'ai supposé que les forces X, Y, Z tendent à augmenter les distances x, y, z, au lieu que dans les fonctions $-\Omega$ les forces perturbatrices, dirigées sur des centres, sont supposées tendre à diminuer les distances des corps à ces centres.

Dans ce cas, qui est celui de la nature, les variations des élémens a, b, c, peuvent s'exprimer d'une manière plus simple, en employant, au lieu des différences partielles de Ω relatives à x, y, z, ses différences partielles relatives à a, b, c, etc., après la substitution des valeurs de x, y, z en t et a, b, c, etc.; c'est cette considération qui a fait naître la nouvelle théorie de la variation des constantes arbitraires.

Si on regarde x, y, z comme fonctions de a, b, c, etc., on aura

$$\frac{d\Omega}{dx}=\frac{d\Omega}{da}\times\frac{da}{dx}+\frac{d\Omega}{db}\times\frac{db}{dx}+\frac{d\Omega}{dc}\times\frac{dc}{dx}+\text{etc.},$$

$$\frac{d\Omega}{dy}=\frac{d\Omega}{da}\times\frac{da}{dy}+\frac{d\Omega}{db}\times\frac{db}{dy}+\frac{d\Omega}{dc}\times\frac{dc}{dy}+\text{etc.},$$

$$\frac{d\Omega}{dz}=\frac{d\Omega}{da}\times\frac{da}{dz}+\frac{d\Omega}{db}\times\frac{db}{dz}+\frac{d\Omega}{dc}\times\frac{dc}{dz}+\text{etc.};$$

et ces valeurs étant substituées dans l'expression de da de l'article 58, à la place de X, Y, Z, elle deviendra

$$\begin{aligned} da = &\left(\frac{da}{dx'}\times\frac{da}{dx}+\frac{da}{dy'}\times\frac{da}{dy}+\frac{da}{dz'}\times\frac{da}{dz}\right)\frac{d\Omega}{da}\,dt \\ &+\left(\frac{da}{dx'}\times\frac{db}{dx}+\frac{da}{dy'}\times\frac{db}{dy}+\frac{da}{dz'}\times\frac{db}{dz}\right)\frac{d\Omega}{db}\,dt \\ &+\left(\frac{da}{dx'}\times\frac{dc}{dx}+\frac{da}{dy'}\times\frac{dc}{dy}+\frac{da}{dz'}\times\frac{dc}{dz}\right)\frac{d\Omega}{dc}\,dt, \\ &\text{etc.} \end{aligned}$$

On peut faire disparaître de cette expression les termes multipliés par $\frac{d\Omega}{da}$, par la considération que Ω ne contenant point les variables x', y', z', on a

$$\frac{d\Omega}{dx'}=\frac{d\Omega}{da}\times\frac{da}{dx'}+\frac{d\Omega}{db}\times\frac{db}{dx'}+\frac{d\Omega}{dc}\times\frac{dc}{dx'}+\text{etc.}=0,$$

$$\frac{d\Omega}{dy'}=\frac{d\Omega}{da}\times\frac{da}{dy'}+\frac{d\Omega}{db}\times\frac{db}{dy'}+\frac{d\Omega}{dc}\times\frac{dc}{dy'}+\text{etc.}=0,$$

$$\frac{d\Omega}{dz'}=\frac{d\Omega}{da}\times\frac{da}{dz'}+\frac{d\Omega}{db}\times\frac{db}{dz'}+\frac{d\Omega}{dc}\times\frac{dc}{dz'}+\text{etc.}=0.$$

Donc

Donc, si on soustrait de la valeur de da la quantité

$$\left(\frac{d\Omega}{dx'} \times \frac{da}{dx} + \frac{d\Omega}{dy'} \times \frac{da}{dy} + \frac{d\Omega}{dz'} \times \frac{da}{dz}\right) dt,$$

qui est nulle, on aura

$$da = \left\{\begin{matrix} \frac{da}{dx'} \times \frac{db}{dx} + \frac{da}{dy'} \times \frac{db}{dy} + \frac{da}{dz'} \times \frac{db}{dz} \\ - \frac{da}{dx} \times \frac{db}{dx'} - \frac{da}{dy} \times \frac{db}{dy'} - \frac{da}{dz} \times \frac{db}{dz'} \end{matrix}\right\} \frac{d\Omega}{db} dt$$

$$+ \left\{\begin{matrix} \frac{da}{dx'} \times \frac{dc}{dx} + \frac{da}{dy'} \times \frac{dc}{dy} + \frac{da}{dz'} \times \frac{dc}{dz} \\ - \frac{da}{dx} \times \frac{dc}{dx'} - \frac{da}{dy} \times \frac{dc}{dy'} - \frac{da}{dz} \times \frac{dc}{dz'} \end{matrix}\right\} \frac{d\Omega}{dc} dt,$$

etc.

Cette expression de da est en apparence plus compliquée que la formule primitive d'où nous sommes partis ; mais elle a, d'un autre côté, le grand avantage que les coefficiens des différences partielles $\frac{d\Omega}{db}$, $\frac{d\Omega}{dc}$, etc. deviennent indépendans du temps t, après la substitution des valeurs de x, y, z, x', y', z' en t et a, b, c, etc. données par le mouvement elliptique de la planète, comme on peut s'en assurer par la différentiation, en faisant varier le temps t dans les coefficiens.

61. En effet, puisque a est censé fonction de t, x, y, z, x', y', z', et que x, y, z, x', y', z' varient aussi avec t, de manière que $\frac{dx}{dt} = x'$, $\frac{dy}{dt} = y'$, $\frac{dz}{dt} = z'$ et $\frac{dx'}{dt} = -\frac{dV}{dx}$, $\frac{dy'}{dt} = -\frac{dV}{dy}$, $\frac{dz'}{dt} = -\frac{dV}{dz}$, par les équations différentielles du problème (art. 4), il s'ensuit qu'on aura, en différentiant par rapport à t,

$$d.\frac{da}{dx} = \left(\frac{d^2a}{dxdt} + \frac{d^2a}{dx^2} x' + \frac{d^2a}{dxdy} y' + \frac{d^2a}{dxdz} z' \right.$$
$$\left. - \frac{d^2a}{dxdx'} \times \frac{dV}{dx} - \frac{d^2a}{dxdy'} \times \frac{dV}{dy} - \frac{d^2a}{dxdz'} \times \frac{dV}{dz}\right) dt.$$

Mais a étant une des constantes arbitraires introduites par l'intégration des mêmes équations, sa différentielle relative à t doit devenir identiquement nulle par les mêmes valeurs de $\frac{dx'}{dt}$, $\frac{dy'}{dt}$, $\frac{dz'}{dt}$; on aura donc

$$\frac{da}{dt}+\frac{da}{dx}x'+\frac{da}{dy}y'+\frac{da}{dz}z'$$
$$-\frac{da}{dx'}\times\frac{dV}{dx}-\frac{da}{dy'}\times\frac{dV}{dy}-\frac{da}{dz'}\times\frac{dV}{dz}=0,$$

équation identique qui subsistera, par conséquent, en faisant varier séparément x, y, z, x', y', z'.

Faisons varier x; on aura donc aussi

$$\frac{d^2a}{dxdt}+\frac{d^2a}{dx^2}x'+\frac{d^2a}{dxdy}y'+\frac{d^2a}{dxdz}z'$$
$$-\frac{d^2a}{dxdx'}\times\frac{dV}{dx}-\frac{d^2a}{dxdy'}\times\frac{dV}{dy}-\frac{d^2a}{dxdz'}\times\frac{dV}{dz}$$
$$-\frac{da}{dx'}\times\frac{d^2V}{dx^2}-\frac{da}{dy'}\times\frac{d^2V}{dxdy}-\frac{da}{dz'}\times\frac{d^2V}{dxdz}=0.$$

Donc la valeur de la différentielle de $\frac{da}{dx}$ se réduira à

$$d.\frac{da}{dx}=\frac{da}{dx'}\times\frac{d^2V}{dx^2}+\frac{da}{dy'}\times\frac{d^2V}{dxdy}+\frac{da}{dz'}\times\frac{d^2V}{dxdz}.$$

On trouve de la même manière

$$d.\frac{da}{dy}=\frac{da}{dx'}\times\frac{d^2V}{dxdy}+\frac{da}{dy'}\times\frac{d^2V}{dy^2}+\frac{da}{dz'}\times\frac{d^2V}{dydz},$$
$$d.\frac{da}{dz}=\frac{da}{dx'}\times\frac{d^2V}{dxdz}+\frac{da}{dy'}\times\frac{d^2V}{dxdz}+\frac{da}{dz'}\times\frac{d^2V}{dz^2}.$$

On aura ensuite

$$d.\frac{da}{dx'}=\frac{d^2a}{dx'dt}+\frac{d^2a}{dxdx'}x'+\frac{d^2a}{dydx'}y'+\frac{d^2a}{dzdx'}z'$$
$$-\frac{d^2a}{dx'^2}\times\frac{dV}{dx}-\frac{d^2a}{dx'dy'}\times\frac{dV}{dy}-\frac{d^2a}{dx'dz'}\times\frac{dV}{dz'};$$

mais en faisant varier x' dans l'équation identique $da = 0$, et observant que la fonction V est supposée ne pas contenir les variables x', y', z', on a

$$\frac{d^2a}{dx'dt} + \frac{da}{dx} + \frac{d^2a}{dxdx'}x' + \frac{d^2a}{dydx'}y' + \frac{d^2a}{dzdx'}z'$$
$$- \frac{d^2a}{dx'^2} \times \frac{dV}{dx} - \frac{d^2a}{dx'dy'} \times \frac{dV}{dy} - \frac{d^2a}{dx'dz'} \times \frac{dV}{dz} = 0$$

donc on aura simplement

$$d.\frac{da}{dx'} = -\frac{da}{dx},$$

et l'on trouvera de la même manière

$$d.\frac{da}{dy'} = -\frac{da}{dy},$$
$$d.\frac{da}{dz'} = -\frac{da}{dz}.$$

On aura des expressions semblables pour les différentielles $d.\frac{db}{dx}$, $d.\frac{db}{dy}$, $d.\frac{db}{dz}$, $d.\frac{db}{dx'}$, $d.\frac{db}{dy'}$, $d.\frac{db}{dz'}$, en changeant seulement a en b, et ainsi pour les autres quantités semblables.

Si maintenant on différentie le coefficient de $\frac{d\Omega}{db}dt$ dans l'expression de da de l'article 60, et qu'on y substitue les valeurs qu'on vient de trouver pour les différentielles de $\frac{da}{dx}$, $\frac{da}{dy}$, $\frac{da}{dz}$, $\frac{da}{dx'}$, $\frac{da}{dy'}$, $\frac{da}{dz'}$, on verra d'abord que les termes qui contiendront les différentielles de $\frac{da}{dx'}$, $\frac{db}{dx'}$, $\frac{da}{dy'}$, $\frac{db}{dy'}$, $\frac{da}{dz'}$, $\frac{db}{dz'}$ se détruiront mutuellement, et que les termes qui contiendront les différentielles de $\frac{da}{dx}$, $\frac{db}{dx}$, etc. étant ordonnés par rapport aux différences partielles de V, se détruiront aussi mutuellement dans chacun des coefficiens de ces différences partielles.

D'où l'on peut conclure que le coefficient de $\frac{d\Omega}{db}$, dans l'expression de da, sera constant à l'égard du temps t, et ne pourra être qu'une fonction de a, b, c, etc., après la substitution des valeurs de x, y, z, x', y', z' en a, b, c, etc. et t; de sorte que la variable t disparaîtra d'elle-même, et qu'il suffira d'y substituer les valeurs de x, y, z, x', y', z' qui répondent ou à $t=0$, ou à une valeur quelconque de t.

On prouvera de la même manière que le t disparaîtra des autres coefficiens des différences partielles de Ω, dans la même expression de da. Ainsi la variation de a sera représentée par une formule qui ne contiendra que les différences partielles de Ω par rapport à b, c, etc. multipliées chacune par une fonction de a, b, c, etc. sans t. Et la même chose aura lieu à l'égard des variations des autres constantes arbitraires b, c, h, etc.

Ce résultat important, que nous venons de trouver *à posteriori*, n'est qu'un cas particulier de la théorie générale de la variation des constantes arbitraires, que nous avons exposée dans le paragraphe second de la Section cinquième; et nous aurions pu le déduire immédiatement de cette théorie; mais nous avons cru qu'il n'était pas inutile de montrer comment on peut y arriver, en partant des formules qui donnent directement les variations des élémens dues aux forces perturbatrices, et surtout comment ces variations acquièrent une forme simple et élégante par la réduction des forces perturbatrices aux différences partielles d'une même fonction, relatives à ces mêmes élémens regardés comme variables.

62. Nous avons supposé, dans l'article 60, que les forces X, Y, Z pouvaient s'exprimer par les différences partielles d'une même fonction Ω, relatives à x, y, z. Cette hypothèse simplifie le calcul, mais n'est pas absolument nécessaire pour son exacti-

tude, puisque les équations différentielles sont toujours indépendantes de la nature des forces accélératrices du mobile; il s'agit seulement de savoir ce qu'on doit substituer à la place des différences partielles de Ω relatives aux constantes arbitraires a, b, c, etc. Or ces constantes n'entrent dans la fonction Ω que parce qu'elles entrent dans les expressions des variables x, y, z, dont Ω est supposé fonction; ainsi on aura

$$\frac{d\Omega}{da} = \frac{d\Omega}{dx} \times \frac{dx}{da} + \frac{d\Omega}{dy} \times \frac{dy}{da} + \frac{d\Omega}{dz} \times \frac{dz}{da},$$

et remettant X, Y, Z à la place de $\frac{d\Omega}{dx}$, $\frac{d\Omega}{dy}$, $\frac{d\Omega}{dz}$, on aura

$$\frac{d\Omega}{da} = X\frac{dx}{da} + Y\frac{dy}{da} + Z\frac{dz}{da},$$

quelles que soient les valeurs de X, Y, Z. Il en sera de même à l'égard de $\frac{d\Omega}{db}$, $\frac{d\Omega}{dc}$, etc., en changeant a en b, c, etc.

En général, si on dénote par la caractéristique δ les variations de Ω relatives aux constantes arbitraires a, b, c, etc., on aura

$$\delta\Omega = X\delta x + Y\delta y + Z\delta z;$$

et si on suppose que les forces perturbatrices soient R, Q, P, etc., tendantes à des centres dont les distances respectives soient r, q, p, etc., ce qui donne

$$-d\Omega = \mathrm{R}d\mathrm{r} + \mathrm{Q}d\mathrm{q} + \mathrm{P}d\mathrm{p} + \text{etc.};$$

on aura aussi, relativement aux constantes arbitraires,

$$-\delta\Omega = \mathrm{R}\delta\mathrm{r} + \mathrm{Q}\delta\mathrm{q} + \mathrm{P}\delta\mathrm{p} + \text{etc.}$$

Je donne ici à $d\Omega$ le signe $-$, parce que les forces R, Q, P, etc. sont supposées tendre à diminuer les distances r, q, p, etc., au lieu que les forces X, Y, Z sont supposées tendre à augmenter les lignes x, y, z, comme nous l'avons déjà observé dans l'article 60.

63. Pour appliquer les formules générales de l'article 18 de la Section citée, aux élémens d'une planète, il n'y a qu'à considérer que les coordonnées x, y, z étant indépendantes, doivent être prises pour les variables ξ, ψ, φ; et comme il n'y a qu'un seul corps mobile dont la masse m peut être supposée égale à l'unité, on aura simplement, comme dans l'article 3,

$$T = \frac{dx^2 + dy^2 + dz^2}{2dt^2} = \frac{x'^2 + y'^2 + z'^2}{2};$$

donc

$$\frac{dT}{dx'} = x', \quad \frac{dT}{dy'} = y', \quad \frac{dT}{dz'} = z'.$$

Ainsi les constantes α, β, γ et λ, μ, ν, qui représentent les valeurs de x, y, z et de x', y', z' lorsque $t=0$ (art. 12, Sect. V), seront ici x, y, z, x', y', z' (art. 27), et les variations des élémens a, b, c, etc. deviendront de la forme

$$da = \left(\quad (a, b)\frac{d\Omega}{db} + (a, c)\frac{d\Omega}{dc} + \text{etc.}\right) dt,$$

$$db = \left(-(a, b)\frac{d\Omega}{da} + (b, c)\frac{d\Omega}{dc} + \text{etc.}\right) dt,$$

etc.,

les coefficiens représentés par les symboles (a, b), (a, c), etc. étant exprimés ainsi :

$$(a, b) = \frac{da}{d\mathrm{x}'} \times \frac{db}{d\mathrm{x}} + \frac{da}{d\mathrm{y}'} \times \frac{db}{d\mathrm{y}} + \frac{da}{d\mathrm{z}'} \times \frac{db}{d\mathrm{z}}$$
$$- \frac{da}{d\mathrm{x}} \times \frac{db}{d\mathrm{x}'} + \frac{da}{d\mathrm{y}} \times \frac{db}{d\mathrm{y}'} + \frac{da}{d\mathrm{z}} \times \frac{db}{d\mathrm{z}'},$$

$$(a, c) = \frac{da}{d\mathrm{x}'} \times \frac{dc}{d\mathrm{x}} + \frac{da}{d\mathrm{y}'} \times \frac{dc}{d\mathrm{y}} + \frac{da}{d\mathrm{z}'} \times \frac{dc}{d\mathrm{z}}$$
$$- \frac{da}{d\mathrm{x}} \times \frac{dc}{d\mathrm{x}'} + \frac{da}{d\mathrm{y}} \times \frac{dc}{d\mathrm{y}'} + \frac{da}{d\mathrm{z}} \times \frac{dc}{d\mathrm{z}'},$$

etc.

On voit que ces expressions de da, db, etc. coïncident avec celles que nous avons trouvées ci-dessus (art. 60), si ce n'est qu'à la place des lettres x, y, z il y a les lettres x, y, z, qui représentent les valeurs de x, y, z lorsque t est égal à zéro, ou à une valeur quelconque, puisque le commencement du temps t est arbitraire, ce qui revient au même, parce que les coefficiens (a, b), (a, c), etc. devant être indépendans de t, les quantités a, b, c, etc. doivent être les mêmes fonctions de x, y, z, x', y', z' que de x, y, z, x', y', z'.

64. Comme les quantités x, y, z, x', y', z' sont aussi des constantes arbitraires, on peut les prendre à la place des six constantes a, b, c, h, i, k. Changeant donc a en x, b en x', c en y, h en y', etc., on aura

$$(\mathrm{x}, \mathrm{x}') = -1, \quad (\mathrm{y}, \mathrm{y}') = -1, \quad (\mathrm{z}, \mathrm{z}') = -1,$$

et tous les autres coefficiens (x, y), (x, z), $(\mathrm{x}', \mathrm{y})$, etc. deviendront nuls; de sorte que les variations de x, y, z, x', y', z' seront représentées par ces formules très-simples

$$d\mathrm{x} = -\frac{d\Omega}{d\mathrm{x}'}dt, \quad d\mathrm{y} = -\frac{d\Omega}{d\mathrm{y}'}dt, \quad d\mathrm{z} = -\frac{d\Omega}{d\mathrm{z}'}dt,$$

$$d\mathrm{x}' = \frac{d\Omega}{d\mathrm{x}}dt, \quad d\mathrm{y}' = \frac{d\Omega}{d\mathrm{y}}dt, \quad d\mathrm{z}' = \frac{d\Omega}{d\mathrm{z}}dt,$$

lesquelles résultent aussi de celles auxquelles nous sommes parvenus directement dans l'article 14 de la cinquième Section; ainsi il y aurait toujours de l'avantage à employer ces constantes à la place des autres constantes a, b, c, etc.

Mais quelles que soient les constantes a, b, c, etc., elles ne peuvent être que des fonctions des constantes x, y, z, x', etc.; donc réciproquement on peut regarder celles-ci comme fonctions de celles-là. On aura ainsi

$$\frac{d\Omega}{da} = \frac{d\Omega}{dx} \times \frac{dx}{da} + \frac{d\Omega}{dy} \times \frac{dy}{da} + \frac{d\Omega}{dz} \times \frac{dz}{da}$$
$$+ \frac{d\Omega}{dx'} \times \frac{dx'}{da} + \frac{d\Omega}{dy'} \times \frac{dy'}{da} + \frac{d\Omega}{dz'} \times \frac{dz'}{da};$$

donc substituant les valeurs de $\frac{d\Omega}{dx}$, $\frac{d\Omega}{dy}$, etc. de l'article précédent, on aura

$$\frac{d\Omega}{da} dt = \frac{dx}{da} dx' + \frac{dy}{da} dy' + \frac{dz}{da} dz'$$
$$- \frac{dx'}{da} dx - \frac{dy'}{da} dy - \frac{dz'}{da} dz.$$

Or x, y, z, x', etc. étant fonctions de a, b, c, etc., on a

$$dx = \frac{dx}{da} da + \frac{dx}{db} db + \frac{dx}{dc} dc + \text{etc.},$$
$$dx' = \frac{dx'}{da} da + \frac{dx'}{db} db + \frac{dx'}{dc} dc + \text{etc.},$$
etc.

Substituant ces valeurs et ordonnant les termes par rapport aux variations da, db, dc, etc., on aura

$$\frac{d\Omega}{da} dt = [a, b]\, db + [a, c]\, dc + [a, h]\, dh + \text{etc.},$$

où les symboles $[a, b]$, $[a, c]$, etc. sont exprimés par ces formules:

$$[a, b] = \frac{dx}{da} \times \frac{dx'}{db} + \frac{dy}{da} \times \frac{dy'}{db} + \frac{dz}{da} \times \frac{dz'}{db}$$
$$- \frac{dx'}{da} \times \frac{dx}{db} - \frac{dy'}{da} \times \frac{dy}{db} - \frac{dz'}{da} \times \frac{dz}{db},$$
$$[a, c] = \frac{dx}{da} \times \frac{dx'}{dc} + \frac{dy}{da} \times \frac{dy'}{dc} + \frac{dz}{da} \times \frac{dz'}{dc}$$
$$- \frac{dx'}{da} \times \frac{dx}{dc} - \frac{dy'}{da} \times \frac{dy}{dc} - \frac{dz'}{da} \times \frac{dz}{dc},$$

etc.

On

On aura de même, à cause de $[b, a] = -[a, b]$,

$$\frac{d\Omega}{db} dt = -[a, b] da + [b, c] dc + [b, h] dh + \text{etc.},$$

$$[b, c] = \frac{dx}{db} \times \frac{dx'}{dc} + \frac{dy}{db} \times \frac{dy'}{dc} + \frac{dz}{db} \times \frac{dz'}{dc}$$
$$- \frac{dx'}{db} \times \frac{dx}{dc} - \frac{dy'}{db} \times \frac{dy}{dc} - \frac{dz'}{db} \times \frac{dz}{dc},$$

et ainsi de suite, en changeant simplement les quantités a, b, c, h, i, k entr'elles, prises deux à deux, et en observant que l'on a en général $[b, a] = -[a, b]$; de sorte que la valeur des symboles ne fait que changer de signe par la permutation des deux quantités qu'ils contiennent.

Si on compare les valeurs de ces symboles marqués par des crochets carrés, avec celles des symboles analogues marqués par des crochets ronds (art. 63), on y remarque une analogie singulière, qui consiste en ce qu'elles sont exprimées de la même manière en différences partielles de a, b, c, etc., relatives à x, x', y, etc., ou de x, x', y, etc. relatives à a, b, c, etc.

65. Ces dernières formules sont celles que j'avais trouvées directement, dans mon premier Mémoire sur la variation des constantes arbitraires (*), et elles résultent aussi immédiatement de la formule de l'article 12 de la Section V, laquelle, en faisant les substitutions indiquées ci-dessus (art. 61), se réduit à

$$\Delta . \Omega dt = \Delta x \delta x' + \Delta y \delta y' + \Delta z \delta z'$$
$$- \Delta x' \delta x - \Delta y' \delta y - \Delta z' \delta z.$$

Dans cette formule, les différences marquées par δ doivent se rapporter aux variations de toutes les constantes arbitraires a, b, c, etc.; mais les différences marquées par Δ peuvent se rapporter

(*) Voyez les Mémoires de la première Classe de l'Institut pour 1808.

à la variation de chacune de ces différences en particulier (art. 10, Sect. citée). Ainsi on aura, en rapportant la caractéristique Δ successivement à a, b, c, etc.,

$$\frac{d\Omega}{da}dt = \frac{dx}{da}\delta x' + \frac{dy}{da}\delta y' + \frac{dz}{da}\delta z' - \frac{dx'}{da}\delta x - \frac{dy'}{da}\delta y - \frac{dz'}{da}\delta z,$$

et de même en changeant a en b, c, etc.

Mais on a

$$\delta x = \frac{dx}{da}da + \frac{dx}{db}db + \frac{dx}{dc}dc + \text{etc.},$$

$$\delta x' = \frac{dx'}{da}da + \frac{dx'}{db}db + \frac{dx'}{dc}dc + \text{etc.},$$

et de même pour δy, $\delta y'$, δz, $\delta z'$; en faisant ces substitutions on a pour $\frac{d\Omega}{da}$, $\frac{d\Omega}{db}$, etc. les mêmes formules trouvées ci-dessus.

Mais une conséquence importante qui résulte de ces formules, c'est que la variation de la fonction Ω, en tant qu'elle dépend de celle des élémens a, b, c, etc., est toujours nulle. En effet, si dans la différentielle

$$\frac{d\Omega}{da}da + \frac{d\Omega}{db}db + \frac{d\Omega}{dc}dc + \text{etc.},$$

on substitue les valeurs de $\frac{d\Omega}{da}$, $\frac{d\Omega}{db}$, etc. en $\frac{da}{dt}$, $\frac{db}{dt}$, etc., on trouve que tous les termes se détruisent, ce qui est un résultat très-remarquable.

66. Comme la solution du problème principal dans lequel on n'a point égard aux forces perturbatrices, doit donner les valeurs des variables x, y, z en t, avec les constantes arbitraires a, b, c, etc., il n'y a qu'à faire d'abord $t = 0$ dans ces valeurs et dans celles de leurs différentielles relatives à t, et prendre ensuite leurs

différences partielles relatives à a, b, c, etc. On a ainsi facilement les coefficiens des différences da, db, etc. dans les valeurs de $\frac{d\Omega}{da}dt$, $\frac{d\Omega}{db}dt$, etc., et il ne s'agit plus que de chercher ces différences mêmes par des éliminations linéaires, comme je l'ai pratiqué dans le Mémoire cité, à l'égard des élémens des planètes.

A cet égard, les formules de l'article 62 paraissent avoir de l'avantage, en ce qu'elles donnent directement les mêmes différences; mais elles demandent d'abord qu'on ait les expressions des constantes arbitraires a, b, c, etc. par les variables x, y, z et leurs différentielles, ce qui, dans plusieurs cas, ne peut s'obtenir que par des éliminations d'un genre supérieur aux linéaires; ensuite, après avoir pris leurs différences partielles relatives à x, y, z, x', y', z', il faut y remettre les valeurs de ces variables en a, b, c, etc., puisqu'en dernière analyse les coefficiens (a, b), (a, c), etc. doivent devenir des fonctions de a, b, c, etc. sans t, ce qui constitue l'essence et la force de cette analyse.

Quoi qu'il en soit, ayant donné, dans le paragraphe I, des expressions fort simples des coordonnées x, y, z en t et a, b, c, h, i, k, nous y appliquerons les formules du dernier article, pour en déduire les variations des élémens a, b, c, etc., comme nous l'avons pratiqué dans le Mémoire cité, parce que le calcul par ces formules acquiert une simplicité et une élégance qu'il n'aurait pas, à beaucoup près, par les autres formules.

67. Reprenons les expressions de x, y, z données dans l'article 13,

$$x = \alpha X + \beta Y, \quad y = \alpha_1 X + \beta_1 Y, \quad z = \alpha_2 X + \beta_2 Z,$$

dans lesquelles (art. 17),

$$X = a(\cos\theta - e), \qquad Y = a\sqrt{1-e^2} \times \sin\theta,$$

l'angle θ étant déterminé par l'équation (art. 16)

$$t - c = \sqrt{\frac{a^3}{g}} \times (\theta - e \sin \theta).$$

Ces formules ont l'avantage que les trois élémens de l'orbite, a, b, c ne se trouvent pas dans les quantités variables X, Y, et sont par conséquent séparées des trois autres élémens h, i, k, qui dépendent de la position de l'orbite, et dont les coefficiens α, β, d, etc. sont fonctions (art. 13).

Considérons d'abord la formule

$$\frac{dx}{da} \times \frac{dx'}{db} + \frac{dy}{da} \times \frac{dy'}{db} + \frac{dz}{da} \times \frac{dz'}{db}$$
$$- \frac{dx'}{da} \times \frac{dx}{db} + \frac{dy'}{da} \times \frac{dy}{db} + \frac{dz'}{da} \times \frac{dz}{db},$$

et substituons-y les valeurs de x, y, z données ci-dessus; en faisant

$$X' = \frac{dX}{dt}, \qquad Y' = \frac{dY}{dt},$$

on aura pour x', y', z' les mêmes expressions, où les quantités X, Y seront marquées d'un trait; et comme les constantes a, b n'entrent que dans X et Y, on aura

$$\frac{dx}{da} = \alpha \frac{dX}{da} + \beta \frac{dY}{da}, \qquad \frac{dx'}{da} = \alpha \frac{dX'}{da} + \beta \frac{dY'}{da},$$
$$\frac{dx}{db} = \alpha \frac{dX}{db} + \beta \frac{dY}{db}, \qquad \frac{dx'}{db} = \alpha \frac{dX'}{db} + \beta \frac{dY'}{db};$$

et changeant α, β en α_1, β_1 et en α_2, β_2, on aura les valeurs de $\frac{dy}{da}$, $\frac{dy'}{da}$, etc.

Ces différentes valeurs étant substituées dans la formule précédente, et ayant égard aux équations de condition

$$\alpha^2 + \alpha_1^2 + \alpha_2^2 = 1, \; \beta^2 + \beta_1^2 + \beta_2^2 = 1, \; \alpha\beta + \alpha_1\beta_1 + \alpha_2\beta_2 = 0,$$

qui ont lieu entre les coefficiens α, β, α_1, etc. (art. 14); cette formule se réduira à la forme

$$\frac{dX}{da}\times\frac{dX'}{db}+\frac{dY}{da}\times\frac{dY'}{db}-\frac{dX'}{da}\times\frac{dX}{db}-\frac{dY'}{da}\times\frac{dY}{db},$$

où l'on voit que les quantités α, β, α', etc., qui dépendent de la position de l'orbite, ont disparu.

On aura un pareil résultat par rapport aux différences partielles relatives à c, et il n'y aura qu'à changer dans la formule précédente a et b en c.

Si donc on substitue dans X, Y, X', Y' leurs valeurs en t, qu'ensuite on fasse t égal à zéro ou à une quantité quelconque déterminée, et qu'on désigne par X, Y, X', Y' ce que X, Y, X', Y' deviennent, on aura (art. 64)

$$[a, b]=\frac{d\mathrm{X}}{da}\times\frac{d\mathrm{X}'}{db}+\frac{d\mathrm{Y}}{da}\times\frac{d\mathrm{Y}'}{db}-\frac{d\mathrm{X}'}{da}\times\frac{d\mathrm{X}}{db}-\frac{d\mathrm{Y}'}{da}\times\frac{d\mathrm{Y}}{db},$$

et l'on aura de même les valeurs de $[a, c]$, $[b, c]$, en changeant b en c et a en b dans les différences partielles.

68. Or on a

$$X=a(\cos\theta-e),\qquad Y=a\sqrt{1-e^2}\sin\theta;$$

donc puisque $X'=\frac{dX}{dt}$, $Y'=\frac{dY}{dt}$, on aura

$$X'=-a\sin\theta\frac{d\theta}{dt},\qquad Y'=a\sqrt{1-e^2}\times\cos\theta\frac{d\theta}{dt}.$$

Mais l'équation

$$(t-c)\sqrt{\frac{g}{a^3}}=\theta-e\sin\theta$$

donne, par la différentiation,

$$\frac{d\theta}{dt}=\frac{\sqrt{\frac{g}{a^3}}}{1-e\cos\theta};$$

donc on aura

$$X' = -\sqrt{\frac{g}{a}} \times \frac{\sin\theta}{1 - e\cos\theta}, \qquad Y' = \sqrt{\frac{g(1-e^2)}{a}} \times \frac{\cos\theta}{1 - e\cos\theta}.$$

Il faut maintenant différentier ces formules en faisant varier les trois constantes a, e, c; nous dénoterons par la caractéristique δ les variations relatives à ces constantes; ainsi on aura d'abord

$$\delta\theta = \frac{(t-c)\,d.\sqrt{\frac{g}{a^3}} + \sin\theta de - \sqrt{\frac{g}{a^3}}dc}{1 - e\cos\theta};$$

ensuite

$$\delta X = -a\sin\theta\delta\theta + \cos\theta da - d.(ae),$$

$$\delta Y = a\sqrt{1-e^2}\cos\theta\delta\theta + \sin\theta d.(a\sqrt{1-e^2}),$$

$$\delta X' = -\sqrt{\frac{g}{a}} \times \frac{\cos\theta - e}{(1 - e\cos\theta)^2}\delta\theta$$

$$- \sqrt{\frac{g}{a}} \times \frac{\sin\theta\cos\theta}{(1 - e\cos\theta)^2}de - \frac{\sin\theta}{1 - e\cos\theta} \times d.\sqrt{\frac{g}{a}},$$

$$\delta Y' = -\sqrt{\frac{g}{a}} \times \sqrt{1-e^2} \times \frac{\sin\theta}{(1 - e\cos\theta)^2}\delta\theta$$

$$+ \sqrt{\frac{g}{a}} \times \sqrt{1-e^2} \times \frac{\cos\theta^2}{(1 - e\cos\theta)^2}de$$

$$+ \frac{\cos\theta}{1 - e\cos\theta}d.\left(\sqrt{\frac{g}{a}} \times \sqrt{1-e^2}\right).$$

On peut faire ici $t = 0$; mais il est plus simple de faire $t = c$, ce qui donne aussi $\theta = 0$; ainsi on aura, en changeant X, Y en X, Y,

$$\delta\theta = -\sqrt{\frac{g}{a^3}} \times \frac{dc}{1-e},$$

$$\delta \mathrm{X} = (1-e)da - ade,$$

$$\delta \mathrm{Y} = a\sqrt{1-e^2}\,\delta\theta = -\sqrt{\frac{g}{a}} \times \frac{\sqrt{1-e^2}}{1-e}dc,$$

$$\delta X' = -\sqrt{\frac{g}{a}} \times \frac{\delta\vartheta}{1-e} = \frac{g}{a^2} \times \frac{dc}{(1-e)^2},$$

$$\delta Y' = \sqrt{\frac{g}{a}} \times \sqrt{1-e^2} \times \frac{de}{(1-e)^2} + \frac{d\left(\sqrt{\frac{g}{a}} \times \sqrt{1-e^2}\right)}{1-e}$$

$$= d.\left(\sqrt{\frac{g}{a}} \times \frac{\sqrt{1-e^2}}{1-e}\right) = \frac{\sqrt{1-e^2}}{1-e} d.\sqrt{\frac{g}{a}} + \sqrt{\frac{g}{a}} \times \frac{de}{(1-e)\sqrt{1-e^2}}.$$

69. Ici nous avons conservé la quantité e, qui est la demi-excentricité; mais si, à sa place, on veut employer le demi-paramètre $b = a(1-e^2)$, on aura, par la différentiation,

$$de = \frac{(1-e^2)\,da - db}{2ae},$$

et les expressions de δX et de $\delta Y'$, qui contiennent de, deviendront

$$\delta X = \frac{-(1-e)^2\,da + db}{2e},$$

$$\delta Y' = \sqrt{\frac{g}{a}} \times \frac{\sqrt{1-e^2}}{2ae}\,da - \sqrt{\frac{g}{a}} \times \frac{db}{2ae(1-e)\sqrt{1-e^2}}.$$

De là nous aurons les différences partielles

$$\frac{dX}{da} = -\frac{(1-e)^2}{2e}, \qquad \frac{dX}{db} = \frac{1}{2e}, \qquad \frac{dX}{dc} = 0,$$

$$\frac{dY}{da} = 0, \qquad \frac{dY}{db} = 0, \qquad \frac{dY}{dc} = -\sqrt{\frac{g}{a}} \times \frac{\sqrt{1-e^2}}{1-e},$$

$$\frac{dX'}{da} = 0, \qquad \frac{dX'}{db} = 0, \qquad \frac{dX'}{dc} = \frac{g}{a^2} \times \frac{1}{(1-e)^2},$$

$$\frac{dY'}{da} = \sqrt{\frac{g}{a}} \times \frac{\sqrt{1-e^2}}{2ae}, \quad \frac{dY'}{db} = -\sqrt{\frac{g}{a}} \times \frac{1}{2ae(1-e)\sqrt{1-e^2}}, \quad \frac{dY'}{dc} = 0,$$

et l'on trouvera, par la substitution de ces valeurs dans les expressions des symboles $[a, b]$, $[a, c]$, $[b, c]$ de l'article 67,

$$[a, b] = 0, \quad [a, c] = -\frac{g}{2a^2e} + \frac{g(1-e^2)}{2a^2e(1-e)} = \frac{g}{2a^2},$$

$$[b, c] = \frac{g}{2a^2e}\left(\frac{1}{(1-e)^2} - \frac{\sqrt{1-e^2}}{(1-e)^2\sqrt{1-e^2}}\right) = 0.$$

On aurait encore les mêmes résultats en changeant b en e, si on voulait conserver l'excentricité à la place du paramètre.

70. Considérons ensuite la formule

$$\frac{dx}{da} \times \frac{dx'}{dh} + \frac{dy}{da} \times \frac{dy'}{dh} + \frac{dz}{da} \times \frac{dz'}{dh}$$
$$- \frac{dx'}{da} \times \frac{dx}{dh} - \frac{dy'}{da} \times \frac{dy}{dh} - \frac{dz'}{da} \times \frac{dz}{dh}.$$

Comme la quantité h ne se trouve que dans les coefficiens α, β, α_1, etc. qui ne contiennent point a, on aura

$$\frac{dx}{dh} = \frac{d\alpha}{dh} X + \frac{d\beta}{dh} Y, \qquad \frac{dx'}{dh} = \frac{d\alpha}{dh} X' + \frac{d\beta}{dh} Y',$$

et changeant α, β en α_1, β_1 et en α_2, β_2, on aura les valeurs de $\frac{dy}{dh}$, $\frac{dy'}{dh}$, $\frac{dz}{dh}$, $\frac{dz'}{dh}$. A l'égard des différences partielles relatives à a, elles seront les mêmes que dans l'article précédent.

En faisant ces substitutions, on remarquera qu'en vertu des mêmes équations de condition différentiées, on aura

$$\alpha d\alpha + \alpha_1 d\alpha_1 + \alpha_2 d\alpha_2 = 0, \quad \beta d\beta + \beta_1 d\beta_1 + \beta_2 d\beta_2 = 0,$$
$$\alpha d\beta + \alpha_1 d\beta_1 + \alpha_2 d\beta_2 = -\beta d\alpha - \beta_1 d\alpha_1 - \beta_2 d\alpha_2;$$

de sorte qu'en faisant, pour abréger,

$$\beta d\alpha + \beta_1 d\alpha_1 + \beta_2 d\alpha_2 = d\chi,$$

(j'emploie l'expression différentielle $d\chi$, quoique la valeur de $d\chi$ no ne soit pas une différentielle complète), la formule

$$\frac{dx}{da} \times \frac{dx'}{dh} + \frac{dy}{da} \times \frac{dy'}{dh} + \frac{dz}{da} \times \frac{dz'}{dh}$$

se réduira à la forme

$$\left(X' \frac{dY}{da} - Y' \frac{dX}{da}\right) \frac{d\chi}{dh},$$

et la formule

$$\frac{dx'}{da} \times \frac{dx}{dh} + \frac{dy'}{da} \times \frac{dy}{dh} + \frac{dz'}{da} \times \frac{dz}{dh}$$

à cette forme semblable

$$\left(X \frac{dY'}{da} - Y \frac{dX'}{da}\right) \frac{d\chi}{dh}.$$

Donc, en retranchant la seconde de ces quantités de la première, et observant que $X'dY + YdX' = d.X'Y$, et $Y'dX + XdY' = d.XY'$, on aura pour la transformée de la formule dont il s'agit, contenant les différences partielles relatives à a et h,

$$\frac{d.(YX' - XY')}{da} \times \frac{d\chi}{dh},$$

et il en sera de même en changeant a en b et c, et h en i et k.

71. Il nous reste à considérer les formules où il n'y a que des différences partielles relatives à h, i, k; de sorte que comme ces quantités n'entrent que dans les coefficiens α, β, α_1, etc., il n'y aura aussi que ces coefficiens qui deviendront variables.

Les différentielles de ces coefficiens se réduisent à une forme très-simple, en employant les coefficiens analogues γ, γ', γ'', et en ayant égard aux équations de condition entre ces différens coefficiens (art. 14).

En effet, si on suppose

$$\gamma d\alpha + \gamma_1 d\alpha_1 + \gamma_2 d\alpha_2 = d\pi,$$
$$\gamma d\beta + \gamma_1 d\beta_1 + \gamma_2 d\beta_2 = d\sigma,$$

les trois équations

$$\alpha d\alpha + \alpha_1 d\alpha_1 + \alpha_2 d\alpha_2 = 0,$$
$$\beta d\alpha + \beta_1 d\alpha_1 + \beta_2 d\alpha_2 = d\chi,$$
$$\gamma d\alpha + \gamma_1 d\alpha_1 + \gamma_2 d\alpha_2 = d\pi$$

étant ajoutées ensemble, après avoir multiplié la première par α, la seconde par β, et la troisième par γ, on a

$$d\alpha = \beta d\chi + \gamma d\pi;$$

et si on les multiplie par α_1, β_1, γ_1 et par α_2, β_2, γ_2, qu'on les ajoute ensuite, on a pareillement

$$d\alpha_1 = \beta_1 d\chi + \gamma_1 d\pi,$$
$$d\alpha_2 = \beta_2 d\chi + \gamma_2 d\pi.$$

De même les trois équations

$$\alpha d\beta + \alpha_1 d\beta_1 + \alpha_2 d\beta_2 = - d\chi,$$
$$\beta d\beta + \beta_1 d\beta_1 + \beta_2 d\beta_2 = 0,$$
$$\gamma d\beta + \gamma_1 d\beta_1 + \gamma_2 d\beta_2 = d\sigma$$

donneront

$$d\beta = - \alpha d\chi + \gamma d\sigma,$$
$$d\beta_1 = - \alpha_1 d\chi + \gamma_1 d\sigma,$$
$$d\beta_2 = - \alpha_2 d\chi + \gamma_2 d\tau.$$

Enfin les trois équations

$$\alpha d\gamma + \alpha_1 d\gamma_1 + \alpha_2 d\gamma_2 = - d\pi,$$
$$\beta d\gamma + \beta_1 d\gamma_1 + \beta_2 d\gamma_2 = - d\sigma,$$
$$\gamma d\gamma + \gamma_2 d\gamma_1 + \gamma_2 d\gamma_2 = 0$$

donneront pareillement

$$d\gamma = - \alpha d\pi - \beta d\sigma,$$
$$d\gamma_1 = - \alpha_1 d\pi - \beta_1 d\sigma,$$
$$d\gamma_2 = - \alpha_2 d\pi - \beta_2 d\sigma.$$

72. Par le moyen de ces formules on aura

$$\frac{dx}{dh} = X\frac{d\alpha}{dh} + Y\frac{d\beta}{dh}$$
$$= (\beta X - \alpha Y)\frac{d\chi}{dh} + \gamma\left(X\frac{d\pi}{dh} + Y\frac{d\tau}{dh}\right),$$

et affectant les quantités α, β, γ d'un ou de deux traits, on aura les valeurs de $\frac{dy}{dh}$, $\frac{dz}{dh}$; pour avoir celles de $\frac{dx'}{dh}$, $\frac{dy'}{dh}$, $\frac{dz'}{dh}$, il n'y aura qu'à affecter d'un trait les quantités X et Y. Il en sera de même des différences partielles relatives à i et k, en ne faisant que changer h en i et k.

En faisant ces substitutions et ayant toujours égard aux mêmes équations de condition, la formule

$$\frac{dx}{dh}\times\frac{dx'}{di} + \frac{dy}{dh}\times\frac{dy'}{di} + \frac{dz}{dh}\times\frac{dz'}{di}$$
$$-\frac{dx'}{dh}\times\frac{dx}{di} - \frac{dy'}{dh}\times\frac{dy}{di} - \frac{dz'}{dh}\times\frac{dz}{di}$$

se réduira à celle-ci :

$$\left(X\frac{d\pi}{dh} + Y\frac{d\sigma}{dh}\right)\left(X'\frac{d\pi}{di} + Y'\frac{d\sigma}{di}\right)$$
$$-\left(X'\frac{d\pi}{dh} + Y'\frac{d\sigma}{dh}\right)\left(X\frac{d\pi}{di} + Y\frac{d\sigma}{di}\right)$$
$$= (XY' - YX')\left(\frac{d\pi}{dh}\times\frac{d\sigma}{di} - \frac{d\pi}{di}\times\frac{d\sigma}{dh}\right).$$

Il en sera de même des formules semblables, en changeant h et i en k.

Comme les coefficiens α, β, γ, α', etc sont fonctions des trois élémens h, i, k (art. 13 et 14), les trois quantités $d\chi$, $d\pi$, $d\sigma$, que nous avons introduites dans les formules précédentes, doivent être aussi fonctions des mêmes élémens; et si, dans les valeurs de ces trois quantités, on substitue les expressions de α, β, etc., données dans les articles cités, on trouve, après quelques réductions fort simples,

$$d\chi = dk + \cos i dh,$$
$$d\pi = -\cos k \sin i dh + \sin k di,$$
$$d\sigma = \sin k \sin i dh + \cos k di.$$

Mais ces quantités ne servent pas seulement à simplifier le calcul, elles représentent d'une manière fort simple les variations instantanées de la position de l'orbite. En effet, comme le plan des x et y, auquel nous avons rapporté l'inclinaison i et la longitude h du nœud, est arbitraire, on peut le faire coïncider dans un instant avec celui de l'orbite, en faisant $i = 0$; on aura alors

$$d\chi = dk + dh, \quad d\pi = \sin k di, \quad d\sigma = \cos k di.$$

Dans ce cas, $h + k$ sera l'angle que le grand axe de l'ellipse fait avec une ligne fixe; par conséquent $dh + dk$, ou $d\chi$, sera la rotation élémentaire du grand axe de l'orbite sur son plan.

L'angle élémentaire di sera l'inclinaison comprise entre deux positions successives du plan de l'orbite devenue mobile, et l'angle h sera la longitude du nœud formé par ces deux positions, comptée sur le même plan; de sorte qu'en désignant par di' et h' ces deux élémens, on aura

$$di' = \sqrt{d\pi^2 + d\sigma^2} \quad \text{et} \quad \tang h' = \frac{d\pi}{d\sigma};$$

ainsi la variation instantanée de la position de l'orbite est déterminée par les trois élémens $d\chi$, $d\pi$, $d\sigma$, d'une manière indépendante de tout plan de projection.

73. Il est maintenant très-facile de trouver les valeurs des autres coefficiens représentés par les symboles $[a, h]$, $[b, h]$, etc.; il n'y

a qu'à substituer pour $XY' - YX'$, c'est-à-dire pour $\frac{XdY - YdX}{dt}$, sa valeur, qui est $= D$ (art. 11) $= \sqrt{gb}$ (art. 15), et pour $d\chi$, $d\pi$, $d\sigma$, leurs valeurs en h, i, k de l'article précédent; mais à la place de l'élément k nous retiendrons l'élément χ, qui exprime l'angle que le grand axe de l'orbite parcourt en tournant sur son plan mobile; c'est proprement le mouvement de l'aphélie ou du périhélie sur le plan même de l'orbite. Nous aurons ainsi

$$\chi = k + \int \cos i dh; \qquad \text{donc}, \qquad k = \chi - \int \cos i dh;$$

ensuite

$$\frac{d\chi}{d\chi} = 1, \quad \frac{d\pi}{dh} = -\cos k \sin i, \quad \frac{d\pi}{di} = \sin k,$$

$$\frac{d\sigma}{dh} = \sin k \sin i, \quad \frac{d\sigma}{di} = \cos k,$$

et toutes les autres différences partielles seraient nulles, ce qui donne

$$\frac{d\pi}{dh} \times \frac{d\sigma}{di} - \frac{d\pi}{di} \times \frac{d\sigma}{dh} = -\sin i.$$

De là on aura

$$[a, h] = 0, \quad [a, i] = 0, \quad [a, \chi] = 0,$$

$$[b, h] = 0, \quad [b, i] = 0, \quad [b, \chi] = -\tfrac{1}{2}\sqrt{\tfrac{g}{b}},$$

$$[c, h] = 0, \quad [c, i] = 0, \quad [c, \chi] = 0,$$

$$[h, i] = \sqrt{gb} \times -\sin i, \quad [h, \chi] = 0, \quad [i, \chi] = 0.$$

74. Ces valeurs, jointes à celles que nous avons déjà trouvées (art. 67), donneront enfin

$$\frac{d\Omega}{da}\,dt = \frac{g}{2a^2}\,dc,$$
$$\frac{d\Omega}{db}\,dt = -\tfrac{1}{2}\sqrt{\frac{g}{b}}\,d\chi,$$
$$\frac{d\Omega}{dc}\,dt = -\frac{g}{2a^2}\,da,$$
$$\frac{d\Omega}{dh}\,dt = -\sqrt{gb}\times \sin i\,di,$$
$$\frac{d\Omega}{di}\,dt = \sqrt{gb}\times \sin i\,dh,$$
$$\frac{d\Omega}{d\chi}\,dt = \tfrac{1}{2}\sqrt{\frac{g}{b}}\,db;$$

d'ou résultent ces expressions très-simples des variations des élémens elliptiques,

$$da = -\frac{2a^2}{g}\times\frac{d\Omega}{dc}\,dt,\quad dc = \frac{2a^2}{g}\times\frac{d\Omega}{da}\,dt,$$
$$db = \frac{2\sqrt{b}}{\sqrt{g}}\times\frac{d\Omega}{d\chi}\,dt,\quad d\chi = -\frac{2\sqrt{b}}{\sqrt{g}}\times\frac{d\Omega}{db}\,dt,$$
$$dh = \frac{1}{\sqrt{gb}\times\sin i}\times\frac{d\Omega}{di}\,dt,\ di = -\frac{1}{\sqrt{gb}\times\sin i}\,\frac{d\Omega}{dh}.$$

75. On aurait des formules un peu moins simples, si à la place du demi-paramètre b on voulait conserver la demi-excentricité e. Alors, à cause de $b=a(1-e^2)$, on aurait $XY'-YX'=\sqrt{ga(1-e^2)}$, ce qui donnerait

$$[a,\chi] = -\frac{\sqrt{g(1-e^2)}}{2\sqrt{a}},\qquad [e,\chi] = \frac{e\sqrt{ga}}{\sqrt{1-e^2}},$$

et les valeurs de $\frac{d\Omega}{da}dt$, $\frac{d\Omega}{de}dt$, $\frac{d\Omega}{d\chi}dt$ deviendraient

$$\frac{d\Omega}{da}\,dt = \frac{g}{2a^2}\,dc - \frac{\sqrt{g(1-e^2)}}{2\sqrt{a}}\,d\chi,$$
$$\frac{d\Omega}{de}\,dt = \frac{e\sqrt{ga}}{\sqrt{1-e^2}}\,d\chi,$$
$$\frac{d\Omega}{d\chi}\,dt = \frac{\sqrt{g(1-e^2)}}{2\sqrt{a}}\,da - \frac{e\sqrt{ga}}{\sqrt{1-e^2}}\,de;$$

d'où l'on tire, en substituant pour a sa valeur donnée ci-dessus,

$$dc = \frac{2a^2}{g} \times \frac{d\Omega}{da} dt + \frac{a(1-e^2)}{g} \times \frac{d\Omega}{ede} dt,$$

$$de = -\frac{\sqrt{1-e^2}}{\sqrt{ga}} \times \frac{d\Omega}{ed\chi} dt - \frac{a(1-e^2)}{ge} \times \frac{d\Omega}{dc} dt,$$

$$d\chi = \frac{\sqrt{1-e^2}}{\sqrt{ga}} \times \frac{d\Omega}{ede} dt,$$

qu'on substituera à la place des valeurs de dc, db, $d\chi$ de l'article précédent, les autres valeurs demeurant les mêmes.

Par ces formules on peut donc avoir l'effet des forces perturbatrices sur le mouvement d'une planète, en rendant variables les quantités qui, sans ces forces, seraient constantes; mais quoiqu'on puisse de cette manière, déterminer toutes les inégalités dues aux perturbations, c'est surtout pour les inégalités qu'on nomme *séculaires*, que les formules que nous venons de donner sont utiles, parce que ces inégalités étant indépendantes des périodes relatives aux mouvemens des planètes, affectent essentiellement leurs élémens et y produisent des variations ou croissantes avec le temps, ou périodiques, mais avec des périodes propres et d'une longue durée.

76. Pour déterminer les variations séculaires, il n'y aura qu'à substituer pour Ω la partie non périodique de cette fonction, c'est-à-dire le premier terme du développement de Ω en série du sinus et du cosinus d'angles dépendans des moyens mouvemens de la planète troublée et des planètes perturbatrices. Car Ω n'étant fonction que des coordonnées elliptiques de ces planètes, lesquelles peuvent toujours, du moins tant que les excentricités et les inclinaisons sont peu considérables, se réduire en séries du sinus et cosinus d'angles proportionnels aux anomalies et aux longitudes moyennes; on pourra aussi développer la fonction Ω dans une

série du même genre, et le premier terme sans sinus et cosinus, sera le seul qui puisse donner des équations séculaires.

Désignons par (Ω) ce premier terme de Ω, lequel sera une simple fonction des élémens a, b, c, e, h, i de la planète troublée, et des élémens semblables des planètes perturbatrices; il est clair que l'élément c qui est joint au temps t ne s'y trouvera pas; ainsi en substituant h à la place de Ω, on aura, pour les variations séculaires, les formules

$$da = 0, \quad dc = \frac{2a^2}{g} \times \frac{(d\Omega)}{da}\, dt + \frac{a(1-e^2)}{ge} \times \frac{d(\Omega)}{de},$$

$$de = -\frac{\sqrt{1-e^2}}{\sqrt{ga}} \times \frac{d(\Omega)}{ed\chi}\, dt, \quad d\chi = \frac{\sqrt{1-e^2}}{\sqrt{ga}} \times \frac{d(\Omega)}{ede}\, dt,$$

$$dh = \frac{1}{\sqrt{gb}} \times \frac{d(\Omega)}{\sin i di}, \qquad di = -\frac{1}{\sqrt{gb}} \times \frac{d(\Omega)}{\sin i dh},$$

ou $b = a(1-e^2)$.

77. L'équation $da = 0$ fait voir que le demi-grand axe, ou la distance moyenne a n'est sujette à aucune variation séculaire, ce qui n'est qu'un cas particulier du théorème général que nous avons démontré dans l'article 23 de la Section V; car la quantité H de cet article est la même que la quantité H des articles 3 et suivans de la Section précédente, et on voit par l'article 15, que l'on a $H = -\frac{ga}{2}$. Ainsi il faut appliquer à la distance moyenne des planètes les résultats que nous avons trouvés sur la valeur de la force vive d'un système quelconque (Sect. V, § III).

La variation dc produit une altération dans le mouvement moyen; car $u = (t-c)\sqrt{\frac{g}{a^3}}$ étant l'anomalie moyenne, c'est-à-dire, l'angle du mouvement moyen compté depuis le périhélie (art. 19), cette anomalie sera sujette à une variation exprimée par

par $-\frac{\sqrt{g}}{a^3}dc$, à cause de $da=0$; et si on ajoute la variation $d\chi$ du lieu du périhélie dans l'orbite, on aura $d\chi-\sqrt{\frac{g}{a^3}}dc$ pour la variation séculaire de la longitude moyenne, que nous désignerons par $d\lambda$.

On aura ainsi

$$d\lambda = d\chi - \sqrt{\frac{g}{a^3}}\,dc = -\,2\sqrt{\frac{a}{g}}\times\frac{d(\Omega)}{da}\,dt$$
$$+\frac{\sqrt{1-e^2}}{\sqrt{ga}}\times\frac{e}{1+\sqrt{1-e^2}}\times\frac{d(\Omega)}{de},$$

à cause de $1-\sqrt{1-e^2}=\frac{e^2}{1+\sqrt{1-e^2}}$.

78. Lorsque l'excentricité e est fort petite, les valeurs de de et $d\chi$ ont l'inconvénient d'avoir au dénominateur la quantité très-petite e. Mais il est facile d'y remédier en substituant à la place de e et χ les transformées $e\sin\chi$, $e\cos\chi$.

En effet, si on fait

$$m = e\sin\chi,\qquad n = e\cos\chi,$$

on aura

$$dm = \sin\chi de + e\cos\chi d\chi,\qquad dn = \cos\chi de - e\sin\chi d\chi;$$

donc substituant les valeurs de de et $d\chi$,

$$dm = \frac{\sqrt{1-e^2}}{\sqrt{ga}}\left(\cos\chi\,\frac{d(\Omega)}{de} - \sin\chi\,\frac{d(\Omega)}{ed\chi}\right)dt,$$
$$dn = -\,\frac{\sqrt{1-e^2}}{\sqrt{ga}}\left(\sin\chi\,\frac{d(\Omega)}{de} + \cos\chi\,\frac{d(\Omega)}{ed\chi}\right)dt.$$

Or, en regardant (Ω) comme fonction de e et χ, et comme fonction de m, n, on a

$$\frac{d(\Omega)}{d\chi}\,d\chi + \frac{d(\Omega)}{de}\,de = \frac{d(\Omega)}{dm}\,dm + \frac{d(\Omega)}{dn}\,dn,$$

équation identique qui, par la substitution des valeurs de dm et dn, donne ces deux-ci :

$$\frac{d(\Omega)}{d\chi} = \frac{d(\Omega)}{dm} e \cos\chi - \frac{d(\Omega)}{dn} e \sin\chi,$$
$$\frac{d(\Omega)}{de} = \frac{d(\Omega)}{dm} \sin\chi + \frac{d(\Omega)}{dn} \cos\chi;$$

donc, faisant ces substitutions, on aura les équations

$$dm = \frac{\sqrt{1-e^2}}{\sqrt{ga}} \times \frac{d(\Omega)}{dn} dt, \qquad dn = -\frac{\sqrt{1-e^2}}{\sqrt{ga}} \times \frac{d(\Omega)}{dm} dt,$$

qu'on pourra employer à la place de celles qui donnent les valeurs de de et $d\chi$ (art. 76).

On peut faire des transformations analogues sur les dernières équations qui donnent les valeurs de dh et di.

Soit pour cela

$$p = \sin i \sin h, \qquad q = \sin i \cos h;$$

on trouvera par un procédé analogue,

$$dp = \frac{\cos i}{\sqrt{gb}} \times \frac{d(\Omega)}{dq} dt, \qquad dq = -\frac{\cos i}{\sqrt{gb}} \times \frac{d(\Omega)}{dp} dt.$$

79. Les forces perturbatrices que l'on considère dans la théorie des planètes, viennent de l'attraction des autres planètes, et nous donnerons plus bas la valeur de Ω qui résulte de cette attraction; mais on pourrait aussi regarder comme force perturbatrice la résistance qu'elles éprouveraient de la part d'un fluide très-subtil, dans lequel on les supposerait nager. Dans ce cas, en prenant R pour la résistance, on ferait, comme on l'a vu dans l'article 8 de la seconde Section,

$$\delta r = \frac{dx}{ds}\delta x + \frac{dy}{ds}\delta y + \frac{dz}{ds}\delta z,$$

le fluide résistant étant supposé en repos.

Il en résultera ainsi, dans la valeurs de $\delta\Omega$, les termes (art. 62)

$$-R\delta r = -R\left(\frac{dx\delta x + dy\delta y + dz\delta z}{ds}\right).$$

On suppose ordinairement la résistance proportionnelle au carré de la vîtesse, laquelle est représentée par $\frac{ds}{dt}$, et à la densité du milieu, que nous désignerons par Γ; ainsi les termes dus à la résistance, dans l'expression de $\delta\Omega$, seront

$$-\frac{\Gamma ds\,(dx\delta x + dy\delta y + dz\delta z)}{dt^2}.$$

Pour évaluer la quantité $dx\delta x + dy\delta y + dz\delta z$, il n'y a qu'à employer les formules des articles 67 et 70, en observant que la caractéristique d se rapporte au temps t, qui n'entre que dans les valeurs de X et Y, et que la caractéristique δ doit se rapporter aux constantes arbitraires a, b, etc., qui entrent dans X et Y et dans les coefficiens α, β, α_1, etc.

On aura ainsi, en changeant d en δ dans les expressions de $d\alpha$, $d\beta$, etc.,

$$dx = \alpha dX + \beta dY, \quad dy = \alpha_1 dX + \beta_1 dY, \quad dz = \alpha_2 dX + \beta_2 dY,$$

$$\begin{aligned}
\delta x &= \alpha\delta X + \beta\delta Y + X(\beta\delta X + \gamma\delta\pi) + Y(-\alpha\delta X + \gamma\delta\sigma) \\
&= \alpha(\delta X - Y\delta\chi) + \beta(\delta Y + X\delta\chi) + \gamma(X\delta\pi + Y\delta\sigma), \\
\delta y &= \alpha_1(\delta X - Y\delta\chi) + \beta_1(\delta Y + X\delta\chi) + \gamma_1(X\delta\pi + Y\delta\sigma), \\
\delta z &= \alpha_2(\delta X - Y\delta\chi) + \beta_2(\delta Y + X\delta\chi) + \gamma_2(X\delta\pi + Y\delta\sigma).
\end{aligned}$$

De là, en ayant égard aux équations de condition entre les coefficiens α, β, γ, α_1, etc. (art. 14), on aura

$$\begin{aligned}
&dx\delta x + dy\delta y + dz\delta z \\
&= dX\delta X + dY\delta Y + (X\delta Y - Y\delta X)\delta\chi,
\end{aligned}$$

et si on y substitue pour X et Y leurs valeurs $r\cos\Phi$, $r\sin\Phi$

(art. 13), on aura

$$dX\delta X + dY\delta Y = dr\delta r + r^2 d\Phi\delta\Phi,$$
$$XdY - YdX = r^2 d\Phi,$$
$$ds = \sqrt{dX^2 + dY^2} = \sqrt{dr^2 + r^2 d\Phi^2}.$$

Donc les termes à ajouter à $\delta\Omega$, à raison de la résistance du milieu, seront représentés par

$$-\frac{\Gamma\sqrt{dr^2 + r^2 d\Phi^2}(dr\delta r + r^2 d\Phi\delta\Phi + r^2 d\Phi\delta\chi)}{dt^2},$$

où il n'y aura plus qu'à substituer pour r et Φ leurs valeurs en t, données par les formules des articles 21, 22, en faisant attention que la caractéristique d se rapporte à la variable t, et la δ aux constantes arbitraires.

CHAPITRE III.

Sur le mouvement d'un corps attiré vers deux centres fixes par des forces réciproquement proportionnelles aux carrés des distances.

80. Quoique ce problème ne puisse avoir aucune application au système du monde, où tous les centres d'attraction sont en mouvement, il est néanmoins assez intéressant du côté analytique, pour mériter d'être traité en particulier avec quelque détail.

Supposons qu'un corps isolé soit attiré à la fois vers deux centres fixes par des forces proportionnelles à des fonctions quelconques des distances.

Soit, comme dans l'article 4, l'un des centres à l'origine des coordonnées, et R la force attractive; et pour l'autre centre, supposons que sa position soit déterminée par les coordonnées a, b, c, parallèles aux x, y, z; soit, de plus, Q sa force attractive, et q la distance du corps à ce centre, il est clair qu'on aura

$$q = \sqrt{[(x-a)^2 + (y-b)^2 + (z-c)^2]},$$

c'est-à-dire, en substituant pour x, y, z leurs valeurs en r, ψ, φ (art. 4),

$$q = \sqrt{(r^2 - 2r[(a\cos\varphi + b\sin\varphi)\cos\psi + c\sin\psi] + h^2)},$$

en faisant $h = \sqrt{(a^2 + b^2 + c^2)}$, distance des deux centres.

Il est clair que la valeur de T sera la même que dans le problème du chapitre I; mais la valeur de V se trouvera augmentée du terme $\int Qdq$; et comme Q est fonction de q, et q fonction de r, φ, ψ, ce terme donnera, dans les différentielles $\frac{\delta V}{\delta\psi}$, $\frac{\delta V}{\delta\varphi}$, $\frac{\delta V}{\delta r}$, les termes suivans, savoir, $Q\frac{dq}{d\psi}$, $Q\frac{dq}{d\varphi}$, $Q\frac{dq}{dr}$, qu'il faudra par conséquent ajouter respectivement aux premiers membres des équations différentielles de l'article cité.

On aura donc pour le mouvement du corps attiré vers deux centres par les forces R et Q, les trois équations suivantes:

$$\frac{d^2r}{dt^2} - \frac{r(\cos\psi^2 d\varphi^2 + d\psi^2)}{dt^2} + R + Q\frac{dq}{dr} = 0 \ldots (1),$$

$$\frac{d.r^2 d\psi}{dt^2} + \frac{r^2 \sin\psi\cos\psi d\varphi^2}{dt^2} + Q\frac{dq}{d\psi} = 0 \ldots\ldots (2),$$

$$\frac{d.r^2\cos\psi^2 d\varphi}{dt^2} + Q\frac{dq}{d\varphi} = 0 \ldots\ldots\ldots (3).$$

Et si le corps était attiré en même temps vers d'autres centres, il n'y aurait qu'à ajouter à ces équations des termes semblables pour chacun de ces centres.

L'équation $T + V = H$ donnera cette quatrième équation, qui est une intégrale des précédentes,

$$\frac{r^2(\cos\psi^2 d\varphi^2 + d\psi^2) + dr^2}{2dt^2} + \int Rdr + \int Qdq = 2H;$$

et il est visible, en effet, que les trois équations précédentes étant multipliées respectivement par $d\psi$, $d\varphi$, dr, et ajoutées ensemble, donnent une équation intégrable, et dont l'intégrale est celle que nous venons de présenter.

On tire de cette équation

$$\frac{r^2(\cos\psi^2 d\varphi^2 + d\psi^2)}{dt^2} = 4H - 2\int Rdr - 2\int Qdq - \frac{dr^2}{dt^2},$$

valeur qui, étant substituée dans la première équation multipliée par r, la réduit à

$$\frac{d^2.r^2}{2dt^2} + Rr + 2\int Rdr + Qr\frac{dq}{dr} + 2\int Qdq = 4H.$$

Or, puisque $q^2 = r^2 + h^2 - 2r[(a\cos\varphi + b\sin\varphi)\cos\psi + c\sin\psi]$, on aura, en faisant varier r,

$$q\frac{dq}{dr} = r - (a\cos\varphi + b\sin\varphi)\cos\psi - c\sin\psi = r - \frac{r^2 + h^2 - q^2}{2r} = \frac{r^2 + q^2 - h^2}{2r};$$

donc substituant cette valeur de $\frac{dq}{dr}$, on aura enfin

$$\frac{d^2.r^2}{2dt^2} + Rr + 2\int Rdr + Q\frac{r^2 + q^2 - h^2}{2q} + 2\int Qdq = 4H.$$

Cette équation a l'avantage de ne contenir que les deux variables r et q, et elle indique en même temps qu'il doit y avoir une pareille équation entre q et r, en changeant simplement r et q, ainsi que R et Q entr'elles; car il est indifférent de rapporter le mouvement du corps à l'un ou à l'autre des deux centres fixes, et il est clair qu'en le rapportant au centre des deux forces Q, on trouverait, par une analyse semblable à la précédente,

$$\frac{d^2.q^2}{2dt^2} + Qq + 2\int Qdq + R\frac{r^2 + q^2 - h^2}{2r} + 2\int Rdr = 4H;$$

ainsi on pourra, par ces deux équations, déterminer directement les deux rayons r et q.

Je remarque maintenant qu'on peut, sans rien ôter à la généralité, supposer les deux coordonnées a et b du centre des forces Q, nulles, ce qui revient à placer l'axe des coordonnées z dans la ligne qui joint les deux centres. Par cette supposition, on aura $c=h$, et la quantité q deviendra $\sqrt{(r^2-2hr\sin\psi+h^2)}$, laquelle ne contenant plus φ, on aura donc $\frac{dq}{d\varphi}=0$. Par conséquent la troisième équation différentielle se réduira à $\frac{d.\,r^2\cos\psi^2d\varphi}{dt^2}=0$, dont l'intégrale est $\frac{r^2\cos\psi^2d\varphi}{dt}=B$, B étant une constante arbitraire; d'où l'on tire $\frac{d\varphi}{dt}=\frac{B}{r^2\cos\psi^2}$; mais on a $\sin\psi=\frac{r^2+h^2-q^2}{2hr}$; donc $\cos\psi=\frac{\sqrt{[4h^2r^2-(r^2+h^2-q^2)^2]}}{2hr}$; par conséquent en substituant cette valeur, on aura

$$\frac{d\varphi}{dt}=\frac{4Bh^2}{4h^2r^2-(r^2+h^2-q^2)^2};$$

de sorte que connaissant r et q en t, on aura aussi φ en t.

Or, puisque $\sin\psi$ et $\frac{d\varphi}{dt}$ sont déjà données en r et q, il est clair qu'on peut réduire la quatrième équation à ne contenir que r et q, et alors elle sera nécessairement, à raison de la constante arbitraire B, une intégrale complète des deux équations ci-dessus en r et q. En effet, on aura

$$r^2d\psi^2=\frac{\overline{(r^2+q^2-h^2)\,dr-2rqdq}^{\,2}}{4h^2r^2-(r^2+h^2-q^2)^2};$$

ajoutant dr^2, et réduisant, il viendra

$$r^2d\psi^2+dr^2=4\,\frac{q^2r^2dr^2+r^2q^2dq^2-(r^2+q^2-h^2)\,rqdrdq}{4h^2r^2(r^2+h^2-q^2)^2}.$$

De plus, on aura

$$\frac{r^2\cos\psi^2d\varphi^2}{dt^2}=\frac{4B^2}{4h^2r^2-(r^2+h^2-q^2)^2}.$$

Donc faisant ces substitutions dans la quatrième équation et ôtant le dénominateur, on aura cette intégrale

$$2\,\frac{q^2r^2dr^2 + r^2q^2dq^2 - (r^2 + q^2 - h^2)\,rqdrdq}{dt^2} + 2B^2$$
$$+ [4h^2r^2 - (r^2 + h^2 - q^2)^2](\int Rdr + \int Qdq - 2H) = 0 \ldots (a).$$

Et il est facile de voir maintenant, d'après la forme de cette équation, qu'elle résulte des deux équations en r et q, multipliées respectivement par $2q^2d.r^2 - (r^2+q^2-h^2)d.q^2$, $2r^2d.q^2 - (r^2+q^2-h^2)d.r^2$, ajoutées ensemble et intégrées ensuite; mais il aurait été assez difficile de découvrir cette intégrale *à priori*.

81. Pour achever la solution, il faut avoir encore une autre integrale des mêmes équations; mais on ne saurait y parvenir que pour des valeurs particulières de R et Q.

Si on suppose, ce qui est le cas de la nature,

$$R = \frac{\alpha}{r^2}, \qquad Q = \frac{\beta}{q^2},$$

on trouve alors que ces équations, multipliées l'une par $d.q^2$, et l'autre par $d.r^2$, donnent une somme intégrable et dont l'intégrale est

$$\frac{d.r^2 \times d.q^2}{2dt^2} - \frac{\alpha(3r^2 + q^2 - h^2)}{r} - \frac{\beta(3q^2 + r^2 - h^2)}{q}$$
$$= 4H(r^2 + q^2) + 2C \ldots\ldots\ldots (b),$$

C étant une nouvelle constante arbitraire.

Cette équation étant multipliée par $r^2 + q^2 - h^2$, et ajoutée à l'intégrale (a) trouvée précédemment, donne, dans l'hypothèse présente, une réduite de la forme

$$\frac{q^2(d.r^2)^2 + r^2(d.q^2)^2}{2dt^2} - 2\alpha r(r^2 + 3q^2 - h^2)$$
$$- 2\beta q(q^2 + 3r^2 - h^2) = 2H(r^4 + q^4 + 6r^2q^2 - h^4)$$
$$+ 2C(r^2 + q^2 - h^2) - 2B^2 \ldots\ldots\ldots (c).$$

Et

Et la même équation étant multipliée par $2rq$, et ensuite ajoutée à celle-ci, ou retranchée, donnera cette double équation,

$$\frac{(qd.r^2 \pm rd.q^2)^2}{4dt^2} - \alpha[(r\pm q)^3 - h^2(r\pm q)]$$
$$- \beta[(q\pm r)^3 - h^2(q\pm r)] = H[(r\pm q)^4 - h^4]$$
$$+ C(r\pm q)^2 - B^2 \ldots\ldots\ldots\ldots\ldots\ldots\ldots (d).$$

De sorte qu'en faisant $r+q=s$, $r-q=u$, on aura ces deux-ci :

$$\left.\begin{array}{l}\dfrac{(s^2-u^2)^2ds^2}{16dt^2} - (\alpha+\beta)s^3 + h^2(\alpha+\beta)s = H(s^4-h^4)+Cs^2-B^2\\ \dfrac{(s^2-u^2)^2du^2}{16dt^2} - (\alpha-\beta)u^3 + h^2(\alpha-\beta)u = H(u^4-h^4)+Cu^2-B^2\end{array}\right\}\ldots(e);$$

d'ou l'on tire d'abord cette équation, où les variables sont séparées,

$$\frac{ds}{\sqrt{[Hs^4+(\alpha+\beta)s^3+Cs^2-h^2(\alpha+\beta)s-Hh^4-B^2]}}$$
$$= \frac{du}{\sqrt{[Hu^4+(\alpha-\beta)u^3+Cu^2-h^2(\alpha-\beta)u-Hh^4-B^2]}}\ldots(f);$$

ensuite,

$$dt = \frac{s^2ds}{4\sqrt{[Hs^4+(\alpha+\beta)s^3+Cs^2-h^2(\alpha+\beta)s-Hh^4-B^2]}}$$
$$- \frac{u^2du}{4\sqrt{[Hu^4+(\alpha-\beta)u^3+Cu^2-h^2(\alpha+\beta)u-Hh^4-B^2]}}\ldots(g).$$

Les mêmes substitutions étant employées dans l'expression de $\frac{d\varphi}{dt}$ trouvée ci-dessus, on aura

$$\frac{d\varphi}{dt} = -\frac{4Bh^2}{(s^2-h^2)(u^2-h^2)} = \frac{4Bh^2}{s^2-u^2}\left(\frac{1}{s^2-h^2}-\frac{1}{u^2-h^2}\right);$$

et substituant la valeur de dt,

$$d\varphi = \frac{Bh^2ds}{(s^2-h^2)\sqrt{[Hs^4+(\alpha+\beta)s^3+Cs^2-h^2(\alpha+\beta)s-Hh^4-B^2]}}$$
$$-\frac{Bh^2du}{(u^2-h^2)\sqrt{[Hu^4+(\alpha-\beta)u^3+Cu^2-h^2(\alpha-\beta)u-Hh^4-B^2]}}\ldots(h).$$

Si on pouvait intégrer chacune de ces différentielles, on aurait d'abord une équation entre s et u, ensuite on aurait t et φ en fonctions de s et u; donc on aurait q, et de là t, et φ en fonctions de r; et comme

$$\sin \psi = \frac{r^2 + h^2 - q^2}{2hr},$$

on aurait aussi ψ en r. Mais ces différentielles se rapportant à la rectification des sections coniques, on ne saurait les intégrer que par approximation, et la meilleure méthode pour cela me paraît celle que j'ai donnée ailleurs (*) pour l'intégration de toutes les différentielles qui renferment un radical carré où la variable monte à la quatrième dimension sous le signe.

82. Si, outre les deux forces $\frac{\alpha}{r^2}$ et $\frac{\beta}{q^2}$ qui attirent le corps vers les deux centres fixes, il y avait une troisième force proportionnelle à la distance, qui l'attirât vers le point placé au milieu de la ligne qui joint les deux centres, il est visible que cette force pourrait se décomposer en deux tendantes aux mêmes points, et proportionnelles aussi aux distances. Dans ce cas donc on aurait

$$R = \frac{\alpha}{r^2} + 2\gamma r, \qquad Q = \frac{\alpha}{q^2} + 2\gamma q;$$

et l'on trouverait que l'intégrale (b) aurait aussi lieu dans ce cas; seulement il faudrait ajouter à son premier membre les termes

$$\gamma[5r^2q^2 + \tfrac{3}{2}(r^4 + q^4) - h^2(r^2 + q^2)];$$

ensuite il y aurait à ajouter au premier membre de l'équation (c) les termes

$$\frac{\gamma}{2}[r^6 + q^6 + 15r^2q^2(r^2 + q^2) - h^2(r^4 + q^4 + 6r^2q^2)],$$

(*) Voyez le quatrième volume des anciens Mémoires de Turin.

et par conséquent au premier membre de l'équation (d) les termes

$$\frac{\gamma}{4}[(r \pm q)^6 - h^2(r \pm q)^4].$$

De sorte qu'il n'y aura qu'à augmenter les polynomes en s et u sous le signe radical, dans les équations (e), (f), (g), des termes respectifs

$$-\frac{\gamma}{4}(s^6 - h^2 s^4) \quad \text{et} \quad -\frac{\gamma}{4}(u^6 - h^2 u^4),$$

ce qui ne rend guères la solution plus compliquée.

83. Quoiqu'il soit impossible d'intégrer en général l'équation trouvée (f) entre s et u, et d'avoir par conséquent une relation finie entre ces deux variables, on peut néanmoins en avoir deux intégrales particulières représentées par $s = const.$ et $u = const.$

En effet, si on représente en général cette équation par

$$\frac{ds}{\sqrt{S}} = \frac{du}{\sqrt{U}},$$

il est clair qu'elle aura aussi lieu en faisant ds ou du nuls, pourvu que les dénominateurs $\sqrt{S}$ ou $\sqrt{U}$ soient aussi nuls en même temps, et du même ordre.

Pour déterminer les conditions nécessaires dans ce cas, on fera $s = f + \omega$, f étant une constante, et ω une quantité infiniment petite, et désignant par F ce que devient S lorsqu'on change s en f, le membre $\frac{ds}{\sqrt{S}}$ deviendra

$$\frac{d\omega}{\sqrt{\left(F + \frac{dF}{df}\omega + \frac{d^2F}{2df^2}\omega^2 + \text{etc.}\right)}};$$

il faudra donc, pour qu'il y ait le même nombre de dimensions de ω en haut et en bas, que l'on ait $F = 0$, et $\frac{dF}{df} = 0$; alors à cause de

ω infiniment petit, la différentielle dont il s'agit se réduira à

$$\frac{d\omega}{\omega\sqrt{\frac{d^2F}{2df^2}}},$$

dont l'intégrale est

$$\frac{1}{\sqrt{\frac{d^2F}{2df^2}}}\times l.\frac{\omega}{k},$$

k étant une constante arbitraire. Si donc on fait $\omega=0$, et qu'on prenne en même temps aussi $k=0$, la valeur de $l.\frac{\omega}{k}$ deviendra indéterminée, et l'équation pourra toujours subsister, quelque valeur que puisse avoir l'autre membre $\int\frac{du}{\sqrt{U}}$. Or on sait, et il est visible par soi-même que $F=0$ et $\frac{dF}{df}=0$ sont les conditions qui rendent f une racine double de l'équation $F=0$. D'où il suit en général que si le polynome S a une ou plusieurs racines doubles, chacune de ces racines fournira une valeur particulière de s; il en sera de même pour le polynome U.

Maintenant il est clair que l'équation $s=f$ ou $r+q=f$ représente une ellipse dont les deux foyers sont aux deux centres des rayons r et q, et dont le grand axe est égal à f. De même l'équation $u=g$ ou $r-q=g$ représente une hyperbole dont les foyers sont aux mêmes centres, et dont le premier axe est g.

Ainsi les solutions particulières dont nous venons de parler, donnent des ellipses ou des hyperboles décrites autour des centres des forces $\frac{\alpha}{r^2}$, $\frac{\beta}{q^2}$ pris pour foyers. Et comme les polynomes S et V contiennent les trois constantes arbitraires A, B, C dépendantes de la direction et de la vîtesse initiales du corps, il est visible qu'on pourra toujours prendre ces élémens, tels que le corps décrive une ellipse ou une hyperbole donnée autour des foyers donnés. Ainsi la même section conique qui peut être décrite en vertu d'une force tendante à l'un des foyers et agissant en raison inverse des carrés des distances, ou tendante au centre et agissant en raison directe des distances, peut l'être encore en vertu de trois forces pareilles tendantes aux deux foyers et au centre, ce qui est très-remarquable.

84. S'il n'y avait qu'un seul centre vers lequel le corps fût attiré par la force $\frac{\alpha}{r^2}$, on aurait le cas de l'orbite elliptique que nous avons résolu dans le chapitre premier. Dans ce cas on aurait $\beta = 0$, $\gamma = 0$, et les deux polynomes S et U deviendraient semblables et ne passeraient pas le quatrième degré; les équations (f), (g), (h) de l'article 81 seraient alors intégrables par les méthodes connues, et le mouvement du corps serait déterminé par des formules en s et u, c'est-à-dire, par les distances aux deux centres, dont l'un, celui dont l'attraction est nulle, pourrait être placé où l'on voudrait; ces formules ne seraient donc que de pure curiosité; mais il y a un cas où elles se simplifient et donnent un résultat remarquable, c'est celui où le centre d'attraction nulle est placé sur le périmètre de l'ellipse.

Pour obtenir ce cas, on déterminera les constantes B et C de manière que le rayon q étant nul, l'autre rayon r soit égal à h, distance entre les deux centres; par conséquent il faudra que les variables $s = r + q$ et $u = r - q$ deviennent à la fois égales à h. Les équations (e) de l'article 81 sont très-propres à cette détermination.

Faisant $s = u = h$, la première de ces équations donne

$$B^2 = Ch^2;$$

ensuite, la différence de ces équations étant divisée par $s - u$, si on y fait $s = u = h$, on a, à cause de $\beta = 0$,

$$-3\alpha h^2 + \alpha h^2 = 4Hh^3 + 2Ch;$$

d'où l'on tire

$$C = -\alpha h - 2Hh^2.$$

Par les substitutions de ces valeurs, le polynome

$$Hs^4 + \alpha s^3 + Cs^2 - \alpha h^2 s - Hh^4 - B^2$$

devient

$$H(s^4 - 2s^2h^2 + h^4) + \alpha(s^3 - s^2h^2 - sh^2 + h^3),$$

ce qui se réduit à la forme

$$H(s+h)^2(s-h)^2 + \alpha(s+h)(s-h)^2;$$

il en sera de même du polynome en u.

Or, par l'article 15, on a, dans ce cas, $\alpha = g$ et $H = -\frac{g}{2a}$, a étant le demi-grand axe de l'ellipse; donc les équations (f) et (g) deviendront

$$\frac{ds}{(s-h)\sqrt{g(s+h) - \frac{g}{2a}(s+h)^2}}$$

$$= \frac{du}{(u-h)\sqrt{g(u+h) - \frac{g}{2a}(u+h)^2}},$$

$$dt = \frac{s^2ds}{4(s-h)\sqrt{g(s+h) - \frac{g}{2a}(s+h)^2}}$$

$$- \frac{u^2du}{4(u-h)\sqrt{g(u+h) - \frac{g}{2a}(u+h)^2}},$$

et si de cette dernière on retranche la première, multipliée par h^2, et qu'ensuite on divise les numérateurs et les dénominateurs respectivement par $s-h$, $u-h$, on aura

$$dt = \frac{(s+h)ds}{4\sqrt{g} \times \sqrt{s+h - \frac{(s+h)^2}{2a}}}$$

$$- \frac{(u+h)du}{4\sqrt{g} \times \sqrt{u+h - \frac{(u+h)^2}{2a}}},$$

expression qui a l'avantage de ne contenir d'autre élément que le grand axe $2a$.

85. Si on fait

$$\int \frac{zdz}{\sqrt{z-\frac{z^2}{2a}}}=f(z),$$

l'intégrale étant prise de manière qu'elle commence lorsque z a une valeur quelconque donnée, et qu'on remette pour s et u leurs valeurs $p+q$, $p-q$, on aura, en intégrant,

$$4t\sqrt{g}=f(h+p+q)-f(h+p-q),$$

où l'on voit que $t=0$ lorsque $q=0$, de quelque manière que l'intégrale soit prise.

Or, puisque p est le rayon vecteur qui part du foyer, q est le rayon qui part de l'autre centre, qui est pris dans un point de l'ellipse, et dont la distance au foyer est h; il est clair que h et p seront deux rayons vecteurs, et que q sera la corde de l'arc intercepté entre ces deux rayons; par conséquent l'expression précédente de t sera le temps employé par le mobile à décrire cet arc dans l'ellipse, lequel sera donné ainsi par la somme des rayons vecteurs $h+p$, par la corde q, et par le grand axe $2a$.

L'intégrale que nous avons désignée par fonction fz dépend des arcs de cercle, ou des logarithmes, suivant que a est positif ou négatif; mais lorsque l'axe $2a$ est très-grand, cette fonction se réduit à une série très-convergente; on a alors

$$fz=\tfrac{2}{3}z^{\frac{3}{2}}+\frac{z^{\frac{5}{2}}}{5.2a}+\frac{3z^{\frac{7}{2}}}{4\cdot 7\cdot 4a^2}+\text{etc.}$$

Le premier terme donne l'expression du temps dans la parabole, et l'on a

$$4t\sqrt{g}=\tfrac{2}{3}(f+p+q)^{\frac{3}{2}}-\tfrac{2}{3}(f+p-q)^{\frac{3}{2}},$$

laquelle coïncide avec celle que nous avons trouvée dans l'article 25. Le reste de la série donne la différence des temps employés à parcourir un arc de parabole, et un arc d'ellipse ou d'hyperbole ayant la même corde u et la même somme s des rayons vecteurs.

Cette belle propriété du mouvement dans les sections coniques, a été trouvée par Lambert, qui en a donné une démonstration ingénieuse dans son Traité intitulé : *Insigniores orbitæ cometarum proprietates.* Voyez aussi les Mémoires de l'Académie de Berlin pour l'année 1778.

Le problème que nous venons de résoudre l'a été d'abord par Euler, dans le cas où il n'y a que deux centres fixes qui attirent en raison inverse des carrés des distances, et où le corps se meut dans un plan passant par les deux centres (Mémoires de Berlin de 1760.); sa solution est surtout remarquable par l'art avec lequel il a su employer différentes substitutions, pour ramener au premier ordre et aux quadratures, des équations différentielles qui, par leur complication, se refusaient à toutes les méthodes connues.

En donnant une autre forme à ces équations, je suis parvenu directement aux mêmes résultats, et j'ai même pu les étendre au cas où la courbe n'est pas dans un même plan, et où il y a, de plus, une force proportionnelle à la distance et tendante à un centre fixe placé au milieu des deux autres centres. *Voyez le quatrième volume des anciens Mémoires de Turin*, d'où l'analyse précédente est tirée, et dans lequel on trouvera aussi l'examen du cas où l'un des centres s'éloignant à l'infini, la force tendante à ce centre deviendrait uniforme et agirait suivant des lignes parallèles; et il est remarquable que dans ce cas la solution ne se simplifie guères; seulement les radicaux qui forment les dénominateurs des équations séparées, au lieu de contenir les quatrièmes puissances des variables, ne contiennent que les troisièmes, ce qui fait

fait également dépendre leur intégration de la rectification des sections coniques.

CHAPITRE IV.

Du mouvement de deux ou plusieurs corps libres qui s'attirent mutuellement, et en particulier du mouvement des planètes autour du soleil, et des variations séculaires de leurs élémens.

86. Lorsque plusieurs corps s'attirent réciproquement avec des forces proportionnelles aux masses et à des fonctions des distances, on a, pour leurs mouvemens, les formules générales des articles 1 et 2, en prenant les corps mêmes pour les centres d'attraction.

Soient m, m', m'', etc. les masses des corps, $x, y, z, x', y', z', x'', y'', z''$, etc. leurs coordonnées rectangles rapportées à des axes fixes dans l'espace; la quantité T sera, comme dans l'article 1,

$$T = \text{m}\,\frac{dx^2 + dy^2 + dz^2}{2dt^2}$$

$$+ \text{m}'\,\frac{dx'^2 + dy'^2 + dz'^2}{2dt^2},$$

$$+ \text{m}''\,\frac{dx''^2 + dy''^2 + dz''^2}{2dt^2},$$

etc.

Soient ρ', ρ'', ρ''', etc. les distances des corps m', m'', m''', etc. au corps m, et R', R'', R''', etc. les fonctions de ces distances auxquelles les attractions entre ces corps sont proportionnelles.

Soient aussi $\rho''_{,}, \rho'''_{,}$, etc. les distances des corps m'', m''', etc. au corps m', et $R''_{,}, R'''_{,}$, les fonctions de ces distances proportionnelles aux attractions.

Soient de même $\rho'''_{,,}, \rho''''_{,,}$, etc. les distances des corps m''', m'''', etc. au corps m'', et $R'''_{,,}, R''''_{,,}$, etc. les fonctions, de ces distances, proportionnelles aux attractions.

Et ainsi de suite, on aura

$$\rho' = \sqrt{(x'-x)^2+(y'-y)^2+(z'-z)^2}, \quad \rho'' = \sqrt{(x''-x)^2+(y''-y)^2+(z''-z)^2}, \text{ etc.},$$
$$\rho''_{,} = \sqrt{(x''-x')^2+(y''-y')^2+(z''-z')^2}, \quad \rho'''_{,} = \sqrt{(x'''-x')^2+(y'''-y')^2+(z'''-z')^2}, \text{ etc.},$$

etc.

et la quantité V (art. 2) sera

$$\begin{aligned} V = {} & m\,(m'\textstyle\int R'd\rho' + m''\int R''d\rho'' + m'''\int R'''d\rho''' + \text{etc.}) \\ & m'\,(m''\textstyle\int R''_{,}d\rho''_{,} + m'''\int R'''_{,}d\rho'''_{,} + \text{etc.}) \\ & m''(m'''\textstyle\int R'''_{,,}d\rho'''_{,,} + \text{etc.}), \\ & \text{etc.} \end{aligned}$$

Or, quelles que soient les coordonnées indépendantes qu'on voudra adopter, on aura toujours, par rapport à chacune d'elles, comme ξ, une équation de la forme canonique

$$d.\frac{\delta T}{\delta d\xi} - \frac{\delta T}{\delta \xi} + \frac{\delta V}{\delta \xi} = 0.$$

Et comme, dans le système que nous considérons, il n'y a aucun point fixe, on pourra prendre l'origine des coordonnées partout où l'on voudra, et l'on aura toujours, comme on l'a vu dans la troisième Section, les trois intégrales finies relatives au centre de gravité, ainsi que les trois intégrales du premier ordre relatives aux aires, et enfin l'intégrale des forces vives $T+V=H$.

On aura de cette manière le mouvement absolu des corps dans l'espace; mais comme la solution de ce problème n'est importante qu'à l'égard des planètes, et qu'il n'y a que leurs mouvemens relatifs, par rapport au soleil regardé comme immobile, qui intéressent l'Astronomie, il nous reste à voir comment on peut transporter aux mouvemens relatifs l'équation générale des mouvemens absolus des corps du système.

§ I.

Équations générales pour le mouvement relatif des corps qui s'attirent mutuellement.

87. Supposons qu'on demande les mouvemens relatifs des corps m′, m″, etc. par rapport au corps m; désignons par ξ', η', ζ' les coordonnées rectangles du corps m′, rapporté au corps m, en prenant ce dernier corps pour l'origine des coordonnées; soient de même ξ'', η'', ζ'' les coordonnées rectangles du corps m″ par rapport au même corps m, et ainsi de suite; la question consistera à trouver une formule générale qui ne contienne que ces coordonnées.

Il est d'abord évident qu'on aura

$$x' = x + \xi', \qquad y' = y + \eta', \qquad z' = z + \zeta',$$
$$x'' = x + \xi'', \qquad y'' = y + \eta'', \qquad z'' = z + \zeta'',$$
$$\text{etc.}; \qquad \text{etc.}; \qquad \text{etc.};$$

$$\rho' = \sqrt{\xi'^2 + \eta'^2 + \zeta'^2}, \qquad \rho'' = \sqrt{\xi''^2 + \eta''^2 + \zeta''^2}, \quad \text{etc.},$$

$$\rho''_{\prime} = \sqrt{(\xi'' - \xi')^2 + (\eta'' - \eta')^2 + (\zeta'' - \zeta')^2},$$
$$\rho'''_{\prime} = \sqrt{(\xi''' - \xi')^2 + (\eta''' - \eta')^2 + (\zeta''' - \zeta')^2},$$
$$\text{etc.},$$
$$\rho'''_{\prime\prime} = \sqrt{(\xi''' - \xi'')^2 + (\eta''' - \eta'')^2 + (\zeta''' - \zeta'')^2},$$
$$\text{etc.},$$

et la quantité T deviendra

$$T = (\text{m} + \text{m}' + \text{m}'' + \text{etc.}) \frac{dx^2 + dy^2 + dz^2}{2dt^2}$$
$$+ \frac{dx(\text{m}'d\xi' + \text{m}''d\xi'' + \text{etc.}) + dy(\text{m}'d\eta' + \text{m}''d\eta'' + \text{etc.}) + dz(\text{m}'d\zeta' + \text{m}''d\zeta'' + \text{etc.})}{dt^2}$$
$$+ \text{m}' \frac{d\xi'^2 + d\eta'^2 + d\zeta'^2}{2dt^2} + \text{m}'' \frac{d\xi''^2 + d\eta''^2 + d\zeta''^2}{2dt^2} + \text{etc.}$$

Comme les variables x, y, z, après ces substitutions, n'entrent plus dans la quantité V, et que ces variables n'entrent point dans T sous la forme finie, on aura, relativement à ces mêmes variables, les équations

$$d.\frac{\delta T}{\delta dx}=0, \qquad d.\frac{\delta T}{\delta dy}=0, \qquad d.\frac{\delta T}{\delta dz}=0,$$

ce qui donne

$$\frac{\delta T}{\delta dx}=\alpha, \qquad \frac{\delta T}{\delta dy}=\beta, \qquad \frac{\delta T}{\delta dz}=\gamma,$$

α, β, γ étant des constantes arbitraires.

Ainsi on aura les trois équations

$$(\mathrm{m}+\mathrm{m}'+\mathrm{m}''+\text{etc.})\frac{dx}{dt}+\mathrm{m}'\frac{d\xi'}{dt}+\mathrm{m}''\frac{d\xi''}{dt}+\text{etc.}=\alpha,$$
$$(\mathrm{m}+\mathrm{m}'+\mathrm{m}''+\text{etc.})\frac{dy}{dt}+\mathrm{m}'\frac{d\eta'}{dt}+\mathrm{m}''\frac{d\eta''}{dt}+\text{etc.}=\beta,$$
$$(\mathrm{m}+\mathrm{m}'+\mathrm{m}''+\text{etc.})\frac{dz}{dt}+\mathrm{m}'\frac{d\zeta'}{dt}+\mathrm{m}''\frac{d\zeta''}{dt}+\text{etc.}=\gamma,$$

les quantités α, β, γ étant des constantes.

Si maintenant on substitue dans l'expression précédente de T les valeurs de $\frac{dx}{dt}$, $\frac{dy}{dt}$, $\frac{dz}{dt}$, tirées de ces équations, et qu'on fasse, pour abréger,

$$X=\mathrm{m}'\xi'+\mathrm{m}''\xi''+\mathrm{m}'''\xi'''+\text{etc.},$$
$$Y=\mathrm{m}'\eta'+\mathrm{m}''\eta''+\mathrm{m}'''\eta'''+\text{etc.},$$
$$Z=\mathrm{m}'\zeta'+\mathrm{m}''\zeta''+\mathrm{m}'''\zeta'''+\text{etc.},$$
$$M=\mathrm{m}+\mathrm{m}'+\mathrm{m}''+\mathrm{m}'''+\text{etc.},$$

on aura

$$T=\frac{\alpha^2+\beta^2+\gamma^2}{2M}-\frac{dX^2+dY^2+dZ^2}{2Mdt^2}$$
$$+\mathrm{m}'\frac{d\xi'^2+d\eta'^2+d\zeta'^2}{2dt^2}+\mathrm{m}''\frac{d\xi''^2+d\eta''^2+d\zeta''^2}{2dt^2}+\text{etc.}$$

88. Les variables ξ', η', ζ', ξ'', etc. étant indépendantes, et la quantité T ne contenant point ces variables sous la forme finie, on aura tout de suite, par rapport à chacune d'elles, les équations

$$\mathrm{m}'\left(\frac{d^2\xi'}{dt^2}-\frac{d^2X}{Mdt^2}\right)+\frac{dV}{d\xi'}=0,\quad \mathrm{m}''\left(\frac{d^2\xi''}{dt^2}-\frac{d^2X}{Mdt^2}\right)+\frac{dV}{d\xi''}=0,\ \text{etc.},$$
$$\mathrm{m}'\left(\frac{d^2\eta'}{dt^2}-\frac{d^2Y}{Mdt^2}\right)+\frac{dV}{d\eta'}=0,\quad \mathrm{m}''\left(\frac{d^2\eta''}{dt^2}-\frac{d^2Y}{Mdt^2}\right)+\frac{dV}{d\eta''}=0,\ \text{etc.},$$
$$\mathrm{m}'\left(\frac{d^2\zeta'}{dt^2}-\frac{d^2Z}{Mdt^2}\right)+\frac{dV}{d\zeta'}=0,\quad \mathrm{m}''\left(\frac{d^2\zeta''}{dt^2}-\frac{d^2Z}{Mdt^2}\right)+\frac{dV}{d\zeta''}=0,\ \text{etc.}$$

Si on ajoute ensemble les premières équations relatives aux variables ξ', ξ'', etc., on a

$$\frac{\mathrm{m}}{\mathrm{M}}\times\frac{d^2X}{dt^2}+\frac{dV}{d\xi'}+\frac{dV}{d\xi''}+\text{etc.}=0,$$

ce qui donne

$$\frac{d^2X}{dt^2}=-\frac{\mathrm{M}}{\mathrm{m}}\left(\frac{dV}{d\xi'}+\frac{dV}{d\xi''}+\text{etc.}\right),$$

et l'on trouvera de même, par l'addition des secondes équations, et par celle des troisièmes,

$$\frac{d^2Y}{dt^2}=-\frac{\mathrm{M}}{\mathrm{m}}\left(\frac{dV}{d\eta'}+\frac{dV}{d\eta''}+\text{etc.}\right),$$
$$\frac{d^2Z}{dt^2}=-\frac{\mathrm{M}}{\mathrm{m}}\left(\frac{dV}{d\zeta'}+\frac{dV}{d\zeta''}+\text{etc.}\right),$$

valeurs qu'on pourra substituer dans les équations précédentes.

On aura ainsi pour le mouvement du corps m′ autour de m, les trois équations

$$\mathrm{m}'\frac{d^2\xi'}{dt^2}+\frac{dV}{d\xi'}+\frac{\mathrm{m}'}{\mathrm{m}}\left(\frac{dV}{d\xi'}+\frac{dV}{d\xi''}+\text{etc.}\right)=0,$$
$$\mathrm{m}'\frac{d^2\eta'}{dt^2}+\frac{dV}{d\eta'}+\frac{\mathrm{m}'}{\mathrm{m}}\left(\frac{dV}{d\eta'}+\frac{dV}{d\eta''}+\text{etc.}\right)=0,$$
$$\mathrm{m}'\frac{d^2\zeta'}{dt^2}+\frac{dV}{d\zeta'}+\frac{\mathrm{m}'}{\mathrm{m}}\left(\frac{dV}{d\zeta'}+\frac{dV}{d\zeta''}+\text{etc.}\right)=0,$$

et l'on aura de pareilles équations pour le mouvement des corps m'', m''', etc., autour du même corps m, en changeant seulement entr'elles les quantités affectées de deux traits, ou de trois, etc.

Il n'y aura donc qu'à substituer la valeur de V et prendre ses différences partielles relatives aux différentes variables; mais cette substitution peut se simplifier par la considération suivante.

89. Dénotons par U la somme de tous les termes de la quantité V qui contiennent les distances $\rho''_{,}$, $\rho'''_{,}$, etc., $\rho'''_{,,}$, etc., et remarquons que les expressions de ces distances sont telles qu'elles demeurent les mêmes en augmentant les coordonnées ξ', ξ'', ξ''', etc. qui y entrent, d'une même quantité quelconque; d'où il suit qu'en faisant varier ces mêmes coordonnées d'une même quantité infiniment petite, la variation de U sera nulle, ce qui donnera l'équation

$$\frac{dU}{d\xi'} + \frac{dU}{d\xi''} + \frac{dU}{d\xi'''} + \text{etc.} = 0.$$

On trouvera de la même manière, parce que la même propriété a lieu par rapport aux coordonnées η', η'', η''', etc., et aux coordonnées ζ', ζ'', ζ''', etc.,

$$\frac{dU}{d\eta'} + \frac{dU}{d\eta''} + \frac{dU}{d\eta'''} + \text{etc.} = 0,$$

$$\frac{dU}{d\zeta'} + \frac{dU}{d\zeta''} + \frac{dU}{d\zeta'''} + \text{etc.} = 0.$$

Donc, puisque

$$V = \text{m}(\text{m}'\int R'd\rho' + \text{m}''\int R''d\rho'' + \text{etc.}) + U,$$

ρ' ne contenant que ξ', η', ζ'; ρ'' ne contenant que ξ'', η'', ζ'', et ainsi de suite, la première équation deviendra, par ces substitutions, en la divisant par m',

$$\frac{d^2\xi'}{dt^2} + (\text{m}+\text{m}')R'\frac{d\rho'}{d\xi'} + \text{m}''R''\frac{d\rho''}{d\xi''} + \text{etc.}$$
$$+ \frac{dU}{\text{m}'d\xi'} = 0.$$

Or, dans la quantité U il n'y a que les termes qui contiennent $\rho''_{,}$, $\rho'''_{,}$, etc., qui dépendent des variables ξ', η', ζ' (art. 86); ainsi on peut réduire la valeur de U à

$$U = \text{m}'(\text{m}''\int R''_{,} d\rho''_{,} + \text{m}'''\int R'''_{,} d\rho'''_{,} + \text{etc.});$$

substituant la valeur de $\frac{dU}{d\xi'}$ dans l'équation précédente, elle deviendra

$$\begin{aligned}&\frac{d^2\xi'}{dt^2} + (\text{m} + \text{m}')R'\frac{d\rho'}{d\xi'} + \text{m}''R''_{,}\frac{d\rho''_{,}}{d\xi'} + \text{m}'''R'''_{,}\frac{d\rho'''_{,}}{d\xi'} + \text{etc.}\\ &\quad + \text{m}''R''\frac{d\rho''}{d\xi''} + \text{m}'''R'''\frac{d\rho'''}{d\xi'''} + \text{etc.} = 0,\end{aligned}$$

et l'on aura de la même manière

$$\begin{aligned}&\frac{d^2\eta'}{dt^2} + (\text{m} + \text{m}')R'\frac{d\rho'}{d\eta'} + \text{m}''R''_{,}\frac{d\rho''_{,}}{d\eta'} + \text{m}'''R'''_{,}\frac{d\rho'''_{,}}{d\eta'} + \text{etc.}\\ &\quad + \text{m}''R''\frac{d\rho''}{d\eta''} + \text{m}'''R'''\frac{d\rho'''}{d\eta'''} + \text{etc.} = 0,\\ &\frac{d^2\zeta'}{dt^2} + (\text{m} + \text{m}')R'\frac{d\rho'}{d\zeta'} + \text{m}''R''_{,}\frac{d\rho''_{,}}{d\zeta'} + \text{m}'''R'''_{,}\frac{d\rho'''_{,}}{d\zeta'} + \text{etc.}\\ &\quad + \text{m}''R''\frac{d\rho''}{d\zeta''} + \text{m}'''R'''\frac{d\rho'''}{d\zeta'''} + \text{etc.} = 0.\end{aligned}$$

90. On peut ramener ces équations à la forme générale, qui a l'avantage de s'appliquer également à des coordonnées quelconques.

Si on multiplie la première par $\delta\xi'$, la seconde par $\delta\eta'$, la troisième par $\delta\zeta'$, et qu'on les ajoute ensemble, on aura d'abord la partie différentielle

$$\frac{d^2\xi'}{dt^2}\delta\xi' + \frac{d^2\eta'}{dt^2}\delta\eta' + \frac{d^2\zeta'}{dt^2}\delta\zeta',$$

laquelle, en transformant les coordonnées ξ', η', ζ' en d'autres coordonnées indépendantes ξ, ψ, φ, donnera pour les termes multipliés par $\delta\xi$ la formule (art. 7, Sect. IV)

$$\left(d.\frac{\delta T'}{\delta d\xi} - \frac{\delta T'}{\delta \xi}\right)\delta\xi,$$

en faisant

$$T' = \frac{d\xi'^2 + d\eta'^2 + d\zeta'^2}{2dt^2}.$$

A l'égard des termes qui contiennent les forces R', R'', etc., il est facile de voir qu'en changeant la caractéristique δ en d, tous ces termes sont intégrables par rapport aux variables ξ', η', ζ'; l'intégrale contiendra d'abord les termes

$$(\text{m} + \text{m}')\int R'd\rho' + \text{m}''\int R''_{,}d\rho''_{,} + \text{m}'''\int R'''_{,}d\rho'''_{,} + \text{etc.};$$

ensuite elle contiendra les termes

$$\left(\text{m}''R''\frac{d\rho''}{d\xi''} + \text{m}'''R'''\frac{d\rho'''}{d\xi'''} + \text{etc.}\right)\xi'$$

$$+\left(\text{m}''R''\frac{d\rho''}{d\eta''} + \text{m}'''R'''\frac{d\rho'''}{d\eta'''} + \text{etc.}\right)\eta'$$

$$+\left(\text{m}''R''\frac{d\rho''}{d\zeta''} + \text{m}'''R'''\frac{d\rho'''}{d\zeta'''} + \text{etc.}\right)\zeta'.$$

Or on a

$$\frac{d\rho''}{d\xi''} = \frac{\xi''}{\rho''}, \qquad \frac{d\rho''}{d\eta''} = \frac{\eta''}{\rho''}, \qquad \frac{d\rho''}{d\zeta''} = \frac{\zeta''}{\rho''};$$

et comme

$$\rho''^2_{,} = (\xi''-\xi')^2 + (\eta''-\eta')^2 + (\zeta''-\zeta')^2,$$

on aura

$$\frac{d\rho''}{d\xi''}\xi' + \frac{d\rho''}{d\eta''}\eta' + \frac{d\rho''}{d\zeta''}\zeta' = \frac{\rho'^2 + \rho''^2 - \rho''^2_{,}}{2},$$

et de même

$$\frac{d\rho'''}{d\xi'''}\xi' + \frac{d\rho'''}{d\eta'''}\eta' + \frac{d\rho'''}{d\zeta'''}\zeta' = \frac{\rho'^2 + \rho'''^2 - \rho'''^2_{,}}{2},$$

et ainsi des autres expressions semblables. Donc nommant V' l'intégrale totale, on aura

$$V' = (\text{m} + \text{m}')\int R'd\rho' + \text{m}''\int R''_{,}d\rho''_{,} + \text{m}'''\int R'''_{,}d\rho'''_{,} + \text{etc.}$$
$$+ \text{m}''R''\frac{\rho'^2 + \rho''^2 - \rho''^2_{,}}{2\rho''} + \text{m}'''R'''\frac{\rho'^2 + \rho'''^2 - \rho'''^2_{,}}{2\rho'''} + \text{etc.}$$

Ainsi

Ainsi après la transformation des coordonnées, les termes multipliés par $\delta\xi$ se réduiront à $\frac{\delta V'}{\delta\xi}\delta\xi$, et comme on suppose les nouvelles coordonnées ξ, ψ, φ indépendantes, chacune d'elles, comme ξ, donnera une équation de la forme

$$d.\frac{\delta T'}{\delta d\xi} - \frac{\delta T'}{\delta\xi} + \frac{\delta V'}{\delta\xi} = 0.$$

91. S'il n'y a que deux corps, m et m', l'expression de V' devient

$$V' = (m + m')\int R'd\rho';$$

ainsi les valeurs de T' et de V' sont les mêmes que pour un corps attiré vers un centre fixe avec une force $(m + m')R'$ proportionnelle à une fonction de la distance ρ' (art. 4). Donc le mouvement relatif du corps m' autour du corps m, sera le même que si celui-ci était fixe, et que la masse attirante fût la somme des deux masses, ce qui est connu depuis Newton.

Lorsque la masse m du corps autour duquel les autres sont censés se mouvoir, est beaucoup plus grande que la somme des masses m', m'', etc., ce qui est le cas du soleil par rapport aux planètes, on a à très-peu près

$$V' = (m + m')\int R'd\rho'.$$

Le mouvement du corps m' autour du corps m sera donc, dans ce cas, à très-peu près le même que si celui-ci était fixe, et que la somme des masses m + m' y fût réunie; et en regardant les autres forces $m''R''$, $m''R''_{,}$, etc. comme des forces perturbatrices, on pourra employer la théorie de la variation des constantes arbitraires pour déterminer l'effet de ces forces; il ne s'agira que de prendre, conformément à l'article 9 de la Section V, $-\Omega$ égale à la somme de tous les autres termes de la valeur de V' donnée ci-dessus. On fera ainsi, en accentuant la lettre Ω pour la rapporter à la planète m',

$$\Omega' = -\text{m}''\int R''_{,}d\rho''_{,} - \text{m}'''\int R'''_{,}d\rho'''_{,} - \text{etc.}$$
$$- \text{m}''R''\frac{\rho'^2 + \rho''^2 - \rho''^2_{,}}{2\rho''} - \text{m}'''R'''\frac{\rho'^2 + \rho'''^2 - \rho'''^2_{,}}{2\rho'''} + \text{etc.}$$

et l'on aura, par les formules générales de l'article 14 de la même Section, les variations des élémens du mouvement du corps m' autour du corps m regardé comme fixe.

§ II.

Formules générales pour les variations séculaires des élémens des orbites des planètes autour du soleil.

92. Pour appliquer ces formules au mouvement des planètes autour du soleil, on prendra la masse m pour celle du soleil, la masse m' pour celle de la planète dont on cherche les perturbations, et les masses m'', m''', etc. pour les masses des planètes perturbatrices, et on fera

$$R' = \frac{1}{\rho'^2}, \quad R'' = \frac{1}{\rho''^2}, \text{ etc.}, \quad R''_{,} = \frac{1}{\rho''^2_{,}}, \text{ etc.}$$

On substituera ensuite dans la fonction Ω', au lieu des coordonnées ξ', η', ζ', ξ'', η'', etc. de ces différens corps autour de m, leurs valeurs exprimées en fonctions de t, conformément aux formules que nous avons données dans le chapitre I, pour les expressions des coordonnées x, y, z, en y faisant $\text{g} = \text{m} + \text{m}'$, ou simplement g', pour le rapporter au corps m', et l'on aura, par les articles 69 et suivans, les variations des six élémens de l'orbite de la planète autour du soleil.

Nous nous contenterons ici de chercher les variations séculaires de ces élémens qui sont les plus importantes, et qui ne dépendent que du premier terme tout constant du développement de Ω.

L'expression de Ω' deviendra

$$\Omega' = m''\left(\frac{1}{\rho''_{,}} - \frac{\rho'^2 + \rho''^2 - \rho''^2_{,}}{2\rho''^3}\right) + m'''\left(\frac{1}{\rho'''_{,}} - \frac{\rho'^2 + \rho'''^2 - \rho'''^2_{,}}{2\rho'''^3}\right) + \text{etc.}$$

93. Commençons par développer la quantité

$$\rho''_{,} = \sqrt{(\xi''-\xi')^2 + (\eta''-\eta')^2 + (\zeta''-\zeta')^2};$$

on y mettra d'abord pour ξ, η, ζ les expressions de x, y, z de l'article 13, en marquant par un trait, ou par deux, les quantités qui se rapportent aux masses m', m''. On aura

$$\begin{aligned} \rho_{,}^2 &= \rho'^2 + \rho''^2 \\ &- 2\rho'\rho''(\alpha'\cos\Phi' + \beta'\sin\Phi')(\alpha''\cos\Phi'' + \beta''\sin\Phi'') \\ &- 2\rho'\rho''(\alpha'_1\cos\Phi' + \beta'_1\sin\Phi')(\alpha''_1\cos\Phi'' + \beta''_1\sin\Phi'') \\ &- 2\rho'\rho''(\alpha'_2\cos\Phi' + \beta''_2\sin\Phi')(\alpha''_2\cos\Phi'' + \beta''_2\sin\Phi''). \end{aligned}$$

Si on fait les multiplications, qu'on développe les produits des sinus et cosinus, et qu'on fasse, pour abréger,

$$\begin{aligned} A &= \alpha'\alpha'' + \alpha'_1\alpha''_1 + \alpha'_2\alpha''_2, \\ B &= \alpha'\beta'' + \alpha'_1\beta''_1 + \alpha'_2\beta''_2, \\ A_1 &= \alpha''\beta' + \alpha''_1\beta'_1 + \alpha''_2\beta'_2, \\ B_2 &= \beta'\beta'' + \beta'_1\beta''_1 + \beta'_2\beta''_2, \end{aligned}$$

on aura

$$\begin{aligned} \rho''^2_{,} &= \rho'^2 + \rho''^2 \\ &- (A + B_1)\rho'\rho''\cos(\Phi'-\Phi'') - (A - B_1)\rho'\rho''\cos(\Phi'+\Phi'') \\ &- (A_1 - B)\rho'\rho''\sin(\Phi'-\Phi'') - (A_1 + B)\rho'\rho''\sin(\Phi'+\Phi''). \end{aligned}$$

Les quantités α', β', α'_1, etc. sont fonctions des élémens h', i' k' de l'orbite de la planète m', données par les formules de l'article 13, en marquant toutes les lettres d'un trait, et les quantités α', β'',

α''_1, etc. sont fonctions semblables des élémens h'', i'', k'' de l'orbite de la planète m'', en marquant les lettres de deux traits; ainsi les quantités A, B, A_1, B_1 sont fonctions de ces mêmes élémens; mais par la considération suivante, on peut voir ce qu'elles expriment.

94. Les coordonnées primitives rapportées à un plan donné étant x, y, z, pour les transformer dans les coordonnées x', y', z' rapportées au plan de l'orbite de m', on a, par les formules générales de l'article 14,

$$x = \alpha'x' + \beta'y' + \gamma'z',$$
$$y = \alpha'_1x' + \beta'_1y' + \gamma'_1z',$$
$$z = \alpha'_2x' + \beta'_2y' + \gamma'_2z',$$

où les coefficiens α', β', etc. dépendent des constantes h', i', k', qui déterminent la position des nouveaux axes par rapport aux primitifs, i' étant l'inclinaison des deux plans.

De même, si on voulait transformer les mêmes coordonnées dans les coordonnées x'', y'', z'' rapportées au plan de l'orbite de m'', on aurait

$$x = \alpha''x'' + \beta''y'' + \gamma''z'',$$
$$y = \alpha''_1x'' + \beta''_1y'' + \gamma''_1z'',$$
$$z = \alpha''_2x'' + \beta''_2y'' + \gamma''_2z'',$$

où les coefficiens α'', β'', etc. seraient des fonctions semblables des constantes h'', i'', k'', qui déterminent la position de ce nouveau plan par rapport au même plan primitif, et où i'' serait l'inclinaison de ces plans.

Si on compare maintenant ces expressions, on aura

$$\alpha'x' + \beta'y' + \gamma'z' = \alpha''x'' + \beta''y'' + \gamma''z'',$$
$$\alpha'_1x' + \beta'_1y' + \gamma'_1z' = \alpha''_1x'' + \beta''_1y'' + \gamma''_1z'',$$
$$\alpha'_2x' + \beta'_2y' + \gamma'_2z' = \alpha''_2x'' + \beta''_2y'' + \gamma''_2z''.$$

Comme les coefficiens α', β', γ', α'_1, etc. sont assujétis aux mêmes équations de condition que les coefficiens α, β, γ, α_1, etc. de l'article 14, si on ajoute ensemble les trois équations précédentes, après les avoir multipliées respectivement par α', α'_1, α'_2, par β', β'_1, β'_2 et par γ', γ'_1, γ'_2, on aura, en vertu de ces équations,

$$x' = Ax'' + By'' + Cz'',$$
$$y' = A_1x'' + B_1y'' + C_1z'',$$
$$z' = A_2x'' + B_2y'' + C_2z'',$$

en faisant, pour abréger,

$$A = \alpha'\alpha'' + \alpha'_1\alpha''_1 + \alpha'_2\alpha''_2,$$
$$B = \alpha'\beta'' + \alpha'_1\beta''_1 + \alpha'_2\beta''_2,$$
$$C = \alpha'\gamma'' + \alpha'_1\gamma''_1 + \alpha'_2\gamma''_2,$$
$$A_1 = \beta'\alpha'' + \beta'_1\alpha''_1 + \beta'_2\alpha''_2,$$
$$B_1 = \beta'\beta'' + \beta'_1\beta''_1 + \beta'_2\beta''_2,$$
$$C_1 = \beta'\gamma'' + \beta'_1\gamma'_1 + \beta'_2\gamma''_2,$$
$$A_2 = \gamma'\alpha'' + \gamma'_1\alpha''_1 + \gamma'_2\alpha''_2,$$
$$B_2 = \gamma'\beta'' + \gamma'_1\beta''_1 + \gamma'_2\beta''_2,$$
$$C_2 = \gamma'\gamma'' + \gamma'_1\gamma''_1 + \gamma'_2\gamma''_2.$$

Il est évident que par ces formules les coordonnées x', y', z' sont transformées dans les coordonnées x'', y'', z''; ainsi les coefficiens A, B, C, A_1, B_1, etc. seront exprimés d'une manière semblable aux coefficiens analogues α', β', γ', α'_1, β'_1, etc., et prenant les constantes H, I, K, à la place des h', i', k', on aura, par les formules générales de l'article 13,

$$A = \cos K \cos H - \sin K \sin H \cos I,$$
$$B = - \sin K \cos H - \cos K \sin H \cos I,$$
$$C = \sin H \sin I;$$

$$\begin{aligned}
A_1 &= \cos K \sin H + \sin K \cos H \cos I, \\
B_1 &= -\sin K \sin H + \cos K \cos H \cos I, \\
C_1 &= -\cos H \sin I;
\end{aligned}$$

$$\begin{aligned}
A_2 &= \sin K \sin I, \\
B_2 &= \cos K \sin I, \\
C_2 &= \cos I.
\end{aligned}$$

La constante I représentera l'angle d'inclinaison des deux plans où sont placées les orbites des planètes m' et m''; et nous la désignerons par $I''_{,}$, pour indiquer qu'elle se rapporte aux orbites de m' et m''; et si, dans l'expression de C_2 en γ', γ'', γ'_1, etc., on substitue les valeurs de ces coefficiens en h', k', i', h'', k'', i'' (art. 13), on a

$$\cos I''_{,} = \cos i' \cos i'' + \cos (h' - h'') \sin i' \sin i''.$$

On voit que les quantités que nous venons de désigner par A, B, A_1, B_1 sont les mêmes fonctions de α', α'', β', etc. que celles que nous avons désignées par les mêmes lettres dans l'article 93; ainsi on aura dans les formules de cet article, en y substituant pour ces quantités les valeurs que nous venons de trouver,

$$\begin{aligned}
A + B_1 &= 2\cos(H + K) \times (\cos \tfrac{1}{2} I''_{,})^2, \\
A - B_1 &= 2\cos(H - K) \times (\sin \tfrac{1}{2} I''_{,})^2, \\
A_1 - B &= 2\sin(H + K) \times (\cos \tfrac{1}{2} I''_{,})^2, \\
A_1 + B &= 2\sin(H - K) \times (\sin \tfrac{1}{2} I''_{,})^2.
\end{aligned}$$

95. Donc faisant ces substitutions dans l'expression de $\rho''^2_{,}$ de l'article 93, on aura

$$\begin{aligned}
\rho''^2_{,} &= \rho'^2 + \rho''^2 \\
&- 2\rho'\rho'' \cos(\Phi' - \Phi'' - H - K) \times (\cos \tfrac{1}{2} I''_{,})^2 \\
&- 2\rho'\rho'' \cos(\Phi' + \Phi'' - H + K) \times (\sin \tfrac{1}{2} I''_{,})^2.
\end{aligned}$$

Faisons, pour un moment,

$$\Delta = \cos(\Phi' + \Phi'' - H + K) - \cos(\Phi - \Phi' - H - K),$$

on aura

$$\frac{1}{\rho''_{,}} = \frac{1}{\sqrt{\rho'^2 + \rho''^2 - 2\rho'\rho''\cos(\Phi' - \Phi'' - H - K) - 2\rho'\rho''\Delta(\sin\frac{1}{2}I''_{,})^2}};$$

c'est la valeur qu'il faudra substituer dans l'expression de Ω de l'article 92; et l'on aura de la même manière

$$\frac{\rho'^2 + \rho''^2 - \rho''^2_{,}}{2\rho''^3} = \frac{\rho'\cos(\Phi' - \Phi'' - H - K)}{\rho''^2} + \frac{\rho'\Delta(\sin\frac{1}{2}I''_{,})^2}{\rho''^2}.$$

En marquant de trois traits les lettres qui ne sont marquées que de deux, on aura les termes multipliés par m‴ dans Ω, et ainsi de suite.

Il faudra ensuite substituer pour ρ', ρ'', etc. et pour Φ', Φ'', etc. leurs valeurs exprimées par les anomalies moyennes u', u'', etc., suivant les formules des articles 21 et 22; et dans le développement, nous nous contenterons d'avoir égard aux secondes dimensions des excentricités e', e'', etc., et des inclinaisons mutuelles $I''_{,}$, $I'''_{,}$ des orbites de m″, m‴, etc. sur celle de m′, en regardant ces quantités comme très-petites du même ordre, et en négligeant les termes où elles formeraient des produits de plus de deux dimensions.

On aura ainsi

$$\frac{1}{\rho''_{,}} = \frac{1}{\sqrt{\rho'^2 + \rho''^2\cos(\Phi' - \Phi'' - H - K)}}$$
$$- \frac{\rho\rho'[\cos(\Phi' + \Phi'' - H + K) - \cos(\Phi' - \Phi'' - H - K)]}{[\rho'^2 + \rho''^2 - 2\rho'\rho''\cos(\Phi' - \Phi'' - H - K)]^{\frac{3}{2}}}(\sin\tfrac{1}{2}I''_{,})^2.$$

96. On sait que les puissances d'une fonction de la forme $\rho'^2 + \rho''^2 - 2\rho'\rho''\cos\varphi$ peuvent se développer en séries de cosinus

d'angles multiples de φ; ainsi on peut supposer

$$(\rho'^2+\rho''^2-2\rho'\rho''\cos\varphi)^{-\frac{1}{2}} = (\rho', \rho'') + (\rho', \rho'')_1\cos\varphi + (\rho', \rho'')_2\cos 2\varphi + (\rho', \rho'')_3\cos 3\varphi + \text{etc.},$$

$$(\rho'^2+\rho''^2-2\rho'\rho''\cos\varphi)^{-\frac{3}{2}} = [\rho', \rho''] + [\rho', \rho'']_1\cos\varphi + [\rho', \rho'']_2\cos 2\varphi + [\rho', \rho'']_3\cos 3\varphi + \text{etc.},$$

où (ρ', ρ''), $(\rho', \rho'')_1$, etc., $[\rho', \rho'']$, $[\rho', \rho'']_1$, etc. sont des fonctions de ρ', ρ'' exprimées en séries ou par des intégrales définies, dans lesquelles les quantités ρ' et ρ'' entrent de la même manière et forment des fonctions homogènes des dimensions -1 ou -3.

Ainsi en faisant

$$\varphi = \Phi' - \Phi'' - H - K,$$

on aura

$$\frac{1}{\rho''_{\prime}} = (\rho', \rho'') + (\rho', \rho'')_1\cos\varphi + (\rho', \rho'')_2\cos 2\varphi + \text{etc.} + \rho'\rho''([\rho', \rho''] + [\rho', \rho'']_1\cos\varphi + [\rho', \rho'']_2\cos 2\varphi + \text{etc.}) \times [\cos(\varphi + 2\Phi'' + 2K) - \cos\varphi] \times (\sin\tfrac{1}{2}I''_{\prime})^2,$$

où il faudra faire (art. 21, 22)

$$\rho' = a'(1 - e'\cos u') + \frac{e'^2}{2} - \frac{e'^2}{2}\cos 2u',$$

$$\rho'' = a''(1 - e''\cos u'') + \frac{e''^2}{2} - \frac{e''^2}{2}\cos 2u'',$$

$$\Phi' = u' + 2e'\sin u' + \frac{5e'^2}{4}\sin 2u',$$

$$\Phi'' = u'' + 2e''\sin u'' + \frac{5e''^2}{4}\sin 2u'',$$

et par conséquent

$$\varphi = u' - u'' - L + 2(e'\sin u' - e''\sin u'') + \tfrac{5}{4}(e'^2\sin 2u' - e''^2\sin 2u''),$$

L étant $= H + K$.

Comme

Comme nous négligeons les quantités au-dessus du second ordre, dans les termes multipliés par $\sin\frac{I^2}{2}$, on pourra mettre tout de suite a' et a'' au lieu de ρ', ρ''; u', u'' au lieu de Φ', Φ'', et $u'-u''-L$ au lieu de φ; et en développant les produits des cosinus, on verra facilement qu'il n'y aura de terme indépendant des angles u' et u'' que celui-ci :

$$-\tfrac{1}{2}a'a''[a', a'']_1 \times (\sin\tfrac{1}{2}I'_{,})^2.$$

Considérons maintenant les fonctions (ρ', ρ''), $(\rho', \rho'')_1$, etc. ; en y faisant les substitutions précédentes à la place de ρ' et de ρ'', et conservant les secondes dimensions de e' et de e'', on aura

$$\begin{aligned}(\rho', \rho'') = (a', a'') &+ \frac{d.(a', a'')}{da'}\left(-a'e'\cos u' + \frac{a'e'^2}{2} - \frac{a'e'^2}{2}\cos 2u'\right)\\
&+ \frac{d^2(a', a'')}{2da'^2} \times \frac{a'^2e'^2}{2}(1 + \cos 2u')\\
&+ \frac{d(a', a'')}{da''}\left(-a''e''\cos u'' + \frac{a''e''^2}{2} - \frac{a''e''^2}{2}\cos 2u''\right)\\
&+ \frac{d^2(a', a'')}{2da''^2} \times \frac{a''e''^2}{2}(1 + \cos 2u'')\\
&+ \frac{d^2(a', a'')}{da'da''} \times \frac{a'a''e'e''}{2}[\cos(u'-u'') - \cos(u'+u'')],\end{aligned}$$

et il en sera de même des autres fonctions semblables.

On aura pareillement

$$\begin{aligned}\cos\varphi = \cos(u'-u''-L)\\
&- \sin(u'-u''-L) \times \left\{\begin{matrix} 2e'\sin u' + \frac{5e'^2}{4}\sin 2u' \\ -2e''\sin u'' + \frac{5e''^2}{4}\sin 2u'' \end{matrix}\right\}\\
&- \cos(u'-u''-L) \times \left\{\begin{matrix} e'^2 - e'^2\cos 2u' + e''^2 - e''^2\cos 2u'' \\ -2e'e''[\cos(u'-u'') - \cos(u'+u'')] \end{matrix}\right\},\end{aligned}$$

on développera de la meme manière les cosinus des angles multiples de φ, et on multipliera les expressions de ces cosinus par celles des coefficiens (ρ', ρ''), $(\rho, \rho'')_1$, etc.

Comme nous ne cherchons que les termes indépendans de toute période, il faudra rejeter tous ceux qui se trouveront multipliés par des cosinus d'angles multiples de u' et de u'', qui sont les angles des mouvemens moyens de m' et de m''.

Ainsi le terme (ρ', ρ''), de l'expression de $\frac{1}{\rho''_{,}}$, ne donnera que ceux-ci:

$$(a', a'') + \left(\frac{d(a', a'')}{2da'} a' + \frac{d^2(a', a'')}{4da'^2} a'^2\right) e'^2$$
$$+ \left(\frac{d(a', a'')}{2da''} a'' + \frac{d^2(a', a'')}{4da''^2} a''^2\right) e''^2.$$

Le terme $(\rho', \rho'')_1 \cos\varphi$ donnera ceux-ci:

$$\left((a', a'')_1 + \frac{d(a', a'')_1}{2da'} a' + \frac{d(a', a'')_1}{2da''} a'' + \frac{d^2(a', a'')_1}{4da'da''} a'a''\right) e'e'' \cos L.$$

Le terme $(\rho', \rho'')_2 \cos 2\varphi$, et les suivans, ne donneront que des termes où e', e'', i', i'' formeraient plus de deux dimensions, et que nous négligeons.

Il reste à développer la quantité

$$\frac{\rho'^2 + \rho''^2 - \rho''^2_{,}}{2\rho''^3} = \frac{\rho' \cos\varphi}{\rho''^2} + \frac{\rho' \Delta (\sin \frac{1}{2} I''_{,})}{\rho''^2} \text{ (art. 93, 94).}$$

On fera ici pour ρ', ρ'' les mêmes substitutions que ci-dessus; on aura d'abord

$$\frac{\rho'}{\rho''^2} = \frac{a'}{a''^2}(1 - e'\cos u') + 2e''\cos u'' + \frac{e'^2}{2}(1 - \cos 2u')$$
$$+ \frac{e''^2}{2}(1 + 5\cos 2u'') + e'e''[\cos(u' - u'') + \cos(u' - u'')],$$

mais dans le terme qui contient $\sin\frac{I}{2}$, et qui est déjà du second ordre, il suffira de mettre $\frac{a'}{a''^2}$ à la place de $\frac{\rho'}{\rho''^2}$, et comme

$\Delta = \cos(\Phi' + \Phi'' - H + K) - (\Phi' - \Phi'' - H - K)$, il est clair que ce terme ne donnera aucune quantité constante.

En multipliant l'expression précédente de $\frac{\rho'}{\rho''^2}$ par celle de $\cos\varphi$ de l'article précédent, et ne retenant que les termes constans où e' et e'' ne passent pas la seconde dimension, on trouve aisément ceux-ci :

$$\frac{a'}{a''}\left(-\frac{e'e''}{2} - e'e'' + \frac{e'e''}{2} + e'e''\right)\cos L = 0;$$

de sorte que, dans la quantité dont il s'agit, les termes constans se détruisent.

97. La somme de tous les termes que nous venons de trouver, étant multipliée par m″, sera la partie constante de la fonction Ω', due à l'action de la planète m″, et l'on aura une expression semblable pour la partie due à l'action de la planète m‴, en rapportant à celle-ci les quantités relatives à la planète m″.

Nous avons désigné par (Ω) cette partie non périodique de la fonction Ω; si donc on fait, pour abréger,

$$((a', a'')) = \frac{d(a'\, a'')}{2da'}\, a' + \frac{d^2(a',\, a'')}{4da'^2}\, a'^2;$$

et par conséquent puisque a' et a'' entrent de la même manière dans la fonction (a', a''),

$$((a'', a')) = \frac{d(a',\, a'')}{2da''}\, a'' + \frac{d^2(a',\, a'')}{4da''^2}\, a''^2,$$

et de plus,

$$[(a', a'')] = (a', a'')_1 + \frac{d(a',\, a'')_1}{2da'}\, a' + \frac{d(a',\, a'')_1}{2da''}\, a''$$
$$+ \frac{d^2(a',\, a'')_1}{4da'da''}\, a'a'',$$

on aura

$$
\begin{aligned}
-(\Omega') = \mathrm{m}''\{(a', a'') &+ \big((a', a'')\big)e'^2 + \big((a'', a')\big)e''^2 \\
&+ [(a', a'')]e'e''\cos L \\
&- \tfrac{1}{2}a'a''[a', a'']_1 \times (\sin\tfrac{1}{2}I''_{\prime})^2\} \\
&+ \text{etc.}
\end{aligned}
$$

Cette valeur est exacte, aux quantités du troisième ordre près, en regardant les excentricités e' et e'' des orbites de m$'$ et de m$''$, ainsi que leur inclinaison mutuelle I, comme de très-petites quantités du premier ordre, quelles que soient d'ailleurs les inclinaisons de ces orbites sur le plan fixe de projection.

98. On peut simplifier beaucoup les expressions des fonctions $\big((a', a'')\big)$ et $[(a', a'')]$, par les propriétés connues des coefficiens des séries en $\cos\varphi$, $\cos 2\varphi$, etc. En effet, si on différentie logarithmiquement par rapport à φ, et ensuite par rapport à a', l'équation identique

$$
\begin{aligned}
(a'^2 - 2a'a''\cos\varphi + a''^2)^{-\frac{1}{2}} = (a', a'') &+ (a', a'')_1\cos\varphi \\
&+ (a', a'')_2\cos 2\varphi + \text{etc.},
\end{aligned}
$$

et qu'après avoir multiplié en croix, on compare les termes multipliés par les mêmes cosinus, on aura d'abord

$$3a'a''(a', a'')_2 = -2a'a''(a', a'') + 2(a'^2 + a''^2)(a', a'')_1;$$

ensuite les différentielles relatives à a' et à a'' donneront

$$\frac{d(a', a'')}{da'} = \frac{2a'(a', a'') - a''(a', a'')_1}{2(a''^2 - a'^2)},$$

$$\frac{d(a', a'')_1}{da'} = \frac{a'a''(a', a'') - a''^2(a', a'')_1}{a'(a''^2 - a'^2)},$$

$$\frac{d^2(a', a'')}{da'^2} = \frac{4a'^3(a', a'') + a''(a''^2 - 3a'^2)(a', a'')_1}{2a'(a''^2 - a'^2)^2},$$

$$\frac{d^2(a', a'')}{da'da''} = \frac{-2(a'^2 + a''^2) + 2a'a''(a', a'')_1}{(a''^2 - a'^2)^2}.$$

Substituant ces valeurs, on aura

$$((a', a'')) = \frac{4a'^2a''^2(a', a'') - a', a''(a'^2 + a''^2)(a', a'')_1}{8(a''^2 - a'^2)^2},$$

$$[(a', a'')] = \frac{-a'a''(a'^2 + a''^2)(a', a'') + (a'^2 + a''^2 - a'a'')(a', a'')_1}{2(a''^2 - a'^2)^2}.$$

Mais on peut avoir des expressions plus simples de ces fonctions, en employant les coefficiens de la série

$$(a'^2 - a'a''\cos\varphi + a''^2)^{-\frac{3}{2}} = [a', a''] + [a', a'']_1 \cos\varphi + \text{etc.};$$

car en différentiant logarithmiquement, et multipliant ensuite en croix, on trouve d'abord, comme ci-dessus,

$$a'a''[a', a'']_2 = 2(a'^2 + a''^2)[a', a'']_1 - 6a'a''[a', a''];$$

substituant cette valeur de $[a', a'']_2$, et comparant la série multipliée par $a'^2 - 2a'a''\cos\varphi + a''^2$ avec la série $(a', a'') + (a', a'')_1\cos\varphi + \text{etc.}$, avec laquelle elle doit devenir identique, il est facile de déduire ces relations :

$$(a', a'') = (a'^2 + a''^2)[a', a''] - a'a''[a', a'']_1,$$

$$(a', a'')_1 = 4a', a''[a', a''] - (a'^2 + a''^2)[a', a'']_1,$$

et par la substitution de ces valeurs, on aura celles-ci :

$$((a', a'')) = \tfrac{1}{8}a'a''[a', a'']_1 = ((a'', a')),$$

$$[(a', a'')] = \tfrac{3}{2}a'a''[a', a''] - \tfrac{1}{2}(a'^2 + a''^2)[a', a'']_1 = -\tfrac{1}{4}a'a''[a' a'']_2,$$

qu'on substituera dans l'expression de (Ω') de l'article précédent.

A l'égard de la valeur des coefficiens (a', a''), $(a', a'')_1$, etc., $[a', a'']$, $[a', a'']_1$, etc., en fonctions de a', a'', on peut les trouver par le développement des radicaux, en puissances de $\cos\varphi$, et par le développement de ces puissances en cosinus d'angles multiples de φ, comme Euler l'a fait le premier, dans ses Recherches sur Jupiter et Saturne; mais j'ai trouvé, depuis long-temps, qu'on pouvait les avoir d'une manière plus simple, en décomposant le binome $a'^2 - 2a'a''\cos\varphi + a''^2$ en ses deux facteurs imaginaires

$$(a' - a''e^{\varphi\sqrt{-1}})(a' - a''e^{-\varphi\sqrt{-1}}),$$

et en développant par la formule du binome les puissances $-\frac{1}{2}$, $-\frac{3}{2}$ de chacun de ces facteurs.

Soit, pour abréger,

$$s' = \frac{n(n+1)}{2}, \qquad s'' = \frac{n(n+1)(n+2)}{2.3}, \quad \text{etc.};$$

on aura en général

$$(a' - a''e^{\varphi\sqrt{-1}})^{-n} = a'^{-n} + sa'^{-n-1}a''e^{\varphi\sqrt{-1}} + s a''^{-n-2}a''^2e^{2\varphi\sqrt{-1}} \\ + \text{etc.},$$

et si on multiplie ensemble les deux séries qui répondent à $\sqrt{-1}$ et à $-\sqrt{-1}$, et qu'on repasse des exponentielles imaginaires aux cosinus des angles multiples, on aura

$$(a'^2 - 2a'a''\cos\varphi + a''^2)^{-n} = A + B\cos\varphi + C\cos 2\varphi + \text{etc.},$$

en faisant

$$A = \frac{1}{a'^{2n}}\left[1 + n^2 \times \left(\frac{a''}{a'}\right)^2 + n'^2 \times \left(\frac{a''}{a'}\right)^4 + n''^2 \times \left(\frac{a''}{a'}\right)^6 + \text{etc.}\right],$$

$$B = \frac{2}{a'^{2n}}\left[n\left(\frac{a''}{a'}\right) + nn'\left(\frac{a''}{a'}\right)^3 + n'n''\left(\frac{a''}{a'}\right)^5 + \text{etc.}\right],$$

$$C = \frac{2}{a'^{2n}}\left[n'\left(\frac{a''}{a'}\right)^2 + nn''\left(\frac{a''}{a'}\right)^4 + n'n'''\left(\frac{a''}{a'}\right)^6 + \text{etc.}\right],$$

etc.

Ces séries sont toujours convergentes, lorsque $a' > a''$; mais si l'on avait $a'' > 1$, il n'y aurait qu'à changer a' en a'' et a'' en a', puisque dans la fonction non développée, les quantités a' et a'' entrent également.

Une conséquence qui résulte de la forme de ces séries, est que tant que s est un nombre positif, tous les coefficiens $\mathcal{A}$, $\mathcal{B}$, C, etc. ont toujours des valeurs positives.

Si on fait $a=\frac{1}{2}$, ces coefficiens deviendront (a', a''), $(a', a'')_1$, $(a', a'')_2$, etc., et si on fait $a=\frac{3}{2}$, ils deviendront $[a', a'']$, $[a', a'']_1$, $[a', a'']_2$, etc.

99. Il nous reste encore à déterminer l'angle L. Comme nous négligeons les quantités du troisième ordre, et que dans l'expression de A, $\cos L$ est déjà multiplié par $e'e''$, on pourra, dans la détermination de l'angle L, faire abstraction des quantités très-petites du premier ordre, et par conséquent y supposer $I'_{,}=0$. Or $I=H+K$ (art. 94), et faisant $I''_{,}=0$ dans les formules de l'article 92, on a

$$\mathrm{A}=\cos(H+K), \qquad \mathrm{A}_1=-B=\sin(H+K), \qquad \mathrm{A}_2=0;$$

on a aussi, par les formules de cet article,

$$\mathrm{A}=\alpha'\alpha''+\alpha'_1\alpha''_1+\alpha'_2\alpha''_2=\cos L.$$

Différentions cette valeur de $\cos L$, faisant varier les quantités α', α'', α'_1, etc., substituant à la place de leurs différentielles les expressions données dans l'article 67, en accentuant les quantités respectives, et remettons les quantités $\mathcal{A}_1$, $\mathcal{A}_2$, etc. à la place de leurs valeurs en α', α'', β', etc., on trouvera facilement

$$-\sin L dL=\mathrm{A}_1 d\chi'+\mathrm{A}_2 d\pi'+\mathrm{B} d\chi''+\mathrm{C} d\pi'';$$

mais

$$\mathrm{A}_1=\sin L, \qquad \mathcal{A}_2=0, \qquad \mathrm{B}=-\sin L, \qquad \mathrm{C}=0;$$

donc en divisant par $\sin L$, on aura

$$dL=d\chi''-d\chi',$$

et intégrant

$$L=\chi''-\chi',$$

où il n'est pas nécessaire d'ajouter des constantes, puisque l'origine des angles χ', χ'' est arbitraire. L'angle χ est en général celui que l'orbite décrit en tournant dans son plan, et que nous avons substitué à la place de la longitude k du périhélie (art. 68).

100. La fonction (Ω') est maintenant réduite à la forme la plus simple et la plus propre pour le calcul des variations séculaires; il n'y aura qu'à la substituer dans les formules de l'article 71, en marquant d'un trait les lettres de ces formules, pour les rapporter à la planète m', dont on cherche les variations; et en changeant simplement entr'elles les lettres marquées d'un trait et de deux; on aura des formules semblables pour les variations de la planète m'', et ainsi des autres.

On voit que cette fonction est composée de deux fonctions distinctes entr'elles, dont l'une ne renferme que les excentricités et les lieux des aphélies dans les orbites, et dont l'autre ne renferme que les inclinaisons des orbites sur un plan fixe avec les lieux de leurs nœuds. Si on désigne la première par $(\Omega')_1$ et la seconde par $(\Omega')_2$, ensorte que l'on ait $(\Omega') = (\Omega')_1 + (\Omega')_2$, on aura

$$(\Omega')_1 = \tfrac{1}{8}\,\mathrm{m}''\left\{\begin{array}{l} 8(a', a'') + a'a''[a', a'']_1 \times (e'^2 + e''^2) \\ -2a'a''[a', a'']_2\, e'e''\cos(\chi' - \chi'') \end{array}\right\}$$
$$+ \tfrac{1}{8}\,\mathrm{m}'''\left\{\begin{array}{l} 8(a', a''') + a'a'''[a', a''']_1 \times (e'^2 + e'''^2) \\ -2a'a'''[a', a''']_2\, e'e'''\cos(\chi' - \chi''') \end{array}\right\}$$
$$+ \text{etc.},$$

$$(\Omega')_2 = -\tfrac{1}{4}\,\mathrm{m}''a'a''[a', a'']_1 \times (1 - \cos I''_{\prime})$$
$$-\tfrac{1}{4}\,\mathrm{m}'''a'a'''[a', a''']_1 \times (1 - \cos I'''_{\prime})$$
$$- \text{etc.},$$

où
$$\cos I''_{\prime} = \cos i' \cos i' + \cos(h' - h'')\sin i' \sin i'',$$
$$\cos I'''_{\prime} = \cos i' \cos i''' + \cos(h' - h''')\sin i' \sin i''',$$
$$\text{etc.},$$

les

les angles $I''_{\prime}$, $I'''_{\prime}$, etc. étant les inclinaisons de l'orbite de la planète m′ sur celles des planètes m″, m‴, etc.

On substituera ainsi $(\Omega')_1 + (\Omega')_2$, au lieu de (Ω'), dans les équations des variations séculaires (art. 71), et on accentuera les lettres, pour les rapporter à la planète m′ dont on cherche les variations; on aura, en négligeant les e'^2 et mettant simplement a' au lieu de b dans les coefficiens des fonctions $(\Omega)_1$ et $(\Omega)_2$, qui sont déjà du second ordre,

$$\frac{de'}{dt} = -\frac{1}{\sqrt{g'a'}} \times \frac{d(\Omega')_1}{e'd\chi'}, \qquad \frac{d\chi'}{dt} = \frac{1}{\sqrt{g'a'}} \times \frac{d(\Omega')_1}{e'de'},$$

$$\frac{di'}{dt} = -\frac{1}{\sqrt{g'a'}} \times \frac{d(\Omega')_2}{\sin i'dh'}, \qquad \frac{dh'}{dt} = \frac{1}{\sqrt{g'a'}} \times \frac{d(\Omega')_2}{\sin i'di'}.$$

On aura de pareilles équations pour les variations des élémens de la planète m″ dans son orbite autour de m; et il n'y aura pour cela qu'à marquer de deux traits les lettres qui ne sont marquées que d'un trait, et au contraire ne marquer que d'un trait les lettres qui le sont de deux.

Ainsi, en observant que les fonctions de a' et a'', représentées par des parenthèses, ne changent pas en échangeant entr'elles les quantités a', a'', on aura

$$\begin{aligned}
(\Omega'') = {} & \tfrac{1}{8}\mathrm{m}' \left\{ \begin{array}{l} \quad 8(a', a'') + a'a''[a', a'']_1 \times (e'^2 + e''^2) \\ -2[(a', a'')]_2\, e'e'' \cos(\chi' - \chi'') \end{array} \right\} \\
& + \tfrac{1}{8}\mathrm{m}''' \left\{ \begin{array}{l} \quad 8(a'', a''') + a''a'''[a'', a''']_1 \times (e''^2 + e'''^2) \\ -2[(a'', a''')]_2\, e''e''' \cos(\chi'' - \chi''') \end{array} \right\} \\
& + \text{etc.},
\end{aligned}$$

$$\begin{aligned}
(\Omega'') = {} & -\tfrac{1}{4}\,\mathrm{m}'a'a''\,[a', a'']_1 \times (1 - \cos I'_{\prime\prime}) \\
& -\tfrac{1}{4}\,\mathrm{m}'''a''a'''[a'', a''']_2 \times (1 - \cos I'''_{\prime\prime}) \\
& - \text{etc.},
\end{aligned}$$

où $\cos I'_{\prime\prime} = \cos I''_{\prime}$, et

$$\cos I'''_{\prime\prime} = \cos i'' \cos i''' + \sin(h'' - h''') \sin i'' \sin i''',$$

et les équations des variations seront

$$\frac{de''}{dt} = -\frac{1}{\sqrt{g''a''}} \times \frac{d(\Omega'')_1}{e''d\chi''}, \qquad \frac{d\chi''}{dt} = \frac{1}{\sqrt{g''a''}} \times \frac{d.(\Omega'')_1}{e''de''},$$

$$\frac{di''}{dt} = -\frac{1}{\sqrt{g''a''}} \times \frac{d(\Omega'')_2}{\sin i''dh''}, \qquad \frac{dh''}{dt} = \frac{1}{\sqrt{g''a''}} \times \frac{d.(\Omega'')_2}{\sin i''di''},$$

et ainsi de suite pour les variations des élémens des orbites de m‴, m'''', etc. autour de m.

101. Mais nous remarquerons qu'on peut réduire à une seule fonction les différentes fonctions $(\Omega')_1$, $(\Omega'')_1$, etc., ainsi que les fonctions $(\Omega')_2$, $(\Omega'')_2$, etc., ce qui mettra plus de simplicité et d'uniformité dans les formules des variations. En effet, si on fait

$$\begin{aligned}\Phi = {} & \frac{m'm''a'a''}{8}\left[8(a', a'') + [a', a'']_1 \times (e'^2 + e''^2) - 2[a', a'']_2 e'e'' \cos(\chi' - \chi'')\right] \\ & + \frac{m'm'''a'a'''}{8}\left[8(a', a''') + [a', a''']_1 \times (e'^2 + e'''^2) - 2[a', a''']_2 e'e''' \cos(\chi' - \chi''')\right] \\ & + \frac{m''m'''a''a'''}{8}\left[8(a'', a''') + [a'', a''']_1 \times (e''^2 + e'''^2) - 2[a'', a''']_2 e''e''' \cos(\chi'' - \chi''')\right] \\ & + \text{etc.};\end{aligned}$$

en faisant toutes les combinaisons, deux à deux, des masses m', m'', m‴, etc., et des fonctions qui y sont relatives, il est facile de voir que dans les différences partielles de $(\Omega')_1$, $(\Omega'')_1$, etc., on pourra changer ces fonctions en Φ, pourvu qu'on divise par m' les différences partielles relatives à e' et χ'; par m'' les différences partielles relatives à e'', χ'', et ainsi de suite.

De sorte que les équations des variations des excentricités et des aphélies deviendront

$$\frac{de'}{dt} = -\frac{1}{m'\sqrt{g'a'}} \times \frac{d\Phi}{e'd\chi'}, \qquad \frac{d\chi'}{dt} = \frac{1}{m'\sqrt{g'a'}} \times \frac{d\Phi}{e'de'},$$

$$\frac{de''}{dt} = -\frac{1}{m''\sqrt{g''a''}} \times \frac{d\Phi}{e''d\chi''}, \qquad \frac{d\chi''}{dt} = \frac{1}{m''\sqrt{g''a''}} \times \frac{d\Phi}{e''de''},$$

etc.

Ces équations donnent

$$\frac{d\Phi}{d\chi'}d\chi' + \frac{d\Phi}{de'}de' = 0, \quad \frac{d\Phi}{d\chi''}d\chi'' + \frac{d\Phi}{de''}de'' = 0, \quad \text{etc.};$$

donc comme Φ est fonction des variables e', χ', e'', χ'', etc. sans t, on aura $d\Phi = 0$, et par conséquent Φ égale à une constante. C'est une relation générale entre les excentricités et les lieux des aphélies des planètes, qui doit toujours subsister, quelques variations que les excentricités et les lieux des aphélies subissent à la longue, pourvu qu'elles soient très-petites.

102. Mais la nature de la fonction Φ donne encore naissance à d'autres relations générales entre ces mêmes élémens.

En effet, il est facile de voir qu'on a l'équation

$$\frac{d\Phi}{d\chi'} + \frac{d\Phi}{d\chi''} + \frac{d\Phi}{d\chi'''} + \text{etc.} = 0;$$

et si on substitue à la place de ces différences partielles leurs valeurs $\text{m}'\sqrt{\text{g}'a'} \times \frac{e'de'}{dt}$, $\text{m}''\sqrt{\text{g}''a''} \times \frac{e''de''}{dt}$, etc., données par les équations de l'article précédent, on aura, en intégrant relativement à t, l'équation finie

$$\text{m}'\sqrt{\text{g}'a'} \times e'^2 + \text{m}''\sqrt{\text{g}''a''} \times e''^2 + \text{m}'''\sqrt{\text{g}'''a'''} \times e'''^2 + \text{etc.} = K^2,$$

K^2 étant une constante égale à la valeur du premier membre de cette équation dans un instant quelconque.

Cette équation fait voir que les excentricités e', e'', e''', etc. ont nécessairement des limites qu'elles ne peuvent passer; car comme elles sont nécessairement réelles, tant que les orbites sont des sections coniques, chaque terme, comme $\text{m}'\sqrt{\text{g}'a'} \times e'^2$ sera toujours positif, et son *maximum* sera la constante K^2.

Il suit de là que si les excentricités des orbites qui appartiennent à des masses très-grandes sont une fois très-petites, elles le seront toujours, ce qui est le cas de Jupiter et Saturne; mais celles qui appartiennent à des masses fort petites pourront croître jusqu'à l'unité et au-delà, et on ne pourra déterminer leurs véritables limites que par l'intégration des équations différentielles, comme on le verra ci-après.

De plus, comme la quantité Φ, regardée comme fonction de e', e'', e''', etc., est une fonction homogène de deux dimensions, on aura, par la propriété connue de ces fonctions,

$$\frac{d\Phi}{de'}e' + \frac{d\Phi}{de''}e'' + \frac{d\Phi}{de'''}e''' + \text{etc.} = 2\Phi.$$

Substituant dans cette équation les valeurs des différences partielles de Φ relatives à e', e'', e''', etc., tirées des mêmes équations de l'article précédent, on aura

$$m'\sqrt{g'a'} \times \frac{e'^2 d\chi'}{dt} + m''\sqrt{g''a''} \times \frac{e''^2 d\chi''}{dt} + m'''\sqrt{g'''a'''} \times \frac{e'''^2 d\chi'''}{dt} + \text{etc.} = 2F,$$

F étant la valeur de Φ dans un instant quelconque.

Dans cette équation, les quantités $\frac{d\chi'}{dt}$, $\frac{d\chi''}{dt}$, etc. expriment les vîtesses angulaires des mouvemens des aphélies, et par conséquent elle donne une relation invariable entre ces vîtesses, par laquelle on voit qu'elles ont aussi nécessairement des limites, tant qu'elles sont toutes de même signe.

103. Si on emploie les transformations de l'article 73, en faisant

$$m' = e'\sin\chi', \quad n' = e'\cos\chi', \quad m'' = e''\sin\chi'', \quad n'' = e''\cos\chi'', \quad \text{etc.},$$

on aura

$$\Phi = \frac{\mathrm{m}'\mathrm{m}''a'a''}{8}\left([a', a'']_1 \times (m'^2+n'^2+m''^2+n''^2) - 2[a', a'']_2 \times (m'm''+n'n'')\right)$$
$$+ \frac{\mathrm{m}'\mathrm{m}'''a'a'''}{8}\left([a', a''']_1 \times (m'^2+n'^2+m'''^2+n'''^2) - 2[a', a''']_2 \times (m'm'''+n'n''')\right)$$
$$+ \frac{\mathrm{m}''\mathrm{m}'''a''a'''}{8}\left([a'', a''']_1 \times (m''^2+n''^2+m'''^2+n'''^2) - 2[a'', a''']_2 \times (m''m'''+n''n''')\right)$$
$$+ \text{etc.},$$

et les équations des variations seront

$$\frac{dm'}{dt} = \frac{1}{\sqrt{\mathrm{g}'a'}} \times \frac{d\Phi}{dn'}, \qquad \frac{dn'}{dt} = -\frac{1}{\sqrt{\mathrm{g}'a'}} \times \frac{d\Phi}{dm'},$$
$$\frac{dm''}{dt} = \frac{1}{\sqrt{\mathrm{g}''a''}} \times \frac{d\Phi}{dn''}, \qquad \frac{dn''}{dt} = -\frac{1}{\sqrt{\mathrm{g}''a''}} \times \frac{d\Phi}{dm''},$$
etc.

Si, dans ces équations, on substitue la valeur de Φ, et qu'on exécute les différentiations partielles, on a des équations linéaires en m', n', m'', n'', etc. faciles à intégrer, et ces équations seront entièrement identiques avec celles que j'avais trouvées par une autre voie, dans les Mémoires de Berlin de 1781, page 262, comme il est facile de s'en assurer en comparant entr'elles les dénominations différentes des mêmes quantités.

Dans les Mémoires de l'année 1782, j'ai appliqué ces équations aux six planètes principales, en adoptant pour leurs masses les valeurs les plus probables, et j'en ai tiré, par l'intégration, des formules générales pour les variations de leurs excentricités et des lieux de leurs aphélies, lesquelles donnent les valeurs de ces élémens, tant pour la terre que pour les autres planètes, au bout d'un temps quelconque indéfini, soit avant ou après l'époque de 1700; et comme, par ces formules, les excentricités demeurent toujours très-petites, ainsi qu'on l'a supposé dans le calcul, on est assuré de leur exactitude dans tous les temps passés et à venir. On trouve ensuite, dans le volume des mêmes Mémoires pour 1786—87, imprimé en 1792, un supplément à cette théorie, relatif à la nouvelle planète d'Herschel, où l'on détermine de la même manière et par des formules aussi générales, les variations séculaires de l'excentricité et du lieu de l'aphélie de cette planète, produites par les actions de Jupiter et de Saturne; on a seulement négligé l'effet de l'action d'Herschel sur ces deux planètes, ainsi que sur les autres planètes inférieures, à cause de la petitesse de sa masse, et de sa grande distance.

104. On peut réduire de la même manière, à une forme plus simple, les équations de la variation des nœuds et des inclinaisons. Soit

$$\begin{aligned}\Psi = &- \tfrac{1}{4}\,\mathrm{m}'\mathrm{m}''a'a''[a', a'']_1 \times (1 - \cos I''_{,})\\ &- \tfrac{1}{4}\,\mathrm{m}'\mathrm{m}'''a'a'''[a', a'']_1 \times (1 - \cos I'''_{,})\\ &- \tfrac{1}{4}\,\mathrm{m}''\mathrm{m}'''a''a'''[a'', a''']_1 \times (1 - \cos I'''_{''})\\ &- \text{etc.},\end{aligned}$$

en faisant aussi toutes les combinaisons deux à deux des masses m, m'', m''', etc. etc., qui sont supposées agir les unes sur les autres, avec les fonctions correspondantes de a', a'', a''', etc. et des inclinaisons $I''_{,}$, $I'''_{,}$, $I'''_{''}$, etc., qui sont déterminées en général par la formule

$$\cos{}^{(n)}_{(m)} = \cos i^{(m)} \cos i^{(n)} + \cos(h^{(m)} - h^{(n)}) \sin i^{(m)} \sin i^{(n)},$$

on aura, en substituant $\frac{d\Psi}{\mathrm{m}'di'}$, $\frac{d\Psi}{\mathrm{m}'dh'}$, etc. à la place de $\frac{d(\Omega)_2}{di'}$, $\frac{d(\Omega)_2}{dh'}$, etc.,

$$\frac{di'}{dt} = -\frac{1}{\mathrm{m}'\sqrt{\mathrm{g}'a'}} \times \frac{d\Psi}{\sin i'dh'}, \qquad \frac{dh'}{dt} = \frac{1}{\mathrm{m}'\sqrt{\mathrm{g}'a'}} \times \frac{d\Psi}{\sin i'di'},$$

$$\frac{di''}{dt} = -\frac{1}{\mathrm{m}''\sqrt{\mathrm{g}''a''}} \times \frac{d\Psi}{\sin i''dh''}, \qquad \frac{dh''}{dt} = \frac{1}{\mathrm{m}''\sqrt{\mathrm{g}''a''}} \times \frac{d\Psi}{\sin i''di''},$$

etc.

Ces équations donnent aussi

$$\frac{d\Psi}{dh'}\,dh' + \frac{d\Psi}{di'}\,di' = 0, \qquad \frac{d\Psi}{dh''}\,dh'' + \frac{d\Psi}{di''}\,di'' = 0,$$

et par conséquent, puisque Ψ est une fonction de h', i', h'', i'', etc. sans aucune autre variable, $d\Psi = 0$, et $\Psi =$ à *une constante.*

De plus, il est visible, par la formule de la fonction Ψ, que l'on a cette équation

$$\frac{d\Psi}{dh'} + \frac{d\Psi}{dh''} + \frac{d\Psi}{dh'''} + \text{etc.} = 0.$$

Substituant, pour les différentielles de Ψ relatives à h', h'', h''', etc. leurs valeurs données par les équations précédentes, on aura une équation différentielle en i', i'', i''', etc., dont l'intégrale sera

$$m'\sqrt{g'a'} \times \cos i' + m''\sqrt{g''a''} \times \cos i'' + m'''\sqrt{g'''a'''} \times \cos i''' + \text{etc.} = const.$$

et qu'on pourra mettre aussi sous la forme

$$m'\sqrt{g'a'} \times \left(\sin\frac{i'}{2}\right)^2 + m''\sqrt{g''a''} \times \left(\sin\frac{i''}{2}\right)^2 + \text{etc.} = H^2,$$

H^2 étant la valeur du premier membre dans un instant quelconque. On peut tirer de cette équation, relativement aux limites des quantités $\sin\frac{i'}{2}$, $\sin\frac{i''}{2}$, etc., des conséquences analogues à celles que nous avons déduites d'une équation semblable en e', e'', etc., dans l'article 101.

105. Dans le cas où l'on ne considère que l'action de deux planètes m′ et m″, l'expression de Ψ se réduit au seul terme multiplié par m′m″, et l'inclinaison mutuelle I'' des deux orbites devient alors constante; c'est à très-peu près le cas de Jupiter et Saturne.

Dans ce cas, nous remarquerons encore que si on suppose que

le plan de la planète perturbatrice m″ coïncide dans un instant avec le plan fixe, on aura $i''=0$, et par conséquent $\cos I''_{,}=\cos i'$, ce qui donnera

$$\Psi=-\tfrac{1}{4}m''a'a''[a',a'']_{1}\times(1-\cos i'),$$

et de là

$$\frac{dh'}{dt}=-\frac{m''a'a''[a',a'']_{1}}{4\sqrt{g'a'}};$$

c'est l'expression de la vîtesse du mouvement rétrograde du nœud de l'orbite de m′ sur le plan de l'orbite de m″, tandis que leur inclinaison mutuelle demeure constante; d'où l'on voit que l'action de la planète m″ sur la planète m′, pour faire varier la position de son orbite, se réduit à donner au nœud de son orbite, sur celle de la planète perturbatrice m″, un mouvement rétrograde instantané exprimé par

$$-\frac{m''a'a''[a',a'']_{1}}{4\sqrt{g'a'}}\,dt,$$

sans affecter l'inclinaison mutuelle des deux orbites.

De la même manière, l'action de la planète m′ sur la planète m″, pour changer la position de son orbite, fait rétrograder le nœud de cette planète sur le plan de l'orbite de m′, d'un mouvement instantané

$$-\frac{m'a'a''[a',a'']_{1}}{4\sqrt{g''a''}}\,dt,$$

et ainsi des autres planètes.

En combinant ainsi deux à deux toutes les planètes, on pourra trouver les variations de leurs nœuds et de leurs inclinaisons réciproques, puisque par la nature du calcul différentiel, la somme des valeurs particulières d'une différentielle en forme la valeur complète. C'est ainsi qu'on avait trouvé les changemens annuels des nœuds et des inclinaisons des planètes, produits par leurs attractions

tractions mutuelles, avant qu'on eût une théorie directe et générale des variations séculaires.

106. Pour donner un exemple de cette méthode, considérons trois planètes m′, m″, m‴, dont les orbites s'entrecoupent, $I''_{\prime}$, $I'''_{\prime}$ étant les inclinaisons de la seconde et de la troisième sur la première, et $I'''_{\prime\prime}$ étant l'inclinaison de la seconde sur la troisième; il est facile de voir qu'elles formeront sur la sphère un triangle sphérique dont les trois angles, en supposant les inclinaisons de m″ et de m‴ du même côté, seront $I''_{\prime}$, $180°-I'''_{\prime}$ et $I'''_{\prime\prime}$, que nous désignerons, pour plus de simplicité, par α, β, γ.

La planète m′ fera rétrograder sur son orbite le nœud de la planète m″, de la quantité élémentaire

$$\frac{m'a'a''[a', a'']_1}{4\sqrt{g''a''}}dt,$$

et la même planète fera rétrograder en même temps sur son orbite le nœud de l'orbite de la planète m‴, de la quantité élémentaire

$$\frac{m'a'a'''[a', a''']_1}{4\sqrt{g'''a'''}}dt,$$

tandis que les inclinaisons $I''_{\prime}$ et $I'''_{\prime}$ demeureront constantes.

Ainsi dans le triangle formé par l'intersection des trois orbites, la portion de l'orbite de m′ interceptée entre les orbites de m″ et de m‴, c'est-à-dire, le côté adjacent aux angles α et β, croîtra de la quantité Adt; faisant, pour abréger,

$$A = \frac{m'}{4}\left(\frac{a'a''[a', a'']_1}{\sqrt{g''a''}} - \frac{a'a'''[a', a''']_1}{\sqrt{g'''a'''}}\right),$$

les angles α et β demeurent constans.

Or dans un triangle sphérique dont les angles sont α, β, γ, et dont le côté adjacent à α et β, et par conséquent opposé à γ, est c, on a

$$\cos\gamma = \sin\alpha \sin\beta \cos c - \cos\alpha \cos\beta.$$

Donc faisant varier c de $(1)dt$, on aura

$$d.\cos\gamma = - \sin\alpha \sin\beta \sin c (1) dt.$$

Mais la même équation donne

$$\cos c = \frac{\cos\gamma + \cos\alpha \cos\beta}{\sin\alpha \sin\beta},$$

d'où l'on tire

$$\sin c = \frac{\sqrt{\sin\alpha^2 \sin\beta^2 - (\cos\gamma + \cos\alpha \cos\beta)^2}}{\sin\alpha \sin\beta}$$

$$= \frac{\sqrt{1 - \cos\alpha^2 - \cos\beta^2 - \cos\gamma^2 - 2\cos\alpha \cos\beta \cos\gamma}}{\sin\alpha \sin\beta}.$$

Faisons, pour abréger,

$$u = \sqrt{1 - \cos\alpha^2 - \cos\beta^2 - \cos\gamma^2 - 2\cos\alpha \cos\beta \cos\gamma} = \sin\alpha \sin\beta \sin c,$$

on aura

$$d.\cos\gamma = - u dt.$$

On trouvera de la même manière, en considérant la rétrogradation des orbites de m′ et de m‴ sur celle de m″, laquelle augmente le côté adjacent aux angles α, γ, et par conséquent opposé à l'angle β, de la quantité élémentaire Bdt, en faisant

$$B = \frac{m''}{4} \left(\frac{a'a''[a', a'']_1}{\sqrt{g'a'}} - \frac{a''a'''[a'', a''']_1}{\sqrt{g'''a'''}} \right),$$

tandis que les angles β et γ demeurent constans,

$$d.\cos\beta = - (2) u dt,$$

parce que la quantité u est une fonction symétrique des trois cosinus.

Enfin la rétrogradation des orbites de m′ et m″ sur celle de m‴, donnera aussi

$$d.\cos\alpha = -\,Cudt,$$

en faisant

$$C = \frac{m'''}{4}\left(\frac{a'a'''[a', a''']_1}{\sqrt{g'a'}} - \frac{a''a'''[a'', a''']_1}{\sqrt{g''a''}}\right).$$

Dans ces équations, les trois coefficiens (1), A, B, C sont constans, ainsi il n'y a de variable que la quantité u, qui est fonction des trois cosinus de α, β, γ, c'est-à-dire, des inclinaisons respectives des orbites $I''_{,}$, $I'''_{,}$, $I'''_{,,}$; ainsi on pourra déterminer leurs valeurs en fonction de t.

Si on ajoute ensemble ces trois équations, après avoir multiplié la première par $m''m'''a''a'''[a'', a''']_1$, la seconde par $-\,m'm'''a'a'''[a', a''']$, la troisième par $m'm''a'a''[a', a'']$, on a

$$m''m'''a''a'''[a'', a''']_1 d.\cos\gamma - m'm'''a'a'''[a', a''']_1 d.\cos\beta + m'm''a'a''[a', a'']_1 d.\cos\alpha =$$
$$-\,(m'm'''a''a'''[a'', a''']_1 A - m'm'''a'a'''[a', a''']_1 B + m'm''a'a''[a', a'']_1 C)\,dt.$$

Or en substituant les valeurs de A, B, C, on voit que le second membre se réduit à zéro, par la destruction mutuelle de tous les termes, et le premier membre étant intégrable, on a, en remettant pour α, β, γ leurs valeurs $I''_{,}$, $180° - I'''_{,}$, $I'''_{,,}$,

$$m''m'''a''a'''[a'', a''']_1 \cos I'''_{,,} + m'm'''a'a'''[u', a''']_1 \cos I'''_{,} + m'm''a'a''[a', a'']_1 \cos I''_{,} = const.,$$

équation qui s'accorde, dans le cas de trois orbites, avec l'intégrale $\Psi = constante$ trouvée plus haut (art. 104).

Si on fait, pour plus de simplicité,

$$\cos\alpha = x, \quad \cos\beta = y, \quad \cos\gamma = z,$$

on a les trois équations

$$dx = -\,Cudt, \quad dy = -\,Budt, \quad dz = -\,Audt;$$
$$u = \sqrt{1 - x^2 - y^2 - z^2 - 2xyz}.$$

La première, combinée avec la seconde et avec la troisième,

donne, par l'élimination de u,

$$dy = \frac{(2)}{(3)} dx, \qquad dz = \frac{(1)}{(3)} dx;$$

et de là

$$y = \frac{(2)x + a}{(2)}, \qquad z = \frac{(1)x + b}{(3)}.$$

Substituant ces valeurs dans l'expression de u, la variable x montera au troisième degré sous le radical, et l'équation $dx = -Cudt$ donnera $dt = -\frac{dx}{Cu}$, équation où les variables sont séparées, mais dont le second membre ne sera intégrable que par la rectification des sections coniques.

Mais comme les inclinaisons mutuelles des orbites doivent être supposées très-petites, si on fait $x = 1 - \xi$, $y = 1 + \eta$, $z = 1 - \zeta$, ce qui donne

$$\xi = (\tfrac{1}{2} I''_{\prime})^2, \qquad \eta = (\tfrac{1}{2} I'''_{\prime})^2, \qquad \zeta = (\tfrac{1}{2} I'''_{\prime\prime})^2,$$

les quantités ξ, η, ζ devront être très-petites, et on pourra négliger, dans l'expression de u, leurs troisièmes dimensions vis-à-vis des secondes. On aura ainsi

$$u^2 = 2(\zeta\eta + \xi\zeta + \eta\xi)^2 - \xi^2 - \eta^2 - \zeta^2,$$

et

$$d\xi = -Cudt, \qquad d\eta = -Budt, \qquad d\zeta = Audt.$$

Si on différentie cette valeur de u^2, et qu'après la substitution des valeurs de $d\xi$, $d\eta$, $d\zeta$, on divise l'équation par udt, qu'ensuite on la redifférentie et qu'on y fasse encore les mêmes substitutions, on aura, dt étant constant,

$$\frac{d^2u}{dt^2} = [2(AC - AB - BC) - A^2 - B^2 - C^2]u,$$

équation intégrable par des exponentielles ou des sinus, suivant que le coefficient de u sera positif ou négatif; mais comme $u = \sin\alpha \sin\beta \sin c$, il est évident que la valeur de u en t ne peut pas contenir d'exponentielles; désignant donc par $-\mu^2$ le coefficient de u dans l'équation précédente, on aura

$$u = K(\cos \mu t + k),$$

K et k étant deux constantes arbitraires qu'il faudra déterminer par l'état initial, et comme $\sin \alpha$ et $\sin \beta$ sont, par hypothèse, des quantités très-petites, K aura aussi une valeur très-petite.

De là on aura, par l'intégration, les valeurs de ξ, η, ζ, qui ne contiendront t que dans $\sin(\mu t + k)$, et qui, étant une fois très-petites, le seront toujours nécessairement, de sorte que la solution sera toujours bonne.

On connaîtra donc ainsi les inclinaisons réciproques des orbites pour un temps quelconque, mais on ne connaîtra pas encore par là leurs positions absolues dans l'espace, lesquelles dépendent des angles h', h'', etc., i', i'', etc.; c'est pourquoi il est plus simple de chercher directement ces angles par l'intégration des formules de l'article 104.

107. Mais au lieu d'employer ces équations sous la forme où elles se présentent, il sera plus avantageux de les transformer par les substitutions de l'article 73, en faisant

$$p' = \sin i' \sin h', \qquad p'' = \sin i'' \sin h'', \quad \text{etc.},$$
$$q' = \sin i' \cos h', \qquad q'' = \sin i'' \cos h'', \quad \text{etc.},$$

on aura ainsi, en accentuant les lettres p, q, pour les rapporter successivement aux planètes m', m'', etc., et mettant la fonction $\frac{\Psi}{\text{m}}$ à la place de (Ω) (art. 104),

$$\frac{dp'}{dt} = \frac{\sqrt{1 - p'^2 - q'^2}}{\text{m}' \sqrt{\text{g}' a'}} \times \frac{d\Psi}{dq'}, \qquad \frac{dq'}{dt} = -\frac{\sqrt{1 - p'^2 - q'^2}}{\text{m}' \sqrt{\text{g}' a'}} \times \frac{d\Psi}{dp'},$$

$$\frac{dp''}{dt} = \frac{\sqrt{1 - p''^2 - q''^2}}{\text{m}'' \sqrt{\text{g}'' a''}} \times \frac{d\Psi}{dq''}, \qquad \frac{dq''}{dt} = -\frac{\sqrt{1 - p''^2 - q''^2}}{\text{m}'' \sqrt{\text{g}'' a''}} \times \frac{d\Psi}{dp''},$$

etc.

La fonction Ψ sera, comme dans l'article cité,

$$\Psi = -\tfrac{1}{4}\,\mathrm{m}'\mathrm{m}''a'a''[a', a'']_1 \times (1 - \cos I''_{,}) - \tfrac{1}{4}\,\mathrm{m}'\mathrm{m}'''a'a'''[a', a''']_1 \times (1 - \cos I'''_{,}) - \text{etc.};$$

mais les valeurs $\cos I_{,}$, $\cos I'''_{,}$, $\cos I'''_{,,}$, etc. deviendront, par les mêmes substitutions,

$$\cos I''_{,} = \sqrt{1-p'^2-q'^2} \times \sqrt{1-p''^2-q''^2} + p'p'' + q'q'',$$
$$\cos I'''_{,} = \sqrt{1-p'^2-q'^2} \times \sqrt{1-p'''^2-q'''^2} + p'p''' + q'q''',$$
$$\cos I'''_{,,} = \sqrt{1-p''^2-q''^2} \times \sqrt{1-p'''^2-q'''^2} + p''p''' + q''q''',$$

etc.

Faisant ces substitutions et exécutant les différentiations relatives à p', q', p'', q'', etc.

$$\frac{dp'}{dt} = -\frac{\mathrm{m}''a'a''[a', a'']_1}{4\sqrt{\mathrm{g}'a'}}\left(q'\sqrt{1-p''^2-q''^2} - q''\sqrt{1-p'^2-q'^2}\right) - \frac{\mathrm{m}'''a'a'''[a', a''']_1}{4\sqrt{\mathrm{g}'a'}}\left(q'\sqrt{1-p'''^2-q'''^2} - q'''\sqrt{1-p'^2-q'^2}\right) - \text{etc.},$$

$$\frac{dq'}{dt} = \frac{\mathrm{m}''a'a'']a', a'']_1}{4\sqrt{\mathrm{g}'a'}}\left(p'\sqrt{1-p''^2-q''^2} - p''\sqrt{1-p'^2-q'^2}\right) + \frac{\mathrm{m}'''a'a'''[a', a''']_1}{4\sqrt{\mathrm{g}'a'}}\left(p'\sqrt{1-p'''^2-q'''^2} - p'''\sqrt{1-p'^2-q'^2}\right) + \text{etc.},$$

$$\frac{dp''}{dt} = -\frac{\mathrm{m}'a'a''[a', a'']_1}{4\sqrt{\mathrm{g}''a''}}\left(q''\sqrt{1-p'^2-q'^2} - q'\sqrt{1-p''^2-q''^2}\right) - \frac{\mathrm{m}'''a'a'''[a', a''']_1}{4\sqrt{\mathrm{g}''a''}}\left(q''\sqrt{1-p'''^2-q'''^2} - q'''\sqrt{1-p''^2-q''^2}\right) - \text{etc.},$$

$$\frac{dq''}{dt} = \frac{\mathrm{m}'a'a''[a', a'']_1}{4\sqrt{\mathrm{g}''a''}}\left(p''\sqrt{1-p'^2-q'^2} - p'\sqrt{1-p''^2-q''^2}\right) + \frac{\mathrm{m}'''a'a'''[a', a''']_1}{4\sqrt{\mathrm{g}''a''}}\left(p''\sqrt{1-p'''^2-q'''^2} - p'''\sqrt{1-p''^2-q''^2}\right) + \text{etc.},$$

etc.

108. Ces équations ont lieu quelles que soient les valeurs des variables p', q', p'', q'', etc., parce que nos formules ne supposent point que les inclinaisons i', i'', etc. des orbites sur le plan fixe soient très-petites, comme on l'a vu jusqu'ici dans toutes les formules que l'on a données pour le mouvement des nœuds et les variations des inclinaisons, mais elles supposent seulement la petitesse des inclinaisons mutuelles des orbites.

Quant à leur intégration, elle paraît très-difficile en général, et il n'y a peut-être que le cas de deux orbites où elle réussisse.

Faisons dans ce cas, pour abréger,

$$\frac{\text{m}''a'a''[a', a'']_1}{4\sqrt{\text{g}'a'}} = M, \quad \frac{\text{m}'a'a''[a', a'']_1}{4\sqrt{\text{g}''a''}} = N,$$
$$\sqrt{1-p'^2-q'^2} = x, \quad \sqrt{1-p''^2-q''^2} = y,$$

on aura les équations

$$\frac{dp'}{dt} = -M(q'y - q''x), \quad \frac{dq'}{dt} = M(p'y - p''x),$$
$$\frac{dp''}{dt} = -N(q''x - q'y), \quad \frac{dq''}{dt} = N(p''x - p'y).$$

Elles donnent d'abord

$$N\frac{dp'}{dt} + M\frac{dp''}{dt} = 0, \quad N\frac{dq'}{dt} + M\frac{dq''}{dt} = 0;$$

d'où l'on tire

$$Np' + Mp'' = b, \quad Nq' + Mq'' = c,$$

b et c étant des constantes.

Maintenant si on différentie l'équation $x^2 = 1 - p'^2 - q'^2$, et qu'on y substitue les valeurs de dp', dq', on a, après la division par xdt,

$$\frac{dx}{dt} = -M(p'q'' - q'p'');$$

on trouve de même,

$$\frac{dy}{dt} = -N(q'p'' - p'q''),$$

et de là

$$N\frac{dx}{dt} + M\frac{dy}{dt} = 0, \quad Nx + My = f,$$

f étant une constante.

Les intégrales que nous venons de trouver donnent

$$Mp'' = b - Np', \quad Mq'' = c - Nq', \quad My = f - Nx;$$

ces valeurs étant substituées dans les trois équations

$$\frac{dp'}{dt} + M(q'y - q''x) = 0, \quad \frac{dq'}{dt} - M(p'y - p''x) = 0,$$
$$\frac{dx}{dt} + M(p'q'' - q'p'') = 0,$$

on obtient les équations suivantes :

$$\frac{dp'}{dt} + fq' - cx = 0, \quad \frac{dq'}{dt} - fp' + bx = 0,$$
$$\frac{dx}{dt} + cp' - bq' = 0,$$

qui, étant linéaires à coefficiens constans, sont toujours intégrables.

On aura de pareilles équations, en changeant p', q', x en p'', q'', y; mais lorsqu'on connaîtra les trois premières de ces quantités, on aura les trois dernières par les trois intégrales précédentes.

Les expressions de p', q', x en t, contiendront trois constantes arbitraires, et comme les constantes b, c, f sont aussi arbitraires, on aura en tout six constantes arbitraires, mais qui se réduiront à quatre, pour satisfaire aux équations supposées $p'^2 + q'^2 + x^2 = 1$, $p''^2 + q''^2 + y^2 = 1$; on aura ainsi les valeurs complètes des quatre variables p', q', p'', q'', qui donnent la position des deux orbites dans l'espace.

Mais notre analyse est fondée sur la supposition que l'inclinai-

son

son mutuelle des deux orbites soit très-petite; le cosinus de cette inclinaison est exprimé par la formule (art. 107)

$$xy + p'p'' + q'q'',$$

dont la différentielle devient égale à zéro, d'après les équations différentielles ci-dessus; cette quantité sera donc égale à une constante, comme nous l'avons déjà trouvée (art. 105), et il faudra que cette constante soit supposée fort petite, pour l'exactitude de la solution précédente.

Il serait difficile, peut-être même impossible de résoudre de la même manière le cas de trois ou d'un plus grand nombre d'orbites; mais nous observerons que comme la position du plan de projection est arbitraire, on peut toujours le prendre de manière que les inclinaisons des orbites sur ce plan soient très-petites, puisque leurs inclinaisons mutuelles doivent être très-petites; et si, les inclinaisons étant très-petites dans un instant quelconque, elles demeurent toujours très-petites, la solution fondée sur cette hypothèse sera légitime.

109. En supposant les inclinaisons i', i'', etc. des orbites sur le plan fixe, très-petites, les variables p', q', p'', q'', etc. seront aussi très-petites, et on pourra, dans les équations de l'article 107, entre ces variables, mettre simplement 1 à la place des radicaux $\sqrt{1-p'^2-q'^2}$, $\sqrt{1-p''^2-q''^2}$, etc., ce qui les réduira à la forme linéaire, dont l'intégration est facile.

On aura ainsi des équations tout-à-fait semblables à celles que j'avais trouvées, par une autre méthode, dans les Mémoires de l'Académie de Berlin pour 1782, et dont j'ai fait aussi l'application aux six planètes principales, en donnant les expressions finies des variables pour un temps indéfini; et les Mémoires de 1787, de la même Académie, renferment, de plus, ce qui est relatif à l'orbite d'Herschel. Il faut seulement remarquer que, dans les formules de ces Mémoires, les tangentes des inclinaisons tiennent lieu des sinus qui se trouvent dans les valeurs des variables;

$$p' = \sin i' \sin h', \qquad p'' = \sin i'' \sin h'', \quad \text{etc.}$$
$$q' = \sin i' \cos h', \qquad q'' = \sin i'' \cos h'', \quad \text{etc.}$$

mais à cause de la petitesse des inclinaisons, cette différence n'est d'aucune considération.

Lorsqu'on connaît les valeurs de ces variables, on peut déterminer tout de suite les inclinaisons mutuelles des orbites, par les formules de l'article 107; mais ces formules se simplifient dans le cas où les quantités p', q', p'', q'', etc. sont très-petites. Dans ce cas on aura, en négligeant les troisièmes dimensions de ces quantités,

$$\cos I''_{,} = 1 - \tfrac{1}{2}(p'^2 + q'^2 + p''^2 + q''^2) + pp' + qq';$$

et de là, à cause de $1 - \cos I''_{,} = 2(\sin \tfrac{1}{2} I''_{,})^2$,

$$\sin \tfrac{1}{2} I''_{,} = \tfrac{1}{2}\sqrt{(p'-p'')^2 + (q'-q'')^2},$$

on aura de même

$$\sin \tfrac{1}{2} I'''_{,} = \tfrac{1}{2}\sqrt{(p'-p''')^2 + (q'-q''')^2},$$

et ainsi des autres.

110. Il reste encore, pour compléter la théorie des variations séculaires, à considérer la variation du mouvement moyen que nous avons désigné par $d\lambda$ dans l'article 77, et qui, en négligeant le carré de l'excentricité e, qui est supposée fort petite vis-à-vis de l'unité, et accentuant les lettres pour les rapporter respectivement aux planètes m', m'', etc., devient

$$d\lambda' = -2\sqrt{\frac{a'}{g'}} \times \frac{d(\Omega')}{da'}\, dt + \frac{e'}{\sqrt{g'a'}} \times \frac{d(\Omega')}{de'}\, dt.$$

pour la planète m′; on aura de même, pour la planète m″, la variation $d\lambda''$, en ajoutant un trait aux lettres qui n'en ont qu'un, et ainsi de suite.

On substituera donc dans cette formule, au lieu de la fonction (Ω'), la somme $(\Omega')_1 + (\Omega')_2$, suivant l'article 100, et comme la fonction $(\Omega')_2$ ne contient point les excentricités e', e'', etc., on aura simplement

$$d\lambda' = -2\sqrt{\frac{a'}{g'}} \times \left(\frac{d(\Omega')_1}{da'} + \frac{d(\Omega')_2}{da'}\right) + \frac{e'}{\sqrt{g'a'}} \times \frac{d(\Omega')_1}{de'};$$

et pour avoir une formule uniforme pour toutes les planètes m′, m″, etc., il n'y aura qu'à mettre, suivant les remarques des articles 101 et 104, $\frac{d\Phi}{m'da'}$, $\frac{d\Phi}{m'de'}$ à la place de $\frac{d(\Omega')_1}{da'}$, $\frac{d(\Omega')_1}{de'}$, et $\frac{d\Psi}{m'da'}$ à la place de $\frac{d(\Omega')_2}{da'}$, ce qui donnera

$$d\lambda' = -2\sqrt{\frac{a'}{g'}} \left(\frac{d\Phi}{m'da'} + \frac{d\Psi}{m'da'}\right) + \frac{e'}{\sqrt{g'a'}} \times \frac{d\Phi}{m'de'},$$

les fonctions Φ et Ψ étant données dans les mêmes articles, et étant les mêmes pour toutes les planètes.

Mais si, à la place de ces fonctions exprimées en e', ρ', i', h', e'', etc., on veut employer les expressions des articles 103, 107, en m', n', p', q', m'', etc., il faudra, suivant les formules de l'article 73, changer $\frac{e'd\Phi}{de'}$ en $\frac{m'd\Phi}{dm'} + \frac{n'd\Phi}{dn'}$. On aura ainsi

$$d\lambda' = -2\sqrt{\frac{a'}{g'}} \left(\frac{d\Phi}{m'da'} + \frac{d\Psi}{m'da'}\right) + \frac{1}{\sqrt{g'a'}} \left(\frac{m'd\Phi}{m'dm'} + \frac{n'd\Phi}{m'dn'}\right);$$

et pour avoir $d\lambda''$, $d\lambda'''$, etc., il n'y aura qu'à changer g′, a' m′, m', n' en g″, a'', m″, m'', n'', etc.

Dans ces formules, les différentielles relatives à a' n'affectent que les coefficiens (a', a''), $a'a''[a', a'']_1$, $a'a''[a', a'']_2$, (a', a'''), etc.

des fonctions Φ et Ψ, à la place desquels il suffira de substituer

$$\frac{d(a', c'')}{da'} a''[a', a'']_1 + a'a'' \frac{d[a', a'']_1}{da'}, \; a''[a', a'']_2 + a'a'' \frac{d.[a', a'']_2}{da'} \frac{d(a', a''')}{da'}, \text{ etc.}$$

pour avoir les valeurs de $\frac{d\Phi}{da'}$, $\frac{d\Psi}{da'}$; et par les formules de l'article 98, on trouvera les valeurs des différences partielles $\frac{d(a', a'')}{da'}$, $\frac{d[a', a'']_1}{da'}$, etc.

Il faudra ensuite y substituer les valeurs de m', n', p', q', m'', etc. en t, trouvées par l'intégration des équations différentielles des articles 103 et 109, et que nous avons données pour toutes les planètes, dans les Mémoires cités de l'Académie de Berlin; et comme ces valeurs sont exprimées par des suites de sinus et de cosinus, les variations $d\lambda'$, $d\lambda''$, etc. seront intégrables; les termes constans donneront dans λ', λ'', etc. des termes proportionnels à t, qui se confondront avec les mouvemens moyens; et les termes en sinus et cosinus donneront de pareils termes, qui exprimeront les variations séculaires de ces mouvemens.

J'avais trouvé, par une autre méthode, dans les Mémoires cités de l'Académie de Berlin, des formules pour déterminer les variations séculaires des moyens mouvemens des planètes, et elles m'avaient donné, pour Jupiter et Saturne, des résultats presqu'insensibles; mais les formules précédentes sont peut-être plus rigoureuses, et il sera bon d'en faire l'application aux planètes; c'est un objet dont je pourrai m'occuper ailleurs; ici je n'ai eu en vue que de montrer l'usage de la nouvelle théorie des variations des constantes arbitraires, dans la détermination des variations séculaires des élémens des orbites des planètes.

§ III.

Sur les équations séculaires des élémens des planètes, produites par la résistance d'un milieu très-rare.

111. Pour ne rien laisser à desirer sur les variations séculaires des planètes, nous devons encore considérer l'effet d'un milieu peu résistant dans lequel il est possible qu'elles se meuvent, et où elles devraient nécessairement se mouvoir, si la lumière était due aux oscillations d'un fluide.

Nous avons déjà vu, dans l'article 78, que pour avoir égard à la résistance, il suffit d'ajouter à la valeur de $\delta\Omega$ les termes

$$-\frac{\Gamma\sqrt{dr^2+r^2d\Phi^2}\,(dr\delta r+r^2d\Phi\delta\Phi+r^2d\Phi\delta\chi)}{dt^2},$$

Γ étant la densité du milieu, qui peut être une fonction de r, et qui doit être supposée très-petite, et d'y substituer pour r et Φ leurs valeurs en t données par le mouvement elliptique de la planete, en se souvenant que la caractéristique d se rapporte au temps t, et la caractéristique δ aux élémens de la planète.

Comme nous ne cherchons ici que les variations séculaires, il faudra, ainsi que nous l'avons pratiqué plus haut, rejeter tous les termes périodiques et ne retenir que les termes constans.

112. En désignant, comme dans l'article 21, l'anomalie moyenne de la planète par

$$u=\sqrt{\frac{g}{a^3}}\,(t-c),$$

on a vu que r et $\Phi-u$ peuvent s'exprimer par des séries dont la première ne contient que des cosinus, et la seconde des sinus d'angles multiples de u; donc dr ne contiendra que des sinus sans terme constant, et $d\Phi$ des cosinus de ces mêmes angles; par conséquent la quantité $dr^2 + r^2 d\Phi^2$ ne contiendra que des cosinus, et il en sera de même de la série qui exprimera la valeur de $\sqrt{dr^2 + r^2 d\Phi^2}$. Ainsi en faisant $\Gamma = fr$, la quantité $\Gamma\sqrt{dr^2 + r^2 d\Phi^2}$ sera exprimée par une série de cosinus de multiples de u.

Maintenant pour avoir δr et $\delta\Phi$, il faudra faire varier dans les séries de r et de Φ les coefficiens des cosinus et des sinus qui sont donnés en a et e, et de plus l'angle u, à raison des constantes a et e qu'il renferme. Désignons par $\delta(r)$ et $\delta(\Phi)$ les parties de δr et de $\delta\Phi$ qui contiennent les variations des coefficiens, on aura $\delta r = \delta(r) + \frac{dr}{du}\delta u$, et de même $\delta\Phi = \delta(\Phi) + \frac{d\Phi}{du}\delta u$; donc

$$dr\delta r + r^2 d\Phi\delta\Phi = dr\delta(r) + r^2 d\Phi\delta(\Phi)$$
$$+ (dr^2 + r^2 d\Phi^2)\frac{\delta u}{du}.$$

Or il est clair que $\delta(r)$ ne contiendra que des cosinus, et comme dr ne contient que des sinus, $dr\delta(r)$ ne contiendra aussi que des sinus sans terme constant; de même $\delta(\Phi)$ ne contiendra que des sinus, et comme $d\Phi$ ne contient que des cosinus, $d\Phi\delta(\Phi)$ ne contiendra aussi que des sinus; d'ailleurs r^2 ne contient que des cosinus, par conséquent $r^2 d\Phi\delta(\Phi)$ ne contiendra que des sinus. Donc la quantité $dr\delta(r) + r^2 d\Phi\delta(\Phi)$ ne contenant que des sinus d'angles multiples de u, sans aucun terme constant, devra être négligée.

113. Ainsi pour les équations séculaires on aura simplement

$$dr\delta r + r^2 d\Phi\delta\Phi = (dr^2 + r^2 d\Phi^2)\frac{\delta u}{du}.$$

Or $du = dt\sqrt{\frac{g}{a^3}}$; donc faisant ces substitutions, on aura pour les termes à ajouter à $\delta\Omega$, à cause de la résistance du milieu,

$$-\frac{\Gamma(dr^2+r^2d\Phi^2)^{\frac{3}{2}}}{dt^3}\sqrt{\frac{a^3}{g}}\,\delta u$$

$$-\frac{\Gamma\sqrt{dr^2+r^2d\Phi^2}\times r^2d\Phi}{dt^2}\,\delta\chi,$$

où il faudra substituer pour r et Φ leurs valeurs en t ou u, et ne retenir dans les résultats que les termes indépendans des sinus et cosinus de u.

Pour les propriétés du mouvement elliptique, on a tout de suite

$$r^2d\Phi = Ddt = dt\sqrt{ga(1-e^2)},$$

$$dr^2 + r^2d\Phi^2 = \left(\frac{2}{r}-\frac{1}{a}\right)gdt^2;$$

ainsi les termes dont il s'agit se réduiront à

$$-g\Gamma\left(\frac{2}{r}-\frac{1}{a}\right)^{\frac{3}{2}}\sqrt{a^3}\times\delta u$$

$$-g\Gamma\sqrt{\frac{2}{r}-\frac{1}{a}}\times\sqrt{a(1-e^2)}\times\delta\chi,$$

où $\delta u = -\sqrt{\frac{g}{a^3}}\,\delta c - \frac{3}{2}\sqrt{\frac{g}{a^5}}\,(t-c)\delta a.$

114. Tels sont les termes qu'il faudra substituer à la place de $\delta\Omega$, dans les formules générales des variations des élémens des planètes (art. 74), et l'on aura

$$da = -2a^2\Gamma\left(\frac{2}{r}-\frac{1}{a}\right)^{\frac{3}{2}}\sqrt{g}\,dt,$$

$$dc = 3a\Gamma\left(\frac{2}{r}-\frac{1}{a}\right)^{\frac{3}{2}}\times(t-c)\sqrt{g}\,dt,$$

$$de = \frac{1-e^2}{e}\Gamma\left[\sqrt{\frac{2}{r}-\frac{1}{a}}-a\left(\frac{2}{r}-\frac{1}{a}\right)^{\frac{3}{2}}\right]\sqrt{g}\,dt,$$

et les variations des autres élémens χ, h, i seront nulles; d'où l'on peut d'abord conclure que le grand axe ou la ligne des apsides, ainsi que le nœud et l'inclinaison, ne seront sujets à aucune variation séculaire; par conséquent la résistance ne déplacera point l'orbite de la planète, mais en changera seulement à la longue le grand axe et l'excentricité, et produira en même temps une équation séculaire dans l'anomalie moyenne et dépendante de la variation de c.

Si l'on combine ensemble les deux premières équations, on a

$$dc = -\frac{3(t-c)da}{2a};$$

donc

$$dt - dc - \frac{3(t-c)da}{2a} = dt;$$

divisant par $\sqrt{a^3}$, et intégrant, on trouve

$$\frac{t-c}{\sqrt{a^3}} = \int \frac{dt}{\sqrt{a^3}},$$

et comme $u = (t-c)\sqrt{\frac{g}{a^3}}$, on aura

$$u = \sqrt{g}\int \frac{dt}{\sqrt{a^3}},$$

en supposant que l'intégrale $\int \frac{dt}{\sqrt{a^3}}$ commence au point où $u=0$; ainsi tout dépend de la variation de la distance moyenne a.

Si, dans la première approximation, on néglige l'excentricité e supposée très-petite, on a $r = a\left(\frac{2}{r} - \frac{1}{a}\right)^{\frac{3}{2}} = \frac{'1}{\sqrt{a^3}}$; et comme la densité du milieu Γ ne peut être qu'une fonction de r, elle sera une fonction de a, et la première équation donnera

$$dt = -\frac{da}{2\Gamma\sqrt{ga}}.$$

Supposons

Supposons Γ constant; on aura, en intégrant,

$$t = \frac{\sqrt{A} - \sqrt{a}}{\Gamma\sqrt{g}},$$

A étant la valeur de a lorsque $t = 0$; donc

$$a = (\sqrt{A} - t\Gamma\sqrt{g})^2,$$

et la valeur de u deviendra

$$u = \sqrt{g} \times \int \frac{dt}{(\sqrt{A} - t\Gamma\sqrt{g})^3}$$

$$= \frac{1}{2\Gamma}\left(\frac{1}{(\sqrt{A} - t\Gamma\sqrt{g})^2} - \frac{1}{A}\right)$$

$$= \frac{t\sqrt{\frac{g}{A^3}} - \Gamma t^2 \times \frac{g}{2A^2}}{\left(1 - \Gamma t\sqrt{\frac{g}{A}}\right)^2},$$

où le coefficient Γ doit être supposé très-petit.

115. Pour avoir la variation séculaire de l'excentricité e, il faudra substituer dans les expressions irrationnelles $\sqrt{\frac{2}{r} - \frac{1}{a}}$ et $\left(\frac{2}{r} - \frac{1}{a}\right)^{\frac{3}{2}}$ de la valeur de de l'expression de r en u, et ne retenir dans le développement que les termes constans. Or, en ne conservant que les secondes dimensions de e, on a, par l'article 21,

$$r = a\left(1 - e\cos u + \frac{e^2}{2} - \frac{e^2}{2}\cos 2u\right),$$

d'où l'on tire

$$\frac{1}{r} = \frac{1}{a}(1 + e\cos u + e^2\cos 2u),$$

$$\sqrt{\frac{2}{r} - \frac{1}{a}} = \frac{1}{\sqrt{a}}\left(1 + e\cos u - \frac{e^2}{4} + \frac{3e^2}{4}\cos 2u\right),$$

$$\left(\frac{2}{r} - \frac{1}{a}\right)^{\frac{3}{2}} = \frac{1}{\sqrt{a^3}}\left(1 + 3e\cos u + \frac{3}{4}e^2 + \frac{15}{4}e^2\cos 2u\right);$$

par conséquent, en rejetant les $\cos u$ et $\cos 2u$, on aura

$$de = -\Gamma\sqrt{g}(1-e^2)e \times \frac{dt}{\sqrt{a}}.$$

Si on substitue pour $\sqrt{a}$ sa valeur $\sqrt{A}-t\Gamma\sqrt{g}$, et qu'on néglige d'abord les e^3, on aura l'équation

$$de(\sqrt{A}-t\Gamma\sqrt{g}) + \Gamma\sqrt{g}\,edt,$$

dont l'intégrale donne

$$e = E\left(1 - t\Gamma\sqrt{\tfrac{g}{A}}\right),$$

E étant la valeur de e lorsque $t = 0$.

Mais comme l'existence d'un milieu résistant, et à plus forte raison la loi de la densité de ce milieu, ne sont qu'hypothétiques, les résultats précédens ne doivent être regardés que comme une application de nos formules générales des variations séculaires.

§ IV.

Du mouvement autour du centre commun de gravité de plusieurs corps qui s'attirent mutuellement.

116. Nous avons démontré dans l'article 6 de la troisième Section, que dans tout système libre, les équations du mouvement des corps du système sont les mêmes, soit qu'on les rapporte au centre de gravité du système, ou à un point quelconque fixe hors du système. Ainsi dans les formules de l'article 85, on pourra établir dans le centre de gravité de tous les corps m, m′, m″, etc. l'origine de leurs coordonnées x, y, z, x', y', etc., et par les propriétés du centre de gravité, on aura les trois équations

$$\text{m}x + \text{m}'x' + \text{m}''x'' + \text{m}'''x''' + \text{etc.} = 0,$$
$$\text{m}y + \text{m}'y' + \text{m}''y'' + \text{m}'''y''' + \text{etc.} = 0,$$
$$\text{m}z + \text{m}'z' + \text{m}''z'' + \text{m}'''z''' + \text{etc.} = 0,$$

lesquelles donnent tout de suite les valeurs des coordonnées de m, par celles des autres corps m′, m″, etc.

Considérons en particulier le mouvement du corps m′ autour du centre commun de gravité. Comme ses coordonnées x', y', z' sont indépendantes, on pourra, dans les formules de l'article cité, réduire les quantités T et V aux termes multipliés par m′, qui sont les seuls qui contiennent les variables x', y', z', et diviser ensuite ces quantités par m′; ainsi dans l'équation générale on pourra substituer T' et V' à la place de T et V, en faisant

$$T' = \frac{dx'^2 + dy'^2 + dz'^2}{2dt^2},$$

et

$$V' = \mathrm{m}\int R'd\rho' + \mathrm{m}''\int R''_{,}d\rho''_{,} + \mathrm{m}'''\int R'''_{,}d\rho'''_{,} + \text{etc.},$$

et l'on aura pour chacune des trois coordonnées de l'orbite de m′ autour du centre commun de gravité, une équation de la forme

$$d.\frac{\delta T'}{\delta d\xi} - \frac{\delta T'}{\delta \xi} + \frac{\delta V'}{\delta \xi} = 0,$$

ξ étant une quelconque de ces coordonnées.

117. S'il n'y avait que deux corps m et m′, la valeur de V' se réduirait au seul terme $\mathrm{m}\int R'd\rho'$, et l'on aurait $\delta V' = \mathrm{m}R'\delta\rho'$, R' étant supposé fonction de ρ.

Pour avoir la valeur de $\delta V'$ relative à ξ, il faut différentier la variable

$$\rho' = \sqrt{(x'-x)^2 + (y'-y)^2 + (z'-z)^2},$$

en ne faisant varier que x', y', z', et ensuite y substituer pour x, y, z leurs valeurs

$$x = -\frac{\mathrm{m}'x'}{\mathrm{m}}, \quad y = -\frac{\mathrm{m}'y'}{\mathrm{m}}, \quad z = -\frac{\mathrm{m}'z'}{\mathrm{m}}.$$

On aura ainsi

$$\delta\rho' = \frac{m+m'}{m} \times \frac{x'\delta x' + y'\delta y' + z'\delta z'}{\rho'}.$$

Or, par les mêmes substitutions, on a

$$\rho' = \frac{m+m'}{m}\sqrt{x'^2 + y'^2 + z'^2}.$$

Donc faisant

$$r' = \sqrt{x'^2 + y'^2 + z'^2},$$

rayon vecteur de l'orbite de m′, on aura $\rho' = \frac{m+m'}{m} r'$; et par conséquent

$$\delta\rho' = \frac{x'\delta x' + y'\delta y' + z'\delta z'}{r'} = \delta r';$$

donc aussi $d\rho' = dr'$; de sorte que la valeur de V' deviendra $m\int R'dr$, R' étant maintenant une fonction de $\frac{m+m'}{m}r'$ semblable à la fonction supposée de ρ'.

Dans le cas de la nature, on a $R' = \frac{1}{\rho'^2}$; donc la force R' dirigée vers le centre commun de gravité, sera représentée par $\frac{m^2}{(m+m')^2 r'^2}$, ce qui est connu.

118. Considérons maintenant le cas où le système est composé de plus de deux corps, et supposons, pour simplifier la question, que la masse m soit beaucoup plus grande que chacune des autres masses m′, m″, etc., ce qui est le cas des planètes à l'égard du soleil; les quantités x, y, z deviendront très-petites vis-à-vis des quantités x', y', z', x'', etc., dans le rapport des masses m′, m″, etc. à la masse m, en vertu des équations données dans l'article précédent; et on pourra, dans le développement, s'en tenir aux premières puissances de x, y, z, du moins tant qu'on ne voudra pas avoir égard aux carrés des masses.

Comme R' est supposé fonction de ρ', $\int R'd\rho'$ sera aussi une fonction de ρ' que nous dénoterons par $F\rho'$, et la quantité R sera exprimée par $F'\rho'$, suivant la notation des fonctions dérivées. Or on a

$$\rho' = \sqrt{(x'-x)^2 + (y'-y)^2 + (z'-z)^2},$$

et $r' = \sqrt{x'^2 + y'^2 + z'^2}$; donc

$$F\rho' = Fr' - \frac{d.Fr'}{dx'}x - \frac{d.Fr'}{dy'}y - \frac{d.Fr'}{dz'}z,$$

et différentiant par δ, les quantités x, y, z demeurant constantes,

$$\delta F\rho' = \delta Fr' - x\delta\frac{d.Fr'}{dx'} - y\delta\frac{d.Fr'}{dy'} - z\delta\frac{d.Fr'}{dz'},$$

où il faudra mettre pour x, y, z leurs valeurs

$$x = -\frac{m'x' + m''x'' + m'''x''' + \text{etc.}}{m},$$

$$y = -\frac{m'y' + m''y'' + m'''y''' + \text{etc.}}{m},$$

$$z = -\frac{m'z' + m''z'' + m'''z''' + \text{etc.}}{m}.$$

119. Supposons que la force d'attraction R' soit comme la puissance ρ'^{μ} de la distance ρ', on aura $F\rho' = \frac{\rho'^{\mu+1}}{\mu+1}$, et la fonction $F\rho'$ sera une fonction homogène de x', y', z' du degré $\mu+1$; de sorte qu'on aura, par la propriété de ces fonctions,

$$x'\frac{d.Fr'}{dx'} + y'\frac{d.Fr'}{dy'} + z'\frac{d.Fr'}{dz'} = (\mu+1)Fr';$$

donc différentiant par δ, et observant que

$$+\frac{d.Fr'}{dx'}\delta x' + \frac{d.Fr'}{dy'}\delta y' + \frac{d.Fr'}{dz'}\delta z' = \delta Fr',$$

on aura

$$x'\delta\frac{d.Fr'}{dx'}+y'\delta\frac{d.Fr'}{dy'}+z'\delta\frac{d.Fr'}{dz'}=u\delta Fr'.$$

Donc si on fait, pour abréger,

$$(R'')=x''\,\frac{d.Fr'}{dx'}+y''\,\frac{d.Fr'}{dy'}+z''\,\frac{d.Fr'}{dz'},$$
$$(R''')=x'''\,\frac{d.Fr'}{dx'}+y'''\,\frac{d.Fr'}{dy'}+z'''\,\frac{d.Fr'}{dz'},$$
etc.,

on aura, après les substitutions,

$$\delta.F\rho'=\frac{m+\mu m'}{m}\delta Fr'+\frac{m''}{m}\delta(R'')+\frac{m'''}{m}\delta(R''')+\text{etc.},$$

et telle sera la valeur de $\delta.\int R'd\rho'$ dans la différence $\delta V'$ (art. 111); de sorte qu'on aura pour le premier terme $m\int R'd\rho'$ de V',

$$m\int R'd\rho'=(m+\mu m')Fr'+m''(R'')+m'''(R''')+\text{etc.},$$

ou $Fr'=\frac{r'^{\mu+1}}{\mu+1}$.

Dans le système du monde, l'attraction des planètes est en raison inverse des carrés des distances; on a ainsi

$$\mu=-2,\qquad Fr'=-\frac{1}{r'};$$

et l'on trouve

$$(R'')=\frac{x'x''+y'y''+z'z''}{r'^3}=\frac{r'^2+r''^2-\rho''^2_{,}}{2r'^3},$$
$$(R''')=\frac{x'x'''+y'y'''+z'z'''}{r'^3}=\frac{r'^2+r'''^2-\rho'''^2_{,}}{2r'^3},$$
etc.,

en faisant

$$r''=\sqrt{x''^2+y''^2+z''^2},\qquad r'''=\sqrt{x'''^2+y'''^2+z'''^2},\quad \text{etc.}$$

Donc si on fait ces substitutions dans la valeur de V' (art. 111), et qu'on y suppose aussi $R''_{,} = \frac{1}{\rho''^{2}_{,}}$, $R'''_{,} = \frac{1}{\rho'''^{2}_{,}}$, etc., on aura, dans le cas de la nature, pour le mouvement du corps m' autour du centre commun de gravité,

$$V' = -\frac{m-2m'}{r'} - m''\left(\frac{1}{\rho''_{,}} - \frac{r'^2 + r''^2 - \rho''^2_{,}}{2r'^3}\right)$$
$$- m'''\left(\frac{1}{\rho'''_{,}} - \frac{r'^2 + r'''^2 - \rho'''^2_{,}}{2r'^2}\right) - \text{etc.}$$

Le premier terme de V', s'il était seul, donnerait, comme on l'a vu dans le chapitre premier, une orbite elliptique dans laquelle $g = m - 2m'$; et comme les autres termes sont fort petits par rapport à celui-ci, étant multipliés par les masses m'', m''', etc., supposées très-petites vis-à-vis de m, on peut les regarder comme dus à des forces perturbatrices dont l'effet est de faire varier les élémens de l'orbite elliptique. Ainsi en faisant, comme dans l'article 90,

$$\Omega' = m''\left(\frac{1}{\rho''_{,}} - \frac{r'^2 + r''^2 - \rho''^2_{,}}{2r'^3}\right) + m'''\left(\frac{1}{\rho'''_{,}} - \frac{r'^2 + r'''^2 - \rho'''^2_{,}}{2r'^3}\right) + \text{etc.},$$

on pourra déterminer, par les formules données dans l'article 70, les variations de ces élémens.

120. Si on compare cette valeur de Ω' qu'on vient de trouver pour le mouvement du corps m' autour du centre de gravité du système, avec celle de la quantité Ω' pour le mouvement du même corps autour du corps m, on voit qu'elles sont semblables; les rayons vecteurs des orbites étant représentés dans celle-ci par ρ', ρ'', etc., et dans la précédente par r', r'', etc., et les quantités $\rho''_{,}$, $\rho'''_{,}$, étant les mêmes dans l'une et dans l'autre, puisqu'elles représentent les distances rectilignes du corps m' aux autres corps

m″, m‴, etc.; il n'y a de différence qu'en ce qu'en changeant ρ', ρ'', etc. en r', r'', etc., il faut échanger entr'elles les quantités r', r'', ainsi que les quantités r', r''', et ainsi des autres. Or si on ne cherche que les variations séculaires des élémens, comme nous l'avons fait pour l'orbite de m′ autour de m, il est facile de voir qu'on aura la même valeur de (Ω') pour les deux orbites, et par conséquent les mêmes formules pour ces variations, ce qui est assez remarquable.

Au reste, dans la valeur de Ω' trouvée ci-dessus, on pourrait effacer les termes $-\mathrm{m}''\frac{r'^2}{2r'^3}-\mathrm{m}'''\frac{r'^2}{2r'^3}-$etc., parce qu'étant de la même forme que le premier terme $-\frac{\mathrm{m}-2\mathrm{m}'}{r'}$ de la quantité V', ils peuvent se joindre à ce terme, lequel deviendrait ainsi

$$-\frac{\mathrm{m}-2\mathrm{m}'-\mathrm{m}''-\mathrm{m}'''-\text{etc.}}{r'};$$

de sorte que le corps m′ décrirait autour du centre de gravité une orbite, comme s'il y avait dans ce centre une masse égale à m — 2m′ — m″ — m‴ — etc., et les forces perturbatrices de cette orbite seraient par conséquent, toutes choses d'ailleurs égales, moindres que celles de l'orbite du même corps m′ autour du corps le plus gros m.

HUITIÈME SECTION.

Du mouvement des corps non libres, et qui agissent les uns sur les autres d'une manière quelconque.

1. Dans la Section précédente, nous avons supposé que les corps étaient libres, et qu'ils pouvaient, par conséquent, recevoir tous les mouvemens que les forces accélératrices tendaient à leur imprimer. Dans cette hypothèse, les coordonnées de chacun des corps peuvent être prises pour des variables indépendantes, et chacune d'elles donne une équation de la forme (art. 1, Sect. VII)

$$d.\frac{\delta T}{\delta d\xi} - \frac{\delta T}{\delta \xi} + \frac{\delta V}{\delta \xi} = 0.$$

Lorsque les corps ne sont pas libres, soit qu'ils soient assujétis à se mouvoir sur des surfaces ou des lignes données, soit qu'ils soient liés par des fils ou par des verges, ou que leur mouvement soit modifié d'une autre manière quelconque, ces conditions, exprimées analytiquement, peuvent toujours se réduire à des équations de condition entre les différentes coordonnées des mêmes corps, par lesquelles quelques-unes de ces coordonnées dépendront des autres, et pourront être exprimées par des fonctions de celles-ci. Il y aura donc alors un moindre nombre de variables indépendantes; mais chacune de ces variables donnera encore la même équation, que si elle appartenait à un corps libre. Ainsi les mêmes formules que nous avons données dans les articles 1 et 2 de la Section précédente, serviront aussi de base dans celle-ci.

On aura aussi, quelle que soit la liaison des corps, l'équation des forces vives

$$T + V = H.$$

2. Si le mouvement se faisait dans un milieu résistant, nous avons vu, dans l'article 3 de la même Section, que la résistance R donnerait pour chaque corps m, les termes

$$R \times \frac{dx\delta x + dy\delta y + dz\delta z}{ds},$$

à ajouter à δV; ainsi il n'y aura qu'à réduire les différences δx, δy, δz en différences relatives aux nouvelles variables indépendantes.

On peut donner à cette réduction une forme générale, par l'analyse de l'article 4 de la Section IV; car en nommant ξ, ψ, φ les nouvelles variables, on a vu que la quantité $dx\delta x + dy\delta y + dz\delta z$ se transforme en

$$Fd\xi\delta\xi + G(d\xi\delta\psi + d\psi\delta\xi) + Hd\psi\delta\psi + I(d\xi\delta\varphi + d\varphi\delta\xi) + \text{etc.},$$

où l'on voit que le coefficient de $\delta\xi$ est

$$Fd\xi + Gd\psi + Id\varphi.$$

Si on change le δ en d, alors la transformée de $dx^2 + dy^2 + dz^2$ devient

$$Fd\xi^2 + 2Gd\xi d\psi + Hd\psi^2 + 2Id\xi d\varphi + \text{etc.},$$

et si on désigne cette transformée par Φ, il est clair que l'on a

$$Fd\xi + Gd\psi + Id\varphi = \frac{d\Phi}{2\delta d\xi}.$$

Il suit de là qu'on aura en général

$$dx\delta x + dy\delta y + dz\delta z = \frac{d\Phi}{2\delta d\xi}\delta\xi + \frac{d^2\Phi}{2\delta d\psi}\delta\psi + \frac{\delta\Phi}{2\delta d\varphi}\delta\varphi.$$

La résistance des fluides étant en général proportionnelle au carré de la vîtesse $\frac{ds}{dt}$, (s étant l'espace parcouru par le corps) si on désigne par Γ la densité du fluide, on aura $R = \Gamma \frac{ds^2}{dt^2}$, et les termes à ajouter à δV seront

$$\Gamma ds \times \frac{dx\delta x + dy\delta y + dz\delta z}{dt^2}.$$

Donc, en retenant la signification de la lettre T de l'article 1 de la Section précédente, il n'y aura qu'à ajouter à δV les termes

$$\frac{\delta T}{\delta d\xi}\delta\xi + \frac{\delta T}{\delta d\psi}\delta\psi + \frac{\delta T}{\delta d\varphi}\delta\varphi + \text{etc.},$$

et changer ensuite m, m′, m″, etc. en Γds, $\Gamma' ds'$, $\Gamma'' ds''$, etc. ; car la résistance n'étant pas proportionnelle à la masse, mais seulement à la surface, il n'y aura qu'à exprimer par Γ, Γ', Γ'', etc. les résistances que les corps m, m′, m″, etc. éprouveraient en se mouvant avec une vîtesse égale à l'unité.

Ainsi l'équation de l'article 1, relative à ξ, deviendra

$$d.\frac{\delta T}{\delta d\xi} - \frac{\delta T}{\delta \xi} + \frac{\delta V}{\delta \xi} + \frac{\delta T}{\delta d\xi} = 0.$$

Mais l'équation des forces vives n'aura plus lieu dans ce cas.

3. Au lieu de réduire d'abord toutes les variables du problème à un petit nombre de variables indépendantes, par le moyen des équations de condition données par la nature du problème, on peut traiter immédiatement toutes les variables comme indépendantes, et si $L = 0$, $M = 0$, etc. sont les équations de condition entre ces variables, il suffira d'ajouter à l'équation relative à chacune de ces variables, des termes de la forme $\lambda \frac{\delta L}{\delta \xi} + \mu \frac{\delta M}{\delta \xi} + \text{etc.}$

On aura ainsi, relativement à une variable quelconque ξ, l'équation

$$d.\frac{\delta T}{\delta d\xi}-\frac{\delta T}{\delta\xi}+\frac{\delta V}{\delta\xi}+\lambda\frac{\delta L}{\delta\xi}+\mu\frac{\delta M}{\delta\xi}+\text{etc.}=0,$$

les quantités λ, μ, etc. étant des quantités indéterminées qu'il faudra éliminer, au moyen des équations de condition.

A l'égard de ces équations, nous avons déjà remarqué qu'il n'est pas nécessaire qu'elles soient sous une forme finie; il suffit qu'elles soient différentielles du premier ordre : alors en changeant la caractéristique d en δ, on aura également les différences partielles relatives à chaque variable ξ.

Enfin, si le système était composé d'une infinité de particules jointes ensemble d'une manière quelconque, on suivrait, à l'égard des termes dus aux équations de condition, les mêmes règles que nous avons données dans la Section VI de la première Partie (art. 10), puisque ces termes sont les mêmes dans la formule générale du mouvement que dans celle de l'équilibre.

4. Le problème étant réduit à un certain nombre de variables indépendantes, on aura, pour chacune de ces variables, une équation différentielle du second ordre, dont l'intégration introduira deux constantes arbitraires; de sorte que la solution complète contiendra deux fois autant de constantes arbitraires qu'il y aura de variables indépendantes, lesquelles devront être déterminées par l'état initial du système. Or si, pendant que le système se meut, il arrive qu'un ou plusieurs des corps qui le composent, reçoivent dans un instant donné des impulsions étrangères quelconques, ces impulsions n'agissant que dans un instant, ne changeront pas la forme des équations, mais seulement la valeur des constantes arbitraires; et si les impulsions devenaient infiniment petites et continuelles, les constantes arbitraires cesseraient d'être constantes, et deviendraient variables elles-mêmes.

Nous avons déjà donné, dans le second chapitre de la Section précédente, la théorie de ces variations des constantes arbitraires pour les corps libres, et nous en avons fait l'application aux élémens des orbites des planètes; nous commencerons cette Section par la généraliser et la rendre applicable à tout système de corps qui agissent les uns sur les autres.

CHAPITRE PREMIER.

Formules générales pour la variation des constantes arbitraires, dans le mouvement d'un système quelconque de corps, produite par des impulsions finies et instantanées, ou par des impulsions infiniment petites et continuelles.

5. En nommant ξ, ψ, φ, etc. les variables indépendantes auxquelles on aura réduit toutes les coordonnées x, y, z des corps du système, par le moyen des équations de condition dépendantes de la liaison des corps, on pourra toujours exprimer chaque constante par une fonction donnée de ξ, ψ, φ, etc., et des différentielles $\frac{d\xi}{dt}$, $\frac{d\psi}{dt}$, $\frac{d\varphi}{dt}$, etc. Or, les variables finies ξ, ψ, φ, etc. ne dépendent que de la position instantanée des corps dans l'espace, et ne peuvent par conséquent subir aucun changement par les impulsions étrangères; il n'y aura donc que les différentielles $\frac{d\xi}{dt}$, $\frac{d\psi}{dt}$, $\frac{d\varphi}{dt}$, dont les valeurs pourront être changées par ces impulsions.

Supposons qu'elles deviennent $\frac{d\xi}{dt}+\dot{\xi}$, $\frac{d\psi}{dt}+\dot{\psi}$, $\frac{d\varphi}{dt}+\dot{\varphi}$, etc., les accroissemens $\dot{\xi}$, $\dot{\psi}$, $\dot{\varphi}$, etc. seront dus aux impulsions; ce seront les vîtesses, suivant les coordonnées ξ, ψ, φ, etc., que les impulsions produiraient dans le premier instant, et qu'il s'agit de déterminer.

Soient P, Q, R, etc. les forces d'impulsion appliquées à chaque corps m du système, suivant les directions des lignes p, q, r, etc., et tendantes à les diminuer, et soient $\dot{x}$, $\dot{y}$, $\dot{z}$ les vîtesses initiales qui en résulteraient dans ce corps, suivant les directions de ses coordonnées rectangles x, y, z, et dans le sens où ces coordonnées augmentent, si tout le système était en repos; on aura, par l'article 11 de la seconde Section, l'équation

$$S(\dot{x}\delta x + \dot{y}\delta y + \dot{z}\delta z)\mathrm{m} - S(\mathrm{P}\delta\mathrm{p} + \mathrm{Q}\delta\mathrm{q} + \mathrm{R}\delta\mathrm{r} + \text{etc.}) = 0,$$

laquelle doit se vérifier indépendamment des variations $\delta\xi$, $\delta\psi$, $\delta\varphi$, etc. de chacune des variables indépendantes. Il n'y aura donc qu'à substituer dans cette équation les valeurs de x, y, z et de p, q, r, etc., en fonctions de ξ, ψ, φ, etc., en remarquant que les vîtesses $\dot{x}$, $\dot{y}$, $\dot{z}$ peuvent s'exprimer, comme toutes les vîtesses, par $\frac{dx}{dt}$, $\frac{dy}{dt}$, $\frac{dz}{dt}$.

Par ces substitutions on aura la transformée

$$S(\dot{x}\delta x + \dot{y}\delta y + \dot{z}\delta z)\mathrm{m}$$
$$= \Xi\delta\xi + \Psi\delta\psi + \Phi\delta\varphi + \text{etc.},$$

et si on fait, comme dans l'article 62 (Sect. précéd.),

$$\delta\Omega = -S(\mathrm{P}\delta\mathrm{p} + \mathrm{Q}\delta\mathrm{q} + \mathrm{R}\delta\mathrm{r} + \text{etc.}),$$

on aura les équations

$$\Xi = \frac{\delta\Omega}{\delta\xi}, \qquad \Psi = \frac{\delta\Omega}{\delta\psi}, \qquad \Phi = \frac{\delta\Omega}{\delta\varphi}, \qquad \text{etc.},$$

lesquelles seront en même nombre que les variables ξ, ψ, φ, etc.

Or il est facile de voir que les quantités Ξ, Ψ, Φ, etc. seront des fonctions de ξ, ψ, φ, etc. et de leurs différentielles $\frac{d\xi}{dt}$, $\frac{d\psi}{dt}$, $\frac{d\varphi}{dt}$, etc., et que ces différentielles ne seront autre chose que les vîtesses initiales que nous avons désignées ci-dessus par $\dot{\xi}$, $\dot{\psi}$, $\dot{\varphi}$, etc., et qu'on pourra par conséquent déterminer par les équations précédentes.

Comme les quantités $\dot{x}$, $\dot{y}$, $\dot{z}$ sont équivalentes à $\frac{dx}{dt}$, $\frac{dy}{dt}$, $\frac{dz}{dt}$, la quantité $\dot{x}\delta x + \dot{y}\delta y + \dot{z}\delta z$ pourra aussi s'exprimer par

$$\frac{dx\delta x + dy\delta y + dz\delta z}{dt},$$

et il suit de ce que nous avons démontré ci-dessus (art. 2), que si dans la formule

$$T = S\,\frac{dx^2 + dy^2 + dz^2}{2dt^2}\,\text{m},$$

on substitue pour x, y, z leurs valeurs en ξ, ψ, φ, etc., et qu'on y change $\frac{d\xi}{dt}$ en $\dot{\xi}$, $\frac{d\psi}{dt}$ en $\dot{\psi}$, $\frac{d\varphi}{dt}$ en $\dot{\varphi}$, etc., on aura, par les différences partielles relatives à $\dot{\xi}$, $\dot{\psi}$, $\dot{\varphi}$, etc.,

$$\Xi = \frac{dT}{d\dot{\xi}}, \qquad \Psi = \frac{dT}{d\dot{\psi}}, \qquad \Phi = \frac{dT}{d\dot{\varphi}}, \qquad \text{etc.},$$

et les équations pour déterminer $\dot{\xi}$, $\dot{\psi}$, $\dot{\varphi}$, etc. seront

$$\frac{dT}{d\dot{\xi}} = \frac{\delta\Omega}{\delta\xi}, \quad \frac{dT}{d\dot{\psi}} = \frac{\delta\Omega}{\delta\psi}, \quad \frac{dT}{d\dot{\varphi}} = \frac{\delta\Omega}{\delta\varphi}, \qquad \text{etc.},$$

où l'on remarquera que ces inconnues n'y seront qu'au premier degré, puisqu'elles ne peuvent être qu'au second degré dans la quantité T.

Ainsi l'effet des impulsions instantanées et finies P, Q, R, etc. consistera à augmenter les différentielles $\frac{d\xi}{dt}$, $\frac{d\psi}{dt}$, $\frac{d\varphi}{dt}$, etc., des quantités $\dot{\xi}$, $\dot{\psi}$, $\dot{\varphi}$, etc., dans les expressions des constantes arbitraires du problème.

6. Pour appliquer cette théorie au cas des impulsions très-petites et continuelles, on changera P, Q, R, etc. en *Pdt*, *Qdt*, *Rdt*, etc., ce qui changera $\delta\Omega$ en $dt\delta\Omega$, et les quantités $\dot{\xi}$, $\dot{\psi}$, $\dot{\varphi}$, etc. deviendront très-petites du premier ordre; les constantes arbitraires deviendront continuellement variables, et les quantités $\dot{\xi}$, $\dot{\psi}$, $\dot{\varphi}$, etc. seront les variations de $\frac{d\xi}{dt}$, $\frac{d\psi}{dt}$, $\frac{d\varphi}{dt}$, etc. dans les expressions de ces constantes; de sorte que a étant une des constantes devenues variables, on aura, en faisant $\frac{d\xi}{dt}=\xi'$, $\frac{d\psi}{dt}=\psi'$, $\frac{d\varphi}{dt}=\varphi'$, etc.,

$$da=\frac{da}{d\xi'}\dot{\xi}+\frac{da}{d\psi'}\dot{\psi}+\frac{da}{d\varphi'}\dot{\varphi}+\text{etc.},$$

les variables finies ξ, ψ, φ, etc. ne recevant aucun changement; et il n'y aura plus qu'à substituer pour $\dot{\xi}$, $\dot{\psi}$, $\dot{\varphi}$, etc. leurs valeurs tirées des équations données ci-dessus; mais dans le cas présent, ces équations peuvent être mises sous une forme plus simple, par la considération suivante.

En regardant les variables ξ, ψ, φ, etc., ainsi que les différentielles ξ', ψ', φ', etc., comme fonctions des constantes arbitraires a, b, c, etc. et du temps t, et désignant par δ leurs variations résultantes des variations de ces constantes, il est clair qu'on a

$$\delta\xi=0,\ \delta\psi=0,\ \delta\varphi=0,\ \text{etc.},\ \delta\xi'=\dot{\xi},\ \delta\psi'=\dot{\psi},\ \delta\varphi'=\dot{\varphi},\ \text{etc.},$$

et comme les différences partielles $\frac{dT}{d\dot{\xi}}$, $\frac{dT}{d\dot{\psi}}$, etc. ne contiennent que les premières dimensions de $\dot{\xi}$, $\dot{\psi}$, $\dot{\varphi}$, etc., il est facile de voir qu'elles peuvent se réduire à $\delta.\frac{dT}{d\xi'}$, $\delta.\frac{dT}{d\psi'}$, etc., en regardant T comme fonction de ξ', ψ', φ', etc. Ainsi les équations dont il il s'agit, deviendront

$$\delta.\frac{dT}{d\xi'} = \frac{\delta\Omega}{\delta\xi}\,dt, \quad \delta.\frac{dT}{d\psi'} = \frac{\delta\Omega}{\delta\psi}\,dt, \quad \delta.\frac{dT}{d\varphi'} = \frac{\delta\Omega}{\delta\varphi}, dt, \text{ etc.},$$

et l'on aura

$$da = \frac{da}{d\xi'}\delta\xi + \frac{da}{d\psi'}\delta\psi + \frac{da}{d\varphi'}\delta\varphi + \text{etc.},$$

où il faudra substituer les valeurs de $\delta\xi$, $\delta\psi$, $\delta\varphi$, etc., tirées de ces équations.

Si on change ensuite les différences partielles de Ω relatives à ξ, ψ, φ, etc., en différences partielles relatives aux constantes a, b, c, etc., on parviendra à des formules semblables à celles de l'article 60 de la Section précédente, dans lesquelles les coefficiens de $\frac{d\Omega}{da}$, $\frac{d\Omega}{db}$, etc. auront la propriété d'être indépendans du temps t; mais la démonstration directe de cette propriété singulière devient très-difficile, comme on peut le voir dans le beau Mémoire de M. Poisson sur ce sujet, inséré dans le tome VIII du Journal de l'École Polytechnique, et on ne se serait peut-être jamais avisé de la chercher, si on n'avait été assuré d'avance de la vérité de ce théorème.

Comme j'ai déjà donné dans la Section cinquième, une théorie complète des variations des constantes arbitraires, je ne m'y arrêterai plus ici; j'ajouterai seulement deux remarques sur les formules de cette théorie.

7. La première remarque est relative à la formule générale de l'article 11 de la Section citée, laquelle, en faisant, pour simplifier,

$$\frac{dT}{d\xi'} = T', \quad \frac{dT}{\psi'} = T'', \quad \frac{dT}{d\varphi'} = T''', \quad \text{etc.},$$

se réduit à

$$\begin{aligned}\Delta.\Omega dt = {} & \Delta\xi\delta T' + \Delta\psi\delta T'' + \Delta\varphi\delta T''' + \text{etc.}\\ & - \delta\xi\Delta T' - \delta\psi\Delta T'' - \delta\varphi\Delta T''' - \text{etc.},\end{aligned}$$

où la caractéristique δ indique les variations dues à toutes les constantes a, b, c, etc. devenues variables, mais où la caractéristique Δ peut se rapporter indifféremment à chacune de ces constantes. En la rapportant d'abord à une quelconque de ces constantes, comme a, et développant les variations indiquées par δ, on a tout de suite la formule

$$\frac{d\Omega}{da}dt = [a, b]db + [a, c]dc + [a, k]dk + \text{etc.},$$

dans laquelle

$$[a, b] = \frac{d\xi}{da} \times \frac{dT'}{db} + \frac{d\psi}{da} \times \frac{dT''}{db} + \frac{d\varphi}{da} \times \frac{dT'''}{db} + \text{etc.}$$
$$- \frac{dT'}{da} \times \frac{d\xi}{db} - \frac{dT''}{da} \times \frac{d\psi}{db} - \frac{dT'''}{da} \times \frac{d\varphi}{db} - \text{etc.},$$
$$[a, c] = \frac{d\xi}{da} \times \frac{dT'}{dc} + \frac{d\psi}{da} \times \frac{dT''}{dc} + \frac{d\varphi}{da} \times \frac{dT'''}{dc} + \text{etc.}$$
$$- \frac{dT'}{da} \times \frac{d\xi}{dc} - \frac{dT''}{da} \times \frac{d\psi}{dc} - \frac{dT'''}{da} \times \frac{d\varphi}{dc} - \text{etc.},$$
etc.,

et où les valeurs des coefficiens $[a, b]$, $[a, c]$, etc. deviennent indépendantes de t, après la substitution des valeurs de ξ, ψ, φ, etc. en a, b, c, etc. et t.

On a ainsi les formules auxquelles je suis parvenu d'abord dans le Mémoire sur la variation des constantes arbitraires dans les problèmes de Mécanique. M. Poisson a trouvé ensuite des formules plus directes, qui reviennent au même que celles que j'ai données dans l'article 18 de la Section V; mais quoique celles-ci paraissent plus simples, parce qu'elles donnent immédiatement les valeurs des variations da, db, etc., au lieu qu'il faut les déduire des autres par l'élimination, cet avantage n'est qu'apparent, comme nous l'avons déjà remarqué plus haut (art. 64); on peut même dire que dans plusieurs occasions l'avantage sera entièrement du côté des formules précédentes, parce qu'elles ne demandent aucune réduction préalable et qu'elles peuvent s'appliquer immédiatement, toutes les fois qu'on a l'expression de chaque variable en temps, dans laquelle les constantes arbitraires entrent d'une manière quelconque; c'est par cette raison que j'ai cru devoir les redonner ici.

8. La seconde remarque porte sur l'étendue qu'on peut donner à ces formules, relativement à la nature des forces perturbatrices. Nous avons toujours supposé que ces forces étaient telles, qu'étant multipliées par les élémens de leur direction, la somme devenait intégrable, et pouvait être exprimée par une fonction des variables indépendantes que nous avons désignées par $-\Omega$.

Mais nous avons déjà remarqué dans l'article 62 de la Section précédente, que quelles que soient les forces perturbatrices R, Q, P, etc., il suffit de faire

$$-\delta\Omega = R\delta r + Q\delta q + P\delta p + \text{etc.},$$

en rapportant les différences partielles relatives à la caractéristique δ, aux seules variables r, q, p, etc.

En général il n'est pas nécessaire, pour l'exactitude des formules des variations, que les forces perturbatrices que nous avons représentées par les différences partielles $\frac{d\Omega}{d\xi}$, $\frac{d\Omega}{d\psi}$, $\frac{d\Omega}{d\varphi}$, etc. soient en effet des différences partielles d'une même quantité. On peut supposer que ces forces soient exprimées par des quantités quelconques, que nous désignerons par Ω', Ω'', Ω''', etc.; alors, au lieu de $\Delta.\Omega$, dans les formules de l'article 11 de la Section V, on aura

$$\Omega'\Delta\xi + \Omega''\Delta\psi + \Omega'''\Delta\varphi + \text{etc.},$$

et l'équation de l'article précédent deviendra

$$\begin{aligned}(\Omega'\Delta\xi + \Omega''\Delta\psi + \Omega'''\Delta\varphi + \text{etc.})\,dt \\ = \Delta\xi\delta T' + \Delta\psi\delta T'' + \Delta\varphi\delta T''' + \text{etc.} \\ - \delta\xi\Delta T' - \delta\psi\Delta T'' - \delta\varphi\Delta T''' - \text{etc.};\end{aligned}$$

d'où, en rapportant la caractéristique Δ à la constante arbitraire a, on aura également

$$\left(\Omega'\frac{d\xi}{da} + \Omega''\frac{d\psi}{da} + \Omega'''\frac{d\varphi}{da} + \text{etc.}\right)dt$$
$$[a, b]db + [a, c]dc + [a, k]dk + \text{etc.},$$

en regardant les variables ξ, ψ, φ, etc. comme fonctions de a, b, c, k, etc.

La même chose aura lieu pour les formules des articles 14 et 18 de la même Section V, en mettant partout

$$\Omega'd\xi + \Omega''d\psi + \Omega'''d\varphi + \text{etc.}$$

à la place de $d\Omega$, et rapportant aux variables ξ, ψ, φ, etc. les différences partielles de Ω relatives aux constantes α, β, γ, etc., λ, μ, ν, etc., ou a, b, c, k, etc.

9. Enfin on peut faire abstraction des forces perturbatrices et ne considérer la fonction $-\Omega$ que comme une quantité qui, étant ajoutée à la fonction V due aux forces principales, produit les variations des constantes arbitraires dans les mouvemens qui résultent de ces forces. Et comme dans le calcul de ces variations il n'entre que les différences partielles de Ω relatives aux variables indépendantes ξ, ψ, φ, etc., il n'est pas nécessaire que la différentielle $d\Omega$ soit une différentielle exacte, il suffit que les différentielles qu'elle contient soient elles-mêmes des différentielles exactes dont on puisse avoir les différences partielles par rapport aux variables ξ, ψ, φ, etc.

Cette extension de nos formules, que nous avions déjà annoncée dans l'Avertissement du tome premier, peut être utile dans plusieurs problèmes où les forces perturbatrices ne seraient pas seulement fonctions des variables indépendantes ξ, ψ, φ, etc., mais aussi de leurs différentielles $\frac{d\xi}{dt}$, $\frac{d\psi}{dt}$, $\frac{d\varphi}{dt}$, etc., et du temps t. Par exemple, si, après avoir résolu un problème de Mécanique dans le vide, on voulait avoir égard à la résistance d'un milieu, comme nous l'avons fait, à l'égard des planètes, dans la Section précédente.

Mais la même extension ne peut pas avoir lieu à l'égard des forces principales qui entrent dans les équations différentielles dont l'intégration introduit les constantes arbitraires. Ces forces, multipliées chacune par l'élément de sa direction, doivent toujours former une quantité intégrable que nous avons désignée par V (art. 9, Sect. IV), et qui doit être une fonction des variables indépendantes sans leurs différentielles; autrement la réduction de ces équations à la forme de l'article 2 de la Section V n'aurait pas lieu, et l'analyse du § I de cette même Section cesserait d'être exacte. Rien n'empêche cependant que les expressions de ces forces ne contiennent le temps t; car comme la quantité V disparaît dans les différentielles partielles de $Z = T - V$, relatives à ξ', ψ', φ', etc., le résultat final de l'article 7 aura toujours lieu, parce qu'il se trouve indépendant de V. Mais il cesserait d'avoir lieu si cette quantité était fonction de ξ, ψ, φ, etc., et de ξ', ψ', φ', etc.

Nous allons maintenant résoudre quelques problèmes particuliers.

CHAPITRE II.

Du mouvement d'un corps sur une surface ou ligne donnée.

10. Quand on ne considère qu'un corps isolé, on peut faire abstraction de sa masse, ou la supposer égale à 1; et l'on a, comme dans l'article 3 de la Section précédente,

$$T = \frac{dx^2 + dy^2 + dz^2}{2dt^2}, \qquad \delta V = R\delta r + Q\delta q + P\delta p + \text{etc.}$$

L'équation de la surface donnera z en fonction de x et y, on aura ainsi

$$dz = \frac{dz}{dx} dx + \frac{dz}{dy} dy;$$

et les variables x et y étant regardées comme indépendantes, chacune d'elles donnera une équation de la forme

$$d.\frac{\delta T}{\delta dx} - \frac{\delta T}{\delta x} + \frac{\delta V}{\delta x} = 0.$$

Le terme $\frac{dx^2}{dt}$ de T donne sur-le-champ $\frac{d^2x}{dt^2}$; le terme $\frac{dx^2}{dt^2}$, qui est censé fonction de x, y et de dx, dy, donnera d'abord ces deux-ci: $\frac{d.\left(dz\frac{dz}{dx}\right)}{dt^2} - \frac{\delta.dz^2}{2dxdt^2}$; or $\frac{dz}{dx}$ est la même chose que $\frac{\delta z}{\delta x}$, et $\frac{\delta.dz^2}{2\delta x}$ est $\frac{dz\delta dz}{\delta x}$ ou $\frac{dzd\delta z}{\delta x}$; donc les deux termes dont il s'agit se réduiront à $\frac{d^2z\delta z}{dt^2\delta x}$; ainsi l'équation relative à x sera

$$\frac{d^2x}{dt^2} + \frac{d^2z}{dt^2} \times \frac{\delta z}{\delta x} + \frac{\delta V}{\delta x} = 0,$$

et l'on aura pareillement, pour rapport à y:

$$\frac{d^2y}{dt^2} + \frac{d^2z}{dt^2} \times \frac{\delta z}{\delta y} + \frac{\delta V}{\delta y} = 0.$$

Si le corps était contraint de se mouvoir sur une ligne donnée, alors y et z seraient fonction de x; le terme $\frac{dy^2}{2dt^2}$ de T donnerait les termes $\frac{d.\left(dy\frac{dy}{dx}\right)}{dt^2} - \frac{\delta(dy^2)}{2dt^2}$, lesquels se réduiraient de la même manière à $\frac{d^2y}{dt^2} \times \frac{\delta y}{\delta x}$; de même le terme $\frac{dz^2}{2dt^2}$ donnerait $\frac{d^2z}{dt^2} \times \frac{\delta z}{\delta x}$; et l'on aurait, relativement à x, qui est la seule variable, l'équation

$$\frac{d^2x}{dt^2} + \frac{d^2y}{dt^2} \times \frac{\delta y}{\delta x} + \frac{d^2z}{dt^2} \times \frac{\delta z}{\delta x} + \frac{\delta V}{\delta x} = 0.$$

On voit par l'analyse précédente, que tout terme de la quantité T qui sera de la forme $k\frac{dz^2}{dt^2}$, z étant une fonction donnée de deux autres variables x et y, donnera

$$d.\frac{\delta T}{\delta dx} - \frac{\delta T}{\delta x} = 2k\frac{d^2z}{dt^2} \times \frac{\delta z}{\delta x},$$
$$d.\frac{\delta T}{\delta dy} - \frac{\delta T}{\delta y} = 2k\frac{d^2z}{dt^2} \times \frac{\delta z}{\delta y},$$

réductions qui peuvent être utiles dans plusieurs occasions.

11. Si au lieu des coordonnées rectangles x, y, z, on voulait employer, pour la surface, un rayon r avec deux angles φ et ψ, comme dans l'article 4 de la Section précédente, on aurait

$$T = \frac{r^2(dt^2 + \cos\psi^2 d\varphi^2) + dr^2}{2dt^2},$$

où r serait donné en fonction de ψ et φ, par la nature de la surface, et l'on aurait, relativement à ψ et φ, deux équations de la forme

$$d.\frac{\delta T}{\delta d\psi} - \frac{\delta T}{\delta \psi} + \frac{\delta V}{\delta \psi} = 0.$$

Le terme $\frac{dr^2}{2dt^2}$ de T donnerait $\frac{d^2r}{dt^2}\times\frac{\delta r}{\delta\psi}$, relativement à ψ, et $\frac{d^2r}{dt^2}\times\frac{\delta r}{\delta\varphi}$, relativement à φ, et l'on aurait ces deux équations

$$d.\frac{r^2 d\psi}{dt^2} + \frac{r^2\sin\psi\cos\psi d\varphi^2}{dt^2} + \frac{d^2r}{dt^2}\times\frac{\delta r}{\delta\psi} + \frac{\delta V}{\delta\psi} = 0,$$
$$d.\frac{r^2\cos\psi^2 d\varphi}{dt^2} + \frac{d^2r}{dt^2}\times\frac{\delta r}{\delta\varphi} + \frac{\delta V}{\delta\varphi} = 0,$$

que les méthodes ordinaires ne donneraient qu'à l'aide de plusieurs réductions.

12. Il est bon de remarquer que l'équation $T+V=H$, qui a

toujours lieu lorsque le corps n'est animé que par des forces proportionnelles à des fonctions de leurs distances aux centres, donne tout de suite la vîtesse du corps dans un point quelconque de la courbe qu'il décrit. Car u étant la vîtesse et s l'espace décrit, on a $u = \frac{ds}{dt} = \frac{\sqrt{dx^2 + dy^2 + dz^2}}{dt}$; donc $T = \frac{u^2}{2}$, et par conséquent

$$u = \sqrt{2(H - V)};$$

de sorte que V étant une fonction finie des coordonnées, la vîtesse ne dépendra que de la position du corps dans l'espace.

Si le corps n'est animé par aucune force accélératrice, on a $V = 0$, et la vîtesse devient constante. Dans ce cas, comme nous avons démontré en général que la formule $\int u ds$ est toujours un *maximum* ou un *minimum* dans des limites données (Sect. III, art. 39), la quantité $\int ds$, ou s, c'est-à-dire, la longueur de la courbe décrite par le corps, sera elle-même un *maximum* ou un *minimum*; et il est évident qu'elle ne peut être qu'un *minimum*, parce que le *maximum* n'a point lieu. D'où résulte le théorème connu, qu'un corps projeté sur une surface quelconque, y décrit toujours la ligne la plus courte entre des points donnés.

13. Mais dans la solution de ces problèmes, il est souvent plus simple de regarder toutes les coordonnées comme des variables indépendantes, et d'employer les équations de la surface ou de la ligne donnée comme des équations de condition qui, étant représentées par $L = 0$, $M = 0$, donneront simplement pour chaque variable les termes $\lambda \delta L$, $\mu \delta M$ à ajouter à δV, les coefficiens λ, μ étant indéterminés et devant être éliminés.

Or, de ce que nous avons démontré dans l'article 5 de la quatrième Section de la première Partie, il s'ensuit que chaque terme

comme

comme $\lambda\delta L$, peut représenter le moment d'une force égale à

$$\lambda\sqrt{\left(\frac{dL}{dx}\right)^2+\left(\frac{dL}{dy}\right)^2+\left(\frac{dL}{dz}\right)^2},$$

et agissant perpendiculairement à la surface dont l'équation est $dL=0$; par conséquent cette force ne pourra être que celle qui vient de la résistance que la surface oppose au corps, et qui est égale à la pression que le corps exerce sur la surface.

Ainsi le coefficient λ servira à déterminer la pression du corps sur la surface donnée par l'équation $L=0$; et si le corps est mu sur une ligne donnée, en la regardant comme produite par l'intersection de deux surfaces représentées par les équations $L=0$, $M=0$, les deux coefficiens λ et μ serviront à déterminer les pressions que le corps exerce sur cette ligne, perpendiculairement aux deux surfaces.

14. En général, on peut assimiler le terme $\lambda\delta L$ au terme δV; et comme $\delta V=R\delta r+Q\delta q+$ etc., R, Q, etc. étant les forces qui agissent suivant les lignes r, q, etc., et qui tendent à les raccourcir; si L est fonction des coordonnées ξ, ψ, φ, on aura

$$\delta L=\frac{dL}{d\xi}\delta\xi+\frac{dL}{d\psi}\delta\psi+\frac{dL}{d\varphi}\delta\varphi,$$

et les termes $\lambda\frac{dL}{d\xi}$, $\lambda\frac{dL}{d\psi}$, $\lambda\frac{dL}{d\varphi}$ exprimeront les forces qui résultent de la résistance de la surface dont l'équation $L=0$, suivant les directions des coordonnées ξ, ψ, φ, et qui tendent à diminuer ces coordonnées.

Si l'équation de la surface était $\xi=a$, a étant une constante, ce qu'on peut toujours obtenir par le choix des coordonnées, on aurait $L=\xi-a$, $\frac{\delta L}{\delta\xi}=1$, $\frac{\delta L}{\delta\psi}=0$, $\frac{\delta L}{\delta\varphi}=0$, et l'équation relative à ξ (art. 3) serait

$$d.\frac{\delta T}{\delta d\xi}-\frac{\delta T}{\delta \xi}+\lambda+\frac{\delta V}{\delta \xi}=0,$$

les équations relatives aux deux autres variables ne recevant aucun changement. Ainsi on aura tout de suite la pression λ du corps sur la surface, en faisant, dans la valeur de λ,

$$\lambda=\frac{\delta T}{\delta \xi}-d.\frac{\delta T}{\delta d\xi}-\frac{\delta V}{\delta},$$

$\xi=a$, et $d\xi=0$.

Comme l'application de nos formules générales n'est sujette à aucune difficulté, nous nous contenterons de donner un ou deux exemples.

§ I.

Des oscillations d'un pendule simple de longueur donnée.

15. Nous prendrons l'origine des coordonnées dans le point de suspension du pendule, et nous supposerons les ordonnées z verticales et dirigées de haut en bas; mais à la place des coordonnées rectangles x, y, z, nous prendrons un rayon r qui sera la longueur du pendule avec deux angles ψ et φ, dont le premier sera l'inclinaison du pendule à la verticale, et le second sera l'angle que le pendule décrit en tournant autour de la verticale. On aura ainsi

$$x=r\sin\psi\cos\varphi,\qquad y=r\sin\psi\sin\varphi,\qquad z=r\cos\psi,$$

et la quantité T deviendra, à cause de r constant,

$$T=\frac{r^2(\sin\psi^2 d\varphi^2+d\psi^2)}{2dt^2}.$$

Il est bon d'observer que l'angle ψ que nous employons ici est le complément à 90°, de l'angle ψ que nous avons employé jusqu'ici, et qui représentait l'inclinaison du rayon r sur le plan horizontal, au lieu qu'ici il représente son inclinaison à la verticale.

La force R tendante au centre des rayons r sera nulle; la force Q pourra être prise pour la gravité, que nous désignerons par g; et comme elle doit agir parallèlement à l'ordonnée z, et pour augmenter cette ordonnée, au lieu que la force Q est censée agir pour diminuer la distance q; il faudra faire $dq = -dz = -d.r\sin\psi$, en supposant le centre de cette force éloigné à l'infini; ainsi on aura simplement $\delta V = -g\delta.r\cos\psi = gr\sin\psi\,\delta\psi$. Les équations relatives à ψ et φ deviendront donc, en les divisant par r^2,

$$\frac{d\psi^2}{dt^2} - \frac{\sin\psi\cos\psi d\varphi^2}{dt^2} + \frac{g}{r}\sin\psi = 0,$$

$$\frac{d^2.(\sin\psi^2 d\varphi)}{dt^2} = 0.$$

La seconde de ces équations a pour intégrale

$$\frac{\sin\psi^2 d\varphi}{dt} = C,$$

et la valeur de $d\varphi$ tirée de celle-ci étant substituée dans la première, elle devient

$$\frac{d^2\psi}{dt^2} - \frac{C^2\cos\psi}{\sin\psi^3} + \frac{g}{r}\sin\psi = 0,$$

dont l'intégrale, après l'avoir multipliée par $2d\psi$, est

$$\frac{d\psi^2}{dt^2} + \frac{C^2}{\sin\psi^2} - 2\frac{g}{r}\cos\psi = E,$$

C et E étant deux constantes qui dépendent de l'état initial.

Cette dernière intégrale donne tout de suite

$$dt = \frac{\sin\psi . d\psi}{\sqrt{\left(E + 2\frac{g}{r}\cos\psi\right)\sin\psi^2 - C^2}};$$

et comme on a par la première $d\varphi = \frac{Cdt}{\sin\psi^2}$, on aura

$$d\varphi = \frac{Cd\psi}{\sin\psi\sqrt{\left(E + \frac{2g}{r}\cos\psi\right)\sin\psi^2 - C^2}},$$

équations séparées, mais dont les seconds membres ne sont intégrables que par la rectification des sections coniques.

L'équation en t et ψ donnera le temps que le pendule emploie à parcourir verticalement l'angle ψ; et l'équation en φ et ψ donnera la courbe décrite par le corps qui forme le pendule, laquelle sera une espèce de spirale sphérique. Si on fait $r\sin\psi = \rho$, on aura une équation qui sera celle de la projection de cette spirale sur le plan horizontal, entre le rayon vecteur ρ et l'angle φ décrit par ce rayon autour de la verticale.

16. Si on égale à zéro la quantité sous le signe, on a l'équation

$$\left(E + \frac{2g}{r}\cos\psi\right)\sin\psi^2 - C^2 = 0,$$

laquelle donnera les plus grandes et les plus petites valeurs de l'angle d'inclinaison ψ. Cette équation, à cause de $\sin\psi^2 = 1 - \cos\psi^2$, est du troisième degré, relativement à l'inconnue $\sin\psi$; elle aura donc une racine réelle; mais il est facile de voir, par la nature du problème, qu'il ne peut y avoir un *maximum* de ψ, sans qu'il y ait en même temps un *minimum*, et *vice versâ*; d'où il suit que les trois racines seront nécessairement réelles, dont deux donneront un *maximum* et la troisième un *minimum*.

Désignons par α et β la plus grande et la plus petite valeur de ψ, on aura les deux équations

$$\left(E + \frac{2g}{r}\cos\alpha\right)\sin\alpha^2 - C^2 = 0,$$

$$\left(E + \frac{2g}{r}\cos\beta\right)\sin\beta^2 - C^2 = 0,$$

lesquelles donnent

$$E = \frac{2g(\cos\alpha\sin\alpha^2 - \cos\beta\sin\beta^2)}{r(\sin\beta^2 - \sin\alpha^2)},$$

$$C^2 = \frac{2g\sin\alpha^2\sin\beta^2(\cos\alpha - \cos\beta)}{r(\sin\beta^2 - \sin\alpha^2)},$$

expressions qui se réduisent à celles-ci, plus simples,

$$E = \frac{2g(1 - \cos\alpha^2 - \cos\beta^2 - \cos\alpha\cos\beta)}{r(\cos\alpha + \cos\beta)},$$

$$C^2 = \frac{2g\sin\alpha^2\sin\beta^2}{r(\cos\alpha + \cos\beta)}.$$

On substituera ces valeurs dans l'équation en $\cos\psi$, laquelle, en changeant les signes, est de la forme

$$\frac{2g}{r}\cos\psi^3 + E\cos\psi^2 - \frac{2g}{r}\cos\psi + C^2 - E = 0,$$

et, par la nature des équations, son premier membre deviendra

$$\frac{2g}{r}(\cos\psi - \cos\alpha)(\cos\psi - \cos\beta)\left(\cos\psi + \cos\alpha + \cos\beta + \frac{Er}{2g}\right),$$

cette quantité, prise avec le signe $-$, sera identique avec la quantité qui est sous le signe dans les deux dernières équations de l'article précédent.

Or on a, en réduisant,

$$\cos\alpha + \cos\beta + \frac{Er}{2g} = \frac{1 + \cos\alpha\cos\beta}{\cos\alpha + \cos\beta};$$

donc la quantité dont il s'agit sera

$$-\frac{2g}{r}(\cos\psi-\cos\alpha)(\cos\psi-\cos\beta)\left(\cos\psi+\frac{1+\cos\alpha\cos\beta}{\cos\alpha+\cos\beta}\right).$$

17. Supposons maintenant

$$\cos\psi=\cos\alpha\sin\sigma^2+\cos\beta\cos\sigma^2;$$

il est clair que la valeur β de ψ, qui est supposée la plus petite, répondra à $s=0$, 2π, 4π, etc., et que la valeur α, qui est la plus grande, répondra à $s=\frac{\pi}{2}$, $\frac{3\pi}{2}$, $\frac{5\pi}{2}$, etc., π étant l'angle de deux droits. On aura ainsi

$$\cos\psi-\cos\alpha=(\cos\beta-\cos\alpha)\cos\sigma^2,$$
$$\cos\psi-\cos\beta=(\cos\alpha-\cos\beta)\sin\sigma^2,$$

$$\cos\psi+\frac{1+\cos\alpha\cos\beta}{\cos\alpha+\cos\beta}\ldots\ldots\ldots\ldots\ldots\ldots$$
$$=\frac{1+2\cos\alpha\cos\beta+\cos\alpha^2\sin\sigma^2+\cos\beta^2\cos\sigma^2}{\cos\alpha+\cos\beta};$$

d'ailleurs on a

$$\sin\psi d\psi=-d.\cos\psi=2(\cos\beta-\cos\alpha)\sin\sigma\cos\sigma;$$

donc faisant ces substitutions dans l'équation différentielle en t et s de l'article précédent, elle deviendra

$$dt=\frac{2d\sigma\sqrt{\cos\alpha+\cos\beta}}{\sqrt{\frac{2g}{r}(1+2\cos\alpha\cos\beta+\cos\alpha^2\sin\sigma^2+\cos\beta^2\cos\sigma^2)}};$$

et faisant, pour abréger,

$$\varkappa=\frac{\cos\alpha+\cos\beta}{2+4\cos\alpha\cos\beta+\cos\alpha^2+\cos\beta^2},$$
$$\Sigma=\sqrt{1+\Pi(\cos\beta-\cos\alpha)\cos 2\sigma};$$

elle se réduira à

$$dt=\sqrt{\frac{r}{g}}\times\frac{2\varkappa d\sigma}{\Sigma}.$$

Ensuite on aura

$$d\varphi = \frac{Cdt}{\sin\psi^2} = \sqrt{\frac{2g}{r}} \times \frac{\sin\alpha \sin\beta}{\sqrt{\cos\alpha + \cos\beta}} \times \frac{dt}{\sin\psi^2}$$
$$= \frac{\varkappa\sqrt{2}\sin\alpha\sin\beta}{\sqrt{\cos\alpha + \cos\beta}}\left(\frac{d\sigma}{(1+\cos\psi)\,\Sigma} + \frac{d\sigma}{(1-\cos\psi)\,\Sigma}\right),$$

où il faudra substituer pour $\cos\psi$ sa valeur en $\cos 2\sigma$,

$$\cos\psi = \tfrac{1}{2}(\cos\alpha + \cos\beta) + \tfrac{1}{2}(\cos\beta - \cos\alpha^2)\cos 2\sigma.$$

En intégrant ces équations depuis $\sigma = 0$ jusqu'à $\sigma = \frac{\pi}{2}$, on aura le temps et l'angle de rotation compris entre le point le plus bas où l'inclinaison du pendule à la verticale est β, et le point le plus haut où l'inclinaison est α; mais ces intégrations dépendent en général de la rectification des sections coniques. Si la valeur de φ comprise entre ces deux limites de s est commensurable avec π, la spirale décrite par le pendule reviendra sur elle-même après un certain nombre de spires; mais si elle est incommensurable, la spirale fera une infinité de révolutions différentes.

18. Lorsque le pendule ne fera, en hauteur, que des excursions assez petites, de manière que les angles α et β diffèrent peu entr'eux, la différence $\cos\beta - \cos\alpha$ sera, elle-même, assez petite pour que le radical Σ puisse se réduire en une série convergente.

Supposons

$$\varkappa(\cos\beta - \cos\alpha) = \sin 2\gamma = \frac{2\,\text{tang}\,\gamma}{1 + \text{tang}\,\gamma^2},$$

la fonction Σ deviendra

$$\Sigma = \cos\gamma\sqrt{1 + \text{tang}\,\gamma^2 + 2\,\text{tang}\,\gamma \times \cos 2s}.$$

La fonction irrationnelle

$$(1\,\text{tang}\,\gamma^2 + 2\,\text{tang}\,\gamma \times \cos 2\sigma)^{-\frac{1}{2}}$$

peut se réduire en une série de la forme

$$A + B\cos 2\sigma + C\cos 4\sigma + D\cos 6\sigma + \text{etc.},$$

dans laquelle on aura, en faisant dans les dernières formules de l'article 98 de la Section précédente, $\varphi = 2s$, $a' = 1$, $a'' = -\text{tang}\,\gamma$, $n = \frac{1}{2}$, $n' = \frac{1.3}{2.4}$, $n'' = \frac{1.3.5}{2.4.6}$, etc.,

$$\begin{aligned}
A &= 1 + n^2\,\text{tang}\,\gamma^2 + n'^2\,\text{tang}\,\gamma^4 + n''^2\,\text{tang}\,\gamma^6 + \text{etc.},\\
B &= -\,2(\text{tang}\,\gamma + nn'\,\text{tang}\,\gamma^3 + n'n''\,\text{tang}\,\gamma^5 + \text{etc.}),\\
C &= 2(n'\,\text{tang}\,\gamma^2 + nn''\,\text{tang}\,\gamma^4 + n''n'''\,\text{tang}\,\gamma^6 + \text{etc.}),
\end{aligned}$$

etc.

On aura donc en substituant

$$dt = \sqrt{\frac{r}{g}} \times \frac{2\varkappa}{\cos\gamma}(A + B\cos 2\sigma + C\cos 4\sigma + \text{etc.})ds,$$

et en intégrant de manière que l'intégrale commence où $\sigma = 0$,

$$t = \sqrt{\frac{r}{g}} \times \frac{2\varkappa}{\cos\gamma}(AS + \tfrac{1}{2}B\sin 2\sigma + \tfrac{1}{4}C\sin 4\sigma + \text{etc.}).$$

En faisant $\sigma = \frac{\pi}{2}$, on aura le temps depuis le point le plus haut jusqu'au point le plus bas, lequel étant nommé T, on aura

$$T = A\pi\sqrt{\frac{r}{g}} \times \frac{\varkappa}{\cos\gamma}.$$

Si on dénote par T', T'', etc. les valeurs de t qui répondent à $s = \frac{3\pi}{2}$, $\frac{5\pi}{2}$, etc., on aura $T' = 3T$, $T'' = 5T$, etc., d'où l'on voit que le pendule remontera toujours à la même hauteur au bout d'un temps égal à $2T$, qui sera par conséquent en temps la durée d'une oscillation.

19. On peut avoir de la même manière l'angle φ correspondant; pour cela on fera

$$\frac{\cos\beta - \cos\alpha}{2 + \cos\alpha + \cos\beta} = \sin 2\mu,$$

$$\frac{\cos\beta - \cos\alpha}{2 - \cos\alpha - \cos\beta} = \sin 2\nu,$$

et on aura

$$\frac{1}{1 + \cos\psi} = \frac{2}{(2 + \cos\alpha + \cos\beta)\cos\mu^2(1 + \tang\mu^2 + 2\tang\mu\cos 2\sigma)},$$

$$\frac{1}{1 - \cos\psi} = \frac{2}{(2 - \cos\alpha - \cos\beta)\cos\nu^2(1 + \tang\nu^2 - 2\tang\nu\cos 2\sigma)}.$$

Si dans les mêmes formules de l'article 98 (Sect. VII) on fait $n = 1$, on a $n' = 1$, $n'' = 1$, etc.; donc

$$(1 + \tang\mu^2 + 2\tang\mu\cos 2\sigma)^{-1} = (A) + (B)\cos 2s$$
$$+ (C)\cos 4\sigma + (D)\cos 6\sigma + \text{etc.},$$

où

$$(A) = 1 + \tang\mu^2 + \tang\mu^4 + \tang\mu^6 + \text{etc.}$$
$$= \frac{1}{1 - \tang\mu^2},$$
$$(B) = -2\tang\mu(1 + \tang\mu^2 + \tang\mu^4 + \text{etc.})$$
$$= -\frac{2\tang\mu}{1 - \tang\mu^2},$$
$$(C) = 2\tang\mu^2(1 + \tang\mu^2 + \tang\mu^4 + \text{etc.})$$
$$= \frac{2\tang\mu^2}{1 - \tang\mu^2},$$

etc.

Ainsi on aura

$$(1 + \tang\mu^2 + 2\tang\mu\cos 2\sigma)^{-1} = \frac{1}{1 - \tang\mu^2}(1 - 2\tang\mu\cos 2\sigma$$
$$+ 2\tang\mu^2\cos 4\sigma - 2\tang\mu^3\cos 6\sigma + \text{etc.}).$$

Si on multiplie cette série par la suivante

$$A + B\cos 2\sigma + C\cos 4\sigma + \text{etc.},$$

le produit sera de nouveau de la forme

$$A' + B' \cos 2\sigma + C' \cos 4\sigma + \text{etc.},$$

et l'on aura

$$A' = \frac{A - B \operatorname{tang} \mu + C \operatorname{tang} \mu^2 - D \operatorname{tang} \mu^3 + \text{etc.}}{1 - \operatorname{tang} \mu}.$$

On aura ainsi

$$\frac{1}{(1 + \cos \psi)\Sigma} = \frac{2}{(2 + \cos \alpha + \cos \beta) \cos \mu^2 \cos \gamma} \cdots \cdots \\ \times (A' + B' \cos 2\sigma + C' \cos 4\sigma + \text{etc.}).$$

On trouvera de même

$$\frac{1}{(1 - \cos \psi)\Sigma} = \frac{2}{(2 - \cos \alpha - \cos \beta) \cos \nu^2 \cos \gamma} \cdots \cdots \\ \times (A'' + B'' \cos 2\sigma + C'' \cos 4\sigma + \text{etc.}),$$

où l'on aura, en changeant μ en $-\nu$,

$$A'' = \frac{A + B \operatorname{tang} \nu + C \operatorname{tang} \nu^2 + D \operatorname{tang} \nu^3 + \text{etc.}}{1 + \operatorname{tang} \nu^2}.$$

Faisant ces substitutions dans la valeur de *de* de l'article 4, et intégrant de manière que φ soit $= 0$ lorsque $\sigma = 0$, on aura

$$\varphi = \frac{\Gamma \sqrt{2 \sin \alpha \sin \beta}}{\sqrt{\cos \alpha^2 + \cos \beta}} \left(\frac{2A's + B' \cos 2\sigma + \frac{1}{2} C' \cos 4\sigma + \text{etc.}}{(2 + \cos \alpha + \cos \beta) \cos \mu^2 \cos \gamma} \right. \\ \left. + \frac{2A''s + B'' \cos 2\sigma + \frac{1}{2} C'' \cos 4\sigma + \text{etc.}}{(2 - \cos \alpha - \cos \beta) \cos \nu^2 \cos \gamma} \right).$$

En faisant $\sigma = \frac{\pi}{2}$, on aura l'angle compris entre les plans qui passent par la verticale et par les points le plus bas et le plus haut de la courbe décrite par le pendule; et cet angle étant nommé Φ, on aura

$$\Phi = \frac{\pi A' \Gamma \sqrt{2 \sin \alpha \sin \beta}}{\sqrt{\cos \alpha + \cos \beta} \times (2 + \cos \alpha + \cos \beta) \cos \mu^2 \cos \gamma} \\ + \frac{\pi A'' \Gamma \sqrt{2 \sin \alpha \sin \beta}}{\sqrt{\cos \alpha + \cos \beta} \times (2 - \cos \alpha - \cos \beta) \cos \nu^2 \cos \gamma}.$$

Comme tous les points les plus hauts, ou les sommets de la courbe, répondent à $s = \frac{\pi}{2}, \frac{3\pi}{2}, \frac{5\pi}{2}$, etc., si on dénote par Φ', Φ'', etc. les valeurs de φ pour $s = \frac{3\pi}{2}, \frac{5\pi}{2}$, etc., on aura $\Phi' = 3\Phi$, $\Phi'' = 5\Phi$, etc. Ainsi l'angle compris entre deux sommets consécutifs, et répondant à une oscillation entière du pendule, sera égal à 2Φ.

20. En supposant les angles α et β très-petits du premier ordre, la quantité $\cos\beta - \cos\alpha$ sera très-petite du second, par conséquent l'angle γ sera aussi très-petit du second ordre; donc en ne négligeant que les quantités très-petites du quatrième ordre, on aura $A = 1$, $\cos\gamma = 1$; donc

$$T = 2\pi\sqrt{\frac{r}{g}} \times \sqrt{\frac{\cos\alpha + \cos\beta}{2 + 4\cos\alpha\cos\beta + \cos\alpha^2 + \cos\beta^2}},$$

et $2T$ sera, aux quantités du quatrième ordre près, le temps de l'oscillation entière.

Si on néglige les quantités du second ordre, cette expression se réduit à $\pi\sqrt{\frac{r}{g}}$; c'est l'expression connue pour la durée des oscillations très-petites d'un pendule dont la longueur est r, et où l'on peut faire $g = 1$; mais l'analyse précédente fait voir que cette durée est la même, quelles que soient les oscillations, soit qu'elles se fassent dans un plan vertical, soit que le pendule ait en même temps un mouvement de rotation autour de la verticale.

En conservant les quantités du second ordre, on peut simplifier la formule précédente, en mettant pour $\cos\alpha$ et $\cos\beta$ leurs valeurs approchées, au quatrième ordre près, $1 - \frac{\alpha^2}{2}$, $1 - \frac{\beta^2}{2}$, et en négligeant toujours les termes du quatrième ordre, on aura pour la durée des oscillations très-petites, au quatrième ordre près, l'expression

$$\pi\sqrt{\frac{r}{g}}\times\left(1+\frac{\alpha^2+\beta^2}{16}\right).$$

21. Lorsque l'angle β, qui répond au point le plus bas, est nul, le pendule reprend toujours la situation verticale, et les oscillations se font dans le plan vertical; car en faisant $\beta=0$, on voit, par la formule de l'article 5, que l'angle φ est nul; c'est le cas que l'on considère ordinairement, et qui a lieu toutes les fois qu'après avoir éloigné le pendule de la verticale par l'angle α, on le laisse retomber sans lui donner aucune impulsion; mais pour peu que le pendule reçoive une impulsion dans une direction qui ne surpasse pas la verticale, il fera des oscillations en forme de mouvement conique, et l'angle β ne sera pas nul.

Dans ce cas, si on suppose aussi que les angles α et β soient très-petits, et qu'on néglige dans une première approximation les quantités très-petites du second ordre, on aura $\Gamma=\frac{1}{2}$, $\gamma=0$, $A=1$, $B=0$, $C=0$, etc., $\mu=0$, $\sin 2\nu=\frac{\alpha^2-\beta^2}{\alpha^2+\beta^2}$, $A'=1$, $A''=\frac{1}{1+\text{tang}\,\nu^2}=\cos\nu^2$; donc

$$\Phi=\frac{\pi\alpha\beta}{\alpha^2+\beta^2},$$

et 2Φ sera l'angle à la verticale compris entre deux sommets consécutifs de la courbe. Donc si le rapport de $\alpha\beta$ à $\alpha^2+\beta^2$ est rationnel, l'angle 2Φ aura un rapport de nombre à nombre à l'angle π de deux droits, et la courbe décrite par le pendule, ne sera formée que d'un certain nombre de spires qui reviendront les mêmes; dans le cas contraire, la courbe sera une espèce de spirale continue; mais ces conclusions ne sont qu'approchées, et pour avoir des résultats plus exacts, il faudra pousser l'approximation plus loin, au moyen des séries que nous avons données.

Ce problème a été résolu anciennement par Clairaut, dans les

Mémoires de l'Académie des Sciences, de l'année 1735, mais d'une manière moins complète, et les résultats approchés que nous venons de trouver s'accordent avec les siens, en faisant $\beta = 0$ dans l'expression de T, et $\beta = \alpha$ dans celle de Φ.

22. Les formules précédentes ont lieu tant que l'angle α diffère de l'angle β, parce que, quelque petite que soit leur différence, il y a toujours un *maximum* et un *minimum* dans les excursions verticales du pendule; mais si l'on a rigoureusement $\alpha = \beta$, il n'y a plus de *maximum* ni de *minimum*, le pendule forme toujours le même angle α avec la verticale, et par conséquent il décrira, dans son mouvement, un cône à base circulaire.

Cette supposition est possible, parce qu'alors (articles 16 et 17) la quantité qui est sous le radical, dans la valeur de dt a deux facteurs égaux $\cos\psi - \cos\alpha$; de sorte que par la théorie exposée dans l'article 81 de la Section précédente, on pourra toujours faire $\cos\psi = \cos\alpha$; c'est le cas des oscillations coniques qu'Huyghens a considérées le premier.

Dans ce cas, l'équation

$$d\varphi = \frac{Cdt}{\sin\psi^2} = \sqrt{\frac{2g}{r\cos\alpha}}\, dt \text{ (art. 4)}$$

donnera

$$\varphi = t\sqrt{\frac{2g}{r\cos\alpha}};$$

de sorte que le temps d'une révolution entière du pendule sera exprimé par $2\pi\sqrt{\frac{r}{2g}}$.

Pour que ce cas ait lieu, il faut donc que le pendule reçoive une vîtesse angulaire de rotation, autour de la verticale, exprimée par $\frac{d\varphi}{dt} = \sqrt{\frac{2g}{r\cos\alpha}}$, laquelle ne dépend que de la hauteur du cône qu'il décrit.

23. Si le pendule était mu dans un milieu résistant comme le carré de la vîtesse, et dont la densité fût exprimée par Γ, il faudrait, pour avoir les équations de son mouvement, à δV ajouter les termes (art. 2)

$$\Gamma ds\left(\frac{\delta T}{\delta d\psi}\delta\psi+\frac{\delta T}{\delta d\varphi}\delta\varphi\right),$$

en retenant l'expression de T de l'article 11, dans laquelle r est constant.

Ainsi on aura à ajouter au premier membre de la première des équations différentielles de cet article, le terme $\frac{\Gamma ds d\psi}{dt^2}$, et au premier membre de la seconde, le terme $\frac{\Gamma \sin\psi^2 ds d\varphi}{dt^2}$.

Par l'addition de ces termes, les équations qui étaient intégrables cesseront de l'être; mais lorsque la résistance est très-petite à l'egard de la force de la gravité, ce qui a lieu dans les mouvemens lents des corps dans l'air, on peut résoudre ces équations par approximation, en substituant dans les termes dus à la résistance, les valeurs de ψ et φ en t, qui ont lieu dans le vide, et en cherchant les petites quantités que ces termes tout connus ajouteront à ces mêmes valeurs.

Les deux équations dont il s'agit seront

$$\frac{d^2\psi}{dt^2}-\frac{\sin\psi\cos\psi d\varphi^2}{dt^2}+\frac{g}{r}\sin\psi+\frac{\Gamma ds d\psi}{dt^2}=0,$$

$$\frac{d.(\sin\psi^2 d\varphi)}{dt^2}+\frac{\Gamma\sin\psi^2 ds d\varphi}{dt^2}=0.$$

La seconde étant divisée par $\frac{\sin\psi^2 d\varphi}{dt^2}$, et ensuite intégrée, donne

$$\frac{\sin\psi^2 d\varphi}{dt}=Ci^{-\Gamma s},$$

i étant le nombre dont le logarithme hyperbolique est 1.

Ensuite, la première étant multipliée par $2d\psi$ et ajoutée à la seconde, multipliée par $2d\varphi$, donne l'intégrale

$$\frac{d\psi^2+\sin\psi^2 d\varphi^2}{dt^2}-\frac{2g\cos\psi}{r}+\frac{2\Gamma}{r^2}\int\frac{ds^2}{dt^2}\,ds=E,$$

à cause de $r^2(d\psi^2+\sin\psi^2 d\varphi^2)=ds^2$.

Ainsi on aura les mêmes équations différentielles en t, φ et ψ qu'on a trouvées dans l'article 11, en y substituant $Ci^{-\Gamma s}$ à la place de C, et $E-\frac{2\Gamma}{r^2}\int\frac{ds^2}{dt^2}ds$ à la place de E; de sorte que l'effet de la résistance se réduira à faire varier ces constantes dans la solution générale donnée plus haut, art. 15, où nous n'avons point eu égard à la résistance, et où les relations entre les variables ψ, φ et t, doivent se déduire des équations

$$\frac{\sin\psi^2 d\varphi}{dt}=C,\qquad \frac{d\psi^2}{dt^2}+\frac{C^2}{\sin\psi^2}-2\frac{g}{r}\cos\psi=E.$$

Si donc on regarde la quantité C et E comme variables, on aura

$$dC=\Gamma C ds,$$
$$dE=-\frac{2\Gamma}{r^2}\times\frac{ds^2}{dt^2}ds=-\frac{2\Gamma}{r^2}\left(E+\frac{2g}{r}\cos\psi\right)ds,$$

et

$$ds=\frac{\sin\psi\sqrt{\left(E+\frac{2g}{r}\cos\psi\right)}}{\sqrt{\left(E+\frac{2g}{r}\cos\psi\right)\sin\psi^2-C^2}}\,d\psi.$$

Lorsque le pendule ne fait que des oscillations verticales, on a $C=0$, et par conséquent $ds=d\psi$; l'équation en E devient alors intégrable, étant multipliée par $i^{\frac{2\Gamma\psi}{r^2}}$, l'intégrale est

$$Ei^{\frac{2\Gamma\psi}{r^2}}=(E)-\frac{2\Gamma}{r^2}\int i^{\frac{2\Gamma\psi}{r^2}}\cos\psi d\psi,$$

(E) étant une constante arbitraire qui remplace la constante E, devenue variable. Or on trouvera, par des intégrations par parties,

$$\int i^{\frac{2\Gamma\psi}{r^2}} \cos\psi d\psi = \frac{i^{\frac{2\Gamma\psi}{r^2}}\left(\sin\psi - \frac{2\Gamma}{r^2}\cos\psi\right)}{1 + \frac{4\Gamma^2}{r^2}};$$

donc on aura

$$E = (E) i^{-\frac{2\Gamma\psi}{r^2}} - \frac{2\Gamma}{r^2 + 4\Gamma^2}\left(\sin\psi - \frac{2\Gamma}{r^2}\cos\psi\right);$$

c'est la valeur qu'il faudra substituer à la place de E dans l'équation différentielle qui donne la valeur de t en ψ; et en supposant le coefficient Γ très-petit, on aura facilement l'altération produite dans la valeur du temps t par la résistance du milieu.

24. Dans le cas du pendule, en prenant, comme nous venons de le faire, r, φ, ψ pour les trois coordonnées, on a l'équation $r = a$, a étant la longueur donnée du pendule; donc, par l'article 14, en changeant ξ en r, on aura tout de suite la valeur de λ qui exprimera la force avec laquelle le fil qui retient le corps sur la surface sphérique est tendu.

Cette force sera donc exprimée par

$$\frac{\delta T}{\delta r} - d.\frac{\delta T}{\delta dr} - \frac{\delta V}{\delta r},$$

en substituant pour T et V leurs valeurs complètes

$$T = \frac{r^2(d\psi^2 + \sin\psi^2 d\varphi^2) + dr^2}{2dt^2}, \quad V = -gr\cos\psi,$$

et faisant ensuite r constant. On aura ainsi

$$\frac{\delta T}{\delta dr} = 0, \quad \frac{\delta T}{\delta r} = \frac{r(d\psi^2 + \sin\psi^2 d\varphi^2)}{dt^2}, \quad \frac{\delta V}{\delta r} = -\cos\psi;$$

et par conséquent

$$\lambda = \frac{r(d\psi^2 + \sin\psi^2 d\varphi^2)}{dt^2} + g\cos\psi = \frac{2T}{r} - \frac{V}{r},$$

où

où l'on remarquera que $2T = u^2$ (art. 12); de sorte que la tension du fil qui forme le pendule, sera exprimée par $\frac{u^2}{r} + g\cos\psi$.

Quand le pendule se meut dans le vide, on a, par le même article, c étant la vîtesse lorsque $\psi = 0$,

$$u^2 = 2(H - V) = c^2 - 2gr(1 - \cos\psi);$$

et la tension, désignée par λ aura pour valeur

$$\lambda = \frac{c^2}{r} - g(2 - 3\cos\psi).$$

25. Nous avons supposé jusqu'ici la longueur du pendule invariable; mais si cette longueur variait d'un moment à l'autre, suivant une loi connue, ensorte que r fût une fonction donnée de t, il faudrait alors supposer r variable dans les équations différentielles; mais on aurait également $\delta r = 0$, comme dans le cas de r constant; ainsi on poserait les équations

$$T = \frac{r^2(\sin\psi^2 d\varphi^2 + d\psi^2) + dr^2}{2dt^2}, \qquad V = -gr\cos\psi,$$

l'équation relative à r n'aurait pas lieu, mais les deux autres deviendraient

$$\frac{d.r^2 d\psi}{dt^2} - \frac{r^2 \sin\psi\cos\psi d\varphi^2}{dt^2} + gr\sin\psi = 0,$$

$$d.\frac{r^2\sin\psi^2 d\varphi}{dt^2} = 0.$$

Enfin si le fil qui soutient le corps était élastique et extensible, en nommant F la force avec laquelle le fil tend à se raccourcir, et qui ne peut être qu'une fonction de r, il n'y aurait qu'à ajouter $F\delta r$ à δV, et l'on aurait, pour l'équation relative à r,

$$\frac{d^2 r}{dt^2} - \frac{r(\sin\psi^2 d\varphi^2 + d\psi^2)}{dt^2} + F - g\cos\psi = 0,$$

les deux autres demeurant les mêmes; et dans ce cas on aurait toujours l'intégrale $T + V = H$, où $V = \int F dr - gr\cos\psi$.

§ II.

Du mouvement d'un corps pesant sur une surface quelconque de révolution.

26. L'axe de révolution étant pris dans l'axe des z, si on fait $x=\rho\cos\varphi$, $y=\rho\sin\varphi$, z sera l'abscisse et ρ l'ordonnée de la courbe, qui, par sa révolution autour de l'axe des abscisses, forme le solide proposé. Ainsi on aura une équation entre z et ρ, par laquelle z sera une fonction donnée de ρ.

Si maintenant on suppose l'axe des z vertical, et les ordonnées z dirigées de haut en bas, on aura

$$T=\frac{\rho^2 d\varphi^2+d\rho^2+dz^2}{2dt^2}, \qquad V=-gz,$$

et prenant ρ et φ pour les deux variables indépendantes, on aura tout de suite (art. 11), les deux équations relatives à ces variables

$$\frac{d^2\rho}{dt^2}-\frac{\rho d\varphi^2}{dt^2}+\left(\frac{d^2z}{dt^2}-g\right)\frac{\delta z}{\delta\rho}=0,$$

$$d.\frac{\rho^2 d\varphi}{dt^2}=0.$$

Si l'axe des z n'était pas vertical, mais incliné à la verticale de l'angle α, la valeur de T demeurerait la même, mais celle de V deviendrait $-g(z\cos\alpha-x\sin\alpha)$; de sorte qu'il n'y aurait qu'à changer dans la première équation g en $g\cos\alpha$, et ajouter à son premier membre le terme $g\sin\alpha\cos\varphi$, et ajouter aussi au premier membre de la seconde le terme $g\sin\alpha\sin\varphi$.

En général, quelque changement qu'on fasse à la position de la surface ou de la ligne sur laquelle le corps se meut, la valeur de T d'où naissent les termes différentiels de l'équation ne change pas; il n'y a que celle de V qui dépend de la position de la surface ou de la ligne.

NEUVIÈME SECTION.

Sur le mouvement de rotation.

L'IMPORTANCE et la difficulté de cette question m'engagent à y destiner une Section à part, et à la traiter à fond. Je donnerai d'abord les formules les plus générales, et en même temps les plus simples pour représenter le mouvement de rotation d'un corps ou d'un système de corps autour d'un point. Je déduirai ensuite de ces formules, par les méthodes de la Section quatrième, les équations nécessaires pour déterminer le mouvement de rotation d'un système de corps animés par des forces quelconques. Enfin je donnerai différentes applications de ces équations.

Quoique ce sujet ait déjà été traité par plusieurs géomètres, la théorie que nous allons en donner, n'en sera pas moins utile. D'un côté elle fournira de nouveaux moyens de résoudre le problème célèbre de la rotation des corps de figure quelconque; de l'autre elle servira à rapprocher et réunir sous un même point de vue, les solutions qu'on a déjà données de ce problème, et qui sont toutes fondées sur des principes différens, et présentées sous diverses formes. Ces sortes de rapprochemens sont toujours instructifs, et ne peuvent qu'être très-utiles aux progrès de l'analyse; on peut même dire qu'ils lui sont nécessaires dans l'état où elle est aujourd'hui; car à mesure que cette science s'étend et s'enrichit de nouvelles méthodes, elle devient aussi plus compliquée; et on ne saurait la simplifier qu'en généralisant et réduisant, tout-à-la-fois, les méthodes qui peuvent être susceptibles de ces avantages.

CHAPITRE PREMIER.

Sur la rotation d'un système quelconque de corps.

§ I.

Formules générales relatives au mouvement de rotation.

Les formules différentielles trouvées dans la première Partie, pour exprimer les variations que peuvent recevoir les coordonnées d'un système quelconque de points, dont les distances sont supposées invariables, s'appliquent naturellement à la recherche dont il s'agit ici. Car cette supposition ne fait qu'anéantir les termes qui résulteraient des variations des distances entre les différens points; ensorte que les termes restans expriment ce que dans le mouvement du système, il y a de général et de commun à tous les points, abstraction faite de leurs mouvemens relatifs; or c'est précisément ce mouvement commun et absolu que nous nous proposons ici d'examiner.

1. Reprenons les formules de l'article 55 de la cinquième Section, que nous avons trouvées par une analyse directe fondée uniquement sur la supposition que les points du système conservent entr'eux les mêmes distances. En y changeant la caractéristique δ en d, on aura pour le mouvement absolu du système, ces trois équations

$$dx = d\lambda + zdM - ydN,$$
$$dy = d\mu + xdN - zdL,$$
$$dz = d\nu + ydL - xdM,$$

dans lesquelles x, y, z représentent, à l'ordinaire, les coordonnées de chaque point du système par rapport à trois axes fixes et perpendiculaires entr'eux, et où $d\lambda$, $d\mu$, $d\nu$, dL, dM, dN sont des quantités indéterminées, les mêmes pour tous les points, et qui ne dépendent que du mouvement du système en général.

Soient maintenant x', y', z', les coordonnées pour un point déterminé du système, on aura donc aussi

$$\begin{aligned} dx' &= d\lambda + z'dM - y'dN, \\ dy' &= d\mu + x'dN - z'dL, \\ dz' &= d\nu + y'dL - x'dM; \end{aligned}$$

par conséquent si on retranche ces formules des précédentes, et qu'on fasse, pour plus de simplicité,

$$x = x' + \xi, \quad y = y' + \eta, \quad z = z' + \zeta,$$

on aura ces équations différentielles

$$d\xi = \zeta dM - \eta dN, \quad d\eta = \xi dN - \zeta dL, \quad d\zeta = \eta dL - \xi dM,$$

dans lesquelles les variables ξ, η, ζ, représenteront les coordonnées des différens points du système, prises depuis un point déterminé du même système, point que nous nommerons dorénavant le *centre du système*.

Ces équations étant linéaires et du premier ordre seulement, il suit de la théorie connue de ces sortes d'équations, que si on désigne par ξ', ξ'', ξ''' trois valeurs particulières de ξ, et par η', η'', η''', et ζ', ζ'', ζ''' les valeurs correspondantes de η et ζ, on aura les intégrales complètes

$$\begin{aligned} \xi &= a\xi' + b\xi'' + c\xi''', \\ \eta &= a\eta' + b\eta'' + c\eta''', \\ \zeta &= a\zeta' + b\zeta'' + c\zeta''', \end{aligned}$$

a, b, c étant trois constantes arbitraires.

Il est clair que ξ', η', ζ' ne sont autre chose que les coordonnées d'un point quelconque donné du système, et que de même

ξ'', η'', ζ'' et ξ''', η''', ζ''' sont les coordonnées des deux autres points du système aussi donnés à volonté, ces coordonnées ayant leur origine commune dans le *centre du système.*

Ainsi, en connaissant les ordonnées pour trois points donnés on aura, par les formules précédentes, les valeurs des coordonnées pour tout autre point dépendant des constantes a, b, c; mais il faut chercher les valeurs de ces constantes.

2. Si on suppose, ce qui est permis, que dans l'état initial les trois points donnés se trouvent placés dans les trois axes des coordonnées, et à la distance $=1$ de l'origine, il est clair qu'on aura alors $\xi'=1$, $\eta'=0$, $\zeta'=0$; $\xi''=0$, $\eta''=1$, $\zeta''=0$; $\xi'''=0$, $\eta'''=0$, $\zeta'''=1$; ce qui donnera $\xi=a$, $\eta=b$, $\zeta=c$.

Ainsi les quantités a, b, c ne seront autre chose que les coordonnées d'un point quelconque du système rapportées aux mêmes axes. Mais par le mouvement du système, les axes de ces coordonnées changent de place dans l'espace, en demeurant fixes dans le système, puisque ces coordonnées sont constantes pour un même point, et ne varient que d'un point à l'autre. La position de leurs axes dans un instant quelconque, par rapport aux axes immobiles des ξ, η, ζ, ne dépendra que des coefficiens ξ', ξ'', ξ''', η', η'', etc. En effet, si on fait $b=0$, $c=0$, ce qui donne $\xi=a\xi'$, $\eta=a\eta'$, $\zeta=a\zeta'$, et par conséquent $a=\sqrt{(\xi^2+\eta^2+\zeta^2)}$; il est facile de voir que les coefficiens ξ', η', ζ' sont les cosinus des angles que l'axe des a fait avec les axes des ξ, η, ζ. On voit de même, en supposant a et c nuls à-la-fois, ensuite a et b nuls ensemble, que les coefficiens ξ'', η'', ζ'' sont les cosinus des angles de l'axe des b, et les coefficiens ξ''', η''', ζ''' sont les cosinus des angles de l'axe des c avec les mêmes axes des ξ, η, ζ.

3. Comme ces coefficiens représentent en général les coordonnées de trois points donnés du système qu'on a supposés distans

de l'origine, d'une quantité $=1$, et placés au commencement sur les axes des coordonnées rectangles a, b, c, on aura premièrement ces trois équations :

$$\xi'^2+\eta'^2+\zeta'^2=1,\quad \xi''^2+\eta''^2+\zeta''^2=1,\quad \xi'''^2+\eta'''^2+\zeta'''^2=1.$$

Ensuite à cause que les distances mutuelles de ces points sont les hypoténuses de triangles rectangles dont les côtés sont $=1$, on aura

$$(\xi'-\xi'')^2+(\eta'-\eta'')^2+(\zeta'-\zeta'')^2=2,$$
$$(\xi'-\xi''')^2+(\eta'-\eta''')^2+(\zeta'-\zeta''')^2=2,$$
$$(\xi''-\xi''')^2+(\eta''-\eta''')^2+(\zeta''-\zeta''')^2=2;$$

d'où l'on tire ces trois équations :

$$\xi'\xi''+\eta'\eta''+\zeta'\zeta''=0,\quad \xi'\xi'''+\eta'\eta'''+\zeta'\zeta'''=0,\quad \xi''\xi'''+\eta''\eta'''+\zeta''\zeta'''=0.$$

Ainsi l'on a entre les neuf coefficiens ξ', ξ'', ξ''', η', η'', etc., six équations de condition par lesquelles ils se réduisent à trois indéterminées.

4. Au moyen de ces équations, les expressions générales des coordonnées ξ, η, ζ de l'article 1 satisfont à la condition primitive que la distance entre deux points quelconques du système demeure invariable. En effet, si ξ, η, ζ sont les coordonnées d'un de ces points, et $\xi 1$, $\eta 1$, $\zeta 1$ les coordonnées d'un autre point, le carré de leur distance sera exprimé par $(\xi-\xi 1)^2+(\eta-\eta 1)^2+(\zeta-\zeta 1)^2$; et si on désigne par $a1$, $b1$, $c1$ les coordonnées relatives aux axes des a, b, c pour le second point, on aura les valeurs de $\xi 1$, $\eta 1$, $\zeta 1$, en changeant a, b, c en $a1$, $b1$, $c1$ dans celles de ξ, η, ζ.

Faisant ces substitutions dans l'expression précédente, et ayant égard aux six équations de condition, elle se réduira à $(a-a1)^2+(b-b1)^2+(c-c1)^2$, et sera par conséquent constante pendant le mouvement. D'où l'on peut conclure que ces six équations de condition sont les seules nécessaires pour faire ensorte que la position respective des différens points du système ne dépende que des constantes a, b, c, et nullement des variables ξ', η', ζ', etc.

Au reste, il est clair que les coordonnées ξ, η, ζ ne sont que les transformées des coordonnées a, b, c, et que les six équations de condition sont le résultat de la condition générale $\xi^2+\eta^2+\zeta^2 = a^2+b^2+c^2$; c'est ce qu'on voit par la comparaison de ces formules avec celles de l'article 15 de la Section III de la première Partie, dans lesquelles les coordonnées x, y, z, x', y', z' répondent à ξ, η, ζ, a, b, c, et les coefficiens α, β, γ, α', β', γ', α'', β'', γ'' répondent à ξ', ξ'', ξ''', η', η'', η''', ζ', ζ'', ζ'''.

5. Si on ajoute ensemble les expressions de ξ, η, ζ de l'article 1, après les avoir multipliées respectivement par ξ', η', ζ', ensuite par ξ'', η'', ζ'', et enfin par ξ''', η''', ζ''', on aura tout de suite, par les équations de condition de l'article 3, ces formules inverses

$$\begin{aligned} a &= \xi\xi' + \eta\eta' + \zeta\zeta', \\ b &= \xi\xi'' + \eta\eta'' + \zeta\zeta'', \\ c &= \xi\xi''' + \eta\eta''' + \zeta\zeta'''; \end{aligned}$$

et ces valeurs de a, b, c étant substituées dans l'équation $\xi^2+\eta^2+\zeta^2 = a^2+b^2+c^2$, qui doit avoir lieu quelles que soient les valeurs de ξ, η, ζ, donneront par la comparaison des termes, ces nouvelles équations de condition

$$\xi'^2+\xi''^2+\xi'''^2=1, \quad \eta'^2+\eta''^2+\eta'''^2=1, \quad \zeta'^2+\zeta''^2+\zeta'''^2=1,$$
$$\xi'\eta'+\xi''\eta''+\xi'''\eta'''=0, \quad \xi'\zeta'+\xi''\zeta''+\xi'''\zeta'''=0, \quad \eta'\zeta'+\eta''\zeta''+\eta'''\zeta'''=0,$$

lesquelles sont nécessairement une suite de celles de l'article 3, puisque les unes et les autres résultent également de la condition générale $\xi^2+\eta^2+\zeta^2 = a^2+b^2+c^2$.

6. Mais si on cherche directement les valeurs de a, b, c par la résolution des équations de l'article 1, on aura, d'aprés les formules

formules connues,

$$a = \frac{\xi(\eta''\zeta''' - \eta'''\zeta'') + \eta(\zeta''\xi''' - \zeta'''\xi'') + \zeta(\xi''\eta''' - \xi'''\eta'')}{k},$$

$$b = \frac{\xi(\zeta'\eta''' - \zeta'''\eta') + \eta(\xi'\zeta''' - \xi'''\zeta') + \zeta(\eta'\xi''' - \eta'''\xi')}{k},$$

$$c = \frac{\xi(\eta'\zeta'' - \eta''\zeta') + \eta(\zeta'\xi'' - \zeta''\xi') + \zeta(\xi'\eta'' - \xi''\eta')}{k},$$

en supposant

$$k = \xi'\eta''\zeta''' - \eta'\xi''\zeta''' + \zeta'\xi''\eta''' - \xi'\zeta''\eta''' + \eta'\zeta''\xi''' - \zeta'\eta''\xi'''.$$

Ces expressions doivent donc être identiques avec celles de l'article précédent; ainsi en comparant les coefficiens des quantités ξ, η, ζ, on aura les équations suivantes:

$$\eta''\zeta''' - \eta'''\zeta'' = k\xi', \quad \zeta''\xi''' - \zeta'''\xi'' = k\eta', \quad \xi''\eta''' - \xi'''\eta'' = k\zeta',$$
$$\zeta'\eta''' - \zeta'''\eta' = k\xi'', \quad \xi'\zeta''' - \xi'''\zeta' = k\eta'', \quad \eta'\xi''' - \eta'''\xi' = k\zeta'',$$
$$\eta'\zeta'' - \eta''\zeta' = k\xi''', \quad \zeta'\xi'' - \zeta''\xi' = k\eta''', \quad \xi'\eta'' - \xi''\eta' = k\zeta'''.$$

Or si on ajoute ensemble les carrés des trois premières, on a

$$(\eta''\zeta''' - \eta'''\zeta'')^2 + (\zeta''\xi''' - \zeta'''\xi'')^2 + (\xi''\eta''' - \xi'''\eta'')^2 = k^2(\xi'^2 + \eta'^2 + \zeta'^2);$$

le premier membre peut se mettre sous cette forme

$$(\xi''^2 + \eta''^2 + \zeta''^2)(\xi'''^2 + \eta'''^2 + \zeta'''^2) - (\xi''\xi''' + \eta''\eta''' + \zeta''\zeta''')^2;$$

donc par les équations de condition de l'article 3, cette équation se réduit à $1 = k^2$, d'où $k = \pm 1$.

Pour savoir lequel des deux signes on doit prendre, il n'y a qu'à considérer la valeur de k dans un cas particulier; or le cas le plus simple est celui où les trois axes des coordonnées a, b, c coïncideraient avec les trois axes des coordonnées ξ, η, ζ, auquel cas on aurait $\xi = a$, $\eta = b$, $\zeta = c$, et par conséquent par les formules de l'article 1, $\xi' = 1$, $\eta'' = 1$, $\zeta''' = 1$, et toutes les autres quantités ξ'', ξ''', etc. nulles. En faisant ces substitutions dans l'expression générale de k, elle devient $= 1$. Donc on aura toujours $k = 1$.

7. Comme entre les neuf indéterminées ξ', ξ'', ξ''', η', η'', η''', ζ', ζ'', ζ''' il y a essentiellement six équations de condition, on peut réduire toutes ces indéterminées à trois; et il suffirait d'y réduire les six ξ', ξ'', η', η'', ζ', ζ'', par le moyen des trois équations de condition

$$\xi'^2+\eta'^2+\zeta'^2=1,\quad \xi''^2+\eta''^2+\zeta''^2=1,\quad \xi'\xi''+\eta'\eta''+\zeta'\zeta''=0,$$

puisque les trois autres ξ''', η''', ζ''' sont déjà connues en fonctions de celles-là par les formules précédentes.

Mais cette réduction se simplifie beaucoup en employant les sinus et cosinus d'angles; on peut même y parvenir directement par les transformations connues des coordonnées.

En effet, puisque ξ, η, ζ sont les coordonnées rectangles d'un point quelconque du corps, par rapport à trois axes menés par son centre parallèlement aux axes fixes des coordonnées x, y, z, et que a, b, c sont les coordonnées rectangles du même point par rapport à trois autres axes passant par le même centre, mais fixes au-dedans du corps, et par conséquent de positions variables à l'égard des axes des ξ, η, ζ; il s'ensuit que pour avoir les expressions de ξ, η, ζ en a, b, c, il n'y aura qu'à transformer de la manière la plus générale, ces coordonnées, dans les autres.

Pour cela nous nommerons ω l'angle que le plan des coordonnées a, b fait avec celui des coordonnées ξ, η; et ψ l'angle que l'intersection de ces deux plans fait avec l'axe des ξ; enfin nous désignerons par φ l'angle que l'axe des a fait avec la même ligne d'intersection; ces trois quantités ω, ψ, φ serviront, comme l'on voit, à déterminer la position des axes des coordonnées a, b, c, relativement aux axes des coordonnées ξ, η, ζ; et par conséquent on pourra, par leur moyen, exprimer ces dernières en fonction des autres.

Si, pour fixer les idées, on imagine que le corps proposé soit la terre, que le plan des a, b soit celui de l'équateur, et que l'axe des a passe par un méridien donné; que de plus le plan des ξ, η soit celui de l'écliptique, et que l'axe des ξ soit dirigé vers le premier point d'Aries, il est clair que l'angle ω deviendra l'obliquité de l'écliptique; que l'angle ψ sera la longitude de l'équinoxe d'automne, ou du nœud ascendant de l'équateur sur l'écliptique, et que φ sera la distance du méridien donné à cet équinoxe.

En général φ sera l'angle que le corps décrit en tournant autour de l'axe des coordonnées c, axe qu'on pourra, à cause de cela, appeler simplement l'*axe du corps*; $90^\circ - \omega$ sera l'angle d'inclinaison de cet axe sur le plan fixe des coordonnées ξ, η; et $\psi - 90^\circ$ sera l'angle que la projection de ce même axe fait avec l'axe des coordonnées ξ.

Cela posé, supposons d'abord que l'on change les deux coordonnées a, b en deux autres a', b', placées dans le même plan, de telle manière que l'axe des a' soit dans l'intersection des deux plans, et que celui des b' soit perpendiculaire à cette intersection; on aura

$$a' = a\cos\varphi - b\sin\varphi, \qquad b' = b\cos\varphi + a\sin\varphi.$$

Supposons ensuite que les deux coordonnées b', c soient changées en deux autres b'', c', dont l'une b'' soit toujours perpendiculaire à l'intersection des plans, mais soit placée dans le plan des ξ, η; et dont l'autre c' soit perpendiculaire à ce dernier plan; on trouvera pareillement

$$b'' = b'\cos\omega - c\sin\omega, \qquad c' = c\cos\omega + b'\sin\omega.$$

Enfin supposons encore que l'on change les coordonnées a', b'', qui sont déjà dans le plan des ξ, η, en deux autres a'', b''', placées dans ce même plan, mais telles que l'axe des a'' coïncide avec l'axe des ξ; on trouvera de la même manière

$$a'' = a'.\cos\psi - b''\sin\psi, \qquad b''' = b''\cos\psi + a'\sin\psi.$$

Et il est visible que les trois coordonnées a'', b''', c' seront la même chose que les coordonnées ξ, η, ζ, puisqu'elles sont rapportées aux mêmes axes; de sorte qu'en substituant successivement les valeurs de a', b'', b', on aura les expressions de ξ, η, ζ en a, b, c, lesquelles se trouveront de la même forme que celles de l'article 1, en supposant

$$\begin{aligned}
\xi' &= \cos\varphi\cos\psi - \sin\varphi\sin\psi\cos\omega,\\
\xi'' &= -\sin\varphi\cos\psi - \cos\varphi\sin\psi\cos\omega,\\
\xi''' &= \sin\psi\sin\omega,\\
\eta' &= \cos\varphi\sin\psi + \sin\varphi\cos\psi\cos\omega,\\
\eta'' &= -\sin\varphi\sin\psi + \cos\varphi\cos\psi\cos\omega,\\
\eta''' &= -\cos\psi\sin\omega,\\
\zeta' &= \sin\varphi\sin\omega,\\
\zeta'' &= \cos\varphi\sin\omega,\\
\zeta''' &= \cos\omega.
\end{aligned}$$

Ces valeurs satisfont aussi aux six équations de condition de l'article 3, ainsi qu'à celles de l'article 5, et résolvent ces équations dans toute leur étendue, puisqu'elles renferment trois variables indéterminées φ, ψ, ω.

En substituant ces valeurs, les expressions des coordonnées ξ, η, ζ deviennent plus simples; mais il est utile d'y conserver les coefficiens ξ', η', ζ', etc., pour maintenir la symétrie dans les formules et en faciliter les réductions.

8. Comme les quantités ξ', η', ζ' sont des valeurs particulières de ξ, η, ζ, elles doivent satisfaire aussi aux équations différentielles de l'article 1 entre ces dernières variables; ainsi on aura

$$d\xi' = \zeta' dM - \eta' dN, \quad d\eta' = \xi' dN - \zeta' dL, \quad d\zeta' = \eta' dL - \xi' dM,$$

et l'on aura de même

$$d\xi'' = \zeta'' dM - \eta'' dN, \quad d\eta'' = \xi'' dN - \zeta'' dL, \quad d\zeta'' = \eta'' dL - \xi'' dM,$$
$$d\xi''' = \zeta''' dM - \eta''' dN, \quad d\eta''' = \xi''' dN - \zeta''' dL, \quad d\zeta''' = \eta''' dL - \xi''' dM.$$

De là on peut tirer facilement les valeurs des quantités dL, dM, dN, en fonctions de ξ', η', ζ', ξ'', etc. En effet, si on ajoute ensemble les valeurs de $d\zeta'$, $d\zeta''$, $d\zeta'''$, après les avoir multipliées par η', η'', η''', on aura, en vertu des équations de condition,

$$dL = \eta' d\zeta' + \eta'' d\zeta'' + \eta''' d\zeta'''.$$

On trouvera de même, en multipliant $d\xi'$, $d\xi''$, $d\xi'''$ par ζ', ζ'', ζ''', et $d\eta'$, $d\eta''$, $d\eta'''$ par ξ', ξ'', ξ''',

$$dM = \zeta' d\xi' + \zeta'' d\xi'' + \zeta''' d\xi''',$$
$$dN = \xi' d\eta' + \xi'' d\eta'' + \xi''' d\eta'''.$$

Ayant ainsi les valeurs de dL, dM, dN en fonctions de ζ', ζ'', ζ''', etc., si on y substitue les valeurs de ces dernières quantités en fonctions des angles φ, ψ, ω, (art. 7), on aura, après les réductions, ces expressions assez simples,

$$dL = \sin\psi \sin\omega d\varphi + \cos\psi d\omega,$$
$$dM = -\cos\psi \sin\omega d\varphi + \sin\psi d\omega,$$
$$dN = \cos\omega d\varphi + d\psi.$$

9. L'axe autour duquel le système peut tourner en décrivant l'angle φ, et dont la position dépend des deux angles ψ et ω, est supposé fixe dans le système, et mobile dans l'espace; mais nous avons vu dans la Section III de la première Partie (art. 11, 12), qu'il y a toujours un axe autour duquel le système tourne réellement dans chaque instant, et que nous avons nommé *axe instantané de rotation.* On peut déterminer aussi la position instantanée de cet axe, ainsi que l'angle élémentaire de la rotation, par des angles analogues aux angles ψ, ω, φ, et que nous désignerons par $\bar{\psi}$, $\bar{\omega}$, $\bar{\varphi}$; car les expressions de dL, dM, dN étant générales pour telle position qu'on veut de l'axe de rotation φ, elles auront lieu aussi pour l'axe instantané de rotation en y changeant ψ, ω, φ en

$\bar{\psi}$, $\bar{\omega}$, $\bar{\varphi}$; mais comme la propriété de ce dernier axe est d'être immobile pendant un instant, il faudra que les différentielles $d\bar{\psi}$, $d\bar{\omega}$, dues au changement de position de cet axe, soient nulles. De sorte qu'on aura pour l'axe dont il s'agit

$$\sin\bar{\psi}\sin\bar{\omega}d\bar{\varphi} = dL,$$
$$\cos\bar{\psi}\sin\bar{\omega}d\bar{\varphi} = -dM,$$
$$\cos\bar{\omega}d\bar{\varphi} = dN;$$

d'où l'on tire

$$d\bar{\varphi} = \sqrt{(dL^2 + dM^2 + dN^2)};$$

c'est l'angle de la rotation instantanée que nous avons dénoté par $d\theta$ dans l'endroit cité de la première Partie.

On aura ensuite la position de cet axe par les deux angles $\bar{\omega}$ et $\bar{\psi}$; mais pour le rapporter aux axes fixes des ξ, η, ζ, il suffit de considérer qu'ayant pris l'axe des c pour l'axe de rotation, on a pour tous les points de cet axe $a=0$, $b=0$; donc si on désigne par $\bar{\xi}$, $\bar{\eta}$, $\bar{\zeta}$ les coordonnées qui répondent au point où $c=1$, et qui sont en même temps les cosinus des angles que l'axe de rotation fait avec les trois axes des ξ, η, ζ, on a par les formules des articles 1 et 7,

$$\bar{\xi} = \frac{dL}{d\bar{\varphi}}, \qquad \bar{\eta} = \frac{dM}{d\bar{\varphi}}, \qquad \bar{\zeta} = \frac{dN}{d\bar{\varphi}}.$$

En effet, ces valeurs de $\bar{\xi}$, $\bar{\eta}$, $\bar{\zeta}$ rendent nulles celles de leurs différentielles, comme on le voit par les formules de l'article 1, ce qui est la propriété de tous les points de l'axe instantané de rotation, et par laquelle nous avons déterminé cet axe dans la troisième Section de la première Partie.

On voit par là que les quantités dL, dM, dN répondent exactement aux angles de rotation que nous avons dénotés par $d\psi$,

$d\omega$, $d\varphi$, dans la Section que nous venons de citer, et que nous avons conservés dans la troisième Section ci-dessus.

10. Si maintenant on substitue ces mêmes valeurs de $\bar{\xi}$, $\bar{\eta}$, $\bar{\zeta}$ dans les expressions générales de a, b, c de l'article 5, à la place de ξ, η, ζ, on aura les valeurs des coordonnées a, b, c qui répondent à l'axe instantané de rotation, et que nous désignerons par $\bar{a}$, $\bar{b}$, $\bar{c}$. Ainsi en faisant, pour abréger,

$$dP = \xi' dL + \eta' dM + \zeta' dN,$$
$$dQ = \xi'' dL + \eta'' dM + \zeta'' dN,$$
$$dR = \xi''' dL + \eta''' dM + \zeta''' dN,$$

ce qui donne, par les équations de condition de l'article 5,

$$dP^2 + dQ^2 + dR^2 = dL^2 + dM^2 + dN^2 = d\bar{\varphi}^2;$$

on aura

$$\bar{a} = \frac{dP}{d\bar{\varphi}}, \quad \bar{b} = \frac{dQ}{d\bar{\varphi}}, \quad \bar{c} = \frac{dR}{d\bar{\varphi}},$$

expressions entièrement semblables à celles des $\bar{\xi}$, $\bar{\eta}$, $\bar{\zeta}$, dans lesquelles on voit que les quantités dP, dQ, dR répondent aux quantités dL, dM, dN. Et ces valeurs de $\bar{a}$, $\bar{b}$, $\bar{c}$ seront pareillement les cosinus des angles que l'axe de rotation fait avec les axes des coordonnées a, b, c.

11. Pour avoir les valeurs de dP, dQ, dR exprimées par les variables ξ', η', ζ', ξ'', etc., il ne s'agira que de substituer à la place de dL, dM, dN les valeurs données dans l'article 8. Mais pour obtenir les formules les plus simples, il conviendra de mettre ces dernières valeurs sous la forme suivante, qui est équivalente à celle de l'article cité en vertu des équations de condition données article 5,

$$2dL = \eta' d\zeta' + \eta'' d\zeta'' + \eta''' d\zeta''' - \zeta' d\eta' - \zeta'' d\eta'' - \zeta''' d\eta''',$$
$$2dM = \zeta' d\xi' + \zeta'' d\xi'' + \zeta''' d\xi''' - \xi' d\zeta' - \xi'' d\zeta'' - \xi''' d\zeta''',$$
$$2dN = \xi' d\eta' + \xi'' d\eta'' + \xi''' d\eta''' - \eta' d\xi' - \eta'' d\xi'' - \eta''' d\xi'''.$$

On aura ainsi, en substituant et ordonnant, les termes

$$\begin{aligned} 2dP = {} & (\xi'\eta'' - \eta'\xi'')d\zeta'' + (\xi'\eta''' - \eta'\xi''')d\zeta''' \\ & + (\zeta'\xi'' - \xi'\zeta'')d\eta'' + (\zeta'\xi''' - \xi'\zeta''')d\eta''' \\ & + (\eta'\zeta'' - \zeta'\eta'')d\xi'' + (\eta'\zeta''' - \zeta'\eta''')d\xi''', \end{aligned}$$

ce qui se réduit, par les formules de l'article 6, à

$$2dP = \zeta''' d\zeta'' - \zeta'' d\zeta''' + \eta''' d\eta'' - \eta'' d\eta''' + \xi''' d\xi'' - \xi'' d\xi''',$$

et enfin par les trois équations de condition de l'article 5, différentiées, à cette expression simple,

$$dP = \xi''' d\xi'' + \eta''' d\eta'' + \zeta''' d\zeta'';$$

et l'on trouvera de la même manière,

$$dQ = \xi' d\xi''' + \eta' d\eta''' + \zeta' d\zeta''',$$
$$dR = \xi'' d\xi' + \eta'' d\eta' + \zeta'' d\zeta'.$$

Et si on substitue pour ξ', ξ'', ξ''', etc. leurs valeurs en ψ, ω, φ de l'article 7, on a, après quelques réductions,

$$dP = \sin\varphi \sin\omega d\psi + \cos\varphi d\omega,$$
$$dQ = \cos\varphi \sin\omega d\psi - \sin\varphi d\omega.$$
$$dR = d\varphi + \cos\omega d\psi.$$

12. Il est facile de se convaincre que ces valeurs de $\bar{a}$, $\bar{b}$, $\bar{c}$ rendent également nulles les différentielles des coordonnées ξ, η, ζ; car en différentiant et faisant $d\xi = 0$, $d\eta = 0$, $d\zeta = 0$ dans les formules de l'article 1; changeant ensuite a, b, c en $\bar{a}$,

$\bar{a}$, $\bar{b}$, $\bar{c}$, pour les rapporter à l'axe instantané de rotation, on a les trois équations

$$\bar{a}d\xi' + \bar{b}d\xi'' + \bar{c}d\xi''' = 0,$$
$$\bar{a}d\eta' + \bar{b}d\eta'' + \bar{c}d\eta''' = 0,$$
$$\bar{a}d\zeta' + \bar{b}d\zeta'' + \bar{c}d\zeta''' = 0.$$

En les ajoutant ensemble après les avoir multipliées successivement par ξ', η', ζ', par ξ'', η'', ζ'', et par ξ''', η''', ζ''', et ayant égard aux équations de condition de l'article 2, on a

$$\bar{b}(\xi'd\xi''+\eta'd\eta''+\zeta'd\zeta'') + \bar{c}(\xi'd\xi'''+\eta'd\eta'''+\zeta'd\zeta''') = 0,$$
$$\bar{a}(\xi''d\xi'+\eta''d\eta'+\zeta''d\zeta') + \bar{c}(\xi''d\xi'''+\eta''d\eta'''+\zeta''d\zeta''') = 0,$$
$$\bar{a}(\xi'''d\xi'+\eta'''d\eta'+\zeta'''d\zeta') + \bar{b}(\xi'''d\xi''+\eta'''d\eta''+\zeta'''d\zeta'') = 0.$$

En ayant ensuite égard aux trois autres équations de condition de l'article 5, et supposant les valeurs de dP, dQ, dR données ci-dessus, ces trois équations deviennent

$$\bar{c}dQ - \bar{b}dR = 0, \quad \bar{a}dR - \bar{c}dP = 0, \quad \bar{b}dP - \bar{a}dQ = 0,$$

auxquelles satisfont évidemment les valeurs de $\bar{a}$, $\bar{b}$, $\bar{c}$ données ci-dessus.

13. De même que les quantités dL, dM, dN servent à exprimer d'une manière uniforme les différentielles des quantités ξ', ξ'', ξ''', etc., comme on l'a vu dans l'article 8, on peut aussi exprimer ces différentielles par les quantités dP, dQ, dR.

En effet, si on prend les trois équations

$$\xi'd\xi' + \eta'd\eta' + \zeta'd\zeta' = 0,$$
$$\xi''d\xi' + \eta''d\eta' + \zeta''d\zeta' = dR,$$
$$\xi'''d\xi' + \eta'''d\eta' + \zeta'''d\zeta' = -dQ,$$

et qu'on les ajoute ensemble après les avoir multipliées successivement par ξ', ξ'', ξ''', par η', η'', η''', et par ζ', ζ'', ζ''', on aura tout de suite, par les équations de condition de l'article 5,

$$d\xi' = \xi'' dR - \xi''' dQ,$$
$$d\eta' = \eta'' dR - \eta''' dQ,$$
$$d\zeta' = \zeta'' dR - \zeta''' dQ.$$

De même les trois équations

$$\xi' d\xi'' + \eta' d\eta'' + \zeta' d\zeta'' = - dR,$$
$$\xi'' d\xi'' + \eta'' d\eta'' + \zeta'' d\zeta'' = 0,$$
$$\xi''' d\xi'' + \eta''' d\eta'' + \zeta''' d\zeta'' = dP,$$

étant multipliées successivement par ξ', ξ'', ξ''', par η', η'', η''', et par ζ', ζ'', ζ''', et ensuite ajoutées ensemble, donneront, par les mêmes équations de condition,

$$d\xi'' = \xi''' dP - \xi' dR,$$
$$d\eta'' = \eta''' dP - \eta' dR,$$
$$d\zeta'' = \zeta''' dP - \zeta' dR.$$

Enfin les équations

$$\xi' d\xi''' + \eta' d\eta''' + \zeta' d\zeta''' = dQ,$$
$$\xi'' d\xi''' + \eta'' d\eta''' + \zeta'' d\zeta''' = - dP,$$
$$\xi''' d\xi''' + \eta''' d\eta''' + \zeta''' d\zeta''' = 0,$$

donneront de la même manière,

$$d\xi''' = \xi' dQ - \xi'' dP,$$
$$d\eta''' = \eta' dQ - \eta'' dP,$$
$$d\zeta''' = \zeta' dQ - \zeta'' dP.$$

14. Par le moyen de ces formules, on peut représenter d'une manière fort simple les variations des coordonnées ξ, η, ζ, lorsqu'on veut considérer à-la-fois le changement de situation du système autour de son centre, et le changement des distances mu-

tuelles des points du système. Pour cela, il est clair qu'il faut différentier les expressions de ξ, η, ζ, en regardant en même temps comme variables toutes les quantités ξ', η', ζ', η'', etc. ainsi que a, b, c, ce qui donne

$$d\xi = ad\xi' + bd\xi'' + cd\xi''' + \xi' da + \xi'' db + \xi''' dc,$$
$$d\eta = ad\eta' + bd\eta'' + cd\eta''' + \eta' da + \eta'' db + \eta''' dc,$$
$$d\zeta = ad\zeta' + bd\zeta'' + cd\zeta''' + \zeta' da + \zeta'' db + \zeta''' dc;$$

substituant les expressions de $d\xi'$, $d\eta'$, $d\xi'$, $d\xi''$, etc. qu'on vient de trouver, et faisant pour abréger,

$$da' = da + cdQ - bdR,$$
$$db' = db + adR - cdP,$$
$$dc' = dc + bdP - adQ,$$

on aura ces formules différentielles très-simples,

$$d\xi = \xi' da' + \xi'' db' + \xi''' dc',$$
$$d\eta = \eta' da' + \eta'' db' + \eta''' dc',$$
$$d\zeta = \zeta' da' + \zeta'' db' + \zeta''' dc'.$$

Et si on différentie ces expressions, qu'on y substitue de nouveau pour $d\xi'$, $d\eta'$, $d\zeta'$, $d\xi''$, etc. les valeurs trouvées ci-dessus et qu'on fasse encore, pour abréger,

$$d^2a'' = d^2a' + dc'dQ - db'dR,$$
$$d^2b'' = d^2b' + da'dR - dc'dP,$$
$$d^2c'' = d^2c' + db'dP - da'dQ,$$

on aura les différentielles secondes

$$d^2\xi = \xi' d^2a'' + \xi'' d^2b'' + \xi''' d^2c'',$$
$$d^2\eta = \eta' d^2a'' + \eta'' d^2b'' + \eta''' d^2c'',$$
$$d^2\zeta = \zeta' d^2a'' + \zeta'' d^2b'' + \zeta''' d^2c''.$$

On voit que ces différentielles premières et secondes sont semblables aux expressions finies de ξ, η, ζ (art. 1), et que les quantités ξ', η', ζ', ξ'', etc. y entrent de la même manière; il en serait de même des différentielles de tous les autres ordres, ce qui rend l'emploi des quantités dP, dQ, dR très-avantageux dans les calculs relatifs à la rotation.

15. Mais il y a une remarque importante à faire sur l'emploi de ces quantités; c'est que quoiqu'elles se présentent sous la forme différentielle, on se tromperait en les traitant comme telles dans les différentiations relatives à la caractéristique δ. Ainsi il n'est pas permis de changer simplement δdP en $d\delta P$, etc. dans la valeur de δT.

Nous observerons d'abord que rien n'empêche de changer dans les formules différentielles de l'article 13, la caractéristique d en δ, ce qui introduira dans les valeurs des variations $\delta\xi'$, $\delta\eta'$, $\delta\zeta'$, $\delta\xi''$, etc. les trois indéterminées δP, δQ, δR, qui serviront à réduire toutes ces variations à trois arbitraires.

Ainsi ayant trouvé (art. 13)

$$dP = \xi'''d\xi'' + \eta'''d\eta'' + \zeta'''d\zeta'',$$

on aura de même, en changeant d en δ,

$$\delta P = \xi'''\delta\xi'' + \eta'''\delta\eta'' + \zeta'''\delta\zeta'',$$

et ainsi des quantités dQ, dR, qui deviendront δQ et δR.

Maintenant on aura, en différentiant dP suivant δ,

$$\begin{aligned}\delta dP &= \xi'''\delta d\xi'' + \eta'''\delta d\eta'' + \zeta'''\delta d\zeta'' \\ &+ \delta\xi'''d\xi'' + \delta\eta'''d\eta'' + \delta\zeta'''d\zeta'',\end{aligned}$$

et en différentiant δP par d,

$$\begin{aligned}d\delta P &= \xi'''d\delta\xi'' + \eta'''d\delta\eta'' + \zeta'''d\delta\zeta'' \\ &+ d\xi'''\delta\xi'' + d\eta'''\delta\eta'' + d\zeta'''\delta\zeta''.\end{aligned}$$

Mais $\delta d\xi''$, $\delta d\eta''$, $\delta d\zeta''$ sont la même chose que $d\delta\xi''$, $d\delta\eta''$, $d\delta\zeta''$, parce que les quantités ξ'', η'', ζ'' sont des variables finies; donc on aura

$$\begin{aligned}\delta dP - d\delta P = {} & \delta\xi'''d\xi'' + \delta\eta'''d\eta'' + \delta\zeta'''d\zeta'' \\ & - d\xi'''\delta\xi'' - d\eta'''\delta\eta'' - d\zeta'''\delta\zeta''.\end{aligned}$$

Substituons pour $d\xi''$, $d\eta''$, $d\zeta''$ et $d\xi'''$, $d\eta'''$, $d\zeta'''$ leurs valeurs en dP, dQ, dR (art. 21), et pour $\delta\xi''$, $\delta\eta''$, $\delta\zeta''$, $\delta\xi'''$, $\delta\eta'''$, $\delta\zeta'''$ les valeurs analogues qui viennent du changement de la caractéristique d en δ, on aura, par les équations de condition de l'article 2,

$$\begin{aligned}\delta\xi'''d\xi'' + \delta\eta'''d\eta'' + \delta\zeta'''d\zeta'' &= - \delta QdR, \\ d\xi'''\delta\xi'' + d\eta'''\delta\eta'' + d\zeta'''\delta\zeta'' &= - dQ\delta R;\end{aligned}$$

donc

$$\delta dP = d\delta P + dQ\delta R - dR\delta Q.$$

Et par un calcul semblable, on trouvera

$$\begin{aligned}\delta dQ &= d\delta Q + dR\delta P - dP\delta R, \\ \delta dR &= d\delta R + dP\delta Q - dQ\delta P.\end{aligned}$$

Ici se termine ce que l'on a pu trouver d'entièrement achevé sur le mouvement de rotation, dans les manuscrits de M. Lagrange. Nous nous proposons de continuer ce chapitre avec les paragraphes de l'ancienne édition, en profitant de plusieurs changemens indiqués dans l'exemplaire de M. Lagrange. Nous renfermerons dans une note placée à la fin du volume, quelques fragmens relatifs à ce sujet, qui devaient servir de matériaux à un paragraphe sur les équations générales du mouvement de rotation d'un système quelconque de corps; ils sont dans un état trop incomplet pour entrer dans le texte, et cependant les géomètres regretteraient de ne les pas connaître.

§ II.

Équations pour le mouvement de rotation d'un corps solide, animé par des forces quelconques.

16. Nous venons de voir, dans le paragraphe précédent, que quelque mouvement que puisse avoir un corps solide, ce mouvement ne peut dépendre que de six variables, dont trois se rapportent au mouvement d'un point unique du corps, que nous avons appelé le *centre du système*, et dont les trois autres servent à déterminer le mouvement de rotation du corps autour de ce centre. D'où il suit que les équations qu'il s'agit de trouver ne peuvent être qu'au nombre de six au plus; et il est clair que ces équations peuvent par conséquent se déduire de celles que nous avons déjà données dans la Section troisième, §§ I et II, lesquelles sont générales pour tout système de corps. Mais pour cela il faut distinguer deux cas, l'un quand le corps est tout-à-fait libre, l'autre quand il est assujéti à se mouvoir autour d'un point fixe.

17. Considérons d'abord un corps solide absolument libre; prenons le centre du corps dans son centre même de gravité, et nommant x', y', z' les trois coordonnées rectangles de ce centre; m la masse entière du corps, Dm chacun de ses élémens, et X, Y, Z les forces accélératrices qui agissent sur chaque point de cet élément, suivant les directions des mêmes coordonnées; nous aurons en premier lieu ces trois équations (Sect. III, art. 3).

$$\frac{d^2x'}{dt^2}m + SXDm = 0,$$

$$\frac{d^2y'}{dt^2}m + SYDm = 0,$$

$$\frac{d^2z'}{dt^2}m + SZDm = 0,$$

dans lesquelles la caractéristique S dénote des intégrales totales relatives à toute la masse du corps; et ces équations serviront, comme l'on voit, à déterminer le mouvement du centre de gravité.

En second lieu, si on désigne par ξ, η, ζ les coordonnées rectangles de chaque élément Dm, prises depuis le centre de gravité, et parallèles aux mêmes axes des coordonnées x', y', z' de ce centre, on aura ces trois autres équations (Sect. citée, art. 12).

$$S\left(\xi\frac{d^2\eta}{dt^2}-\eta\frac{d^2\xi}{dt^2}+\xi Y-\eta X\right)Dm=0,$$

$$S\left(\xi\frac{d^2\zeta}{dt^2}-\zeta\frac{d^2\xi}{dt^2}+\xi Z-\zeta X\right)Dm=0,$$

$$S\left(\eta\frac{d^2\zeta}{dt^2}-\zeta\frac{d^2\eta}{dt^2}+\eta Z-\zeta Y\right)Dm=0.$$

Or nous avons prouvé dans le paragraphe précédent, que les valeurs des quantités ξ, η, ζ sont toujours de cette forme,

$$\xi = a\xi' + b\xi'' + c\xi''',$$
$$\eta = a\eta' + b\eta'' + c\eta''',$$
$$\zeta = a\zeta' + b\zeta'' + c\zeta''';$$

et nous y avons vu que pour les corps solides, les quantités a, b, c sont nécessairement constantes par rapport au temps, et variables uniquement par rapport aux différens élémens dm, puisque ces quantités représentent les coordonnées rectangles de chacun de ces élémens, rapportées à trois axes qui se croisent dans le centre du corps, et qui sont fixes dans son intérieur; qu'au contraire, les quantités ξ', ξ'', etc. sont variables par rapport au temps, et constantes pour tous les élémens du corps, ces quantités étant toutes des fonctions de trois angles φ, ψ, ω, qui déterminent les différens mouvemens de rotation que le corps avait autour de son centre. Si donc on fait, dans les équations précédentes, ces différentes substitutions, en ayant soin de faire sortir hors des signes S les variables φ, ψ, ω et leurs différences, on aura trois équations différentielles du second ordre entre ces mêmes variables et le temps t, lesquelles serviront à les déterminer toutes trois en fonctions de t.

Ces équations seront semblables à celles que M. d'Alembert a trouvées le premier, pour le mouvement de rotation d'un corps de figure quelconque, et dont il a fait un usage si utile dans ses recherches sur la précession des équinoxes.

Par cette raison, et parce que d'ailleurs la forme de ces équations n'a pas toute la simplicité dont elles sont susceptibles, nous ne nous arrêterons pas ici à les détailler; mais nous allons plutôt résoudre directement le problème, par la méthode générale de la Section quatrième, laquelle donnera immédiatement les équations les plus simples et les plus commodes pour le calcul.

18. Pour employer ici cette méthode de la manière la plus générale et la plus simple, on supposera, ce qui est le cas de la nature, que chaque particule Dm du corps soit attirée par des forces $\overline{P}$, $\overline{Q}$, $\overline{R}$, etc., proportionnelles à des fonctions quelconques des distances $\overline{p}$, $\overline{q}$, $\overline{r}$, etc., de la même particule aux centres de ces forces, et on formera de là la quantité algébrique,

$$\Pi = \int(\overline{P}d\overline{p} + \overline{Q}d\overline{q} + \overline{R}d\overline{r} + \text{etc.}).$$

On considérera ensuite les deux quantités

$$T = S\left(\frac{dx^2 + dy^2 + dz^2}{2dt^2}\right)Dm, \qquad V = S\Pi Dm,$$

en rapportant la caractéristique intégrale S uniquement aux élémens Dm du corps, et aux quantités relatives à la position de ces élémens dans le corps.

On réduira ces deux quantités en fonctions de variables quelconques,

conques, ξ, ψ, φ, etc., relatives aux divers mouvemens du corps, et on en formera la formule générale suivante (Sect. quatrième, art. 10),

$$
\begin{aligned}
0 = &\left(d.\frac{\delta T}{\delta d\xi} - \frac{\delta T}{\delta \xi} + \frac{\delta V}{\delta \xi}\right)\delta\xi \\
&+ \left(d.\frac{\delta T}{\delta d\psi} - \frac{\delta T}{\delta \psi} + \frac{\delta V}{\delta \psi}\right)\delta\psi \\
&+ \left(d.\frac{\delta T}{\delta d\varphi} - \frac{\delta T}{\delta \varphi} + \frac{\delta V}{\delta \varphi}\right)\delta\varphi \\
&+ \text{etc.}
\end{aligned}
$$

Si les variables ξ, ψ, φ, etc. sont, par la nature du problème, indépendantes entr'elles (et on peut toujours les prendre telles qu'elles le soient), on égalera séparément à zéro les quantités multipliées par chacune des variations indéterminées $\delta\xi$, $\delta\psi$, $\delta\varphi$, etc., et l'on aura ainsi autant d'équations entre les variables ξ, ψ, φ, etc., qu'il y aura de ces variables.

Si les variables dont il s'agit ne sont pas tout-à-fait indépendantes, mais qu'il y ait entr'elles une ou plusieurs équations de condition, on aura, par la différentiation de ces équations, autant d'équations de condition entre les variations $\delta\xi$, $\delta\psi$, $\delta\varphi$, etc., par le moyen desquelles on pourra réduire ces variations à un plus petit nombre.

Ayant fait cette réduction dans la formule générale, on y égalera pareillement à zéro chacun des coefficiens des variations restantes; et les équations qui en proviendront, jointes à celles de condition données, suffiront pour résoudre le problème.

Dans celui dont il s'agit ici, il n'y aura qu'à faire usage des transformations enseignées dans le paragraphe précédent. Ainsi on substituera d'abord $x'+\xi$, $y'+\eta$, $z'+\zeta$, au lieu de x, y, z; ensuite $a\xi'+b\xi''+c\xi'''$, $a\eta'+b\eta''+c\eta'''$, $a\zeta'+b\zeta''+c\zeta'''$, au lieu de ξ, η, ζ (art. 1); enfin mettant pour ξ', η', etc. leurs valeurs en φ, ψ, ω de l'article 7, on aura les quantités T, V exprimées en fonctions des six variables indépendantes x', y', z', φ, ψ, ω, à la place desquelles on pourra encore, si on le juge à propos, en introduire d'autres équivalentes; et chacune d'elles fournira, pour la détermination du mouvement du corps, une équation de cette forme,

$$d.\frac{\delta T}{\delta d\alpha} - \frac{\delta T}{\delta \alpha} + \frac{\delta V}{\delta \alpha} = 0,$$

α étant une de ces variables.

19. Commençons donc par mettre dans l'expression de T, à la place de x, y, z, ces nouvelles variables $x'+\xi$, $y'+\eta$, $z'+\zeta$, et faisant sortir hors du signe S les x', y', z', qui sont les mêmes pour tous points du corps, puisque ce sont les coordonnées du centre du corps, la fonction T deviendra

$$\frac{dx'^2 + dy'^2 + dz'^2}{2dt^2} SDm + S\left(\frac{d\xi^2 + d\eta^2 + d\zeta^2}{2dt^2}\right)Dm$$
$$+ \frac{dx'Sd\xi Dm + dy'Sd\eta Dm + dz'Sd\zeta Dm}{dt^2}.$$

Cette expression est composée, comme l'on voit, de trois parties, dont la première ne contient que les seules variables x', y', z', et exprime la valeur de T dans le cas où le corps serait regardé comme un point. Si donc ces variables sont indépendantes des autres variables ξ, η, ζ, ce qui a lieu lorsque le corps est libre de tourner en tout sens autour de son centre, la formule dont il s'agit devra être traitée séparément, et fournira pour le mouvement de ce centre les mêmes équations que si le corps y était concentré; ainsi cette partie du problème rentre dans celui que nous avons résolu dans les Sections précédentes, et auquel nous renvoyons.

La troisième partie de l'expression précédente, celle qui contient les différences dx', dy', dz', multipliées par les différences

$d\xi$, $d\eta$, $d\zeta$, disparaît d'elle-même dans deux cas; lorsque le centre du corps est fixe, ce qui est évident, parce qu'alors les différences dx', dy', dz' des coordonnées de ce centre sont nulles; et lorsque ce centre est supposé placé dans le centre même de gravité du corps, car alors les intégrales $Sd\xi Dm$, $Sd\eta Dm$, $Sd\zeta Dm$ deviennent nulles d'elles-mêmes. En effet, en y substituant pour $d\xi$, $d\eta$, $d\zeta$ leurs valeurs $ad\xi'+bd\xi''+cd\xi'''$, $ad\eta'+bd\eta''+cd\eta'''$, $ad\zeta'+bd\zeta''+cd\zeta'''$ (art. précédent), et faisant sortir hors du signe S les quantités $d\xi'$, $d\xi''$, etc. qui sont indépendantes de la position des particules dm dans le corps, chaque terme de ces intégrales se trouvera multiplié par une de ces trois quantités, $SaDm$, $SbDm$, $ScDm$; or ces quantités ne sont autre chose que les sommes des produits de chaque élément dm, multiplié par sa distance à trois plans passant par le centre du corps, et perpendiculaires aux axes des coordonnées a, b, c; elles sont donc nulles, quand ce centre coïncide avec celui de gravité de tous les corps, par les propriétés connues de ce dernier centre. Donc aussi les trois intégrales $Sd\xi Dm$, $Sd\eta Dm$, $Sd\zeta Dm$ seront nulles dans ce cas.

Dans l'un et dans l'autre cas, il ne restera donc à considérer dans l'expression T, que la formule $S\left(\frac{d\xi^2+d\eta^2+d\zeta^2}{2dt^2}\right)Dm$, qui est uniquement relative au mouvement de rotation que le système peut avoir autour de son centre, et qui servira par conséquent à déterminer les lois de ce mouvement, indépendamment de celui que le centre peut avoir dans l'espace.

20. Pour rendre la solution la plus simple qu'il est possible, il est à propos de faire usage des expressions de $d\xi$, $d\eta$, $d\zeta$ de l'article 14, lesquelles donnent, en faisant $da=0$, $db=0$, $dc=0$,

$$\begin{aligned}&d\xi^2+d\eta^2+d\zeta^2=\\&(cdQ-bdR)^2+(adR-cdP)^2+(bdP-adQ)^2\\&=(b^2+c^2)dP^2+(a^2+c^2)dQ^2+(a^2+b^2)dR^2\\&-2bcdQdR-2acdPdR-2abdPdQ.\end{aligned}$$

Or les quantités a, b, c étant ici les seules variables, relativement à la position des particules Dm dans le corps; il s'ensuit que pour avoir la valeur de $S(d\xi^2 + d\eta^2 + d\zeta^2)Dm$, il n'y aura qu'à multiplier chaque terme de la quantité précédente par Dm, et intégrer ensuite relativement à la caractéristique S, en faisant sortir hors de ce signe les quantités dP, dQ, dR qui en sont indépendantes. Ainsi la quantité $S\left(\frac{d\xi^2+d\eta^2+d\zeta^2}{2dt^2}\right)Dm$ deviendra

$$\frac{AdP^2 + BdQ^2 + CdR^2}{2dt^2} - \frac{FdQdR + GdPdR + HdPdQ}{dt^2},$$

en faisant pour abréger,

$$A = S(b^2 + c^2)Dm, \quad B = S(a^2 + c^2)Dm, \quad C = S(a^2 + b^2)Dm,$$
$$F = SbcDm, \qquad G = SacDm, \qquad H = SabDm.$$

Ces intégrations sont relatives à toute la masse du corps, ensorte que A, B, C, F, G, H doivent être désormais regardées et traitées comme des constantes données par la figure du corps.

21. Si on fait, pour plus de simplicité, $\frac{dP}{dt} = p$, $\frac{dQ}{dt} = q$, $\frac{dR}{dt} = r$, on aura, en ne considérant dans la fonction T que les termes relatifs au mouvement de rotation,

$$T = \frac{1}{2}(Ap^2 + Bq^2 + Cr^2) - Fqr - Gpr - Hpq;$$

ainsi T n'étant fonction que de p, q, r, on aura, en différentiant selon δ,

$$\delta T = \frac{dT}{dp}\delta p + \frac{dT}{dq}\delta q + \frac{dT}{dr}\delta r.$$

Or, par les formules de l'article 11, on a

$$p = \frac{\sin\varphi \sin\omega d\psi + \cos\varphi d\omega}{dt},$$

$$q = \frac{\cos\varphi \sin\omega d\psi - \sin\varphi d\omega}{dt},$$

$$r = \frac{d\varphi + \cos\omega d\psi}{dt};$$

donc (dt étant toujours constant)

$$\delta T = \left(\frac{dT}{dp} q - \frac{dT}{dq} p\right) \delta\varphi + \frac{dT}{dr} \times \frac{\delta d\varphi}{dt}$$
$$+ \left(\frac{dT}{dp} \sin\varphi \sin\omega + \frac{dT}{dq} \cos\varphi \sin\omega + \frac{dT}{dr} \cos\omega\right) \frac{\delta d\psi}{dt}$$
$$+ \left(\frac{dT}{dp} \sin\varphi \cos\omega + \frac{dT}{dq} \cos\varphi \cos\omega - \frac{dT}{dr} \sin\omega\right) \frac{d\psi \delta\omega}{dt}$$
$$+ \left(\frac{dT}{dp} \cos\varphi - \frac{dT}{dq} \sin\varphi\right) \frac{\delta d\omega}{dt};$$

d'où l'on aura sur-le-champ, pour le mouvement de rotation du corps, ces trois équations du second ordre,

$$\frac{d.\frac{dT}{dr}}{dt} - \frac{dT}{dp} q + \frac{dT}{dq} p + \frac{\delta V}{\delta\varphi} = 0,$$

$$\frac{d.\left(\frac{dT}{dp} \sin\varphi \sin\omega + \frac{dT}{dq} \cos\varphi \sin\omega + \frac{dT}{dr} \cos\omega\right)}{dt} + \frac{\delta V}{\delta\psi} = 0,$$

$$\frac{d.\left(\frac{dT}{dp} \cos\varphi - \frac{dT}{dq} \sin\varphi\right)}{dt}$$
$$- \left(\frac{dT}{dp} \sin\varphi \cos\omega + \frac{dT}{dq} \cos\varphi \cos\omega - \frac{dT}{dr} \sin\omega\right) \frac{d\psi}{dt} + \frac{\delta V}{\delta\omega} = 0.$$

A l'égard de la quantité V, comme elle dépend des forces qui sollicitent le corps, elle sera nulle si le corps n'est animé par aucune force; ainsi dans ce cas les trois quantités $\frac{\delta V}{\delta\varphi}$, $\frac{\delta V}{\delta\psi}$, $\frac{\delta V}{\delta\omega}$ seront nulles aussi, et la seconde des trois équations précédentes sera intégrable d'elle-même; mais l'intégration générale de toutes ces équations restera encore fort difficile.

En général, puisque $V = S\Pi Dm$, et que Π est une fonction algébrique des distances $\bar{p}$, $\bar{q}$, etc. (art. 18), dont chacune est exprimée par $\sqrt{[(x-f)^2 + (y-g)^2 + (z-h)^2]}$, en désignant par f, g, h les coordonnées du centre fixe des forces, il n'y aura qu'à faire dans la fonction Π les mêmes substitutions que ci-dessus, et après avoir intégré relativement à toute la masse du corps, on aura l'expression de V en φ, ψ, ω, d'où l'on tirera par la différentiation ordinaire les valeurs de $\frac{\delta V}{\delta \varphi}$, $\frac{\delta V}{\delta \psi}$, $\frac{\delta V}{\delta \omega}$, qui sont les mêmes que celles de $\frac{dV}{d\varphi}$, $\frac{dV}{d\psi}$, $\frac{dV}{d\omega}$. Comme ceci n'a point de difficulté, nous ne nous y arrêterons point; nous remarquerons seulement que les équations précédentes reviennent à celles que j'ai employées dans mes premières recherches sur la *libration de la lune.*

22. Quoique l'emploi des angles φ, ψ, ω paraisse être ce qu'il y a de plus simple pour trouver par notre méthode les équations de la rotation du corps, on peut néanmoins parvenir encore plus directement au but, et obtenir même des formules plus élégantes et plus commodes pour le calcul dans plusieurs cas, en considérant immédiatement les variations des quantités dP, dQ, dR données par les formules de l'article 15; savoir,

$$\begin{aligned}\delta dP &= d\delta P + dQ\delta R - dR\delta Q,\\ \delta dQ &= d\delta Q + dR\delta P - dP\delta R,\\ \delta dR &= d\delta R + dP\delta Q - dQ\delta P;\end{aligned}$$

substituant ces valeurs dans δT et mettant p, q, r pour $\frac{dP}{dt}$, $\frac{dQ}{dt}$, $\frac{dR}{dt}$, on aura

$$\begin{aligned}\delta T = {} & \frac{dT}{dp}\left(\frac{d\delta P}{dt} + q\delta R - r\delta Q\right)\\ & + \frac{dT}{dq}\left(\frac{d\delta Q}{dt} + r\delta P - p\delta R\right)\\ & + \frac{dT}{dr}\left(\frac{d\delta R}{dt} + p\delta Q - q\delta P\right).\end{aligned}$$

Quant aux termes relatifs à la variation de V, puisque V devient une fonction algébrique de ξ', ξ'', ξ''', η', etc., après la substitution de $x'+a\xi'+b\xi''+c\xi'''$, $y'+a\eta'+b\eta''+c\eta'''$, $z'+a\zeta'+b\zeta''+c\zeta'''$, au lieu de x, y, z, le signe intégral S n'ayant rapport qu'aux quantités a, b, c, il n'y aura qu'à différentier par δ, et mettre ensuite pour $\delta\xi'$, $\delta\xi''$, etc., leurs valeurs en δP, δQ, δR; ainsi puisque $\frac{\delta V}{\delta\xi'}=\frac{dV}{d\xi'}$, $\frac{\delta V}{\delta\xi''}=\frac{dV}{d\xi''}$, etc., on aura dans la même équation les termes suivans provenant de δV :

$$\frac{dV}{d\xi'}(\xi''\delta R-\xi'''\delta Q)+\frac{dV}{d\xi''}(\xi'''\delta P-\xi'\delta R)+\frac{dV}{d\xi'''}(\xi'\delta Q-\xi''\delta P)$$
$$+\frac{dV}{d\eta'}(\eta''\delta R-\eta'''\delta Q)+\text{etc.}$$

Donc enfin rassemblant tous les termes multipliés par chacune des trois quantités δP, δQ, δR, on aura une équation générale de cette forme :

$$0=(P)\delta P+(Q)\delta Q+(R)\delta R,$$

dans laquelle

$$(P)=\frac{d.\frac{dT}{dp}}{dt}+q\frac{dT}{dr}-r\frac{dT}{dq}$$
$$+\xi'''\frac{dV}{d\xi''}+\eta'''\frac{dV}{d\eta''}+\zeta'''\frac{dV}{d\zeta''}-\xi''\frac{dV}{d\xi'''}-\eta''\frac{dV}{d\eta'''}-\zeta''\frac{dV}{d\zeta'''},$$

$$(Q)=\frac{d.\frac{dT}{dq}}{dt}+r\frac{dT}{dp}-p\frac{dT}{dr}$$
$$+\xi'\frac{dV}{d\xi'''}+\eta'\frac{dV}{d\eta'''}+\zeta'\frac{dV}{d\zeta'''}-\xi'''\frac{dV}{d\xi'}-\eta'''\frac{dV}{d\eta'}-\zeta'''\frac{dV}{d\zeta'},$$

$$(R)=\frac{d.\frac{dT}{dr}}{dt}+p\frac{dT}{dq}-q\frac{dT}{dp}$$
$$+\xi''\frac{dV}{d\xi'}+\eta''\frac{dV}{d\eta'}+\zeta''\frac{dV}{d\zeta'}-\xi'\frac{dV}{d\xi''}-\eta'\frac{dV}{d\eta''}-\zeta'\frac{dV}{d\zeta''}.$$

Et comme les trois quantités δP, δQ, δR sont indépendantes entr'elles, et en même temps arbitraires, on aura donc ces trois équations particulières $(P)=0$, $(Q)=0$, $(R)=0$, lesquelles étant combinées avec les six équations de condition entre les neuf variables ξ', ξ'', etc. (art. 5), serviront à déterminer chacune de ces variables.

On peut mettre, si l'on veut, sous une forme plus simple les termes de ces équations dépendans de la quantité V. Car puisque $V=S\Pi Dm$, on aura (à cause que le signe S ne regarde point les variables ξ', ξ'', etc.),

$$\xi''\frac{dV}{d\xi'}=S\xi''\frac{d\Pi}{d\xi'}Dm,\quad \eta''\frac{dV}{d\eta'}=S\eta''\frac{d\Pi}{d\eta'}Dm,\quad \text{etc.};$$

et comme Π est une fonction algébrique de $a\xi'+b\xi''+c\xi'''$, $a\eta'+b\eta''+c\eta'''$, $a\zeta'+b\zeta''+c\zeta'''$, il est aisé de voir qu'en faisant varier séparément a, b, c, on aura

$$\xi'''\frac{d\Pi}{d\xi''}+\eta'''\frac{d\Pi}{d\eta''}+\zeta'''\frac{d\Pi}{d\zeta''}=b\frac{d\Pi}{dc},\quad \xi''\frac{d\Pi}{d\xi'''}+\eta''\frac{d\Pi}{d\eta'''}+\zeta''\frac{d\Pi}{d\zeta'''}=c\frac{d\Pi}{db},$$

et ainsi de suite; de sorte qu'on aura de cette manière,

$$\xi'''\frac{dV}{d\xi''}+\eta'''\frac{dV}{d\eta''}+\zeta'''\frac{dV}{d\zeta''}-\xi''\frac{dV}{d\xi'''}-\eta''\frac{dV}{d\eta'''}-\zeta''\frac{dV}{d\zeta'''}$$
$$=S\left(b\frac{d\Pi}{dc}-c\frac{d\Pi}{db}\right)Dm,$$

$$\xi'\frac{dV}{d\xi'''}+\eta'\frac{dV}{d\eta'''}+\zeta'\frac{dV}{d\zeta'''}-\xi'''\frac{dV}{d\xi'}-\eta'''\frac{dV}{d\eta'}-\zeta'''\frac{dV}{d\zeta'}$$
$$=S\left(c\frac{d\Pi}{da}-a\frac{d\Pi}{dc}\right)Dm,$$

$$\xi''\frac{dV}{d\xi'}+\eta''\frac{dV}{d\eta'}+\zeta''\frac{dV}{d\zeta'}-\xi'\frac{dV}{d\xi''}-\eta'\frac{dV}{d\eta''}-\zeta'\frac{dV}{d\zeta''}$$
$$=S\left(a\frac{d\Pi}{db}-b\frac{d\Pi}{da}\right)Dm.$$

Mais si cette transformation simplifie les formules, elle ne simplifie pas le calcul, parce qu'au lieu de l'intégration unique contenue dans V, on en aura trois à exécuter.

23. Lorsque les distances des centres des forces au centre du

corps

corps sont très-grandes vis-à-vis des dimensions de ce corps, on peut alors réduire la quantité Π en une série fort convergente de termes proportionnels aux puissances et aux produits de a, b, c, de sorte que l'intégration $S\Pi Dm$ n'aura aucune difficulté : c'est le cas des planètes en tant qu'elles s'attirent mutuellement.

Si la force attractive $\overline{P}$ est simplement proportionnelle à la distance $\overline{p}$, ensorte que $\overline{P} = k\overline{p}$, k étant un coefficient constant, le terme $\int \overline{P}d\overline{p}$ de la fonction Π (art. 18) devient $= \frac{k\overline{p}^2}{2}$, et comme $\overline{p}$ est exprimé en général par $\sqrt{[(x-f)^2 + (y-g)^2 + (z-h)^2]}$, en désignant f, g, h les coordonnées du centre des forces ; le terme dont il s'agit donnera ceux-ci : $\frac{k}{2}[(x-f)^2 + (y-g)^2 + (z-h)^2]$. Donc substituant pour x, y, z leurs valeurs $x' + \xi$, $y' + \eta$, $z' + \zeta$, multipliant par Dm, et intégrant selon S, on aura dans la valeur de $V = S\Pi Dm$ les termes suivans :

$$\frac{k}{2}[(x'-f)^2 + (y'-g)^2 + (z'-h)^2]\,SDm$$
$$+ k(x'-f)S\xi Dm + k(y'-g)S\eta Dm + k(z'-h)S\zeta Dm$$
$$+ \frac{k}{2}S(\xi^2 + \eta^2 + \zeta^2)Dm.$$

Or $\xi = a\xi' + b\xi'' + c\xi'''$, $\eta = a\eta' + b\eta'' + c\eta'''$, $\zeta = a\zeta' + b\zeta'' + c\zeta'''$; donc, $S\xi Dm = \xi' SaDm + \xi'' SbDm + \xi''' ScDm$, et ainsi des autres; et $S(\xi^2 + \eta^2 + \zeta^2)Dm = S(a^2 + b^2 + c^2)Dm$ (art. 5), $=$ à une constante que nous désignerons par E.

Mais si on prend pour le centre arbitraire du corps, son centre même de gravité, on a alors

$$SaDm = 0, \quad SbDm = 0, \quad ScDm = 0,$$

comme nous l'avons déjà vu ci-dessus (art. 19). Ainsi dans ce cas la quantité V ne contiendra, relativement à la force dont il s'agit, que les termes

$$\frac{k}{2}[(x'-f)^2+(y'-g)^2+(z'-h)^2]+\frac{k}{2}E;$$

de sorte que toutes les différences partielles $\frac{dV}{d\xi'}$, $\frac{dV}{d\xi''}$, etc. seront nulles.

D'où il s'ensuit que l'effet de cette force sera nul par rapport au mouvement de rotation autour du centre de gravité.

Et commme l'expression précédente V, au terme constant $\frac{kE}{2}$ près, est la même chose que si tout le corps était concentré dans son centre, auquel cas $x=x'$, $y=y'$, $z=z'$, on aura pour le mouvement progressif de ce centre, les mêmes équations que si le corps était réduit à un point; car les différences partielles de V, relativement aux variables x', y', z', seront les mêmes que dans cette hypothèse.

Si on veut considérer le corps comme pesant, en prenant la force accélératrice de la gravité pour l'unité, et l'axe des coordonnées z dirigé verticalement de haut en bas, on aura $\overline{P}=1$ et $\overline{p}=h-z$; donc $\int Pdp=h-z=h-z'-a\zeta'-b\zeta''-c\zeta'''$; de sorte que la quantité V contiendra, à raison de la pesanteur du corps, les termes

$$(h-z')SDm-\zeta'SaDm-\zeta''SbDm-\zeta'''ScDm.$$

Ainsi si le centre du corps est pris dans son centre de gravité, les termes qui contiennent les variables ζ', ζ'', etc. disparaîtront, et par conséquent l'effet de la gravité sur la rotation sera nul, comme dans le cas précédent. La valeur de V, en tant qu'elle est due à la gravité, se réduira alors à $(h-z')SDm$, c'est-à-dire, à ce qu'elle serait si le corps était réduit à un point, en conservant sa masse SDm ; donc aussi le mouvement de translation du corps sera le même que dans ce cas.

§ III.

Détermination du mouvement d'un corps grave de figure quelconque.

24. Ce problème, quelque difficile qu'il soit, est néanmoins un des plus simples que présente la Mécanique, quand on considère les choses dans l'état naturel et sans abstraction ; car tous les corps étant essentiellement pesans et étendus, on ne peut les dépouiller de l'une ou de l'autre de ces propriétés sans les dénaturer, et les questions dans lesquelles on ne tiendrait pas compte de toutes les deux à-la-fois, ne seraient par conséquent que de pure curiosité.

Nous commencerons par examiner le mouvement des corps libres, comme le sont les projectiles; nous examinerons ensuite celui des corps retenus par un point fixe, comme le sont les pendules.

Dans le premier cas on prendra le centre du corps dans son centre de gravité, et comme alors l'effet de la gravité est nul sur la rotation, ainsi qu'on vient de le voir, on déterminera les lois de cette rotation par les trois équations suivantes (art. 22) :

$$\left.\begin{aligned} &\frac{d.\frac{dT}{dp}}{dt}+q\frac{dT}{dr}-r\frac{dT}{dq}=0\\ &\frac{d.\frac{dT}{dq}}{dt}+r\frac{dT}{dp}-p\frac{dT}{dr}=0\\ &\frac{d.\frac{dT}{dr}}{dt}+p\frac{dT}{dq}-q\frac{dT}{dp}=0 \end{aligned}\right\}\ldots\ldots\ldots (A),$$

en supposant (art. 21)

$$p = \frac{dP}{dt}, \quad q = \frac{dQ}{dt}, \quad r = \frac{dR}{dt},$$

et

$$T = \frac{1}{2}(Ap^2 + Bq^2 + Cr^2) - Fqr - Gpr - Hpq.$$

A l'égard du centre même du corps, il suivra les lois connues du mouvement des projectiles considérés comme des points; ainsi la détermination de son mouvement n'a aucune difficulté, et nous ne nous y arrêterons point.

Dans le second cas, on prendra le point fixe de suspension pour le centre du corps, et supposant les coordonnées z verticales et dirigées de haut en bas, on aura (art. 23)

$$V = (h - z')SDm - \zeta' SaDm - \zeta'' SbDm - \zeta''' ScDm;$$

d'où l'on tire

$$\frac{dV}{d\zeta'} = -SaDm, \quad \frac{dV}{d\zeta''} = -SbDm, \quad \frac{dV}{d\zeta'''} = -ScDm,$$

et toutes les autres différences partielles de V seront nulles; de sorte que les équations pour le mouvement de rotation seront (art. 22),

$$\left.\begin{aligned}
\frac{d.\frac{dT}{dp}}{dt} + q\frac{dT}{dr} - r\frac{dT}{dq} - \zeta''' SbDm + \zeta'' ScDm &= 0 \\
\frac{d.\frac{dT}{dq}}{dt} + r\frac{dT}{dp} - p\frac{dT}{dr} - \zeta' ScDm + \zeta''' SaDm &= 0 \\
\frac{d.\frac{dT}{dr}}{dt} + p\frac{dT}{dq} - q\frac{dT}{dp} - \zeta'' SaDm + \zeta' SbDm &= 0
\end{aligned}\right\} \ldots\ldots (B),$$

les quantités $SaDm$, $SbDm$, $ScDm$ devant être regardées comme des constantes données par la figure du corps, et par le lieu du point de suspension.

25. La solution du premier cas, ou le corps est supposé entièrement libre, et où l'on ne considère que la rotation autour du centre de gravité, dépend uniquement de l'intégration des trois équations (A).

Or il est d'abord facile de trouver deux intégrales de ces équations; car 1°. si on les multiplie respectivement par $\frac{dT}{dp}$, $\frac{dT}{dq}$, $\frac{dT}{dr}$, et qu'ensuite on les ajoute ensemble, on a évidemment une équation intégrable, et dont l'intégrale sera

$$\left(\frac{dT}{dp}\right)^2 + \left(\frac{dT}{dq}\right)^2 + \left(\frac{dT}{dr}\right)^2 = f^2,$$

f^2 étant une constante arbitraire.

2°. Si on multiplie les mêmes équations par p, q, r, et qu'on les ajoute ensemble, on aura celle-ci :

$$pd.\frac{dT}{dp} + qd.\frac{dT}{dq} + rd.\frac{dT}{dr} = 0,$$

laquelle, à cause que T est une fonction de p, q, r uniquement, et que par conséquent $dT = \frac{dT}{dp}dp + \frac{dT}{dq}dq + \frac{dT}{dr}dr$, est aussi intégrable, son intégrale étant

$$p\frac{dT}{dp} + q\frac{dT}{dq} + r\frac{dT}{dr} - T = h^2,$$

h^2 étant une nouvelle constante arbitraire.

En mettant dans ces équations, au lieu de T, $\frac{dT}{dp}$, $\frac{dT}{dq}$, $\frac{dT}{dr}$, leurs valeurs, on aura deux équations du second degré entre p, q, r, par lesquelles on pourra déterminer les valeurs de deux de ces variables en fonctions de la troisième; et ces valeurs étant ensuite substituées dans une quelconque des trois équations (A), on aura une équation du premier ordre entre t et la variable dont il s'agit; ainsi on pourra connaître par ce moyen les valeurs de p, q, r en t. C'est ce que nous allons développer.

Je remarque d'abord qu'on peut réduire la seconde des deux intégrales trouvées, à une forme plus simple, en faisant attention que puisque T est une fonction homogène de deux dimensions de p, q, r, on a par la propriété connue de ces sortes de fonctions,

$$p\frac{dT}{dp}+q\frac{dT}{dq}+r\frac{dT}{dr}=2T,$$

ce qui réduit l'équation intégrale dont il s'agit à $T=h^2$, laquelle exprime la conservation des forces vives du mouvement de rotation.

Je remarque ensuite que comme la quantité

$$\left(r\frac{dT}{dq}-q\frac{dT}{dr}\right)^2+\left(p\frac{dT}{dr}-r\frac{dT}{dp}\right)^2+\left(q\frac{dT}{dp}-p\frac{dT}{dq}\right)^2$$

est équivalente à celle-ci :

$$(p^2+q^2+r^2)\times\left[\left(\frac{dT}{dp}\right)^2+\left(\frac{dT}{dq}\right)^2+\left(\frac{dT}{dr}\right)^2\right]-\left(p\frac{dT}{dp}+q\frac{dT}{dq}+r\frac{dT}{dr}\right)^2,$$

laquelle devient $f^2(p^2+q^2+r^2)-4h^4$; en vertu des deux intégrales précédentes, on aura une équation différentielle plus simple, en ajoutant ensemble les carrés des valeurs de $d.\frac{dT}{dp}$, $d.\frac{dT}{dq}$, $d.\frac{dT}{dr}$ dans les trois équations différentielles (A), équation qu'on pourra ainsi employer à la place d'une quelconque de celles-ci.

De cette manière la détermination des quantités p, q, r en t, dépendra simplement de ces trois équations :

$$T=h^2,$$

$$\left(\frac{dT}{dp}\right)^2+\left(\frac{dT}{dq}\right)^2+\left(\frac{dT}{dr}\right)^2=f^2,$$

$$\left(d.\frac{dT}{dp}\right)^2+\left(d.\frac{dT}{dq}\right)^2+\left(d.\frac{dT}{dr}\right)^2=[f^2(p^2+q^2+r^2)-4h^4]dt^2,$$

dans lesquelles

$$T=\frac{1}{2}(Ap^2+Bq^2+Cr^2)-Fqr-Gpr-Hpq.$$

26. Cette détermination est assez facile, lorsque les trois constantes F, G, H sont nulles; car on a alors simplement

$$T = \frac{1}{2}(Ap^2 + Bq^2 + Cr^2);$$

donc

$$\frac{dT}{dp} = Ap, \qquad \frac{dT}{dq} = Bq, \qquad \frac{dT}{dr} = Cr;$$

de sorte que les trois équations à résoudre seront de la forme suivante :

$$\begin{aligned} &Ap^2 + Bq^2 + Cr^2 = 2h^2, \\ &A^2p^2 + B^2q^2 + C^2r^2 = f^2, \\ &\frac{A^2dp^2 + B^2dq^2 + C^2dr^2}{dt^2} = f^2(p^2 + q^2 + r^2) - 4h^4. \end{aligned}$$

Si donc on fait $p^2 + q^2 + r^2 = u$, et qu'on tire les valeurs de p, q, r, de ces trois équations :

$$\begin{aligned} p^2 + q^2 + r^2 &= u, \\ Ap^2 + Bq^2 + Cr^2 &= 2h^2, \\ A^2p^2 + B^2q^2 + C^2r^2 &= f^2, \end{aligned}$$

on aura

$$\begin{aligned} p^2 &= \frac{BCu - 2h^2(B+C) + f^2}{(A-B)(A-C)}, \\ q^2 &= \frac{ACu - 2h^2(A+C) + f^2}{(B-A)(B-C)}, \\ r^2 &= \frac{ABu - 2h^2(A+B) + f^2}{(C-A)(C-B)}; \end{aligned}$$

ces valeurs étant substituées dans l'équation différentielle ci-dessus, le premier membre de cette équation deviendra, après les réductions,

$$\frac{A^2B^2C^2(4h^2 - f^2u)du^2}{4[BCu - 2h^2(B+C) + f^2][ACu - 2h^2(A+C) + f^2][ABu - 2h^2(A+B) + f^2]dt^2};$$

et le second membre deviendra $f^2u - 4h^4$, de sorte qu'en divisant toute l'équation par $f^2u - 4h^4$, et tirant la racine carrée, on aura enfin

$$dt = \frac{ABCdu}{2\sqrt{-[BCu-2h^2(B+C)+f^2][ACu-2h^2(A+C)+f^2][ABu-2h^2(A+B)+f^2]}},$$

d'où l'on tirera par l'intégration t en u, et réciproquement.

27. Supposons maintenant que les constantes F, G, H ne soient pas nulles, et voyons comment on peut ramener ce cas au précédent, au moyen de quelques substitutions.

Pour cela je substitue à la place des variables p, q, r, des fonctions d'autres variables x, y, z, qu'il ne faudra pas confondre avec celles que nous avons employées jusqu'ici pour représenter les coordonnées des différens points du corps; et je suppose d'abord ces fonctions telles, que l'on ait $p^2+q^2+r^2=x^2+y^2+z^2$. Il est évident que pour satisfaire à cette condition, elles ne peuvent être que linéaires, et par conséquent de cette forme :

$$p=p'x+p''y+p'''z,\quad q=q'x+q''y+q'''z,\quad r=r'x+r''y+r'''z.$$

Les quantités p', p'', p''', q', etc. seront des constantes arbitraires entre lesquelles, en vertu de l'équation $p^2+q^2+r^2=x^2+y^2+z^2$, il faudra qu'il y ait les six équations de condition que voici :

$$p'^2+q'^2+r'^2=1,\quad p''^2+q''^2+r''^2=1,\quad p'''^2+q'''^2+r'''^2=1,$$
$$p'p''+q'q''+r'r''=0,\quad p'p'''+q'q'''+r'r'''=0,\quad p''p'''+q''q'''+r''r'''=0;$$

de sorte que comme les quantités dont il s'agit sont au nombre de neuf, après avoir satisfait à ces six équations, il en restera encore trois d'arbitraires.

Je substituerai maintenant ces expressions de p, q, r dans la valeur de T, et je ferai ensorte, au moyen des trois arbitraires dont je viens de parler, que les trois termes qui contiendraient les produits xy, xz, yz disparaissent de la valeur de T, ensorte que cette quantité se réduise à cette forme $\frac{\alpha x^2+\beta y^2+\gamma z^2}{2}$.

Mais

Mais pour rendre le calcul plus simple, je substituerai immédiatement dans cette formule les valeurs de x, y, z en p, q, r, et comparant ensuite le résultat avec l'expression de T, je déterminerai non-seulement les arbitraires dont il s'agit, mais aussi les inconnues α, β, γ. Or les valeurs ci-dessus de p, q, r étant multipliées respectivement par p', q', r', par p'', q'', r'', et par p''', q''', r''', ensuite ajoutées ensemble, donnent sur-le-champ, en vertu des équations de condition entre les coefficiens p', p'', etc.,

$$x = p'p + q'q + r'r, \quad y = p''p + q''q + r''r, \quad z = p'''p + q'''q + r'''r;$$

la substitution de ces valeurs dans la quantité $\frac{\alpha x^2 + \beta y^2 + \gamma z^2}{2}$, et la comparaison avec la valeur de T de l'article 25, donnera ainsi les six équations suivantes :

$$\begin{aligned}
\alpha p'^2 + \beta p''^2 + \gamma p'''^2 &= A,\\
\alpha q'^2 + \beta q''^2 + \gamma q'''^2 &= B,\\
\alpha r'^2 + \beta r''^2 + \gamma r'''^2 &= C,\\
\alpha q'r' + \beta q''r'' + \gamma q'''r''' &= -F,\\
\alpha p'r' + \beta p''r'' + \gamma p'''r''' &= -G,\\
\alpha p'q' + \beta p''q'' + \gamma p'''q''' &= -H,
\end{aligned}$$

qui serviront à la détermination des six inconnues dont il s'agit.

Et cette détermination n'a même aucune difficulté; car si on ajoute ensemble la première équation multipliée par p', la sixième multipliée par q', et la cinquième multipliée par r', on a, en vertu des équations de condition déjà citées,

$$\alpha p' = Ap' - Hq' - Gr';$$

en ajoutant la seconde, la quatrième et la sixième, multipliées respectivement par q', r', p', on aura pareillement

$$\alpha q' = Bq' - Fr' - Hp';$$

ajoutant enfin la troisième, la cinquième et la quatrième, multipliées respectivement par r', p', q', on aura

$$\alpha r' = Cr' - Gp' - Fq';$$

et ces trois équations étant combinées avec l'équation de condition

$$p'^2 + q'^2 + r'^2 = 1,$$

serviront à déterminer les quatre inconnues α, p', q', r'.

Les deux premières équations donnent

$$q' = \frac{HG + F(A - \alpha)}{FH + G(B - \alpha)} p', \qquad r' = \frac{(A - \alpha)(B - \alpha) - H^2}{FH + G(B - \alpha)} p';$$

substituant ces valeurs dans la troisième, on aura, après avoir divisé par p', cette équation en α,

$$(\alpha - A)(\alpha - B)(\alpha - C)$$
$$- F^2(\alpha - A) - G^2(\alpha - B) - H^2(\alpha - C) + 2FGH = 0,$$

laquelle étant du troisième degré, aura nécessairement une racine réelle.

Les mêmes valeurs étant substituées dans la quatrième équation, on en tirera celles de p', q', r' en α, lesquelles, en faisant pour abréger,

$$(\alpha) = \sqrt{[\overline{(A-\alpha)(B-\alpha) - H^2}^2 + \overline{HG + F(A-\alpha)}^2 + \overline{FH + G(B-\alpha)}^2]},$$

seront exprimées ainsi :

$$p' = \frac{FH + G(B - \alpha)}{(\alpha)}, \quad q' = \frac{HG + F(A - \alpha)}{(\alpha)}, \quad r' = \frac{(A-\alpha)(B-\alpha) - H^2}{(\alpha)}.$$

Si on fait de nouveau les mêmes combinaisons des équations ci-dessus, mais en prenant pour multiplicateurs les quantités p'', q'', r'', à la place de p', q', r', on en tirera ces équations-ci :

$$\beta p'' = Ap'' - Hq'' - Gr'',$$
$$\beta q'' = Bq'' - Fr'' - Hp'',$$
$$\beta r'' = Cr'' - Gp'' - Fq'',$$

qui, étant jointes à l'équation de condition $p''^2 + q''^2 + r''^2 = 1$, serviront à déterminer les quatre inconnues β, p'', q'', r''; et comme ces équations ne diffèrent des précédentes qu'en ce que ces inconnues y sont à la place des premières inconnues α, p', q', r', on en conclura sur-le-champ que l'équation en β, ainsi que les expressions de p'', q'', r'' en β, seront les mêmes que celles que nous venons de trouver en α.

Enfin si on réitère les mêmes opérations, mais en prenant p''', q''', r''' pour multiplicateurs, on trouvera de même les trois équations

$$\gamma p''' = Ap''' - Hq''' - Gr''',$$
$$\gamma q''' = Bq''' - Fr''' - Hp''',$$
$$\gamma r''' = Cr''' - Gp''' - Fq''',$$

auxquelles on joindra l'équation $p'''^2 + q'''^2 + r'''^2 = 1$; et comme ces équations sont en tout semblables aux précédentes, on en tirera des conclusions analogues.

On conclura donc, en général, que l'équation en α trouvée ci-dessus, aura pour racines les valeurs des trois quantités α, β, γ, et que ces trois racines étant substituées successivement dans les expressions de p', q', r' en α, on aura tout de suite les valeurs de p', q', r', de p'', q'', r'', et de p''', q''', r'''; de sorte que tout sera connu moyennant la résolution de l'équation dont il s'agit.

Au reste, comme cette équation est du troisième degré, elle aura toujours une racine réelle, qui étant prise pour α, rendra aussi réelles les trois quantités p', q', r'. A l'égard des deux autres racines β et γ, si elles étaient imaginaires, elles seraient, comme l'on sait, de la forme $b + c\sqrt{-1}$ et $b - c\sqrt{-1}$; de sorte que les quantités p'', q'', r'' qui sont des fonctions rationnelles de β, seraient aussi de ces formes, $m + n\sqrt{-1}$, $m' + n'\sqrt{-1}$, $m'' + n''\sqrt{-1}$; et les quantités p''', q''', r''', qui sont de semblables fonctions de γ, seraient des formes réciproques $m-n\sqrt{-1}$, $m'-n'\sqrt{-1}$, $m''-n''\sqrt{-1}$; donc l'équation de condition $p''p'''+q''q'''+r''r'''=0$, deviendrait $m^2+n^2+m'^2+n'^2+m''^2+n''^2=0$, et par conséquent impossible tant que m, n, m', n', m'', n'' seraient réelles; d'où il s'ensuit que β et γ ne peuvent être imaginaires.

Pour se convaincre directement de cette vérité, d'après l'équation même dont il s'agit, je mets cette équation sous la forme

$$\alpha-C=\frac{F^2(\alpha-A)+G^2(\alpha-B)-2FGH}{(\alpha-A)(\alpha-B)-H^2};$$

j'y substitue successivement, au lieu de α, les deux autres racines β et γ, et je retranche les deux équations résultantes l'une de l'autre; j'aurai, après les réductions et la division par $\beta-\gamma$, cette transformée

$$\begin{aligned}&[(\beta-A)(\beta-B)-H^2][(\gamma-A)(\gamma-B)-H^2]\\ &+(F^2+G^2)\beta\gamma-(AF^2+BG^2+2FGH)(\beta+\gamma)\\ &+(F^2+G^2)H^2+A^2F^2+B^2G^2+2FGH(A+B)=0,\end{aligned}$$

laquelle est réductible à cette forme

$$\begin{aligned}&[(\beta-A)(\beta-B)-H^2][(\gamma-A)(\gamma-B)-H^2]\\ &+[F(\beta-A)-GH][F(\gamma-A)-GH]\\ &+[G(\beta-B)-HF][G(\gamma-B)-HF]=0,\end{aligned}$$

qu'on voit être la même chose que l'équation $p''p'''+q''q'''+r''r'''=0$, et qui fournit par conséquent des conclusions semblables.

Donc les trois racines α, β, γ seront nécessairement toutes réelles, et les neuf coefficiens p', q', r', p'', etc., qui sont des fonctions rationnelles de ces racines, seront réels aussi.

28. Nous venons de déterminer les valeurs de ces coefficiens, ensorte que l'on ait $p^2+q^2+r^2=x^2+y^2+z^2$, et $T=\frac{\alpha x^2+\beta y^2+\gamma z^2}{2}$; or en faisant varier successivement p, q, r,

on aura, à cause que x, y, z sont fonctions de ces variables,

$$\frac{dT}{dp} = \alpha x \frac{dx}{dp} + \beta y \frac{dy}{dp} + \gamma z \frac{dz}{dp},$$
$$\frac{dT}{dq} = \alpha x \frac{dx}{dq} + \beta y \frac{dy}{dq} + \gamma z \frac{dz}{dq},$$
$$\frac{dT}{dr} = \alpha x \frac{dx}{dr} + \beta y \frac{dy}{dr} + \gamma z \frac{dz}{dr};$$

mais $x = p'p + q'q + r'r$, $y = p''p + q''q + r''r$, $z = p'''p + q'''q + r'''r$, comme on l'a déjà vu plus haut; donc $\frac{dx}{dp} = p'$, $\frac{dx}{dq} = q'$, $\frac{dx}{dr} = r'$, $\frac{dy}{dp} = p''$, $\frac{dy}{dq} = q''$, etc.; substituant ces valeurs, on aura donc

$$\frac{dT}{dp} = p'\alpha x + p''\beta y + p'''\gamma z,$$
$$\frac{dT}{dq} = q'\alpha x + q''\beta y + q'''\gamma z,$$
$$\frac{dT}{dr} = r'\alpha x + r''\beta y + r'''\gamma z.$$

De sorte qu'en vertu des équations de condition entre les coefficiens p', q', r', p'', etc., on aura

$$\left(\frac{dT}{dp}\right)^2 + \left(\frac{dT}{dq}\right)^2 + \left(\frac{dT}{dr}\right)^2 = \alpha^2 x^2 + \beta^2 y^2 + \gamma^2 z^2,$$

et

$$\left(d.\frac{dT}{dp}\right)^2 + \left(d.\frac{dT}{dq}\right)^2 + \left(d.\frac{dT}{dr}\right)^2 = \alpha^2 dx^2 + \beta^2 dy^2 + \gamma^2 dz^2.$$

Par conséquent les trois équations finales de l'article 24 se réduiront à celles-ci :

$$\alpha x^2 + \beta y^2 + \gamma z^2 = 2h^2,$$
$$\alpha^2 x^2 + \beta^2 y^2 + \gamma^2 z^2 = f^2,$$
$$\frac{\alpha^2 dx^2 + \beta^2 dy^2 + \gamma^2 dz^2}{dt^2} = f^2(x^2 + y^2 + z^2) - 4h^4,$$

lesquelles sont, comme l'on voit, tout-à-fait semblables à celles de l'article 25, les quantités x, y, z, α, β, γ répondant aux quantités p, q, r, A, B, C.

D'où il suit que si on fait, comme dans l'article cité,

$$u = p^2 + q^2 + r^2 = x^2 + y^2 + z^2,$$

on aura entre les variables x, y, z, u, t, les mêmes formules que l'on avait trouvées entre p, q, r, u, t, en changeant seulement A, B, C en α, β, γ.

Ayant ainsi les valeurs de x, y, z en u ou t, on aura les valeurs complètes de p, q, r par les formules de l'article 27.

29. Les quantités p, q, r ne suffisent pas pour déterminer toutes les circonstances du mouvement de rotation du corps, elles ne servent qu'à faire connaître sa rotation instantanée. En effet, puisque $p = \frac{dP}{dt}$, $q = \frac{dQ}{dt}$, $r = \frac{dR}{dt}$, il s'ensuit de ce qu'on a vu dans l'article 10, que l'axe spontané de rotation, autour duquel le corps tourne à chaque instant, fera avec les axes des coordonnées a, b, c, des angles dont les cosinus seront respectivement.....
$\frac{p}{\sqrt{(p^2+q^2+r^2)}}$, $\frac{q}{\sqrt{(p^2+q^2+r^2)}}$, $\frac{r}{\sqrt{(p^2+q^2+r^2)}}$, et que la vîtesse angulaire autour de cet axe sera représentée par $\sqrt{(p^2+q^2+r^2)}$.

Pour la connaissance complète de la rotation du corps, il faut encore déterminer les valeurs des neuf quantités ξ', η', ζ', ξ'', etc., d'où dépendent celles des coordonnées ξ, η, ζ, lesquelles donnent la position absolue de chaque point du corps dans l'espace, relativement au centre de gravité regardé comme immobile (art 17); c'est ce qui demande encore trois intégrations nouvelles.

Pour cet effet, je reprends les formules différentielles de l'article 13, et mettant pdt, qdt, rdt, au lieu de dP, dQ, dR, j'ai ces équations :

$$\left.\begin{array}{l} d\xi' + (q\xi''' - r\xi'')\,dt = 0 \\ d\xi'' + (r\xi' - p\xi''')\,dt = 0 \\ d\xi''' + (p\xi'' - q\xi')\,dt = 0 \end{array}\right\} \ldots\ldots (C),$$

et autant d'équations semblables en η', η'', η''', et en ζ', ζ'', ζ''', en changeant seulement ξ en η et en ζ.

Ces équations étant comparées avec les équations différentielles (A) de l'article 24, entre les quantités $\frac{dT}{dp}$, $\frac{dT}{dq}$, $\frac{dT}{dr}$, il est visible qu'elles sont entièrement semblables, de sorte que ces quantités répondent aux quantités ξ', ξ'', ξ''', comme aussi aux quantités η', η'', η''', et aux quantités ζ', ζ'', ζ'''.

D'où je conclus que ces dernières variables peuvent être regardées comme des valeurs particulières des variables $\frac{dT}{dp}$, $\frac{dT}{dq}$, $\frac{dT}{dr}$; et qu'ainsi, puisque les équations entre ces variables sont simplement linéaires, on aura, en prenant trois constantes quelconques l, m, n, ces trois équations intégrales complètes :

$$\left.\begin{aligned} \frac{dT}{dp} &= l\xi' + m\eta' + n\zeta' \\ \frac{dT}{dq} &= l\xi'' + m\eta'' + n\zeta'' \\ \frac{dT}{dr} &= l\xi''' + m\eta''' + n\zeta''' \end{aligned}\right\} \ldots\ldots (D);$$

or en combinant ces trois équations avec les six équations de condition entre les mêmes variables ξ', η', etc., il semble qu'on pourrait déterminer ces variables, qui sont en tout au nombre de neuf; mais en considérant de plus près les équations précédentes, il est facile de se convaincre qu'elles ne peuvent réellement tenir lieu que de deux équations; car en ajoutant ensemble leurs carrés, il arrive que toutes les inconnues ξ', η', ζ', etc. disparaissent à-la-fois, en vertu des mêmes équations de condition (art. 5); de sorte que l'on aura simplement l'équation

$$\left(\frac{dT}{dp}\right)^2 + \left(\frac{dT}{dq}\right)^2 + \left(\frac{dT}{dr}\right)^2 = l^2 + m^2 + n^2,$$

laquelle revient, comme l'on voit, à la première des deux intégrales trouvées plus haut (art. 25); et la comparaison de ces équations donne $f^2 = l^2 + m^2 + n^2$, ensorte que parmi les quatre constantes f, l, m, n il n'y en a que trois d'arbitraires.

D'où l'on doit conclure que la solution complète demande encore une nouvelle intégration, à laquelle il faudra employer une quelconque des équations différentielles ci-dessus, ou une combinaison quelconque de ces mêmes équations.

30. Mais on peut rendre le calcul beaucoup plus général et plus simple, en cherchant directement les valeurs des coordonnées mêmes ξ, η, ζ, qui déterminent immédiatement la position absolue d'un point quelconque du corps, pour lequel les coordonnées relatives aux axes du corps sont a, b, c.

Pour cela, j'ajoute ensemble les trois équations intégrales (D) trouvées ci-dessus, après avoir multiplié la première par a, la seconde par b, la troisième par c, ce qui donne (art. 1) cette équation

$$l\xi + m\eta + n\zeta = a\frac{dT}{dp} + b\frac{dT}{dq} + c\frac{dT}{dr}.$$

Or on a déjà, par la nature des quantités ξ, η, ζ (art. 5),

$$\xi^2 + \eta^2 + \zeta^2 = a^2 + b^2 + c^2.$$

Enfin on a aussi (art. 14), en mettant pdt, qdt, rdt au lieu de dP, dQ, dR, et faisant a, b, c constans,

$$\frac{d\xi^2 + d\eta^2 + d\zeta^2}{dt^2} = (cq - br)^2 + (ar - cp)^2 + (bp - aq)^2.$$

Ainsi voilà trois équations d'où l'on pourra tirer les valeurs de ξ, η, ζ, moyennant une seule intégration.

Ensuite, si on voulait connaître séparément les valeurs de ξ', η',

η', ζ', ξ'', etc., il n'y aurait qu'à supposer dans les expressions générales de ξ, η, ζ les constantes $a=1$, $b=0$, $c=0$, ou $a=0$, $b=1$, $c=0$, ou $a=0$, $b=0$, $c=1$.

Supposons, pour abréger,

$$L = a\frac{dT}{dp} + b\frac{dT}{dq} + c\frac{dT}{dr},$$
$$M = a^2 + b^2 + c^2,$$
$$N = (cq - br)^2 + (ar - cp)^2 + (bp - aq)^2;$$

on aura donc à résoudre ces trois équations,

$$l\xi + m\eta + n\zeta = L,$$
$$\xi^2 + \eta^2 + \zeta^2 = M,$$
$$\frac{d\xi^2 + d\eta^2 + d\zeta^2}{dt^2} = N,$$

dans lesquelles M est une constante donnée, L, N sont supposées connues en fonctions de t, et l, m, n sont des constantes arbitraires.

J'observe d'abord que si l et m étaient nulles à-la-fois, la première équation donnerait $\zeta = \frac{L}{n}$; et cette valeur étant substituée dans les deux autres, on aurait

$$\xi^2 + \eta^2 = M - \frac{L^2}{n^2}, \quad \frac{d\xi^2 + d\eta^2}{dt^2} = N - \frac{dL^2}{n^2dt^2},$$

équations très-faciles à intégrer, en faisant $\xi = \rho\cos\theta$, $\eta = \rho\sin\theta$, ce qui les change en ces deux-ci :

$$\rho^2 = M - \frac{L^2}{n^2}, \quad \frac{\rho^2 d\theta^2 + d\rho^2}{dt^2} = N - \frac{dL^2}{n^2dt^2},$$

dont la première donnera la valeur de ρ, et la seconde donnera l'angle θ par l'intégration de cette formule

$$d\theta = \frac{dt}{\rho}\sqrt{N - \frac{dL^2}{n^2dt^2} - \frac{d\rho^2}{dt^2}}.$$

Supposons maintenant que l et m ne soient pas nulles, et voyons comment on peut réduire ce cas au précédent. Il est clair que si l'on fait $l\xi + m\eta = x\sqrt{l^2+m^2}$, $m\xi - l\eta = y\sqrt{l^2+m^2}$, on aura également $\xi^2+\eta^2 = x^2+y^2$ et $d\xi^2+d\eta^2 = dx^2+dy^2$; ainsi les équations proposées se réduiront d'abord à cette forme,

$$x\sqrt{l^2+m^2} + n\zeta = L,$$
$$x^2+y^2+\zeta^2 = M,$$
$$\frac{dx^2+dy^2+d\zeta^2}{dt^2} = N.$$

Si on fait ensuite

$$x\sqrt{l^2+m^2} + n\zeta = z\sqrt{l^2+m^2+n^2},$$
$$nx - \zeta\sqrt{l^2+m^2} = u\sqrt{l^2+m^2+n^2},$$

on aura encore $x^2+\zeta^2 = z^2+u^2$ et $dx^2+d\zeta^2 = dz^2+du^2$; donc on aura ces transformées,

$$z\sqrt{l^2+m^2+n^2} = L,$$
$$u^2+y^2+z^2 = M,$$
$$\frac{du^2+dy^2+dz^2}{dt^2} = N,$$

qui sont, comme l'on voit, entièrement semblables à celles que nous venons de résoudre ci-dessus; ensorte qu'on aura pour u, y, z les mêmes expressions que nous avons trouvées pour ξ, η, ζ, en y changeant seulement n en $\sqrt{l^2+m^2+n^2}$.

Ces valeurs étant connues, on aura les valeurs générales de ξ, η, ζ par les formules

$$\xi = \frac{lx+my}{\sqrt{l^2+m^2}},\quad \eta = \frac{mx-ly}{\sqrt{l^2+m^2}},\quad \zeta = \frac{nz - u\sqrt{l^2+m^2}}{\sqrt{l^2+m^2+n^2}}.$$

31. Telle est, si je ne me trompe, la solution la plus générale, et en même temps la plus simple qu'on puisse donner du fameux problème du mouvement de rotation des corps libres; elle est ana-

logue à celle que j'ai donnée dans les Mémoires de l'Académie de Berlin pour 1773, mais elle est en même temps plus directe et plus simple à quelques égards. Dans celle-là je suis parti de trois équations intégrales qui répondent aux équations (D) de l'article 29 ci-dessus, équations qui m'avaient été fournies directement par le principe connu des aires et des momens, et auxquelles j'avais joint l'équation des forces vives $T=h^2$ (art. 24). Ici j'ai déduit toute la solution des trois équations différentielles primitives, et je crois avoir mis dans cette solution, toute la clarté, et (si j'ose le dire) toute l'élégance dont elle est susceptible; par cette raison je me flatte qu'on ne me désapprouvera pas d'avoir traité de nouveau ce problème, quoiqu'il ne soit guère que de pure curiosité, surtout si, comme je n'en doute pas, il peut être de quelqu'utilité à l'avancement de l'Analyse.

Ce qu'il y a, ce me semble, de plus remarquable dans la solution précédente, c'est l'emploi qu'on y fait des quantités ξ', η', ζ', ξ'', etc., sans connaître leurs valeurs, mais seulement les équations de condition auxquelles elles sont soumises, quantités qui disparaissent à la fin tout-à-fait du calcul; je ne doute pas que ce genre d'analyse ne puisse aussi être utile dans d'autres occasions.

Au reste, si cette solution est un peu longue, on ne doit l'imputer qu'à la grande généralité qu'on y a voulu conserver; et l'on a pu remarquer deux moyens de la simplifier, l'un en supposant les constantes F, G, H nulles (art. 25), et l'autre en faisant nulles les constantes l et m (art. 30).

La première de ces deux suppositions avait toujours été regardée comme indispensable pour parvenir à une solution complète du problème, jusqu'à ce que je donnai, dans mon Mémoire de 1773, la manière de s'en passer; cette supposition consiste, en effet, à prendre pour les axes des coordonnées a, b, c, des droites telles que les sommes $SabDm$, $SacDm$, $SbcDm$ soient nulles (art. 19); et Euler a démontré le premier que cela est toujours possible, quelle que soit la figure du corps, et que les axes ainsi déterminés, sont des axes de rotation naturels, c'est-à-dire, tels que le corps peut tourner librement autour de chacun d'eux. Mais quoiqu'on puisse toujours trouver des axes qui aient la propriété dont il s'agit, et que d'ailleurs la position des axes du corps soit arbitraire, il n'est pas indifférent d'avoir une solution tout-à-fait directe et indépendante de ces considérations particulières.

La seconde des deux suppositions dont il s'agit dépend de la position des axes des coordonnées ξ, η, ζ, dans l'espace, position qui, étant pareillement arbitraire, peut toujours être supposée telle que les constantes l et m deviennent nulles, comme on peut s'en convaincre directement, d'après les expressions générales de ξ, η, ζ que nous avons trouvées.

32. En supposant F, G, H nulles, on a, comme on l'a vu dans l'article 42,

$$\frac{dT}{dp} = Ap, \quad \frac{dT}{dq} = Bq, \quad \frac{dT}{dr} = Cr,$$

et ces valeurs étant substituées dans les trois équations différentielles (A), il vient celles-ci :

$$dp + \frac{C-B}{A} qrdt = 0, \quad dq + \frac{A-C}{B} prdt = 0, \quad dr + \frac{B-A}{C} pqdt = 0,$$

lesquelles s'accordent avec celles qu'Euler a employées dans la solution qu'il a donnée le premier de ce problème (voyez les Mémoires de l'Académie de Berlin pour 1758); pour s'en convaincre, il suffira d'observer que les constantes A, B, C (art. 19) ne sont autre chose que ce qu'Euler nomme les *momens d'inertie* du corps autour des axes des coordonnées a, b, c, et que les variables p, q, r dépendent du mouvement instantané et spontané de rotation, de manière que si on nomme α, β, γ les angles que l'axe autour duquel le corps tourne spontanément à chaque instant, fait avec les axes des a, b, c, et ρ la vîtesse angulaire de rotation autour de cet axe, on a (art. 29),

$$p = \rho \cos \alpha, \quad q = \rho \cos \beta, \quad r = \rho \cos \gamma.$$

A l'égard des autres équations d'Euler, lesquelles servent à déterminer la position des axes du corps dans l'espace, elles se rapportent à nos équations (C) de l'article 29. En effet, comme les neuf quantités ξ', η', ζ', ξ'', etc. ne sont autre chose que les coordonnées rectangles des trois points du corps, pris dans ses trois axes, à la distance 1 du centre (ce qui suit évidemment de ce que ces quantités résultent des trois ξ, η, ζ, en y faisant successivement $a=1$, $b=0$, $c=0$, ensuite $a=0$, $b=1$, $c=0$, et enfin $a=0$, $b=0$, $c=1$), il est clair que si on désigne, avec Euler, par l, m, n les complémens des angles d'inclinaison de ces axes sur le plan fixe des ξ et η, et par λ, μ, ν les angles que les projections des mêmes axes font avec l'axe fixe des ξ, on aura ces trois expressions,

$$\begin{aligned} \zeta' &= \cos l, & \eta' &= \sin l \sin\lambda, & \xi' &= \sin l \cos \lambda, \\ \zeta'' &= \cos m, & \eta'' &= \sin m \sin\mu, & \xi'' &= \sin m \cos\mu, \\ \zeta''' &= \cos n, & \eta''' &= \sin n \sin\nu, & \xi''' &= \sin n \cos\nu; \end{aligned}$$

et par le moyen de ces substitutions, on trouvera aisément les équations auxquelles Euler est parvenu par des considérations géométriques et trigonométriques.

33. Au reste, en adoptant à-la-fois les deux suppositions de F, G, H nulles, et de l, m nulles aussi, on aura la solution la plus simple par les trois équations (D) de l'article 29, en y substituant les valeurs de ζ', ζ'', ζ''' et de p, q, r en φ, ψ, ω (art. 7, 20); car on aura de cette manière ces trois équations du premier ordre,

$$A\,\frac{\sin\varphi \sin\omega d\psi + \cos\varphi d\omega}{dt} = n \sin\varphi \sin\omega,$$

$$B\,\frac{\cos\varphi \sin\omega d\psi - \sin\varphi d\omega}{dt} = n \cos\varphi \sin\omega,$$

$$C\,\frac{d\varphi + \cos\omega d\psi}{dt} = n \cos\omega;$$

lesquelles se réduisent évidemment à celles-ci :

$$ndt - Ad\psi = \frac{Ad\omega}{\text{tang}\,\varphi \sin\omega},$$

$$ndt - Bd\psi = -\frac{B\,\text{tang}\,\varphi d\omega}{\sin\omega},$$

$$ndt - Cd\psi = \frac{Cd\varphi}{\cos\omega}.$$

Or si on élimine dt et $d\psi$, en ajoutant ensemble ces trois équations, après les avoir multipliées respectivement par $C-B$, $A-C$, $B-A$, on aura l'équation

$$A(C-B)\frac{d\omega}{\text{tang}\,\varphi \sin\omega} - B(A-C)\frac{\text{tang}\,\varphi d\omega}{\sin\omega} + C(B-A)\frac{d\varphi}{\cos\omega} = 0,$$

laquelle se réduit à cette forme,

$$\frac{\cos\omega d\omega}{\sin\omega} = \frac{C(B-A)d\varphi}{B(A-C)\,\text{tang}\,\varphi - \frac{A(C-B)}{\text{tang}\,\varphi}},$$

où les variables sont séparées.

Le second membre de cette équation se change en

$$\frac{C(B-A)\sin\varphi \cos\varphi d\varphi}{B(A-C)\sin\varphi^2 - A(C-B)\cos\varphi^2},$$

ou encore en

$$\frac{C(B-A)\sin 2\varphi d\varphi}{2AB - C(A+B) + C(B-A)\cos 2\varphi};$$

donc, en intégrant logarithmiquement, et passant ensuite des logarithmes aux nombres, on aura

$$2AB - C(A+B) + C(B-A)\cos 2\varphi = \frac{K}{\sin\omega^2},$$

K étant une constante arbitraire; or $\text{tang}\,\varphi = \sqrt{\left(\frac{1-\cos 2\varphi}{1+\cos 2\varphi}\right)}$; donc substituant la valeur précédente, on aura

$$\text{tang}\,\varphi = \sqrt{\left(\frac{2A(B-C)\sin\omega^2 - K}{2B(C-A)\sin\omega^2 + K}\right)};$$

et mettant cette valeur de tang φ dans les deux premières équations différentielles, on aura

$$ndt - Ad\psi = \frac{Ad\omega}{\sin\omega}\sqrt{\left(\frac{2B(C-A)\sin\omega^2 + K}{2A(B-C)\sin\omega^2 - K}\right)},$$

$$ndt - Bd\psi = -\frac{Bd\omega}{\sin\omega}\sqrt{\left(\frac{2A(B-C)\sin\omega^2 - K}{2B(C-A)\sin\omega^2 + K}\right)},$$

équations où les indéterminées sont séparées et qui, étant intégrées, donneront t et ψ en fonctions de ω.

Cette solution revient à celle que d'Alembert a donnée dans le tome quatrième de ses Opuscules.

34. Venons au second cas, où l'on suppose le corps grave suspendu par un point fixe, autour duquel il peut tourner en tout sens. En prenant ce point pour le centre du corps, c'est-à-dire pour l'origine commune des coordonnées ξ, η, ζ et a, b, c, et supposant les ordonnées ζ verticales et dirigées de haut en bas, on aura pour le mouvement de rotation du corps, les équations (B) de l'article 23. Ces équations sont plus compliquées que celles du cas précédent, à raison des termes multipliés par les quantités $SaDm$, $SbDm$, $ScDm$, lesquelles ne sont plus nulles lorsque le centre du corps, dont la position est ici donnée, tombe hors de son centre de gravité; on peut néanmoins encore faire évanouir deux de ces quantités, en faisant passer par le centre de gravité l'un des axes des coordonnées a, b, c, dont la position dans le corps est arbitraire, ce qui simplifiera un peu les équations dont il s'agit.

Supposons donc que l'axe des coordonnées c passe par le centre de gravité du corps; on aura alors, par les propriétés de ce centre, $SaDm = 0$, $SbDm = 0$, et si on nomme k la distance entre le centre du corps, qui est le point de suspension, et son centre de gravité, il est visible qu'on aura aussi $S(c-k)Dm = 0$; donc $ScDm = SkDm = kSDm = km$, en nommant m la masse du corps.

Faisant ces substitutions et mettant K pour km, on aura les trois équations suivantes :

$$\left.\begin{array}{l}\dfrac{d.\frac{dT}{dp}}{dt}+q\,\dfrac{dT}{dr}-r\,\dfrac{dT}{dq}+K\zeta''=0\\[2ex]\dfrac{d.\frac{dT}{dq}}{dt}+r\,\dfrac{dT}{dp}-p\,\dfrac{dT}{dr}-K\zeta'=0\\[2ex]\dfrac{d.\frac{dT}{dr}}{dt}+p\,\dfrac{dT}{dq}-q\,\dfrac{dT}{dp}=0\end{array}\right\}\cdots\cdots (E),$$

dans lesquelles

$$T=\frac{1}{2}(Ap^2+Bq^2+Cr^2)-Fqr-Gpr-Hpq.$$

35. On peut d'abord trouver deux intégrales de ces équations, en les ajoutant ensemble, après les avoir multipliées respectivement par p, q, r ou par ζ', ζ'', ζ'''; car à cause de $d\zeta'=(\zeta''r-\zeta'''q)dt$, $d\zeta''=(\zeta'''p-\zeta'r)dt$, $d\zeta'''=(\zeta'q-\zeta''p)dt$ (art. 27), on aura ainsi les deux équations

$$pd.\frac{dT}{dp}+qd.\frac{dT}{dq}+rd.\frac{dT}{dr}-Kd\zeta'''=0,$$

$$\zeta'd.\frac{dT}{dp}+\zeta''d.\frac{dT}{dq}+\zeta'''d.\frac{dT}{dr}+\frac{dT}{dp}d\zeta'+\frac{dT}{dq}d\zeta''+\frac{dT}{dr}d\zeta'''=0,$$

dont les intégrales sont

$$p\,\frac{dT}{dp}+q\,\frac{dT}{dq}+r\,\frac{dT}{dr}-T-K\zeta'''=f,$$

$$\zeta'\,\frac{dT}{dp}+\zeta''\,\frac{dT}{dq}+\zeta'''\frac{dT}{dr}=h,$$

f et h étant deux constantes arbitraires.

Il paraît difficile de trouver d'autres intégrales, et par conséquent de résoudre le problème en général. Mais on y peut parvenir

nir en supposant que la figure du corps soit assujétie à des conditions particulières.

Ainsi en supposant $F = 0$, $G = 0$, $H = 0$, et de plus $A = B$, on aura $\frac{dT}{dp} = Ap$, $\frac{dT}{dq} = Aq$, et la troisième des équations (E) deviendra $d.\frac{dT}{dr} = 0$, dont l'intégrale est $\frac{dT}{dr} = const.$

Ce cas est celui où l'axe des ordonnées c, c'est-à-dire la droite qui passe par le point de suspension et par le centre de gravité, est un axe naturel de rotation, et où les *momens d'inertie* autour des deux autres axes sont égaux (art. 32), ce qui a lieu en général dans tous les solides de révolution, lorsque le point fixe est pris dans l'axe de révolution. La solution de ce cas est facile, d'après les trois intégrales qu'on vient de trouver.

En effet, puisque $T = \frac{A(p^2+q^2)}{2} + \frac{Cr^2}{2}$, il est visible que ces trois intégrales se réduiront à cette forme :

$$A(p^2 + q^2) + Cr^2 - 2K\zeta''' = 2f,$$
$$A(\zeta' p + \zeta'' q) + C\zeta''' r = h,$$
$$r = n,$$

f, h, n étant des constantes arbitraires.

Donc si on substitue pour ζ', ζ'', ζ''', et pour p, q, r leurs valeurs en fonctions de φ, ψ, ω (art. 7, 20), on aura ces trois équations,

$$A\frac{\sin\omega^2 d\psi^2 + d\omega^2}{dt^2} + Cn^2 - 2K\cos\omega = 2f,$$

$$A\frac{\sin\omega^2 d\psi}{dt} + Cn\cos\omega = h,$$

$$\frac{d\varphi + \cos\omega d\psi}{dt} = n,$$

lesquelles ont, comme l'on voit, l'avantage que les angles finis ψ et φ ne s'y trouvent pas.

La seconde donne d'abord

$$\frac{d\psi}{dt} = \frac{h - Cn\cos\omega}{A\sin\omega^2},$$

et cette valeur étant substituée dans la première, on aura

$$dt = \frac{A\sin\omega d\omega}{\sqrt{[A\sin\omega^2(2f - Cn^2 + 2K\cos\omega) - (h - Cn\cos\omega)^2]}};$$

ensuite la seconde et la troisième donneront

$$d\psi = \frac{(h - Cn\cos\omega)d\omega}{\sin\omega\sqrt{[A\sin\omega^2(2f - Cn^2 + 2K\cos\omega) - (h - Cn\cos\omega)^2]}},$$

$$d\varphi = \frac{(An - h\cos\omega + (C - A)n\cos\omega^2)d\omega}{\sin\omega\sqrt{[A\sin\omega^2(2f - Cn^2 + 2K\cos\omega) - (h - Cn\cos\omega)^2]}},$$

équations où les indéterminées sont séparées, mais dont l'intégration dépend en général de la rectification des sections coniques.

56. Reprenons les équations (E) et substituons-y les valeurs de $\frac{dT}{dp}$, $\frac{dT}{dq}$, $\frac{dT}{dr}$ en p, q, r; elles deviendront

$$\frac{Adp - Gdr - Hdq}{dt} + (C - B)qr + F(r^2 - q^2) - Gpq + Hpr + K\zeta'' = 0,$$

$$\frac{Bdq - Fdr - Hdp}{dt} + (A - C)pr + G(p^2 - r^2) - Hqr + Fpq - K\zeta' = 0,$$

$$\frac{Cdr - Fdq - Gdp}{dt} + (B - A)pq + H(q^2 - p^2) - Fpr + Gqr = 0.$$

Dans l'état de repos du corps, les trois quantités p, q, r sont nulles, puisque $\sqrt{(p^2 + q^2 + r^2)}$ est la vîtesse instantanée de rotation (art. 29); donc on aura alors $\zeta' = 0$ et $\zeta'' = 0$; ensorte qu'à cause de $\zeta'^2 + \zeta''^2 + \zeta'''^2 = 1$, et par conséquent de $\zeta''' = 1$, l'axe des coordonnées ζ coïncidera avec celui des ordonnées c; c'est-à-dire que ce dernier axe qui passe par le centre de gravité du corps, et que nous nommerons dorénavant l'*axe du corps*, sera vertical, ce qui est l'état d'équilibre du corps; et cela se voit encore mieux par les formules de l'article 7, lesquelles donnent $\sin\varphi \sin\omega = 0$, $\cos\varphi \sin\omega = 0$, et par conséquent $\omega = 0$, ω étant l'angle des deux axes des coordonnées c et ζ.

Si donc en supposant le corps en mouvement, on suppose en même temps que son axe s'éloigne très-peu de la verticale, ensorte que l'angle de déviation ω demeure toujours très-petit, alors les quantités ζ', ζ'' seront très-petites, et l'on aura le cas où le corps ne fait que de très-petites oscillations autour de la verticale, en ayant en même temps un mouvement quelconque de rotation autour de son axe.

Ce cas, qui n'a pas encore été résolu, peut l'être facilement et complètement par nos formules; car en regardant ζ'' et ζ''' comme très-petites du premier ordre, et négligeant les quantités très-petites du second ordre et des ordres suivans, on trouve, par les équations de condition de l'article 5, $\zeta''' = 1$, $\xi''' = -\xi'\zeta' - \xi''\zeta''$, $\eta''' = -\eta'\zeta' - \eta''\zeta''$ et $\xi'^2 + \xi''^2 = 1$, $\eta'^2 + \eta''^2 = 1$, $\xi'\eta' + \xi''\eta'' = 0$; donc $\xi' = \sin\pi$, $\xi'' = \cos\pi$, $\eta' = \sin\theta$, $\eta'' = \cos\theta$ et $\cos(\pi - \theta) = 0$; d'où $\pi = 90° + \theta$, et par conséquent $\xi' = \cos\theta$, $\xi'' = -\sin\theta$. Substituant ces valeurs dans les expressions de dP, dQ, dR de l'article 11, on aura $dP = \zeta' d\theta + d\zeta''$, $dQ = \zeta'' d\theta - d\zeta'$, $dR = d\theta$, en négligeant toujours les quantités du second ordre.

Ainsi donc on aura

$$p = \frac{dP}{dt} = \frac{\zeta' d\theta + d\zeta''}{dt},$$

$$q = \frac{dQ}{dt} = \frac{\zeta'' d\theta - d\zeta'}{dt},$$

$$r = \frac{dR}{dt} = \frac{d\theta}{dt},$$

valeurs qui, étant substituées dans les équations différentielles ci-dessus, donneront, en négligeant les puissances et les produits de ζ' et ζ'', des équations linéaires pour la détermination de ces variables.

Mais avant de faire ces substitutions, on remarquera qu'en supposant ζ' et ζ'' nuls, les équations dont il s'agit donneront

$$-G\frac{d^2\theta}{dt^2}+F\frac{d\theta^2}{dt^2}=0,\quad -F\frac{d^2\theta}{dt^2}-G\frac{d\theta^2}{dt^2}=0,\quad C\frac{d^2\theta}{dt^2}=0.$$

Donc puisque C ne saurait devenir nul, à moins que le corps ne se réduise à une ligne physique, C étant $=S(a^2+b^2)Dm$, il s'ensuit qu'on ne peut satisfaire à ces équations qu'en faisant $\frac{d^2\theta}{dt^2}=0$, et ensuite, ou $\frac{d\theta}{dt}=0$, ou $F=0$ et $G=0$.

De là il est facile de conclure que lorsque ζ' et ζ'' ne sont pas nuls, mais seulement très-petits, il faudra que les valeurs de $\frac{d\theta}{dt}$, ou de F et G soient aussi très-petites, ce qui fait deux cas qui demandent à être examinés séparément.

37. Supposons premièrement que $\frac{d\theta}{dt}$ soit une quantité très-petite du même ordre que ζ' et ζ'', on aura, aux quantités du second ordre près, $p=\frac{d\zeta''}{dt}$, $q=-\frac{d\zeta'}{dt}$.

Par ces substitutions, en négligeant toujours les quantités du second ordre et changeant, pour plus de simplicité, les lettres ζ', ζ'' en s, u, les équations différentielles de l'article précédent deviendront

$$\frac{Ad^2u-Gd^2\theta+Hd^2s}{dt^2}+Ku=0,$$

$$-\frac{Bd^2s-Fd^2\theta-Hd^2u}{dt^2}-Ks=0,$$

$$\frac{Cd^2\theta+Fd^2s-Gd^2u}{dt^2}=0.$$

La dernière donne $\frac{d^2\theta}{dt^2}=\frac{Gd^2u-Fd^2s}{Cdt^2}$; et cette valeur étant substituée dans les deux premières, on aura ces deux-ci :

$$\frac{(AC-G^2)d^2u+(CH+GF)d^2s}{dt^2}+CKu=0,$$
$$\frac{(BC-F^2)d^2s+(CH+GF)d^2u}{dt^2}+CKs=0,$$

dont l'intégration est facile par les méthodes connues.

Qu'on suppose pour cela

$$s=\alpha\sin(\rho t+\beta), \qquad u=\gamma\sin(\rho t+\beta),$$

α, β, γ, ρ étant des constantes indéterminées; on aura, après ces substitutions, ces deux équations de condition,

$$(AC-G^2)\gamma\rho^2+(CH+GF)\alpha\rho^2-CK\gamma=0,$$
$$(BC-F^2)\alpha\rho^2+(CH+GF)\gamma\rho^2-CK\alpha=0,$$

lesquelles donnent

$$\frac{\gamma}{\alpha}=\frac{(CH+GF)\rho^2}{CK-(AC-G^2)\rho^2}=\frac{CK-(BC-F^2)\rho^2}{(CH+GF)\rho^2};$$

d'où résulte cette équation en ρ,

$$\frac{C^2K^2}{\rho^4}-[BC-F^2+AC-G^2]\frac{CK}{\rho^2}$$
$$+(BC-F^2)(AC-G^2)-(CH+GF)^2=0,$$

laquelle aura, comme l'on voit, quatre racines égales deux à deux, et de signe contraire.

Si donc on désigne en général par ρ et ρ' les racines inégales de cette équation, abstraction faite de leur signe, et qu'on prenne quatre constantes arbitraires α, α', β, β', on aura en général

$$s=\alpha\sin(\rho t+\beta)+\alpha'\sin(\rho' t+\beta'),$$

et par conséquent

$$u=\frac{(CH+GF)\rho^2\alpha\sin(\rho t+\beta)}{CK-(AC-G^2)\rho^2}+\frac{(CH+GF)\rho'^2\alpha'\sin(\rho' t+\beta')}{CK-(AC-G^2)\rho'^2}.$$

Enfin on aura, en intégrant la valeur de $\frac{d^2\theta}{dt^2}$,

$$\theta = f + ht + \frac{Gu - Fs}{C}.$$

De sorte que l'on connaîtra ainsi toutes les variables en fonctions de t, et le problème sera résolu.

Au reste, comme cette solution est fondée sur l'hypothèse que s, u et $\frac{d\theta}{dt}$ soient de très-petites quantités, il faudra, pour qu'elle soit légitime, 1°. que les constantes α, α' et h soient aussi très-petites; 2°. que les racines ρ, ρ' soient réelles et inégales, afin que l'angle t soit toujours sous le signe des sinus. Or cette seconde condition exige ces deux-ci,

$$BC - F^2 + AC - G^2 > 0,$$
$$[BC - F^2 + AC - G^2]^2 > 4[(BC - F^2)(AC - G^2) - (CH + GF)^2];$$

lesquelles dépendent uniquement de la figure du corps, et de la situation du point de suspension.

38. Supposons, en second lieu, que les constantes F et G soient aussi très-petites du même ordre que ζ' et ζ''; alors négligeant les quantités du second ordre, et mettant s, u à la place de ζ', ζ'', les équations différentielles de l'article 36 deviendront

$$\frac{A(d.sd\theta + d^2u)}{dt^2} - \frac{Gd^2\theta}{dt^2} - \frac{H(d.ud\theta - d^2s)}{dt^2}$$
$$+ \frac{(C-B)(ud\theta - ds)d\theta}{dt^2} + \frac{Fd\theta^2}{dt^2} + \frac{H(sd\theta + du)d\theta}{dt^2} + Ku = 0,$$
$$\frac{B(d.ud\theta - d^2s)}{dt^2} - \frac{Fd^2\theta}{dt^2} - \frac{H(d.sd\theta + d^2u)}{dt^2}$$
$$+ \frac{(A-C)(sd\theta + du)d\theta}{dt^2} - \frac{Gd\theta^2}{dt^2} - \frac{H(ud\theta - ds)d\theta}{dt^2} - Ks = 0,$$
$$\frac{Cd^2\theta}{dt^2} = 0.$$

La dernière donne $\frac{d^2\theta}{dt^2} = 0$, et intégrant, $\frac{d\theta}{dt} = n$, n étant une constante arbitraire de grandeur quelconque.

Substituant cette valeur de $\frac{d\theta}{dt}$ dans les deux équations, on aura celles-ci :

$$A\frac{d^2u}{dt^2} + H\frac{d^2s}{dt^2} + (A + B - C)n\frac{ds}{dt}$$
$$+ (C - B)n^2u + Fn^2 + Hn^2s + Ku = 0,$$
$$B\frac{d^2s}{dt^2} + H\frac{d^2u}{dt^2} - (A + B - C)n\frac{du}{dt}$$
$$+ (C - A)n^2s + Gn^2 + Hn^2u + Ks = 0,$$

dont l'intégration n'a aucune difficulté.

Qu'on les divise par n^2, et qu'on y remette, pour plus de simplicité, $d\theta$ à la place de ndt, en se souvenant que $d\theta$ est désormais constant, on aura, en ordonnant les termes et faisant $L = \frac{K}{n^2} = \frac{km}{n^2}$ (art. 34),

$$(C - A + L)s + B\frac{d^2s}{d\theta^2} + (C - A - B)\frac{du}{d\theta} + H\left(u + \frac{d^2u}{d\theta^2}\right) + G = 0,$$
$$(C - B + L)u + A\frac{d^2u}{d\theta^2} - (C - A - B)\frac{ds}{d\theta} + H\left(s + \frac{d^2s}{d\theta^2}\right) + F = 0.$$

Pour intégrer ces équations, je commence par faire disparaître les termes tout constans, en supposant $s = x + f$, $u = y + h$, et déterminant les constantes f, h, ensorte que les termes F et G disparaissent; ce qui donnera ces deux équations de condition,

$$(C - A + L)f + Hh + G = 0, \quad (C - B + L)h + Hf + F = 0;$$

d'où l'on tirera

$$f = \frac{FH - G(C - B + L)}{(C - B + L)(C - A + L) - H^2},$$
$$h = \frac{GH - F(C - A + L)}{(C - B + L)(C - A + L) - H^2};$$

et l'on aura en x, y, θ les mêmes équations qu'en s, u, θ, avec cette seule différence que les termes constans G, F n'y seront plus.

Je suppose maintenant $x = \alpha e^{i\theta}$, $y = \beta e^{i\theta}$, α, β et i étant des constantes indéterminées, et e le nombre dont le logarithme hyperbolique est 1. Comme tous les termes des équations à intégrer contiennent x et y à la première dimension, il s'ensuit qu'ils seront, après les substitutions, tous divisibles par $e^{i\theta}$, et il restera ces deux équations de condition,

$$[C - A + L + Bi^2]\alpha + [(C - A - B)i + H(1 + i^2)]\beta = 0,$$
$$[C - B + L + Ai^2]\beta - [(C - A - B)i - H(1 + i^2)]\alpha = 0,$$

lesquelles donnent

$$\frac{\beta}{\alpha} = - \frac{C - A + L + Bi^2}{(C - A - B)i + H(1 + i^2)} = \frac{(C - A - B)i - H(1 + i^2)}{C - B + L + Ai^2},$$

de sorte qu'on aura, en multipliant en croix, cette équation en i,

$$[C - B + L + Ai^2][C - A + L + Bi^2] + (C - A - B)^2 i^2 - H^2(1 + i^2)^2 = 0,$$

laquelle, en faisant $1 + i^2 = \rho$, se réduit à cette forme,

$$(AB - H^2)\rho^2 + [(A + B)(L - C) + C^2]\rho + L^2 - 2L(A + B - C) = 0.$$

Ayant déterminé ρ par cette équation, on aura

$$x = \alpha e^{\theta\sqrt{(\rho - 1)}}, \quad y = \alpha \frac{(A + B - C)\sqrt{(\rho - 1)} + H\rho}{A + B - C - L - A\rho} e^{\theta\sqrt{(\rho - 1)}},$$

et la constante α demeurera indéterminée. Or comme l'équation en ρ a deux racines, et que le radical $\sqrt{(\rho - 1)}$ peut être pris également en plus et en moins, on aura ainsi quatre valeurs différentes de x, y, lesquelles étant réunies satisferont également aux équations proposées, puisque les variables x, y n'y sont que sous la forme linéaire. Prenant donc quatre constantes différentes pour α, on aura de cette manière les valeurs complètes de x et y, puisque ces valeurs ne dépendant que de deux équations différentielles

rentielles du second ordre, ne sauraient renfermer au-delà de quatre constantes arbitraires.

39. Pour que les expressions de x et y ne contiennent point d'arcs de cercle, il faut que $\sqrt{(\rho - 1)}$ soit imaginaire, et qu'ainsi ρ soit une quantité réelle et moindre que l'unité.

Dénotons par ρ et σ les deux racines de l'équation en ρ, supposées réelles et moindres que l'unité, et donnons aux quatre constantes arbitraires cette forme imaginaire,

$$\frac{\alpha e^{\beta\sqrt{-1}}}{2\sqrt{-1}}, \quad -\frac{\alpha e^{-\beta\sqrt{-1}}}{2\sqrt{-1}}, \quad \frac{\gamma e^{\varepsilon\sqrt{-1}}}{2\sqrt{-1}}, \quad -\frac{\gamma e^{-\varepsilon\sqrt{-1}}}{2\sqrt{-1}};$$

on aura, en faisant ces substitutions et passant des exponentielles aux sinus et cosinus, ces expressions complètes et réelles de x et y,

$$x = \alpha \sin[\theta\sqrt{(1-\rho)} + \beta] + \gamma \sin[\theta\sqrt{(1-\sigma)} + \varepsilon],$$

$$\begin{aligned} y = {} & \frac{\alpha(A+B-C)\sqrt{(1-\rho)}}{B-C+A(1-\rho)-L}\cos[\theta\sqrt{(1-\rho)} + \beta] \\ & + \frac{\alpha H\rho}{B-C+A(1-\rho)-L}\sin[\theta\sqrt{(1-\rho)} + \beta] \\ & + \frac{\gamma(A+B-C)\sqrt{(1-\sigma)}}{B-C+A(1-\sigma)-L}\cos[\theta\sqrt{(1-\sigma)} + \varepsilon] \\ & + \frac{\gamma H\sigma}{B-C+A(1-\sigma)-L}\sin[\theta\sqrt{(1-\sigma)} + \varepsilon], \end{aligned}$$

où α, β, γ, ε sont des constantes arbitraires dépendantes de l'état initial du corps.

Ayant ainsi x et y, on aura

$$s = x + \frac{FH + G(B-C-L)}{(A-C-L)(B-C-L)-H^2},$$

$$u = y + \frac{GH + F(A-C-L)}{(A-C-L)(B-C-L)-H^2}.$$

Donc prenant pour θ un angle quelconque proportionnel au temps, on aura (art. 36) ces valeurs des neuf variables ξ', η', ζ', ξ'', η'', etc.,

$$\begin{array}{lll}\xi' = \cos\theta, & \eta' = \sin\theta, & \zeta' = s,\\ \xi'' = -\sin\theta, & \eta'' = \cos\theta, & \zeta'' = u,\\ \xi''' = -s\cos\theta + u\sin\theta, & \eta''' = -s\sin\theta - u\cos\theta, & \zeta''' = 1;\end{array}$$

ensorte qu'on connaîtra les coordonnées ξ, η, ζ de chaque point du corps pour un instant quelconque (art. 1).

Si on compare les expressions précédentes de ξ', η', etc., avec celles de l'article 7, on en déduira facilement les valeurs des angles de rotation φ, ψ, ω; et l'on trouvera $\varphi + \psi = \theta$, $\sin\varphi \sin\omega = s$, $\cos\varphi \sin\omega = u$; d'où l'on tire,

$$\operatorname{tang}\omega = \sqrt{(s^2 + u^2)}, \quad \operatorname{tang}\varphi = \frac{s}{u}, \quad \psi = \theta - \varphi:$$

Et il est facile de voir, d'après les définitions de l'article 7, que ω sera l'inclinaison supposée très-petite de l'axe du corps avec la verticale; que ψ sera l'angle que cet axe décrit en tournant autour de la verticale, et que φ sera l'angle que le corps même décrit en tournant autour du même axe, ces deux derniers angles pouvant être de grandeur quelconque.

40. Mais il faut, pour l'exactitude de cette solution, que les variables s et u demeurent toujours très-petites. Ainsi, non-seulement les constantes α et γ, qui dépendent de l'état initial du corps, devront être très-petites; mais il faudra que les valeurs des constantes F et G, données par la figure du corps, soient aussi très-petites, et que de plus les racines ρ et σ soient réelles et positives, afin que l'angle θ soit toujours renfermé dans des sinus ou cosinus.

Si on suppose $F = 0$, $G = 0$, savoir, $SbcDm = 0$, $SacDm = 0$, on aura les conditions nécessaires pour que les momens des forces centrifuges autour de l'axe du corps, qui est en même temps celui des coordonnées c, se détruisent, ensorte que le corps puisse tourner uniformément et librement autour de cet axe. Or on sait qu'il y a dans chaque corps trois axes perpendiculaires entr'eux, et passant par le centre de gravité, lesquels ont cette propriété, et qu'on nomme communément, d'après Euler, les *axes principaux du corps*. Donc, puisque nous avons supposé que l'axe du corps passe en même temps par le centre de gravité et par le point de suspension, il s'ensuit que les quantités F et G seront nulles, lorsque le corps sera suspendu par un point quelconque pris dans un de ses axes principaux.

Donc, pour que ces quantités, sans être absolument nulles, soient du moins très-petites, il faudra que le point de suspension du corps soit très-près d'un de ses axes principaux; c'est la première condition nécessaire pour que l'axe du corps ne fasse que de très-petites oscillations autour de la verticale, le corps lui-même ayant d'ailleurs un mouvement quelconque de rotation autour de cet axe.

L'autre condition nécessaire pour que ces oscillations soient toujours très-petites, dépend de l'équation en ρ et se réduit à celles-ci :

$$[(A+B)(L-C)+C^2]^2 > 4(AB-H^2)[L^2-2L(A+B-C)]$$

$$\frac{2(AB-H^2)+(A+B)(L-C)+C^2}{AB-H^2} > 0,$$

$$\frac{(A-C-L)(B-C-L)-H^2}{AB-H^2} > 0,$$

lesquelles dépendent à-la-fois de la situation du point de suspension et de la figure du corps.

41. La solution que nous venons de donner embrasse la théorie des petites oscillations des pendules, dans toute la généralité

dont elle est susceptible. On sait que Huyghens a donné le premier la théorie des oscillations circulaires; Clairaut y a ajouté ensuite celle des oscillations coniques, qui ont lieu lorsque le pendule étant tiré de sa ligne de repos, reçoit une impulsion dont la direction ne passe pas par cette ligne. Mais si le pendule reçoit en même temps un mouvement de rotation autour de son axe, la force centrifuge produite par ce mouvement pourra déranger beaucoup les oscillations, soit circulaires, soit coniques, et la détermination de ces nouvelles oscillations est un problème qui n'avait pas encore été résolu complètement, et pour des pendules de figure quelconque. C'est la raison qui m'a déterminé à m'en occuper ici.

DIXIÈME SECTION.

Sur les Principes de l'Hydrodynamique.

La détermination du mouvement des fluides est l'objet de l'Hydrodynamique; celui de l'Hydraulique ordinaire se réduit à l'art de conduire les eaux, et de les faire servir au mouvement des machines. Cet art a dû être cultivé de tout temps, pour le besoin qu'on en a toujours eu, et les anciens y ont peut-être autant excellé que nous, à en juger par ce qu'ils nous ont laissé dans ce genre.

Mais l'Hydrodynamique est une science née dans le siècle dernier. Newton a tenté le premier de calculer, par les principes de la Mécanique, le mouvement des fluides, et d'Alembert est le premier qui ait réduit les vrais lois de leur mouvement à des équations analytiques. Archimède et Galilée (car l'intervalle qui a séparé ces deux grands génies disparaît dans l'histoire de la Mécanique) ne s'étaient occupés que de l'équilibre des fluides.

Torricelli commença à examiner le mouvement de l'eau qui sort d'un vase par une ouverture fort petite, et à y chercher une loi. Il trouva qu'en donnant au jet une direction verticale, il atteint toujours à très-peu-près le niveau de l'eau dans le vase; et comme il est à présumer qu'il l'atteindrait exactement sans la résistance de l'air et les frottemens, Torricelli en conclut que la vîtesse de l'eau qui s'écoule est la même que celle qu'elle aurait acquise en tombant librement de la hauteur du niveau, et que cette vîtesse est par conséquent proportionnelle à la racine quarrée de la même hauteur.

Ne pouvant cependant parvenir à une démonstration rigoureuse de cette proposition, il se contenta de la donner comme un principe d'expérience, à la fin de son Traité *de Motu naturaliter accelerato*, imprimé en 1643. Newton entreprit de la démontrer dans le second livre des Principes mathématiques, qui parurent en 1687; mais il faut avouer que c'est l'endroit le moins satisfaisant de ce grand ouvrage.

Si on considère une colonne d'eau qui tombe librement dans le vide, il est aisé de se convaincre qu'elle doit prendre la figure d'un conoïde formé par la révolution d'une hyperbole du quatrième ordre autour de l'axe vertical; car la vîtesse de chaque tranche horizontale est, d'un côté, comme la racine quarrée de la hauteur d'où elle est descendue, et de l'autre elle doit être, par la continuité de l'eau, en raison inverse de la largeur de cette tranche, et par conséquent en raison inverse du quarré de son rayon; d'où il résulte que la portion de l'axe, ou l'abscisse qui représente la hauteur, est en raison inverse de la quatrieme puissance de l'ordonnée de l'hyperbole génératrice. Si donc on se représente un vase qui ait la figure de ce conoïde, et qui soit entretenu toujours plein d'eau, et qu'on suppose le mouvement de l'eau parvenu à un état permanent, il est clair que chaque particule d'eau y descendra comme si elle était libre, et qu'elle aura par conséquent, au sortir de l'orifice, la vîtesse due à la hauteur du vase de laquelle elle est tombée.

Or Newton imagine que l'eau qui remplit un vase cylindrique vertical, percé à son fond d'une ouverture par laquelle elle s'échappe, se partage naturellement en deux parties, dont l'une est seule en mouvement et a la figure du conoïde dont nous venons de parler, c'est ce qu'il nomme la *cataracte;* l'autre est en repos, comme si elle était glacée. De cette manière, il est clair que l'eau doit s'échapper avec une vîtesse égale à celle qu'elle aurait acquise en tombant de la hauteur du vase, comme Torricelli l'avait trouvée par l'expérience. Cependant Newton ayant mesuré la quantité d'eau sortie dans un temps donné, et l'ayant comparée à la grandeur de l'orifice, en avait conclu, dans la première édition de ses Principes, que la vîtesse, au sortir du vase, n'était due qu'à la moitié de la hauteur de l'eau dans le vase. Cette erreur venait de ce qu'il n'avait pas d'abord fait attention à la contraction de la veine; il y eut égard dans la seconde édition, qui parut en 1714, et il reconnût que la section la plus petite de la veine était, à l'ouverture du vase, à peu près comme 1 à $\sqrt{2}$; de sorte qu'en prenant cette section pour le vrai orifice, la vîtesse doit être augmentée dans la même raison de 1 à $\sqrt{2}$, et répondre par conséquent à la hauteur entière de l'eau. De cette manière, sa théorie se trouva rapprochée de l'expérience, mais elle n'en devint pas pour cela plus exacte; car la formation de la cataracte ou vase fictif dans lequel l'eau est supposée se mouvoir, tandis que l'eau latérale demeure en repos, est évidemment contraire aux lois connues de l'équilibre des fluides, puisque l'eau qui tomberait dans cette cataracte, avec toute la force de sa pesanteur, n'exerçant aucune pression latérale, ne saurait résister à celle du fluide stagnant qui l'environne.

Vingt ans auparavant, Varignon avait donné à l'Académie des Sciences de Paris une explication plus naturelle et plus plausible du phénomène dont il s'agit. Ayant remarqué que quand l'eau s'écoule d'un vase cylindrique par une petite ouverture faite au fond, elle n'a dans le vase qu'un mouvement très-petit et sensiblement uniforme pour toutes les particules, il en conclut qu'il ne s'y faisait aucune accélération, et que la partie du fluide qui s'échappe à chaque instant, recevait tout son mouvement de la pression produite par le poids de la colonne de fluide dont elle est la base. Ainsi ce poids, qui est comme la largeur de l'orifice multipliée par la hauteur de l'eau dans le vase, doit être proportionnel à la quantité de mouvement engendrée dans la particule qui sort à chaque instant par le même orifice. Or cette quantité de mouvement est, comme l'on sait, proportionnelle à la vîtesse et à la masse, et la masse est ici comme le produit de la largeur de l'orifice par le petit espace que la particule parcourt dans l'instant donné, espace qui est évidemment proportionnel à la vîtesse même de cette particule; par conséquent la quantité du mouvement dont il s'agit est en raison de la largeur de l'orifice multipliée par le quarré de la vîtesse. Donc enfin la hauteur de l'eau dans le vase est proportionnelle au quarré de la vîtesse avec laquelle elle s'échappe, ce qui est le théorème de Torricelli.

Ce raisonnement a néanmoins encore quelque chose de vague, car on y suppose tacitement que la petite masse qui s'échappe à chaque instant du vase, acquiert brusquement toute sa vîtesse par la pression de la colonne qui répond à l'orifice. Or on sait qu'une pression ne peut pas produire tout-à-coup une vîtesse finie. Mais en supposant, ce qui est naturel, que le poids de la colonne agisse sur la particule pendant tout le temps qu'elle met à sortir du vase, il est clair que cette particule recevra un mouvement accéléré, dont la quantité, au bout d'un temps quelconque, sera proportionnelle à la pression multipliée par le temps. Donc le produit du poids de la colonne, par le temps de la sortie de la particule, sera égal au produit de la masse de cette particule, par la vîtesse qu'elle aura acquise; et comme la masse est le produit de la largeur de l'orifice par le petit espace que la particule décrit en sortant du vase, espace qui, par la nature des mouvemens uniformément accélérés, est comme le produit de la vîtesse par le temps; il s'ensuit que la hauteur de la colonne, sera de nouveau comme le quarré de la vîtesse acquise. Cette conclusion est donc rigoureuse, pourvu qu'on accorde que chaque particule, en sortant du vase, est pressée

par

par le poids entier de toute la colonne du fluide qui a cette particule pour base; c'est ce qui aurait lieu en effet, si le fluide contenu dans le vase y était stagnant; car alors sa pression sur la partie du fond où est l'ouverture, serait égale au poids de la colonne dont elle est la base; mais cette pression doit être différente lorsque le fluide est en mouvement. Cependant il est clair que plus il approchera de l'état de repos, plus aussi sa pression sur le fond approchera du poids total de la colonne verticale; d'ailleurs l'expérience fait voir que le mouvement du fluide dans le vase est d'autant moindre que l'ouverture est plus petite. Ainsi la théorie précédente approchera d'autant plus de la vérité, que les dimensions du vase seront plus grandes relativement à l'ouverture par laquelle le fluide s'écoule, et c'est ce que l'expérience confirme.

Par une raison contraire, la même théorie devient insuffisante pour déterminer le mouvement des fluides qui coulent dans des tuyaux dont la largeur est assez petite, et varie peu. Il faut alors considérer à-la-fois tous les mouvemens des particules du fluide, et examiner comment ils doivent être changés et altérés par la figure du canal. Or l'expérience apprend que quand le tuyau a une direction peu différente de la verticale, les différentes tranches horizontales du fluide conservent à très-peu près leur parallélisme, ensorte qu'une tranche prend toujours la place de celle qui la précède; d'où il suit, à cause de l'incompressibilité du fluide, que la vîtesse de chaque tranche horizontale, estimée suivant le sens vertical, doit être en raison inverse de la largeur de cette tranche, largeur qui est donnée par la figure du vase.

Il suffit donc de déterminer le mouvement d'une seule tranche, et le problème est en quelque manière analogue à celui du mouvement d'un pendule composé. Ainsi, comme selon la théorie de Jacques Bernoulli, les mouvemens acquis et perdus à chaque instant par les différens poids qui forment le pendule, se font mutuellement équilibre dans le levier, il doit y avoir équilibre dans le tuyau entre les différentes tranches du fluide animées chacune de la vîtesse acquise ou perdue à chaque instant; et de là par l'application des principes déjà connus de l'équilibre des fluides, on aurait pu d'abord déterminer le mouvement d'un fluide dans un tuyau, comme on avait déterminé celui d'un pendule composé. Mais ce n'est jamais par les routes les plus simples et les plus directes, que l'esprit humain parvient aux vérités, de quelque genre qu'elles soient, et la matière que nous traitons en fournit un exemple frappant.

Nous avons exposé dans la première Section les différens pas qu'on avait faits pour arriver à la solution du problème du centre d'oscillation; et nous y avons vu que la véritable théorie de ce problème n'avait été découverte par Jacques Bernoulli que long-temps après que Huyghens l'eut résolu par le principe indirect de la conservation des forces vives. Il en a été de même du problème du mouvement des fluides dans des vases; et il est surprenant qu'on n'ait pas su d'abord profiter pour celui-ci des lumières que l'on avait déjà acquises par l'autre.

Le même principe de la conservation des forces vives fournit encore la première solution de ce dernier problème, et servit de base à l'Hydrodynamique de Daniel Bernoulli, imprimée en 1738, ouvrage qui brille d'ailleurs par une Analyse aussi élégante dans sa marche que simple dans ses résultats. Mais l'inexactitude de ce principe, qui n'avait pas encore été démontré d'une manière générale, devait en jeter aussi sur les propositions qui en résultent, et faisait desirer une théorie plus sûre et appuyée uniquement sur les lois fondamentales de la Mécanique. Maclaurin et Jean Bernoulli entreprirent de remplir cet objet, l'un dans son Traité des Fluxions, et l'autre dans sa nouvelle Hydraulique, imprimée à la suite de ses Œuvres. Leurs méthodes, quoique très-différentes, conduisent aux mêmes résultats que le principe de la conservation des forces vives; mais il faut avouer que celle de Maclaurin n'est pas assez rigoureuse et paraît arrangée d'avance, conformément aux résultats qu'il voulait obtenir; et quant à la méthode de Jean Bernoulli, sans adopter en entier les difficultés que d'Alembert lui a opposées, on doit convenir qu'elle laisse encore à desirer du côté de la clarté et de la précision.

On a vu, dans la première Section, comment d'Alembert, en généralisant la théorie de Jacques Bernoulli sur les pendules, était parvenu à un principe de Dynamique simple et général, qui réduit les lois du mouvement des corps à celles de leur équilibre. L'application de ce principe au mouvement des fluides se présentait d'elle-même, et l'auteur en donna d'abord un essai à la fin de sa Dynamique, imprimée en 1743; il l'a développée ensuite avec tout le détail convenable, dans son Traité des Fluides, qui parut l'année suivante, et qui renferme des solutions aussi directes qu'élégantes des principales questions qu'on peut proposer sur les fluides qui se meuvent dans des vases.

Mais ces solutions, comme celles de Daniel Bernoulli, étaient appuyées sur deux suppositions qui ne sont pas vraies en général. 1°. Que les différentes tranches du fluide conservent exactement leur parallélisme, ensorte qu'une tranche prend toujours la place de celle qui la précède. 2°. Que la vîtesse de chaque tranche ne varie point en direction, c'est-à-dire que tous les points d'une même tranche sont supposés avoir une vîtesse égale et parallèle. Lorsque le fluide coule dans des vases ou tuyaux fort étroits, les suppositions dont il s'agit sont très-plausibles et paraissent confirmées par l'expérience; mais hors de ce cas elles s'éloignent de la vérité, et il n'y a plus alors d'autre moyen pour déterminer le mouvement du fluide, que d'examiner celui que chaque particule doit avoir.

Clairaut avait donné dans sa Théorie de la figure de la Terre, imprimée en 1743, les lois générales de l'équilibre des fluides, dont toutes les particules sont animées par des forces quelconques; il ne s'agissait que de passer de ces lois à celles de leur mouvement, par le moyen du principe auquel d'Alembert avait réduit, à cette même époque, toute la dynamique. Ce dernier fit, quelques années après, ce pas important, à l'occasion du prix que l'Académie de Berlin proposa en 1750, sur la théorie de la résistance des fluides, et il donna le premier, en 1752, dans son Essai d'une nouvelle Théorie sur la résistance des Fluides, les équations rigoureuses du mouvement des fluides, soit incompressibles, soit compressibles et élastiques, équations qui appartiennent à la classe de celles qu'on nomme à différences partielles, parce qu'elles sont entre les différentes parties des différences relatives à plusieurs variables. Mais ces équations n'avaient pas encore toute la généralité et la simplicité dont elles étaient susceptibles. C'est à Euler qu'on doit les premières formules générales pour le mouvement des fluides, fondées sur les lois de leur équilibre, et présentées avec la notation simple et lumineuse des différences partielles. Voyez le volume de l'Académie de Berlin, pour l'année 1755. Par cette découverte, toute la Mécanique des fluides fut réduite à un seul point d'analyse; et si les équations qui la renferment étaient intégrables, on pourrait, dans tous les cas, déterminer complètement les circonstances du mouvement et de l'action d'un fluide mu par des forces quelconques; malheureusement elles sont si rebelles, qu'on n'a pu jusqu'à présent en venir à bout que dans des cas très-limités.

C'est donc dans ces équations et dans leur intégration que consiste toute la théorie de l'Hydrodynamique. D'Alembert employa d'abord pour les trouver, une méthode un peu compliquée; il en donna ensuite une plus simple; mais cette méthode étant fondée sur les lois de l'équilibre particulières aux fluides, fait de l'Hydrodynamique une science séparée de la Dynamique des corps solides. La réunion que nous avons faite, dans la première partie de cet ouvrage, de toutes les lois de l'équilibre des corps, tant solides que fluides dans une même formule, et l'application que nous venons de faire de cette formule aux lois du mouvement, nous conduisent naturellement à réunir de même la Dynamique et l'Hydrodynamique comme des branches d'un principe unique, et comme des résultats d'une seule formule générale.

C'est l'objet qui reste à remplir pour compléter notre travail sur la Mécanique, et acquitter l'engagement pris dans le titre de cet ouvrage.

ONZIÈME SECTION.

Du mouvement des Fluides incompressibles.

1. On pourrait déduire immédiatement les lois du mouvement de ces fluides, de celles de leur équilibre, que nous avons trouvées dans la Section septième de la première partie; car par le principe général exposé dans la seconde Section, il ne faut qu'ajouter aux forces accélératrices actuelles, les nouvelles forces accélératrices $\frac{d^2x}{dt^2}$, $\frac{d^2y}{dt^2}$, $\frac{d^2z}{dt^2}$, dirigées suivant les coordonnées rectangles x, y, z.

Ainsi, comme dans les formules de l'article 10 et suiv. de la Section septième citée, on a supposé toutes les forces accélératrices du fluide déjà réduites à trois, X, Y, Z, dans la direction des coordonnées x, y, z; il n'y aura, pour appliquer ces formules au mouvement des fluides, qu'à y substituer $X+\frac{d^2x}{dt^2}$, $Y+\frac{d^2y}{dt^2}$, $Z+\frac{d^2z}{dt^2}$ au lieu de X, Y, Z. Mais nous croyons qu'il est plus conforme à l'objet de cet ouvrage, d'appliquer directement aux fluides les équations générales données dans la Section quatrième, pour le mouvement d'un système quelconque de corps.

§ I.

Équations générales pour le mouvement des Fluides incompressibles.

2. On peut considérer un fluide incompressible comme composé d'une infinité de particules qui se meuvent librement entr'elles,

sans changer de volume; ainsi la question rentre dans le cas de l'article 17 de la Section citée ci-dessus.

Soit donc Dm la masse d'une particule ou élément quelconque du fluide, X, Y, Z les forces accélératrices qui agissent sur cet élément, réduites, pour plus de simplicité, aux directions des coordonnées rectangles x, y, z, et tendantes à diminuer ces coordonnées, $L=0$ l'équation de condition résultante de l'incompressibilité ou de l'invariabilité du volume Dm, λ une quantité indéterminée, et S une caractéristique intégrale correspondante à la caractéristique différentielle D et relative à toute la masse du fluide; on aura pour le mouvement du fluide cette équation générale (Sect. IV),

$$S\left[\left(\frac{d^2x}{dt^2}+X\right)\delta x+\left(\frac{d^2y}{dt^2}+Y\right)\delta y+\left(\frac{d^2z}{dt^2}+Z\right)\delta z\right]Dm+S\lambda\delta L=0.$$

Il faut maintenant substituer dans cette équation les valeurs de Dm et de δL, et après avoir fait disparaître les différences des variations, s'il y en a, égaler séparément à zéro les coefficiens des variations indéterminées δx, δy, δz.

Retenons la caractéristique D pour représenter les différences relatives à la situation instantanée des particules contiguës, tandis que la caractéristique d se rapportera uniquement au changement de position de la même particule dans l'espace; il est clair qu'on peut représenter le volume de la particule Dm par le parallélipipède $DxDyDz$; ainsi en nommant Δ la densité de cette particule, on aura $Dm=\Delta DxDyDz$.

De plus, il est visible que la condition de l'incompressibilité sera contenue dans l'équation $DxDyDz=const.$; de sorte qu'on aura $L=DxDyDz-const.$, et par conséquent $\delta L=\delta.(DxDyDz)$. Pour déterminer cette différentielle, il faut employer les mêmes considérations que dans l'article 11 de la Section septième de la première partie; ainsi en changeant seulement d en D dans les formules de cet endroit, on aura

$$\delta(DxDyDz) = DxDyDz\left(\frac{D\delta x}{Dx} + \frac{D\delta y}{Dy} + \frac{D\delta z}{Dz}\right).$$

Cette quantité étant multipliée par λ, et intégrée relativement à toute la masse du fluide, on aura la valeur de $S\lambda\delta L$, dans laquelle il faudra faire disparaître les doubles signes $D\delta$ par les mêmes procédés déjà employés dans l'article 17 de la Section citée. On aura ainsi,

$$\begin{aligned} S\lambda\delta L = &- S\left(\frac{D\lambda}{Dx}\delta x + \frac{D\lambda}{Dy}\delta y + \frac{D\lambda}{Dz}\delta z\right)DxDyDz \\ &+ S(\lambda''\delta x'' - \lambda'\delta x')\,DyDz + S(\lambda''\delta y'' - \lambda'\delta y')\,DxDz \\ &+ S(\lambda''\delta z'' - \lambda'\delta z')\,DxDy. \end{aligned}$$

Faisant donc ces substitutions dans le premier membre de l'équation générale, elle contiendra premièrement cette formule intégrale totale,

$$\begin{aligned} S\Big[&\left(\Delta\frac{d^2x}{dt^2} + \Delta X - \frac{D\lambda}{Dx}\right)\delta x \\ &+ \left(\Delta\frac{d^2y}{dt^2} + \Delta Y - \frac{D\lambda}{Dy}\right)\delta y \\ &+ \left(\Delta\frac{d^2z}{dt^2} + \Delta Z - \frac{D\lambda}{Dz}\right)\delta z\Big]\,DxDyDz \ldots\ldots (a), \end{aligned}$$

dans laquelle il faudra faire séparément égaux à zéro les coefficiens des variations δx, δy, δz, ce qui donnera ces trois équations indéfinies pour tous les points de la masse fluide,

$$\left.\begin{aligned} \Delta\left(\frac{d^2x}{dt^2} + X\right) - \frac{D\lambda}{Dx} = 0 \\ \Delta\left(\frac{d^2y}{dt^2} + Y\right) - \frac{D\lambda}{Dy} = 0 \\ \Delta\left(\frac{d^2z}{dt^2} + Z\right) - \frac{D\lambda}{Dz} = 0 \end{aligned}\right\} \ldots\ldots\ldots\ldots\ldots (A).$$

Il restera ensuite à faire disparaître les intégrales partielles,

$$\begin{aligned} &S(\lambda''\delta x'' - \lambda'\delta x')\, DyDz \\ +\, &S(\lambda''\delta y'' - \lambda'\delta y')\, DxDz \\ +\, &S(\lambda''\delta z'' - \lambda'\delta z')\, DxDy, \end{aligned}$$

lesquelles ne se rapportent qu'à la surface extérieure du fluide; et l'on en conclura, comme dans l'article 18 de la Section septième citée, que la valeur de λ devra être nulle pour tous les points de la surface où le fluide est libre; on prouvera de plus, comme dans l'article 31 de la même Section, que, relativement aux endroits où le fluide sera contenu par des parois fixes, les termes des integrales précédentes se détruiront mutuellement, ensorte qu'il n'en résultera aucune équation; et en général on démontrera, par un raisonnement semblable à celui des articles 32, 38, 39, que la quantité λ rapportée à la surface du fluide, y exprimera la pression que le fluide y exerce, et qui, lorsqu'elle n'est pas nulle, doit être contrebalancée par la résistance ou l'action des parois.

3. Les équations qu'on vient de trouver renferment donc les lois générales du mouvement des fluides incompressibles; mais il y faut joindre encore l'équation même qui résulte de la condition de l'incompressibilité du volume $DxDyDz$, pendant que le fluide se meut; cette équation sera donc représentée par $d.(DxDyDz) = 0$, de sorte qu'en changeant δ en d dans l'expression de $\delta.(DxDyDz)$ trouvée ci-dessus, et égalant à zéro, on aura

$$\frac{Ddx}{Dx} + \frac{Ddy}{Dy} + \frac{Ddz}{Dz} = 0 \ldots\ldots\ldots\ldots (B).$$

Cette équation, combinée avec les trois équations (A) de l'article précédent, servira donc à déterminer les quatre inconnues x, y, z et λ.

4. Pour avoir une idée nette de la nature de ces équations, il

faut considérer que les variables x, y, z qui déterminent la position d'une particule dans un instant quelconque, doivent appartenir à-la-fois à toutes les particules dont la masse fluide est composée; elles doivent donc être des fonctions du temps t, et des valeurs que ces mêmes variables ont eues au commencement du mouvement, ou dans un autre instant donné. Nommant donc a, b, c les valeurs de x, y, z, lorsque $t=0$, il faudra que les valeurs complètes de x, y, z soient des fonctions de a, b, c, t. De cette manière, les différences marquées par la caractéristique D, se rapporteront uniquement à la variabilité de a, b, c; et les différences marquées par l'autre caractéristique d se rapporteront simplement à la variabilité de t. Mais comme dans les équations trouvées il y a des différences relatives aux variables mêmes x, y, z, il faudra réduire celles-ci aux différences relatives à a, b, c, ce qui est toujours possible; car on n'a qu'à concevoir qu'on ait substitué dans les fonctions, avant la différentiation, les valeurs mêmes de x, y, z en a, b, c.

5. En regardant donc les variables x, y, z comme des fonctions de a, b, c, t, et représentant les différentielles selon la notation ordinaire des différences partielles, on aura

$$Dx = \frac{dx}{da}da + \frac{dx}{db}db + \frac{dx}{dc}dc,$$

$$Dy = \frac{dy}{da}da + \frac{dy}{db}db + \frac{dy}{dc}dc,$$

$$Dz = \frac{dz}{da}da + \frac{dz}{db}db + \frac{dz}{dc}dc;$$

et regardant en même temps la fonction λ comme une fonction de x, y, z, et comme une fonction de a, b, c, on aura

$$D\lambda = \frac{D\lambda}{Dx}Dx + \frac{D\lambda}{Dy}Dy + \frac{D\lambda}{Dz}Dz$$
$$= \frac{d\lambda}{da}\,da + \frac{d\lambda}{db}\,db + \frac{d\lambda}{dc}dc;$$

ces deux expressions de $D\lambda$ devant être identiques, si on substitue dans la première les valeurs de Dx, Dy, Dz en da, db, dc, il faudra que les coefficiens de da, db, dc soient les mêmes de part et d'autre, ce qui fournira trois équations qui serviront à déterminer les valeurs de $\frac{D\lambda}{Dx}$, $\frac{D\lambda}{Dy}$, $\frac{D\lambda}{Dz}$ en $\frac{d\lambda}{da}$, $\frac{d\lambda}{db}$, $\frac{d\lambda}{dc}$; ce sera la même chose si on substitue dans la seconde expression de $D\lambda$ les valeurs de da, db, dc en Dx, Dy, Dz tirées des expressions de ces dernières quantités; alors la comparaison des termes affectés de Dx, Dy, Dz donnera immédiatement les valeurs de $\frac{D\lambda}{Dx}$, etc.

Or, par les règles ordinaires de l'élimination, on a

$$da = \frac{\alpha Dx + \alpha' Dy + \alpha'' Dz}{\theta},$$

$$db = \frac{\beta Dx + \beta' Dy + \beta'' Dz}{\theta},$$

$$dc = \frac{\gamma Dx + \gamma' Dy + \gamma'' Dz}{\theta},$$

en supposant

$$\alpha = \frac{dy}{db}\times\frac{dz}{dc} - \frac{dy}{dc}\times\frac{dz}{db}, \quad \gamma = \frac{dy}{da}\times\frac{dz}{db} - \frac{dy}{db}\times\frac{dz}{da},$$

$$\alpha' = \frac{dx}{dc}\times\frac{dz}{db} - \frac{dx}{db}\times\frac{dz}{dc}, \quad \gamma' = \frac{dx}{db}\times\frac{dz}{da} - \frac{dx}{da}\times\frac{dz}{db},$$

$$\alpha'' = \frac{dx}{db}\times\frac{dy}{dc} - \frac{dx}{dc}\times\frac{dy}{db}, \quad \gamma'' = \frac{dx}{da}\times\frac{dy}{db} - \frac{dx}{db}\times\frac{dy}{da},$$

$$\beta = \frac{dy}{dc}\times\frac{dz}{da} - \frac{dy}{da}\times\frac{dz}{dc}, \quad \theta = \frac{dx}{da}\times\frac{dy}{db}\times\frac{dz}{dc} - \frac{dx}{db}\times\frac{dy}{da}\times\frac{dz}{dc}$$

$$\beta' = \frac{dx}{da}\times\frac{dz}{dc} - \frac{dx}{dc}\times\frac{dz}{da}, \quad + \frac{dx}{db}\times\frac{dy}{dc}\times\frac{dz}{da} - \frac{dx}{dc}\times\frac{dy}{db}\times\frac{dz}{da}$$

$$\beta'' = \frac{dx}{dc}\times\frac{dy}{da} - \frac{dx}{da}\times\frac{dy}{dc}, \quad + \frac{dx}{dc}\times\frac{dy}{da}\times\frac{dz}{db} - \frac{dx}{da}\times\frac{dy}{dc}\times\frac{dz}{db}.$$

Faisant donc ces substitutions dans l'expression

$$\frac{d\lambda}{da}da + \frac{d\lambda}{db}db + \frac{d\lambda}{dc}dc,$$

et comparant ensuite avec l'expression identique

$$\frac{D\lambda}{Dx}\,Dx+\frac{D\lambda}{Dy}\,Dy+\frac{D\lambda}{Dz}\,Dx,$$

on aura

$$\frac{D\lambda}{Dx}=\frac{\alpha}{\theta}\times\frac{d\lambda}{da}+\frac{\beta}{\theta}\times\frac{d\lambda}{db}+\frac{\gamma}{\theta}\times\frac{d\lambda}{dc},$$

$$\frac{D\lambda}{Dy}=\frac{\alpha'}{\theta}\times\frac{d\lambda}{da}+\frac{\beta'}{\theta}\times\frac{d\lambda}{db}+\frac{\gamma'}{\theta}\times\frac{d\lambda}{dc},$$

$$\frac{D\lambda}{Dy}=\frac{\alpha''}{\theta}\times\frac{d\lambda}{da}+\frac{\beta''}{\theta}\times\frac{d\lambda}{db}+\frac{\gamma''}{\theta}\times\frac{d\lambda}{dc}.$$

Ainsi substituant ces valeurs dans les trois équations (A) de l'article 2, elles deviendront de cette forme, après avoir multiplié par θ,

$$\left.\begin{array}{l}\theta\Delta\left(\frac{d^2x}{dt^2}+X\right)-\alpha\,\frac{d\lambda}{da}-\beta\,\frac{d\lambda}{db}-\gamma\,\frac{d\lambda}{dc}=0\\ \theta\Delta\left(\frac{d^2y}{dt^2}+Y\right)-\alpha'\frac{d\lambda}{da}-\beta'\frac{d\lambda}{db}-\gamma'\frac{d\lambda}{dc}=0\\ \theta\Delta\left(\frac{d^2z}{dt^2}+Z\right)-\alpha''\frac{d\lambda}{da}-\beta''\frac{d\lambda}{db}-\gamma''\frac{d\lambda}{dc}=0\end{array}\right\}\ldots\ldots\ (C),$$

où il n'y a, comme l'on voit, que des différences partielles relatives à a, b, c, t.

Dans ces équations, la quantité Δ, qui exprime la densité, est une fonction donnée de a, b, c sans t, puisqu'elle doit demeurer invariable pour chaque particule; et si le fluide est homogène, Δ sera alors une constante indépendante de a, b, c, t. Quant aux quantités X, Y, Z qui représentent les forces accélératrices, elles seront le plus souvent données en fonctions de x, y, z, t.

6. Mais on peut réduire les équations précédentes à une forme plus simple, en ajoutant ensemble, après les avoir multipliées respectivement et successivement par $\frac{dx}{da}$, $\frac{dy}{da}$, $\frac{dz}{da}$, par $\frac{dx}{db}$, $\frac{dy}{db}$, $\frac{dz}{db}$ et par $\frac{dx}{dc}$, $\frac{dy}{dc}$, $\frac{dz}{dc}$; car d'après les expressions de θ, α, β, γ,

α', β', etc. données ci-dessus, il est aisé de voir qu'on aura $\theta = \alpha \frac{dx}{da} + \alpha' \frac{dy}{da} + \alpha'' \frac{dz}{da} = \beta \frac{dx}{db} + \beta' \frac{dy}{db} + \beta'' \frac{dz}{db} = \gamma \frac{dx}{dc} + \gamma' \frac{dy}{dc} + \gamma'' \frac{dz}{dc}$; ensuite, $\beta \frac{dx}{da} + \beta' \frac{dy}{da} + \beta'' \frac{dz}{da} = 0$, $\gamma \frac{dx}{da} + \gamma' \frac{dy}{da} + \gamma'' \frac{dz}{da} = 0$, $\alpha \frac{dx}{db} + \alpha' \frac{dy}{db} + \alpha'' \frac{dz}{db} = 0$, et ainsi de suite. De sorte que, par ces opérations et ces réductions, on aura les transformées

$$\left.\begin{aligned}
\Delta\left[\left(\frac{d^2x}{dt^2} + X\right)\frac{dx}{da} + \left(\frac{d^2y}{dt^2} + Y\right)\frac{dy}{da} + \left(\frac{d^2z}{dt^2} + Z\right)\frac{dz}{da}\right] - \frac{d\lambda}{da} = 0 \\
\Delta\left[\left(\frac{d^2x}{dt^2} + X\right)\frac{dx}{db} + \left(\frac{d^2y}{dt^2} + Y\right)\frac{dy}{db} + \left(\frac{d^2z}{dt^2} + Z\right)\frac{dz}{db}\right] - \frac{d\lambda}{db} = 0 \\
\Delta\left[\left(\frac{d^2x}{dt^2} + X\right)\frac{dx}{dc} + \left(\frac{d^2y}{dt^2} + Y\right)\frac{dy}{dc} + \left(\frac{d^2z}{dt^2} + Z\right)\frac{dz}{dc}\right] - \frac{d\lambda}{dc} = 0
\end{aligned}\right\} \ldots (D).$$

On aurait pu parvenir directement à ces dernières équations, en introduisant dans les formules de l'article 2, au lieu des variations δx, δy, δz, celles des coordonnées de l'état initial δa, δb, δc; car en regardant x, y, z comme fonctions de a, b, c, on aura

$$\delta x = \frac{dx}{da}\,\delta a + \frac{dx}{db}\,\delta b + \frac{dx}{dc}\,\delta c,$$
$$\delta y = \frac{dy}{da}\,\delta a + \frac{dy}{db}\,\delta b + \frac{dy}{dc}\,\delta c,$$
$$\delta z = \frac{dz}{da}\,\delta a + \frac{dz}{db}\,\delta b + \frac{dz}{dc}\,\delta c.$$

On fera ces substitutions dans la formule (a) de l'article 2, et on égalera à zéro les quantités multipliées par δa, δb, δc, en observant que λ étant fonction de x, y, z, on a, par rapport à a, b, c,

$$\frac{d\lambda}{da} = \frac{D\lambda}{Dx} \times \frac{dx}{da} + \frac{D\lambda}{Dy} \times \frac{dy}{da} + \frac{D\lambda}{Dz} \times \frac{dz}{da},$$
$$\frac{d\lambda}{db} = \frac{D\lambda}{Dx} \times \frac{dx}{db} + \frac{D\lambda}{Dy} \times \frac{dy}{db} + \frac{D\lambda}{Dz} \times \frac{dz}{db},$$
$$\frac{d\lambda}{dc} = \frac{D\lambda}{Dx} \times \frac{dx}{dc} + \frac{D\lambda}{Dy} \times \frac{dy}{dc} + \frac{D\lambda}{Dz} \times \frac{dz}{dc}.$$

On aura tout de suite les équations dont il s'agit, lesquelles, dans le cas où $Xdx + Ydy + Zdz$ est une différentielle complète représentée par dV, peuvent se mettre sous cette forme plus simple,

$$\Delta\left(\frac{d^2x}{dt^2}\times\frac{dx}{da}+\frac{d^2y}{dt^2}\times\frac{dy}{da}+\frac{d^2z}{dt^2}\times\frac{dz}{da}+\frac{dV}{da}\right)-\frac{d\lambda}{da}=0,$$
$$\Delta\left(\frac{d^2x}{dt^2}\times\frac{dx}{db}+\frac{d^2y}{dt^2}\times\frac{dy}{db}+\frac{d^2z}{dt^2}\times\frac{dz}{db}+\frac{dV}{db}\right)-\frac{d\lambda}{db}=0,$$
$$\Delta\left(\frac{d^2x}{dt^2}\times\frac{dx}{dc}+\frac{d^2y}{dt^2}\times\frac{dy}{dc}+\frac{d^2z}{dt^2}\times\frac{dz}{dc}+\frac{dV}{dc}\right)-\frac{d\lambda}{dc}=0.$$

7. On transformera, d'une manière semblable, l'équation (B) de l'article 3; et pour cela, comme, d'après la remarque de l'article 4, les différentielles dx, dy, dz ne sont relatives qu'à la variable t; on les réduira d'abord aux différences partielles $\frac{dx}{dt}dt$, $\frac{dy}{dt}dt$, $\frac{dz}{dt}dt$; ensorte que l'équation dont il s'agit étant divisée par dt, sera de la forme

$$\frac{D.\frac{dx}{dt}}{Dx}+\frac{D.\frac{dy}{dt}}{Dy}+\frac{D.\frac{dz}{dt}}{Dz}=0.$$

Or, par les formes trouvées ci-dessus pour les valeurs de $\frac{D\lambda}{Dx}$, $\frac{D\lambda}{Dy}$, etc., on aura pareillement, en substituant $\frac{dx}{dt}$, $\frac{dy}{dt}$, etc. à la place de λ,

$$\frac{D.\frac{dx}{dt}}{Dx}=\frac{\alpha}{\theta}\times\frac{d.\frac{dx}{dt}}{da}+\frac{\beta}{\theta}\times\frac{d.\frac{dx}{dt}}{db}+\frac{\gamma}{\theta}\times\frac{d.\frac{dx}{dt}}{dc},$$

et comme dans le second membre de cette équation, la quantité x est regardée comme une fonction de a, b, c, t, on aura..... $\frac{d.\frac{dx}{dt}}{da}=\frac{d^2x}{dadt}$, et ainsi des autres différences partielles de x; de sorte qu'on aura simplement

$$\frac{D.\frac{dx}{dt}}{Dx}=\frac{\alpha}{\theta}\times\frac{d^2x}{dadt}+\frac{\beta}{\theta}\times\frac{d^2x}{dbdt}+\frac{\gamma}{\theta}\times\frac{d^2x}{dcdt}.$$

On trouvera des expressions semblables pour les valeurs de $\frac{D.\frac{dy}{dt}}{Dy}$ et $\frac{D.\frac{dz}{dt}}{Dz}$, et il n'y aura pour cela qu'à changer, dans la formule précédente, x en y et z.

Faisant donc ces substitutions dans l'équation ci-dessus, elle deviendra, après y avoir effacé le dénominateur commun θ,

$$\begin{aligned}\alpha \frac{d^2x}{dadt} &+ \beta \frac{d^2x}{dbdt} + \gamma \frac{d^2x}{dcdt} \\ + \alpha' \frac{d^2y}{dadt} &+ \beta' \frac{d^2y}{dbdt} + \gamma' \frac{d^2y}{dcdt} \\ + \alpha'' \frac{d^2z}{dadt} &+ \beta'' \frac{d^2z}{dbdt} + \gamma'' \frac{d^2z}{dcdt} = 0.\end{aligned}$$

Le premier membre de cette équation n'est autre chose que la valeur de $\frac{d\theta}{dt}$, comme on peut s'en assurer par la différentiation actuelle de l'expression de θ (art. 5).

Ainsi l'équation devient $\frac{d\theta}{dt}=0$, dont l'intégrale est $\theta=$ fonct. (a, b, c). Supposons dans cette équation, $t=0$, et soit K ce que devient alors la quantité θ, on aura $K=$ fonct. (a, b, c); par conséquent l'équation sera $\theta=K$.

Or nous avons supposé que lorsque $t=0$, on a $x=a$, $y=b$, $z=c$; donc on aura aussi alors $\frac{dx}{da}=1$, $\frac{dx}{db}=0$, $\frac{dx}{dc}=0$, $\frac{dy}{da}=0$, $\frac{dy}{db}=1$, $\frac{dy}{dc}=0$, $\frac{dz}{da}=0$, $\frac{dz}{db}=0$, $\frac{dz}{dc}=1$. Ces valeurs étant substituées dans l'expression de θ (art. 5), on a $\theta=1$; donc $K=1$.

Donc remettant pour θ sa valeur dans l'équation dont il s'agit, elle sera de la forme

$$\begin{aligned}&\frac{dx}{da}\times\frac{dy}{db}\times\frac{dz}{dc}-\frac{dx}{db}\times\frac{dy}{da}\times\frac{dz}{dc}+\frac{dx}{db}\times\frac{dy}{dc}\times\frac{dz}{da} \\ -&\frac{dx}{dc}\times\frac{dy}{db}\times\frac{dz}{da}+\frac{dx}{dc}\times\frac{dy}{da}\times\frac{dz}{db}-\frac{dx}{da}\times\frac{dy}{dc}\times\frac{dz}{db}=1\ldots(E).\end{aligned}$$

Cette équation, combinée avec les trois équations (C) ou (D)

des articles 5, 6, servira donc à déterminer les valeurs de λ, x, y, z en fonctions de a, b, c, t.

Cette équation peut aussi se trouver d'une manière plus simple, sans passer par l'équation différentielle (B) de l'article 3. En effet, l'équation (B) exprime seulement que la variation du volume $DxDyDz$ de la particule Dm est nulle, tandis que le temps t varie; de sorte que la valeur de $DxDyDz$ doit être constante et égale à la valeur primitive $dadbdc$. Or nous avons donné dans l'article 5 les expressions de Dx, Dy, Dz en da, db, dc; mais il faut remarquer que dans la formule $DxDyDz$, la différence Dz doit être prise en y regardant x et y comme constantes; que de même la différence Dy doit être prise en regardant x et z comme constantes; et qu'enfin la différence Dx suppose y et z constantes, ce qui est évident en considérant le parallélipipède rectangle représenté par $DxDyDz$.

Supposons donc d'abord x et y constantes, et par conséquent Dx et Dy nuls; on aura les deux équations

$$\frac{dx}{da}da + \frac{dx}{db}db + \frac{dx}{dc}dc = 0,$$

$$\frac{dy}{da}da + \frac{dy}{db}db + \frac{dy}{dc}dc = 0,$$

d'où l'on tire

$$da = \frac{\frac{dx}{db} \times \frac{dy}{dc} - \frac{dx}{dc} \times \frac{dy}{db}}{\frac{dx}{da} \times \frac{dy}{db} - \frac{dy}{da} \times \frac{dx}{db}} dc,$$

$$db = \frac{\frac{dx}{dc} \times \frac{dy}{da} - \frac{dx}{da} \times \frac{dy}{dc}}{\frac{dx}{da} \times \frac{dy}{db} - \frac{dy}{da} \times \frac{dx}{db}} dc;$$

ces valeurs, substituées dans l'expression de Dz, donneront

$$Dz = \frac{\frac{dz}{da}\left(\frac{dx}{db}\times\frac{dy}{dc} - \frac{dx}{dc}\times\frac{dy}{db}\right) + \frac{dz}{db}\left(\frac{dx}{dc}\times\frac{dy}{da} - \frac{dx}{da}\times\frac{dy}{dc}\right) + \frac{dz}{dc}\left(\frac{dx}{da}\times\frac{dy}{db} - \frac{dy}{da}\times\frac{dx}{db}\right)}{\frac{dx}{da}\times\frac{dy}{db} - \frac{dy}{da}\times\frac{dx}{db}} dc.$$

Pour

Pour avoir de même la valeur de Dy on supposera $Dx=0$ et $Dz=0$, ce qui donne $dc=0$ et $\frac{dx}{da}da+\frac{dx}{db}db=0$; d'où l'on tire $da=-\frac{\frac{dx}{db}}{\frac{dx}{da}}db$, et cette valeur, ainsi que celle de $dc=0$, étant substituées dans l'expression de Dy, donneront

$$Dy=\frac{\frac{dx}{da}\times\frac{dy}{db}-\frac{dx}{db}\times\frac{dy}{da}}{\frac{dx}{da}}db.$$

Enfin pour avoir la valeur de Dx on fera $Dy=0$, $Dz=0$, ce qui donne $db=0$, $dc=0$, et par conséquent $Dx=\frac{dx}{da}da$. Multipliant ensemble ces valeurs de Dx, Dy, Dz, on aura

$$\begin{aligned}DxDyDz=\Big\{&\frac{dz}{da}\Big(\frac{dx}{db}\times\frac{dy}{dc}-\frac{dx}{dc}\times\frac{dy}{db}\Big)\\&+\frac{dz}{db}\Big(\frac{dx}{dc}\times\frac{dy}{da}-\frac{dx}{da}\times\frac{dy}{dc}\Big)+\frac{dz}{dc}\Big(\frac{dx}{da}\times\frac{dy}{db}-\frac{dy}{da}\times\frac{dx}{db}\Big)\Big\}dadbdc.\end{aligned}$$

Faisant donc $DxDyDz=dadbdc$, on aura tout de suite l'équation (E).

Il est bon de remarquer que cette valeur de $DxDyDz$ est celle qu'on doit employer dans les intégrales triples relatives à x, y, z, lorsqu'on y veut substituer, à la place des variables x, y, z, des fonctions données d'autres variables a, b, c.

8. Comme les équations dont il s'agit sont à différences partielles, l'intégration y introduira nécessairement différentes fonctions arbitraires; et la détermination de ces fonctions devra se déduire en partie de l'état initial du fluide, lequel doit être supposé donné, et en partie de la considération de la surface extérieure du fluide, qui est aussi donnée si le fluide est renfermé dans un vase, et qui

doit être représentée par l'équation $\lambda = 0$, lorsque le fluide est libre (art. 2).

En effet, dans le premier cas si on représente par $A = 0$ l'équation des parois du vase, A étant une fonction donnée des coordonnées x, y, z de ces parois, et du temps t si les parois sont mobiles, ou d'une forme variable, en y mettant pour ces variables leurs valeurs en a, b, c, t, on aura une équation entre les coordonnées initiales a, b, c et le temps t, laquelle représentera par conséquent la surface que formaient dans l'état initial les mêmes particules qui, après le temps t, forment la surface représentée par l'équation donnée $A = 0$. Si donc on veut que les mêmes particules qui sont une fois à la surface y demeurent toujours et ne se meuvent que le long de cette surface, condition qui paraît nécessaire pour que le fluide ne se divise pas, et qui est reçue généralement dans la théorie des fluides, il faudra que l'équation dont il s'agit ne contienne point le temps t; par conséquent la fonction A de x, y, z devra être telle que t y disparaisse après la substitution des valeurs de x, y, z en a, b, c, t.

Par la même raison l'équation $\lambda = 0$ de la surface libre ne devra point contenir t; ainsi la valeur de λ devra être une simple fonction de a, b, c sans t.

Au reste, il y a des cas dans le mouvement d'un fluide qui s'écoule d'un vase où la condition dont il s'agit ne doit pas avoir lieu; alors les déterminations qui résultent de cette condition ne sont plus nécessaires.

9. Telles sont les équations par lesquelles on peut déterminer directement le mouvement d'un fluide quelconque incompressible. Mais ces équations sont sous une forme un peu compliquée, et il est possible de les réduire à une plus simple, en prenant pour inconnues, à la place des coordonnées x, y, z, les vîtesses

$\frac{dx}{dt}$, $\frac{dy}{dt}$, $\frac{dz}{dt}$ dans la direction des coordonnées, et en regardant ces vîtesses comme des fonctions de x, y, z, t.

En effet, d'un côté il est clair que puisque x, y, z sont fonctions de a, b, c, t, les quantités $\frac{dx}{dt}$, $\frac{dy}{dt}$, $\frac{dz}{dt}$ seront aussi fonctions des mêmes variables a, b, c, t; donc si on conçoit qu'on substitue dans ces fonctions les valeurs de a, b, c en x, y, z tirées de celles de x, y, z en a, b, c; on aura $\frac{dx}{dt}$, $\frac{dy}{dt}$, $\frac{dz}{dt}$, exprimées en fonctions de x, y, z et t.

D'un autre côté, il est clair que pour la connaissance actuelle du mouvement du fluide, il suffit de connaître à chaque instant le mouvement d'une particule quelconque qui occupe un lieu donné dans l'espace, sans qu'il soit nécessaire de savoir les états précédens de cette particule; par conséquent il suffit d'avoir les valeurs des vîtesses $\frac{dx}{dt}$, $\frac{dy}{dt}$, $\frac{dz}{dt}$ en fonctions de x, y, z, t.

D'ailleurs ces valeurs étant connues, si on les nomme p, q, r, on aura les équations $dx = pdt$, $dy = qdt$, $dz = rdt$, entre x, y, z, t, lesquelles étant ensuite intégrées, de manière que x, y, z deviennent a, b, c, lorsque $t = 0$, donneront les valeurs mêmes de x, y, z en a, b, c, t.

Au reste, si on chasse dt de ces équations différentielles, on aura ces deux-ci $pdy = qdx$, $pdz = rdx$, lesquelles expriment la nature des différentes courbes dans lesquelles tout le fluide se meut à chaque instant, courbes qui changent de place et de forme d'un instant à l'autre.

10. Reprenons donc les équations fondamentales (A) et (B) des articles 2 et 3, et introduisons-y les variables $p = \frac{dx}{dt}$, $q = \frac{dy}{dt}$, $r = \frac{dz}{dt}$, regardées comme des fonctions de x, y, z, t.

Il est clair que les quantités $\frac{d^2x}{dt^2}$, $\frac{d^2y}{dt^2}$, $\frac{d^2z}{dt^2}$ peuvent être mises sous la forme $\frac{d.\frac{dx}{dt}}{dt}$, $\frac{d.\frac{dy}{dt}}{dt}$, $\frac{d.\frac{dz}{dt}}{dt}$, où les quantités $\frac{dx}{dt}$, $\frac{dy}{dt}$, $\frac{dz}{dt}$ sont censées des fonctions de a, b, c, t.

En les regardant donc comme telles, on aura pour la différence de $\frac{dx}{dt}$, $\frac{d.\frac{dx}{dt}}{dt}dt+\frac{d.\frac{dx}{dt}}{da}da+\frac{d.\frac{dx}{dt}}{db}db+\frac{d.\frac{dx}{dt}}{dc}dc$, et ainsi des autres; mais en les regardant comme fonctions de x, y, z, t, et les désignant par p, q, r, leurs différences complètes seront $\frac{dp}{dt}dt+\frac{dp}{dx}dx+\frac{dp}{dy}dy+\frac{dp}{dz}dz$, et ainsi des autres différences; donc si dans ces dernières expressions on met pour dx, dy, dz leurs valeurs en a, b, c, t, il faudra qu'elles deviennent identiques avec les premières; mais x étant regardé comme fonction de a, b, c, t, on a $dx=\frac{dx}{dt}dt+\frac{dx}{da}da+\frac{dx}{db}db+\frac{dx}{dc}dc$, où $\frac{dx}{dt}$ est évidemment $=p$, en supposant qu'on mette dans p les valeurs de x, y, z en a, b, c, t.

Ainsi on aura $dx=pdt+\frac{dx}{da}da+$ etc.; et de même

$$dy=qdt+\frac{dy}{da}da+\text{etc.},\qquad dz=rdt+\frac{dz}{da}da+\text{etc.}$$

Substituant ces valeurs dans l'expression de la différence complète de $\frac{dx}{dt}$, les termes affectés de dt seront........... $\left(\frac{dp}{dt}+\frac{dp}{dx}p+\frac{dp}{dy}q+\frac{dp}{dz}r\right)dt$, lesquels devant être identiques avec le terme correspondant $\frac{d.\frac{dx}{dt}}{dt}dt$, ou bien $\frac{d^2x}{dt^2}dt$, on aura

$$\frac{d^2x}{dt^2}=\frac{dp}{dt}+p\frac{dp}{dx}+q\frac{dp}{dy}+r\frac{dp}{dz};$$

et l'on trouvera de la même manière

$$\frac{d^2y}{dt^2}=\frac{dq}{dt}+p\,\frac{dq}{dx}+q\,\frac{dq}{dy}+r\,\frac{dq}{dz},$$
$$\frac{d^2z}{dt^2}=\frac{dr}{dt}+p\,\frac{dr}{dx}+q\,\frac{dr}{dy}+r\,\frac{dr}{dz}.$$

On fera donc ces substitutions dans les équations (A); et comme dans ces mêmes équations les termes $\frac{D\lambda}{Dx}$, $\frac{D\lambda}{Dy}$, $\frac{D\lambda}{Dz}$ représentent des différences partielles de λ, relativement à x, y, z, en supposant t constant, on y pourra changer la caractéristique D en d.

On aura ainsi les transformées

$$\left.\begin{aligned}\Delta\left(\frac{dp}{dt}+p\frac{dp}{dx}+q\frac{dp}{dy}+r\frac{dp}{dz}+X\right)-\frac{d\lambda}{dx}&=0\\ \Delta\left(\frac{dq}{dt}+p\frac{dq}{dx}+q\frac{dq}{dy}+r\frac{dq}{dz}+Y\right)-\frac{d\lambda}{dy}&=0\\ \Delta\left(\frac{dr}{dt}+p\frac{dr}{dx}+q\frac{dr}{dy}+r\frac{dr}{dz}+Z\right)-\frac{d\lambda}{dz}&=0\end{aligned}\right\}\ldots\ldots.(F).$$

A l'égard de l'équation (B) de l'article 3, dans laquelle les différences marquées par d sont relatives à t, et celles qui sont marquées par D sont relatives à x, y, z, il n'y aura qu'à y mettre à la place de dx, dy, dz, leurs valeurs pdt, qdt, rdt, et changeant la caractéristique D en d, puisque la caractéristique est indifférente dans les différences partielles, on aura sur-le-champ, à cause de dt constant,

$$\frac{dp}{dx}+\frac{dq}{dy}+\frac{dr}{dz}=0\ldots\ldots(G).$$

On voit que ces équations sont beaucoup plus simples que les équations (C) ou (D) et (E) auxquelles elles répondent, ainsi il convient de les employer de préférence dans la théorie des fluides.

Ces quatre équations (F) et (G) donneront p, q, r et λ en fonctions de x, y, z et de t, regardé comme constante dans leur intégration. Et si on voulait ensuite avoir les valeurs de x, y, z en fonctions de t et des coordonnées primitives a, b, c, comme dans la première solution, il n'y aurait qu'à intégrer les équations

$$dx = pdt, \qquad dy = qdt, \qquad dz = rdt,$$

en y introduisant comme constantes arbitraires les valeurs initiales a, b, c de x, y, z.

11. Dans les fluides homogènes et de densité uniforme, la quantité Δ qui exprime la densité, est tout-à-fait constante; c'est le cas le plus ordinaire, et le seul que nous examinerons dans la suite.

Mais dans les fluides hétérogènes, cette quantité doit être une fonction constante relativement au temps t pour la même particule, mais variable d'une particule à l'autre, selon une loi donnée. Ainsi en considérant le fluide dans l'état initial, où les coordonnées x, y, z sont a, b, c, la quantité Δ sera une fonction donnée et connue de a, b, c; donc si on regarde Δ comme fonction de x, y, z et t, il faudra qu'en y substituant les valeurs de x, y, z en fonctions de a, b, c et t, la variable t disparaisse, et par conséquent que la différentielle de Δ par rapport à t soit nulle. On aura donc, à cause de x, y, z fonctions de t, l'équation

$$\frac{d\Delta}{dt} + \frac{d\Delta}{dx} \times \frac{dx}{dt} + \frac{d\Delta}{dy} \times \frac{dy}{dt} + \frac{d\Delta}{dz} \times \frac{dz}{dt} = 0,$$

où il faudra mettre pour $\frac{dx}{dt}$, $\frac{dy}{dt}$, $\frac{dz}{dt}$ leurs valeurs p, q, r.

Ainsi on aura l'équation

$$\frac{d\Delta}{dt} + p\frac{d\Delta}{dx} + q\frac{d\Delta}{dy} + r\frac{d\Delta}{dz} = 0 \ldots . (H),$$

qui servira à déterminer l'inconnue Δ dans les équations (F), parce que dans ces équations on doit traiter Δ comme une fonction de x, y, z .

A cet égard, elles sont moins avantageuses que les équations (C) ou (D), dans lesquelles on peut regarder Δ comme une fonction connue de a, b, c.

12. Ce que nous venons de dire relativement à la fonction Δ, il faudra l'appliquer aussi à la fonction A, en tant que $A = 0$ est l'équation des parois du vase, et qu'on suppose que le fluide contigu aux parois ne peut se mouvoir qu'en coulant le long de ces parois, de manière que les mêmes particules restent toujours à la surface. Car cette condition demande, comme on l'a vu dans l'article 8, que A devienne une fonction de a, b, c sans t; de sorte qu'en regardant cette quantité comme une fonction de x, y, z, t, on aura aussi l'équation

$$\frac{dA}{dt} + p\frac{dA}{dx} + q\frac{dA}{dy} + r\frac{dA}{dz} = 0 \ldots\ldots (I).$$

Pour les parties de la surface où le fluide sera libre, on aura l'équation $\lambda = 0$ (art. 2); il faudra, par conséquent, pour satisfaire à la même condition, relativement à cette surface, que l'on ait aussi

$$\frac{d\lambda}{dt} + p\frac{d\lambda}{dx} + q\frac{d\lambda}{dy} + r\frac{d\lambda}{dz} = 0 \ldots\ldots (K).$$

13. Voilà les formules les plus générales et les plus simples pour la détermination rigoureuse du mouvement des fluides. La difficulté ne consiste plus que dans leur intégration; mais elle est si grande que jusqu'à présent on a été obligé de se contenter, même dans les problèmes les plus simples, de méthodes particulières et fondées sur des hypothèses plus ou moins limitées. Pour diminuer autant qu'il est possible cette difficulté, nous allons examiner comment et dans quels cas ces formules peuvent encore être simplifiées; nous en ferons ensuite l'application à quelques

questions sur le mouvement des fluides dans des vases ou des canaux.

14. Rien n'est d'abord plus facile que de satisfaire à l'équation (*G*) de l'article 10; car en faisant $p = \frac{d\alpha}{dz}$, $q = \frac{d\beta}{dz}$, elle devient $\frac{d^2\alpha}{dxdz} + \frac{d^2\beta}{dydz} + \frac{dr}{dz} = 0$, laquelle est intégrable relativement à z, et donne $r = -\frac{d\alpha}{dx} - \frac{d\beta}{dy}$; il n'est point nécessaire d'ajouter ici une fonction arbitraire, à cause des quantités indéterminées α et β.

Ainsi l'équation dont il s'agit sera satisfaite par ces valeurs

$$p = \frac{d\alpha}{dz},\ q = \frac{d\beta}{dz},\ r = -\frac{d\alpha}{dx} - \frac{d\beta}{dy},$$

lesquelles étant ensuite substituées dans les trois équations (*F*) du même article, il n'y aura plus que trois inconnues, α, β et λ; et même il sera très-facile d'éliminer λ par des différentiations partielles. De sorte que de cette manière, si la densité Δ est constante, le problème se trouvera réduit à deux équations uniques entre les inconnues α et β, et si la densité Δ est variable, il y faudra joindre l'équation (*H*) de l'article 11. Mais l'intégration de ces équations surpasse les forces de l'analyse connue.

15. Voyons donc si les équations (*F*), considérées en elles-mêmes, ne sont pas susceptibles de quelque simplification.

En ne considérant dans la fonction λ que la variabilité de x, y, z, on a $d\lambda = \frac{d\lambda}{dx}dx + \frac{d\lambda}{dy}dy + \frac{d\lambda}{dz}dz$.

Donc substituant pour $\frac{d\lambda}{dx}$, $\frac{d\lambda}{dy}$, $\frac{d\lambda}{dz}$, leurs valeurs tirées de ces équations, on aura

$$d\lambda = \left(\frac{dp}{dt} + p\frac{dp}{dx} + q\frac{dp}{dy} + r\frac{dp}{dz} + X\right)\Delta dx$$
$$+ \left(\frac{dq}{dt} + p\frac{dq}{dx} + q\frac{dq}{dy} + r\frac{dq}{dz} + Y\right)\Delta dy$$
$$+ \left(\frac{dr}{dt} + p\frac{dr}{dx} + q\frac{dr}{dy} + r\frac{dr}{dz} + Z\right)\Delta dz.$$

Le premier membre de cette équation étant une différentielle complète, il faudra que le second en soit une aussi, relativement à x, y, z; et la valeur de λ qu'on en tirera satisfera à la fois aux équations (F).

Supposons maintenant que le fluide soit homogène, ensorte que la densité Δ soit constante; et faisons-la, pour plus de simplicité, égale à l'unité.

Supposons, de plus, que les forces accélératrices X, Y, Z soient telles que la quantité $Xdx + Ydy + Zdz$ soit une différentielle complète. Cette condition est celle qui est nécessaire pour que le fluide puisse être en équilibre par ces mêmes forces, comme on l'a vu dans l'article 19 de la Section septième de la première partie. Elle a d'ailleurs toujours lieu, lorsque ces forces viennent d'une ou de plusieurs attractions proportionnelles à des fonctions quelconques des distances aux centres, ce qui est le cas de la nature, puisqu'en nommant les attractions P, Q, R, etc., et les distances p, q, r, etc., on a en général

$$Xdx + Ydy + Zdz = Pdp + Qdq + Rdr + \text{etc.},$$

(Part. I, Sect. V, art 7). Faisant donc $\Delta = 1$, et

$$Xdx + Ydy + Zdz = Pdp + Qdq + Rdr + \text{etc.} = dV,$$

l'équation précédente deviendra

$$d\lambda - dV = \left(\frac{dp}{dt} + p\frac{dp}{dx} + q\frac{dp}{dy} + r\frac{dp}{dz}\right)dx$$
$$+ \left(\frac{dq}{dt} + p\frac{dq}{dx} + q\frac{dq}{dy} + r\frac{dq}{dz}\right)dy$$
$$+ \left(\frac{dr}{dt} + p\frac{dr}{dx} + q\frac{dr}{dy} + r\frac{dr}{dz}\right)dz \ldots\ldots (L);$$

et il faudra que le second membre de cette équation soit une différentielle complète, puisque le premier en est une. Cette équation équivaudra aussi aux équations (F) de l'article 10.

Or en considérant la différentielle de $\frac{p^2 + q^2 + r^2}{2}$, prise relativement à x, y, z, il n'est pas difficile de voir qu'on peut donner au second membre de l'équation dont il s'agit, cette forme :

$$\frac{d.(p^2 + q^2 + r^2)}{2} + \frac{dp}{dt}dx + \frac{dq}{dt}dy + \frac{dr}{dt}dz$$
$$+ \left(\frac{dp}{dy} - \frac{dq}{dx}\right)(qdx - pdy) + \left(\frac{dp}{dz} - \frac{dr}{dx}\right)(rdx - pdz)$$
$$+ \left(\frac{dq}{dz} - \frac{dr}{dy}\right)(rdy - qdz);$$

et on voit d'abord que cette quantité sera une différentielle complète, toutes les fois que $pdx + qdy + rdz$ le sera elle-même ; car alors sa différentielle par rapport à t, savoir, $\frac{dp}{dt}dx + \frac{dq}{dt}dy + \frac{dr}{dt}dz$ le sera aussi, et de plus, les conditions connues de l'intégrabilité donneront $\frac{dp}{dy} - \frac{dq}{dx} = 0$, $\frac{dp}{dz} - \frac{dr}{dx} = 0$, $\frac{dq}{dz} - \frac{dr}{dy} = 0$.

D'où il s'ensuit qu'on pourra satisfaire à l'équation (L) par la simple supposition que $pdx + qdy + rdz$ soit une différentielle complète ; et le calcul du mouvement du fluide sera par là beaucoup simplifié. Mais comme ce n'est qu'une supposition particulière, il importe d'examiner, avant tout, dans quels cas elle peut et doit avoir lieu.

16. Soit, pour abréger,

$$\alpha = \frac{dp}{dy} - \frac{dq}{dx}, \quad \beta = \frac{dp}{dz} - \frac{dr}{dx}, \quad \gamma = \frac{dq}{dz} - \frac{dr}{dy};$$

il ne s'agira que de rendre une différentielle exacte la quantité

$$\frac{dp}{dt} dx + \frac{dq}{dt} dy + \frac{dr}{dt} dz$$
$$+ \alpha (qdx - pdy) + \beta (rdx - pdz) + \gamma (rdy - qdz).$$

En regardant p, q, r comme des fonctions de t, on peut supposer

$$p = p' + p''t + p'''t^2 + p^{\text{IV}}t^3 + \text{etc.},$$
$$q = q' + q''t + q'''t^2 + q^{\text{IV}}t^3 + \text{etc.},$$
$$r = r' + r''t + r'''t^2 + r^{\text{IV}}t^3 + \text{etc.},$$

les quantités p', p'', p''', etc.; q', q'', q''', etc.; r', r'', r''', etc. étant des fonctions de x, y, z sans t.

Ces valeurs étant substituées dans les trois quantités α, β, γ, elles deviendront

$$\alpha = \alpha' + \alpha''t + \alpha'''t^2 + \alpha^{\text{IV}}t^3 + \text{etc.},$$
$$\beta = \beta' + \beta''t + \beta'''t^2 + \beta^{\text{IV}}t^3 + \text{etc.},$$
$$\gamma = \gamma' + \gamma''t + \gamma'''t^2 + \gamma^{\text{IV}}t^3 + \text{etc.},$$

en supposant

$$\alpha' = \frac{dp'}{dy} - \frac{dq'}{dx}, \quad \alpha'' = \frac{dp''}{dy} - \frac{dq''}{dx}, \quad \text{etc.},$$
$$\beta' = \frac{dp'}{dz} - \frac{dr'}{dx}, \quad \beta'' = \frac{dp''}{dz} - \frac{dr''}{dx}, \quad \text{etc.},$$
$$\gamma' = \frac{dq'}{dz} - \frac{dr'}{dy}, \quad \gamma'' = \frac{dq''}{dz} - \frac{dr''}{dy}, \quad \text{etc.}$$

Ainsi la quantité $\frac{dp}{dt} dx + \frac{dq}{dt} dy + \frac{dr}{dt} dz + \alpha (qdx - pdy) + \beta (rdx - pdz) + \gamma (rdy - qdz)$ deviendra, après ces différentes substitutions, et en ordonnant les termes par rapport aux puissances de t,

$$\begin{aligned}
&p''dx + q''dy + r''dz \\
&+\alpha'(q'dx - p'dy) + \beta'(r'dx - p'dz) + \gamma'(r'dy - q'dz) \\
&+t[2(p'''dx + q'''dy + r'''dz) \\
&+\alpha'(q''dx - p''dy) + \beta'(r''dx - p''dz) + \gamma'(r''dy - q''dz) \\
&+\alpha''(q'dx - p'dy) + \beta''(r'dx - p'dz) + \gamma''(r'dy - q'dz)] \\
&+t^2[3(p^{\text{IV}}dx + q^{\text{IV}}dy + r^{\text{IV}}dz) \\
&+\alpha'(q'''dx - p'''dy) + \beta'(r'''dx - p'''dz) + \gamma'(r'''dy - q'''dz) \\
&+\alpha''(q''dx - p''dy) + \beta''(r''dx - p''dz) + \gamma''(r''dy - q''dz) \\
&+\alpha'''(q'dx - p'dy) + \beta'''(r'dx - p'dz) + \gamma'''(r'dy - q'dz)] \\
&+ \text{etc.};
\end{aligned}$$

et comme cette quantité doit être une différentielle exacte, indépendamment de la valeur de t, il faudra que les quantités qui multiplient chaque puissance de t, soient chacune en particulier une différentielle exacte.

Cela posé, supposons que $p'dx + q'dy + r'dz$ soit une différentielle exacte, on aura, par les théorèmes connus,

$$\frac{dp'}{dy} = \frac{dq'}{dx}, \quad \frac{dp'}{dz} = \frac{dr'}{dx}, \quad \frac{dq'}{dz} = \frac{dr'}{dy};$$

donc, $\alpha' = 0$, $\beta' = 0$, $\gamma' = 0$; donc la première quantité, qui doit être une différentielle exacte, se réduira à $p''dx + q''dy + r''dz$; et l'on aura par conséquent ces équations de condition $\alpha'' = 0$, $\beta'' = 0$, $\gamma'' = 0$.

Alors la seconde quantité, qui doit être une différentielle exacte, deviendra $2(p'''dx + q'''dy + r'''dz)$; et il résultera de là les nouvelles équations $\alpha''' = 0$, $\beta''' = 0$, $\gamma''' = 0$. De sorte que la troisième quantité, qui doit être une différentielle exacte, sera....... $3(p^{\text{IV}}dx + q^{\text{IV}}dy + r^{\text{IV}}dz)$; d'où l'on tirera pareillement les équations $\alpha^{\text{IV}} = 0$, $\beta^{\text{IV}} = 0$, $\gamma^{\text{IV}} = 0$, et ainsi de suite. Donc si $p'dx + q'dy + r'dz$ est une différentielle exacte, il faudra que

$p''dx+q''dy+r''dz$, $p'''dx+q'''dy+r'''dz$, $p^{\text{iv}}dx+q^{\text{iv}}dy+r^{\text{iv}}dz$, etc. soient aussi chacune en particulier des différentielles exactes. Par conséquent la quantité entière $pdx+qdy+rdz$ sera dans ce cas une différentielle exacte, le temps t étant supposé fort petit.

17. Il s'ensuit de là que si la quantité $pdx+qdy+rdz$ est une différentielle exacte lorsque $t=0$, elle devra l'être aussi lorsque t aura une valeur quelconque; donc en général, comme l'origine des t est arbitraire, et qu'on peut prendre également t positif ou négatif, il s'ensuit que si la quantité $pdx+qdy+rdz$ est une différentielle exacte dans un instant quelconque, elle devra l'être pour tous les autres instans. Par conséquent, s'il y a un seul instant dans lequel elle ne soit pas une différentielle exacte, elle ne pourra jamais l'être pendant tout le mouvement; car si elle l'était dans un autre instant quelconque, elle devrait l'être aussi dans le premier.

18. Lorsque le mouvement commence du repos, on a alors $p=0$, $q=0$, $r=0$, lorsque $t=0$; donc $pdx+qdy+rdz$ sera intégrable pour ce moment, et par conséquent devra l'être toujours pendant toute la durée du mouvement.

Mais s'il y a des vîtesses imprimées au fluide, au commencement, tout dépend de la nature de ces vîtesses, selon qu'elles seront telles que $pdx+qdy+rdz$ soit une quantité intégrable ou non; dans le premier cas, la quantité $pdx+qdy+rdz$ sera toujours intégrable; dans le second, elle ne le sera jamais.

Lorsque les vîtesses initiales sont produites par une impulsion quelconque sur la surface du fluide, comme par l'action d'un piston, on peut démontrer que $pdx+qdy+rdz$ doit être intégrable dans le premier instant. Car il faut que les vîtesses p, q, r, que chaque point du fluide reçoit en vertu de l'impulsion donnée à la surface, soient telles, que si on détruisait ces vîtesses, en imprimant en même temps à chaque point du fluide des vîtesses égales et en sens contraire, toute la masse du fluide demeurât en repos ou en équilibre. Donc il faudra qu'il y ait équilibre dans cette masse, en vertu de l'impulsion appliquée à la surface, et des vîtesses ou forces $-p$, $-q$, $-r$, appliquées à chacun des points de son intérieur; par conséquent, d'après la loi générale de l'équilibre des fluides (Partie première, Section septième, article 19), les quantités p, q, r devront être telles que $pdx+qdy+rdz$ soit une différentielle exacte. Ainsi dans ce cas la même quantité devra toujours être une différentielle exacte dans chaque instant du mouvement.

19. On pourrait peut-être douter s'il y a des mouvemens possibles dans un fluide, pour lesquels $pdx + qdy + rdz$ ne soit pas une différentielle exacte.

Pour lever ce doute par un exemple très-simple, il n'y a qu'à considérer le cas où l'on aurait $p=gy$, $q=-gx$, $r=0$, g étant une constante quelconque. On voit d'abord que dans ce cas $pdx+qdy+rdz$ ne sera pas une différentielle complète, puisqu'elle devient $g(ydx-xdy)$, qui n'est pas intégrable; cependant l'équation (L) de l'article 15 sera intégrable d'elle-même; car on aura $\frac{dp}{dy}=g$, $\frac{dq}{dx}=-g$, et toutes les autres différences partielles de p et q seront nulles; de sorte que l'équation dont il s'agit

$$d\lambda - dV = -g^2(xdx + ydy),$$

dont l'intégrale donne

$$\lambda = V - \frac{g^2}{2}(x^2+y^2) + \text{fonct. } t,$$

valeur qui satisfera donc aux trois équations (F) de l'article 10.

A l'égard de l'équation (G) du même article, elle aura lieu aussi, puisque les valeurs supposées donnent $\frac{dp}{dx}=0$, $\frac{dq}{dy}=0$, $\frac{dr}{dz}=0$.

Au reste, il est visible que ces valeurs de p, q, r représentent le mouvement d'un fluide qui tourne autour de l'axe fixe des coordonnées z, avec une vîtesse angulaire constante et égale à g; et l'on sait qu'un pareil mouvement peut toujours avoir lieu dans un fluide.

On peut conclure de là que dans le calcul des oscillations de la mer, en vertu de l'attraction du soleil et de la lune, on ne peut pas supposer que la quantité $pdx + qdy + rdz$ soit intégrable, puisqu'elle ne l'est pas lorsque le fluide est en repos par rapport à la terre, et qu'il n'a que le mouvement de rotation qui lui est commun avec elle.

20. Après avoir déterminé les cas dans lesquels on est assuré que la quantité $pdx + qdy + rdz$ doit être une différentielle complète, voyons comment d'après cette condition, on peut résoudre les équations du mouvement des fluides.

Soit donc

$$pdx + qdy + rdz = d\varphi,$$

φ étant une fonction quelconque de x, y, z et de la variable t, laquelle est regardée comme constante dans la différentielle $d\varphi$, on aura donc $p = \frac{d\varphi}{dx}$, $q = \frac{d\varphi}{dy}$, $r = \frac{d\varphi}{dz}$; et substituant ces valeurs dans l'équation (L) de l'article 15, elle deviendra

$$\begin{aligned} d\lambda - dV = &\left(\frac{d^2\varphi}{dtdx} + \frac{d\varphi}{dx}\cdot\frac{d^2\varphi}{dx^2} + \frac{d\varphi}{dy}\cdot\frac{d^2\varphi}{dxdy} + \frac{d\varphi}{dz}\cdot\frac{d^2\varphi}{dxdz}\right)dx \\ &+ \left(\frac{d^2\varphi}{dtdy} + \frac{d\varphi}{dx}\cdot\frac{d^2\varphi}{dxdy} + \frac{d\varphi}{dy}\cdot\frac{d^2\varphi}{dy^2} + \frac{d\varphi}{dz}\cdot\frac{d^2\varphi}{dydz}\right)dy \\ &+ \left(\frac{d^2\varphi}{dtdz} + \frac{d\varphi}{dx}\cdot\frac{d^2\varphi}{dxdz} + \frac{d\varphi}{dy}\cdot\frac{d^2\varphi}{dydz} + \frac{d\varphi}{dz}\cdot\frac{d^2\varphi}{dz^2}\right)dz, \end{aligned}$$

dont l'intégrale, relativement à x, y, z, est évidemment

$$\lambda - V = \frac{d\varphi}{dt} + \frac{1}{2}\left(\frac{d\varphi}{dx}\right)^2 + \frac{1}{2}\left(\frac{d\varphi}{dy}\right)^2 + \frac{1}{2}\left(\frac{d\varphi}{dz}\right)^2.$$

On pourrait y ajouter une fonction arbitraire de t, puisque cette variable est regardée dans l'intégration comme constante; mais j'observe que cette fonction peut être censée renfermée dans la valeur de φ; car en augmentant φ d'une fonction quelconque T de t, les valeurs de p, q, r demeurent les mêmes qu'auparavant, et le second membre de l'équation précédente se trouvera augmenté de la fonction $\frac{dT}{dt}$, qui est arbitraire. On peut donc, sans déroger à la généralité de cette équation, se dispenser d'y ajouter aucune fonction arbitraire de t.

On aura donc par cette équation,

$$\lambda = V + \frac{d\varphi}{dt} + \frac{1}{2}\left(\frac{d\varphi}{dx}\right)^2 + \frac{1}{2}\left(\frac{d\varphi}{dy}\right)^2 + \frac{1}{2}\left(\frac{d\varphi}{dz}\right)^2,$$

valeur qui satisfera à la fois aux trois équations (F) de l'article 10; et la détermination de φ dépendra de l'équation (G) du même article, laquelle, en substituant pour p, q, r leurs valeurs $\frac{d\varphi}{dx}$, $\frac{d\varphi}{dy}$, $\frac{d\varphi}{dz}$, devient

$$\frac{d^2\varphi}{dx^2} + \frac{d^2\varphi}{dy^2} + \frac{d^2\varphi}{dz^2} = 0.$$

Ainsi toute la difficulté ne consistera plus que dans l'intégration de cette dernière équation.

21. Il y a encore un cas très-étendu, dans lequel la quantité $pdx + qdy + rdz$ doit être une différentielle exacte; c'est celui où l'on suppose que les vîtesses p, q, r soient très-petites, et qu'on néglige les quantités très-petites du second ordre et des ordres suivans. Car il est visible que dans cette hypothèse, la même équation (L) se réduira à

$$d\lambda - dV = \frac{dp}{dt}dx + \frac{dq}{dt}dy + \frac{dr}{dt}dz,$$

où l'on voit que $\frac{dp}{dt}dx + \frac{dq}{dt}dy + \frac{dr}{dt}dz$ devant être intégrable relativement

lativement à x, y, z, la quantité $pdx + qdy + rdz$ devra l'être aussi. On aura ainsi les mêmes formules que dans l'article précédent, en supposant φ une fonction très-petite et négligeant les secondes dimensions de φ et de ses différentielles.

On pourra de plus, dans ce cas, déterminer les valeurs mêmes de x, y, z pour un temps quelconque. Car il n'y aura pour cela qu'à intégrer les équations $dx = pdt$, $dy = qdt$, $dz = rdt$ (art. 9), dans lesquelles, puisque p, q, r sont très-petites, et que par conséquent dx, dy, dz sont aussi très-petites du même ordre vis-à-vis de dt, on pourra regarder x, y, z comme constantes par rapport à t. De sorte qu'en traitant t seul comme variable dans les fonctions p, q, r, et ajoutant les constantes a, b, c, on aura sur-le-champ $x = a + \int pdt$, $y = b + \int qdt$, $z = c + \int rdt$. Donc faisant, pour abréger, $\Phi = \int \varphi dt$, et changeant dans Φ les variables x, y, z en a, b, c, on aura simplement

$$x = a + \frac{d\Phi}{da}, \quad y = b + \frac{d\Phi}{db}, \quad z = c + \frac{d\Phi}{dc},$$

où la fonction Φ devra être prise de manière qu'elle soit nulle lorsque $t = 0$, afin que a, b, c soient les valeurs initiales de x, y, z.

Ce cas a lieu dans la théorie des ondes et dans toutes les petites oscillations.

22. En général, lorsque la masse du fluide est telle que l'une de ses dimensions soit considérablement plus petite que chacune des deux autres, ensorte qu'on puisse regarder, par exemple, les coordonnées z comme très-petites vis-à-vis de x et y; cette circonstance servira dans tous les cas à faciliter la résolution des équations générales.

Car il est clair qu'on pourrait donner alors aux inconnues p,

q, r, Δ la forme suivante :

$$\begin{aligned} p &= p' + p''z + p'''z^2 + \text{etc.}, \\ q &= q' + q''z + q'''z^2 + \text{etc.}, \\ r &= r' + r''z + r'''z^2 + \text{etc.}, \\ \Delta &= \Delta' + \Delta''z + \Delta'''z^2 + \text{etc.}, \end{aligned}$$

dans lesquelles p', p'', etc. ; q', q'', etc. ; r', r'', etc.; Δ', Δ'', etc. seraient des fonctions de x, y, t sans z; de sorte qu'en faisant ces substitutions, on aurait des équations en séries, lesquelles ne contiendraient que des différences partielles relatives à x, y, t.

Pour donner là-dessus un essai de calcul, supposons de nouveau qu'il ne s'agisse que d'un fluide homogène, ou $\Delta = 1$; et commençons par substituer les valeurs précédentes dans l'équation (G) de l'article 10, et ordonnant les termes par rapport à z, on aura

$$\begin{aligned} 0 = {} & \frac{dp'}{dx} + \frac{dq'}{dy} + r'' \\ & + z\left(\frac{dp''}{dx} + \frac{dq''}{dy} + 2r'''\right) \\ & + z^2\left(\frac{dp'''}{dx} + \frac{dq'''}{dy} + 3r^{\text{iv}}\right) \\ & + \text{etc.} \end{aligned}$$

De sorte que, comme p', p'', etc.; q', q'', etc. ne doivent point contenir z, on aura ces équations particulières,

$$\begin{aligned} \frac{dp'}{dx} + \frac{dq'}{dy} + r'' &= 0, \\ \frac{dp''}{dx} + \frac{dq''}{dy} + 2r''' &= 0, \\ \frac{dp'''}{dx} + \frac{dq'''}{dy} + 3r^{\text{iv}} &= 0, \\ \text{etc.}, \end{aligned}$$

par lesquelles on déterminera d'abord les quantités r'', r''', r^{iv}; etc., et les autres quantités r', p', p'', etc.; q', q'', etc. demeureront encore indéterminées.

On fera les mêmes substitutions dans l'équation (L) de l'article 15, laquelle équivaut aux trois équations (F) de l'article 10, et il est aisé de voir qu'elle se réduira à la forme suivante :

$$d\lambda - dV = \alpha dx + \beta dy + \gamma dz + z(\alpha' dx + \beta' dy + \gamma' dz) + z^2(\alpha'' dx + \beta'' dy + \gamma'' dz) + \text{etc.},$$

en faisant, pour abréger,

$$\alpha = \frac{dp'}{dt} + p'\frac{dp'}{dx} + q'\frac{dp'}{dy} + r'p'',$$

$$\beta = \frac{dq'}{dt} + p'\frac{dq'}{dx} + q'\frac{dq'}{dy} + r'q'',$$

$$\gamma = \frac{dr'}{dt} + p'\frac{dr'}{dx} + q'\frac{dr'}{dy} + r'r'',$$

$$\alpha' = \frac{dp''}{dt} + p'\frac{dp''}{dx} + p''\frac{dp'}{dx} + q'\frac{dp''}{dy} + q''\frac{dp'}{dy} + 2r'p''' + r''p'',$$

$$\beta' = \frac{dq''}{dt} + p'\frac{dq''}{dx} + p''\frac{dq'}{dx} + q'\frac{dq''}{dy} + q''\frac{dq'}{dy} + 2r'q''' + r''q'',$$

$$\gamma' = \frac{dr''}{dt} + p'\frac{dr''}{dx} + p''\frac{dr'}{dx} + q'\frac{dr''}{dy} + q''\frac{dr'}{dy} + 2r'r''' + r''r'',$$

et ainsi de suite.

Donc pour que le second membre de cette équation soit intégrable, il faudra que les quantités

$$\alpha dx + \beta dy,$$
$$\gamma dz + z(\alpha' dx + \beta' dy),$$
$$\gamma' z dz + z^2(\alpha'' dx + \beta'' dy),$$
$$\text{etc.},$$

soient chacune intégrable en particulier.

Si donc on dénote par ω une fonction de x, y, t sans z, on aura ces conditions :

$$\alpha = \frac{d\omega}{dx}, \quad \beta = \frac{d\omega}{dy}, \quad \alpha' = \frac{d\gamma}{dx}, \quad \beta' = \frac{d\gamma}{dy},$$

$$\alpha'' = \frac{d\gamma'}{2dx}, \quad \beta'' = \frac{d\gamma'}{2dy}, \quad \text{etc.}$$

Alors l'équation intégrée donnera

$$\lambda = V + \omega + \gamma z + \frac{1}{2}\gamma' z^2 + \text{etc.},$$

et il ne s'agira que de satisfaire aux conditions précédentes, par le moyen des fonctions indéterminées ω, r', p', p'', etc.; q', q'', etc.

Le calcul deviendrait plus facile encore, si les deux variables y et z étaient très-petites en même temps, vis-à-vis de x; car on pourrait supposer alors

$$p = p' + p''y + p'''z + p^{\text{iv}}y^2 + p^{\text{v}}yz + \text{etc.},$$
$$q = q' + q''y + q'''z + q^{\text{iv}}y^2 + q^{\text{v}}yz + \text{etc.},$$
$$r = r' + r''y + r'''z + r^{\text{iv}}y^2 + r^{\text{v}}yz + \text{etc.},$$

les quantités p', p'', etc.; q', q'', etc.; r', r'', etc. étant de simples fonctions de x.

Faisant ces substitutions dans l'équation (G), et égalant séparément à zéro les termes affectés de y, z et de leurs produits, on aurait

$$\frac{dp'}{dx} + q'' + r''' = 0,$$

$$\frac{dp''}{dx} + 2q^{\text{iv}} + r^{\text{v}} = 0,$$

etc.

Ensuite l'équation (L) deviendrait de la forme

$$d\lambda - dV = \alpha dx + \beta dy + \gamma dz + y(\alpha' dx + \beta' dy + \gamma' dz)$$
$$+ z(\alpha'' dx + \beta'' dy + \gamma'' dz) + \text{etc.}$$

en supposant

$$\alpha = \frac{dp'}{dt} + p'\frac{dp'}{dx} + q'p'' + r'p''',$$

$$\beta = \frac{dq'}{dt} + p'\frac{dq'}{dx} + q'q'' + r'q''',$$

$$\gamma = \frac{dr'}{dt} + p'\frac{dr'}{dx} + q'r'' + r'r''',$$

$$\alpha' = \frac{dp''}{dt} + p'\frac{dp''}{dx} + p''\frac{dp'}{dx} + 2q'p^{\text{iv}} + q''p'' + r'p^{\text{v}} + r''p''',$$

etc.,

et l'on aurait pour l'intégrabilité de cette équation les conditions $\alpha' = \frac{d\beta}{dx}$, $\alpha'' = \frac{d\gamma}{dx}$, etc., moyennant quoi elle donnerait

$$\lambda = V + \int \alpha dx + \beta y + \gamma z + \text{etc.}$$

Enfin on pourra aussi quelquefois simplifier le calcul par le moyen des substitutions, en introduisant à la place des coordonnées x, y, z d'autres variables ξ, η, ζ, lesquelles soient des fonctions données de celles-là; et si, par la nature de la question, la variable ζ, par exemple, ou les deux variables η et ζ sont très-petites vis-à-vis de ξ, on pourra employer des réductions analogues à celles que nous venons d'exposer.

§ II.

Du mouvement des fluides pesans et homogènes dans des vases ou canaux de figure quelconque.

23. Pour montrer l'usage des principes et des formules que nous venons de donner, nous allons les appliquer aux fluides qui se meuvent dans des vases ou des canaux de figure donnée.

Nous supposerons que le fluide soit homogène et pesant, et qu'il parte du repos, ou qu'il soit mis en mouvement par l'impulsion d'un piston appliqué à sa surface; ainsi les vîtesses p, q, r de chaque particule, devront être telles que la quantité $pdx+qdy+rdz$ soit intégrable (art. 18); par conséquent on pourra employer les formules de l'article 20.

Soit donc φ une fonction de x, y, z et t, déterminée par l'équation

$$\frac{d^2\varphi}{dx^2}+\frac{d^2\varphi}{dy^2}+\frac{d^2\varphi}{dz^2}=0,$$

on aura d'abord pour les vîtesses de chaque particule, suivant les directions des coordonnées x, y, z, ces expressions,

$$p=\frac{d\varphi}{dx}, \qquad q=\frac{d\varphi}{dy}, \qquad r=\frac{d\varphi}{dz}.$$

Ensuite on aura

$$\lambda=V+\frac{d\varphi}{dt}+\frac{1}{2}\left(\frac{d\varphi}{dx}\right)^2+\frac{1}{2}\left(\frac{d\varphi}{dy}\right)^2+\frac{1}{2}\left(\frac{d\varphi}{dz}\right)^2,$$

quantité qui devra être nulle à la surface extérieure libre du fluide (art. 2).

Quant à la valeur de V qui dépend des forces accélératrices du fluide (art. 15), si on exprime par g la force accélératrice de la gravité, et qu'on nomme ξ, η, ζ les angles que les axes des coordonnées x, y, z font avec la verticale menée du point d'intersection de ces axes, et dirigée de haut en bas, on aura..... $X=-g\cos\xi$, $Y=-g\cos\eta$, $Z=-g\cos\zeta$; je donne le signe $-$ aux valeurs des forces X, Y, Z, parce que ces forces sont supposées tendre à diminuer les coordonnées x, y, z. Donc puisque $dV=Xdx+Ydy+Zdz$, on aura en intégrant,

$$V=-gx\cos\xi-gy\cos\eta-gz\cos\zeta.$$

24. Soit maintenant $z=\alpha$, ou $z-\alpha=0$, l'équation d'une des parois du canal, α étant une fonction donnée de x, y sans z ni t. Pour que les mêmes particules du fluide soient toujours contiguës

à cette paroi, il faudra remplir l'équation (I) de l'article 12, en y supposant $A = z - \alpha$. On aura donc

$$\frac{d\varphi}{dz} - \frac{d\varphi}{dx} \times \frac{d\alpha}{dx} - \frac{d\varphi}{dy} \times \frac{d\alpha}{dy} = 0,$$

équation à laquelle devra satisfaire la valeur $z = \alpha$. Chaque paroi fournira aussi une équation semblable.

De même puisque $\lambda = 0$ est l'équation de la surface extérieure du fluide, pour que les mêmes particules soient constamment dans cette surface, on aura l'équation

$$\frac{d\lambda}{dt} + \frac{d\varphi}{dx} \times \frac{d\lambda}{dx} + \frac{d\varphi}{dy} \times \frac{d\lambda}{dy} + \frac{d\varphi}{dz} \times \frac{d\lambda}{dz} = 0,$$

laquelle devra avoir lieu et donner par conséquent une même valeur de z que l'équation $\lambda = 0$. Mais cette équation ne sera plus nécessaire dès que la condition dont il s'agit cessera d'avoir lieu.

25. Cela posé, il faut commencer par déterminer la fonction φ. Or l'équation d'où elle dépend n'étant intégrable en général par aucune méthode connue, nous supposerons que l'une des dimensions de la masse fluide soit fort petite vis-à-vis des deux autres, ensorte que les coordonnées z, par exemple, soient très-petites relativement à x et y. Par le moyen de cette supposition, on pourra représenter la valeur de φ par une série de cette forme :

$$\varphi = \varphi' + z\varphi'' + z^2\varphi''' + z^3\varphi^{\text{IV}} + \text{etc.},$$

où φ', φ'', φ''', etc., seront des fonctions de x, y, t sans z.

Faisant donc cette substitution dans l'équation précédente, elle deviendra

$$\begin{aligned}&\frac{d^2\varphi'}{dx^2} + \frac{d^2\varphi'}{dy^2} + 2\varphi'''\\ &+ z\left(\frac{d^2\varphi''}{dx^2} + \frac{d^2\varphi''}{dy^2} + 2.3\varphi^{\text{IV}}\right)\\ &+ z^2\left(\frac{d^2\varphi'''}{dx^2} + \frac{d^2\varphi'''}{dy^2} + 3.4\varphi^{\text{V}}\right) + \text{etc.} = 0.\end{aligned}$$

De sorte qu'en égalant séparément à zéro les termes affectés des différentes puissances de z, on aura

$$\varphi''' = -\frac{d^2\varphi'}{2dx^2} - \frac{d^2\varphi'}{2dy^2},$$

$$\varphi^{\text{IV}} = -\frac{d^2\varphi''}{2.3dx^2} - \frac{d^2\varphi''}{2.3dy^2},$$

$$\varphi^{\text{V}} = -\frac{d^2\varphi'''}{3.4dx^2} - \frac{d^2\varphi'''}{3.4dy^2}$$

$$= \frac{d^4\varphi'}{2.3.4dx^4} + \frac{d^4\varphi'}{3.4dx^2dy^2} + \frac{d^4\varphi'}{2.3.4dy^4},$$

etc.

Ainsi l'expression de φ deviendra

$$\varphi = \varphi' + z\varphi'' - \frac{z^2}{2}\left(\frac{d^2\varphi'}{dx^2} + \frac{d^2\varphi'}{dy^2}\right) - \frac{z^3}{2.3}\left(\frac{d^2\varphi''}{dx^2} + \frac{d^2\varphi''}{dy^2}\right)$$

$$+ \frac{z^4}{2.3.4}\left(\frac{d^4\varphi'}{dx^4} + \frac{2d^4\varphi'}{dx^2dy^2} + \frac{d^4\varphi'}{dy^4}\right) + \text{etc.},$$

dans laquelle les fonctions φ' et φ'' sont indéterminées, ce qui fait voir que cette expression est l'intégrale complète de l'équation proposée.

Ayant trouvé l'expression de φ, on aura par la différentiation celles de p, q, r, comme il suit :

$$p = \frac{d\varphi}{dx} = \frac{d\varphi'}{dx} + z\,\frac{d\varphi''}{dx} - \frac{z^2}{2}\left(\frac{d^3\varphi'}{dx^3} + \frac{d^3\varphi'}{dxdy^2}\right)$$

$$- \frac{z^3}{2.3}\left(\frac{d^3\varphi''}{dx^3} + \frac{d^3\varphi''}{dxdy^2}\right) + \text{etc.},$$

$$q = \frac{d\varphi}{dy} = \frac{d\varphi'}{dy} + z\,\frac{d\varphi''}{dy} - \frac{z^2}{2}\left(\frac{d^3\varphi'}{dx^2dy} + \frac{d^3\varphi'}{dy^3}\right)$$

$$- \frac{z^3}{2.3}\left(\frac{d^3\varphi''}{dx^2dy} + \frac{d^3\varphi''}{dy^3}\right) + \text{etc.},$$

$$r = \frac{d\varphi}{dz} = \varphi'' - z\left(\frac{d^2\varphi'}{dx^2} + \frac{d^2\varphi'}{dy^2}\right) - \frac{z^2}{2}\left(\frac{d^2\varphi''}{dx^2} + \frac{d^2\varphi''}{dy^2}\right)$$

$$+ \frac{z^3}{2.3}\left(\frac{d^4\varphi'}{dx^4} + \frac{2d^4\varphi'}{dx^2dy^2} + \frac{d^4\varphi'}{dy^4}\right) + \text{etc.}$$

Et

Et substituant ces valeurs dans l'expression de λ de l'article 23, elle deviendra de cette forme :

$$\lambda = \lambda' + z\lambda'' + z^2\lambda''' + z^3\lambda^{\text{IV}} + \text{etc.},$$

dans laquelle

$$\lambda' = -g(x\cos\xi + y\cos\eta) + \frac{d\varphi'}{dt}$$
$$+ \frac{1}{2}\left(\frac{d\varphi'}{dx}\right)^2 + \frac{1}{2}\left(\frac{d\varphi'}{dy}\right)^2 + \frac{1}{2}\varphi''^2,$$

$$\lambda'' = -g\cos\zeta + \frac{d\varphi''}{dt}$$
$$+ \frac{d\varphi'}{dx}\times\frac{d\varphi''}{dx} + \frac{d\varphi'}{dy}\times\frac{d\varphi''}{dy} - \varphi''\left(\frac{d^2\varphi'}{dx^2} + \frac{d^2\varphi'}{dy^2}\right),$$

$$\lambda''' = -\frac{1}{2}\left(\frac{d^3\varphi'}{dtdx^2} + \frac{d^3\varphi'}{dtdy^2}\right) + \frac{1}{2}\left(\frac{d\varphi''}{dx}\right)^2$$
$$-\frac{1}{2}\frac{d\varphi'}{dx}\left(\frac{d^3\varphi'}{dx^3} + \frac{d^3\varphi'}{dxdy^2}\right) + \frac{1}{2}\left(\frac{d\varphi''}{dy}\right)^2$$
$$-\frac{1}{2}\frac{d\varphi'}{dy}\left(\frac{d^3\varphi'}{dx^2dy} + \frac{d^3\varphi'}{dy^3}\right) + \frac{1}{2}\left(\frac{d^2\varphi'}{dx^2} + \frac{d^2\varphi'}{dy^2}\right)^2$$
$$-\frac{1}{2}\varphi''\left(\frac{d^2\varphi''}{dx^2} + \frac{d^2\varphi''}{dy^2}\right),$$

et ainsi de suite.

26. Maintenant si $z = \alpha$ est l'équation des parois, α étant une fonction fort petite de x et y sans z, l'équation de condition pour que les mêmes particules soient toujours contiguës à ces parois (art. 24) deviendra, par les substitutions précédentes,

$$0 = \varphi'' - \frac{d\varphi'}{dx}\times\frac{d\alpha}{dx} - \frac{d\varphi'}{dy}\times\frac{d\alpha}{dy}$$
$$- z\left[\frac{d^2\varphi'}{dx^2} + \frac{d^2\varphi'}{dy^2} + \frac{d\varphi''}{dx}\times\frac{d\alpha}{dx} + \frac{d\varphi''}{dy}\times\frac{d\alpha}{dy}\right]$$
$$-\frac{1}{2}z^2\left[\frac{d^2\varphi''}{dx^2} + \frac{d^2\varphi''}{dy^2} - \left(\frac{d^3\varphi}{dx^3} + \frac{d^3\varphi'}{dxdy^2}\right)\frac{d\alpha}{dx} - \left(\frac{d^3\varphi'}{dx^2dy} + \frac{d^3\varphi'}{dy^3}\right)\frac{d\alpha}{dy}\right]$$
$$+ \text{etc.},$$

laquelle devant avoir lieu, lorsqu'on fait $z=\alpha$, se réduira à cette forme plus simple,

$$\varphi'' - \frac{d.\alpha\frac{d\varphi'}{dx}}{dx} - \frac{d.\alpha\frac{d\varphi'}{dy}}{dy} - \frac{d.\alpha^2\frac{d\varphi''}{dx}}{2dx} - \frac{d.\alpha^2\frac{d\varphi''}{dy}}{2dy}$$
$$+ \frac{d.\alpha^3\left(\frac{d^3\varphi'}{dx^3}+\frac{d^3\varphi'}{dxdy^2}\right)}{2.3dx} + \frac{d.\alpha^3\left(\frac{d^3\varphi'}{dx^2dy}+\frac{d^3\varphi'}{dy^3}\right)}{2.3dy}$$
$$+ \text{etc.} = 0,$$

et il faudra que cette équation soit vraie dans toute l'étendue des parois données.

27. Enfin l'équation de la surface extérieure et libre du fluide étant $\lambda=0$, sera de la forme

$$\lambda' + z\lambda'' + z^2\lambda''' + z^3\lambda^{\text{IV}} + \text{etc.} = 0;$$

et l'équation de condition, pour que les mêmes particules demeurent à la surface (art. 24), sera

$$\frac{d\lambda'}{dt} + \frac{d\varphi'}{dx}\times\frac{d\lambda'}{dx} + \frac{d\varphi'}{dy}\times\frac{d\lambda'}{dy} + \varphi''\lambda''$$
$$+ z\left[\frac{d\lambda''}{dt} + \frac{d\varphi''}{dx}\times\frac{d\lambda'}{dx} + \frac{d\varphi'}{dx}\times\frac{d\lambda''}{dx}\right.$$
$$\left. + \frac{d\varphi''}{dy}\times\frac{d\lambda'}{dy} + \frac{d\varphi'}{dy}\times\frac{d\lambda''}{dy} + 2\varphi''\lambda''' - \left(\frac{d^2\varphi'}{dx^2}+\frac{d^2\varphi'}{dy^2}\right)\lambda''\right]$$
$$+ z^2\left[\frac{d\lambda'''}{dt} + \frac{d\varphi''}{dx}\times\frac{d\lambda''}{dx} + \frac{d\varphi'}{dx}\times\frac{d\lambda'''}{dx}\right.$$
$$+ \frac{d\varphi''}{dy}\times\frac{d\lambda''}{dy} + \frac{d\varphi'}{dy}\times\frac{d\lambda'''}{dy} - \frac{1}{2}\left(\frac{d^3\varphi'}{dx^3}+\frac{d^3\varphi'}{dxdy^2}\right)\times\frac{d\lambda'}{dx}$$
$$- \frac{1}{2}\left(\frac{d^3\varphi'}{dx^2dy}+\frac{d^3\varphi'}{dy^3}\right)\times\frac{d\lambda'}{dy} - 2\left(\frac{d^2\varphi'}{dx^2}+\frac{d^2\varphi'}{dy^2}\right)\times\lambda'''$$
$$\left. - \frac{1}{2}\left(\frac{d^2\varphi''}{dx^2}+\frac{d^2\varphi''}{dy^2}\right)\times\lambda'' + 3\varphi''\lambda^{\text{IV}}\right]$$
$$+ \text{etc.} = 0.$$

Chassant z de ces deux équations, on en aura une qui devra subsister d'elle-même, pour tous les points de la surface extérieure.

Application de ces formules au mouvement d'un fluide qui coule dans un vase étroit et presque vertical.

28. Imaginons maintenant que le fluide coule dans un vase étroit et à peu près vertical, et supposons, pour plus de simplicité, que les abscisses x soient verticales et dirigées de haut en bas, on aura (art. 23), $\xi = 0$, $\eta = 90°$, $\zeta = 90°$; donc $\cos\xi = 1$, $\cos\eta = 0$, $\cos\zeta = 0$.

Supposons de plus, pour simplifier la question autant qu'il est possible, que le vase soit plan, ensorte que des deux ordonnées y et z, les premières y soient nulles, et les secondes z soient fort petites.

Enfin, soient $z = \alpha$ et $z = \beta$ les équations des deux parois du vase, α et β étant des fonctions de x connues et fort petites. On aura, relativement à ces parois, les deux équations (art. 26),

$$\varphi'' - \frac{d.\alpha\frac{d\varphi'}{dx}}{dx} - \frac{d.\alpha^2\frac{d\varphi''}{dx}}{2dx} + \text{etc.} = 0,$$

$$\varphi'' - \frac{d.\beta\frac{d\varphi'}{dx}}{dx} - \frac{d.\beta^2\frac{d\varphi''}{dx}}{2dx} + \text{etc.} = 0,$$

lesquelles serviront à déterminer les fonctions φ' et φ''.

Nous regarderons les quantités z, α, β comme très-petites du premier ordre, et nous négligerons, du moins dans la première approximation, les quantités du second ordre et des ordres suivans. Ainsi les deux équations précédentes se réduiront à celles-ci:

$$\varphi'' - \frac{d.\alpha\frac{d\varphi'}{dx}}{dx} = 0, \qquad \varphi'' - \frac{d.\beta\frac{d\varphi'}{dx}}{dx} = 0,$$

lesquelles, étant retranchées l'une de l'autre, donnent.........

$\frac{d.(\alpha-\beta)\frac{d\varphi'}{dx}}{dx}=0$, équation dont l'intégrale est $(\alpha-\beta)\frac{d\varphi'}{dx}=\theta$, θ étant une fonction arbitraire de t, laquelle doit être très-petite du premier ordre.

Or il visible que $\alpha-\beta$ est la largeur horizontale du vase, que nous représenterons par γ. Ainsi on aura $\frac{d\varphi'}{dx}=\frac{\theta}{\gamma}$, et intégrant de nouveau, par rapport à x, $\varphi'=\theta\int\frac{dx}{\gamma}+\vartheta$, en désignant par ϑ une nouvelle fonction arbitraire de t.

Si on ajoute ensemble les mêmes équations, et qu'on fasse $\frac{\alpha+\beta}{2}=\mu$, on en tirera $\varphi''=\frac{d.\mu\frac{d\varphi'}{dx}}{dx}$, ou en substituant la valeur de $\frac{d\varphi'}{dx}$, $\varphi''=\theta\frac{d.\frac{\mu}{\gamma}}{dx}$. D'où l'on voit que puisque γ, μ, θ sont des quantités très-petites du premier ordre, φ'' sera aussi très-petite du même ordre.

Donc en négligeant toujours les quantités du second ordre, on aura, par les formules de l'article 25, la vîtesse verticale $p=\frac{d\varphi'}{dx}=\frac{\theta}{\gamma}$, la vîtesse horizontale

$$r=\varphi''-z\frac{d^2\varphi'}{dx^2}=\theta\left(\frac{d.\frac{\mu}{\gamma}}{dx}-z\frac{d.\frac{1}{\gamma}}{dx}\right)=\frac{\theta}{\gamma}\left(\frac{d\mu}{dx}+(z-\mu)\frac{d\gamma}{\gamma dx}\right).$$

Ensuite, à cause de $\cos\zeta=0$ la quantité λ'' sera aussi très-petite du premier ordre. Par conséquent, la valeur de λ se réduira (art. 25) à

$$\lambda'=-gx+\frac{d\theta}{dt}\int\frac{dx}{\gamma}+\frac{d\vartheta}{dt}+\frac{\theta^2}{2\gamma^2}.$$

Cette valeur, égalée à zéro, donnera la figure de la surface du fluide; et comme elle ne renferme point l'ordonnée z, mais seulement l'abscisse x et le temps t, il s'ensuit que la surface du fluide devra être à chaque instant plane et horizontale.

Enfin l'équation de condition, pour que les mêmes particules soient toujours à la surface, se réduira, par la même raison, à celle-ci $\frac{d\lambda'}{dt}+\frac{d\varphi'}{dx}\times\frac{d\lambda'}{dx}$ (art. 27), savoir $\frac{d\lambda}{dt}+\frac{\theta}{\gamma}\times\frac{d\lambda}{dx}=0$, laquelle ne contient pas non plus z, mais seulement x et t.

29. Pour distinguer les quantités qui se rapportent à la surface supérieure du fluide, de celles qui se rapportent à la surface inférieure, nous marquerons les premières par un trait et les secondes par deux traits. Ainsi x', γ', etc. seront l'abscisse, la largeur du vase, etc. pour la surface supérieure; x'', γ'', etc. seront de même l'abscisse, la largeur du vase, etc. à la surface intérieure.

Donc aussi λ', λ'' dénoteront dans la suite les valeurs de λ pour les deux surfaces; de sorte que l'on aura, pour la surface supérieure, l'équation

$$\lambda'=-gx'+\frac{d\theta}{dt}\int\frac{dx'}{\gamma'}+\frac{d\vartheta}{dt}+\frac{\theta^2}{2\gamma'}=0,$$

et pour la surface inférieure, l'équation semblable,

$$\lambda''=-gx'+\frac{d\theta}{dt}\int\frac{dx''}{\gamma''}+\frac{d\vartheta}{dt}+\frac{\theta^2}{2\gamma''}=0.$$

Enfin, $\frac{d\lambda'}{dt}+\frac{\theta}{\gamma'}\times\frac{d\lambda'}{dx'}=0$ sera l'équation de condition pour que les mêmes particules qui sont une fois à la surface supérieure y restent toujours; et $\frac{d\lambda''}{dt}+\frac{\theta}{\gamma''}\times\frac{d\lambda''}{dx''}=0$ sera l'équation de condition pour que la surface inférieure contienne toujours les mêmes particules du fluide.

Cela posé, il faut distinguer quatre cas dans la manière dont un fluide peut couler dans un vase; et chacun de ces cas demande une solution particulière.

30. Le premier cas est celui où une quantité donnée de fluide coule dans un vase indéfini. Dans ce cas, il est visible que l'une et l'autre surface doit toujours contenir les mêmes particules, et qu'ainsi on aura pour ces deux surfaces les équations $\lambda'=0$, $\lambda''=0$, et de plus,

$$\frac{d\lambda'}{dt}+\frac{\theta}{\gamma'}\cdot\frac{d\lambda'}{dx'}=0,$$
$$\frac{d\lambda''}{dt}+\frac{\theta}{\gamma''}\cdot\frac{d\lambda''}{dx''}=0,$$

quatre équations qui serviront à déterminer les variables x', x'', θ, ϑ en t.

L'équation $\lambda'=0$ étant différentiée, donne $\frac{d\lambda'}{dx'}dx'+\frac{d\lambda'}{dt}dt=0$; donc $\frac{d\lambda'}{dt}=-\frac{d\lambda'}{dx'}\times\frac{dx'}{dt}$; substituant cette valeur dans l'équation $\frac{d\lambda'}{dt}+\frac{\theta}{\gamma'}\times\frac{d\lambda'}{dx'}=0$, et divisant par $\frac{d\lambda'}{dx'}$, on aura $\frac{dx'}{dt}=\frac{\theta}{\gamma'}$.

On trouvera de même, en combinant l'équation $\lambda''=0$ avec l'équation $\frac{d\lambda''}{dt}=-\frac{d\lambda''}{dx''}\times\frac{dx''}{dt}$, celle-ci : $\frac{dx''}{dt}=\frac{\theta}{\gamma''}$.

Donc on aura $\theta dt=\gamma' dx'=\gamma'' dx''$, équations séparées; par conséquent on aura en intégrant

$$\int\gamma'' dx''-\int\gamma' dx'=m,$$

m étant une constante, laquelle exprime évidemment la quantité donnée du fluide qui coule dans le vase. Cette équation donnera ainsi la valeur de x'' en x'.

Maintenant si on substitue dans l'équation $\lambda'=0$, pour dt sa valeur $\frac{\gamma' dx'}{\theta}$, elle devient $-gx'+\frac{\theta d\theta}{\gamma' dx'}\int\frac{dx'}{\gamma'}+\frac{\theta d\vartheta}{\gamma' dx'}+\frac{\theta^2}{2\gamma'^2}=0$, laquelle étant multipliée par $-\gamma' dx'$, donne celle-ci.......... $g\gamma' x' dx'-\theta d\theta\int\frac{dx'}{\gamma'}-\theta d\vartheta-\frac{\theta^2 dx'}{2\gamma'}=0$, qu'on voit être intégrable, et dont l'intégrale sera

$$g\int\gamma' x' dx' - \frac{\theta^2}{2}\int\frac{dx'}{\gamma'} - \int\theta d\vartheta = const.$$

On trouvera de la même manière, en substituant $\frac{\gamma'' dx''}{\theta}$ à la place de dt dans l'équation $\lambda'' = 0$, et multipliant par $-\gamma'' dx''$, une nouvelle équation intégrable, et dont l'intégrale sera

$$g\int\gamma'' dx'' - \frac{\theta^2}{2}\int\frac{dx''}{\gamma''} - \int\theta d\vartheta = const.$$

Retranchant ces deux équations l'une de l'autre, pour en éliminer le terme $\int\theta d\vartheta$, on aura celle-ci :

$$g(\int\gamma'' x'' dx'' - \int\gamma' x' dx') - \frac{\theta^2}{2}\left(\int\frac{dx''}{\gamma''} - \int\frac{dx'}{\gamma'}\right) = L,$$

dans laquelle les quantités $\int\gamma'' x'' d'' - \int\gamma' x' dx'$ et $\int\frac{dx''}{\gamma''} - \int\frac{dx'}{\gamma'}$ expriment les intégrales de $\gamma x dx$ et de $\frac{dx}{\gamma}$, prises depuis $x = x'$ jusqu'à $x = x''$, et où L est une constante.

Cette équation donnera donc θ en x', puisque x'' est déjà connue en x', par l'équation trouvée plus haut. Ayant ainsi θ en x', on trouvera aussi t en x', par l'équation $dt = \frac{\gamma' dx'}{\theta}$, dont l'intégrale est $t = \int\frac{\gamma' dx'}{\theta} + H$, H étant une constante arbitraire.

A l'égard des deux constantes L et H, on les déterminera par l'état initial du fluide. Car lorsque $t = 0$, la valeur de x' sera donnée par la position initiale du fluide dans le vase; et si on suppose que les vîtesses initiales du fluide soient nulles, il faudra que l'on ait $\theta = 0$, lorsque $t = 0$, pour que les expressions p, q, r (art. 28) deviennent nulles. Mais si le fluide avait été mis d'abord en mouvement par des impulsions quelconques, alors les valeurs de λ' et λ'' seraient données lorsque $t = 0$, puisque la quantité λ

rapportée à la surface du fluide exprime la pression que le fluide y exerce, et qui doit être contre-balancée par la pression extérieure (art. 2). Or on a (art. 29)

$$\lambda'' - \lambda' = -g(x'' - x') + \frac{d\theta}{dt}\left(\int \frac{dx''}{\gamma''} - \int \frac{dx'}{\gamma'}\right) - \frac{\theta^2}{2}\left(\frac{1}{\gamma''^2} - \frac{1}{\gamma'^2}\right);$$

donc en faisant $t = 0$, on aura une équation qui servira à déterminer la valeur initiale de θ.

Ainsi le problème est résolu, et le mouvement du fluide est entièrement déterminé.

31. Le second cas a lieu lorsque le vase est d'une longueur déterminée, et que le fluide s'écoule par le fond du vase. Dans ce cas on aura, comme dans le cas précédent, pour la surface supérieure, les deux équations $\lambda' = 0$ et $\frac{d\lambda'}{dt} + \frac{\theta}{\gamma'} \times \frac{d\lambda'}{dx'} = 0$; mais pour la surface inférieure, on aura simplement l'équation $\lambda'' = 0$, puisqu'à cause de l'écoulement du fluide, il doit y avoir à chaque instant de nouvelles particules à cette surface. Mais d'un autre côté, l'abscisse x'' pour cette même surface, sera donnée et constante; de sorte qu'il n'y aura que trois inconnues à déterminer, savoir, x', θ et ϑ.

Les deux premières équations donnent d'abord, comme dans le cas précédent, celle-ci : $dt = \frac{\gamma' dx'}{\theta}$, et

$$g\gamma' x' dx' - \theta d\theta \int \frac{dx'}{\gamma'} - \theta d\vartheta - \frac{\theta^2 dx'}{2\gamma'} = 0;$$

ensuite l'équation $\lambda'' = 0$ donnera

$$-gx'' + \frac{d\theta}{dt}\int \frac{dx''}{\gamma''} + \frac{d\vartheta}{dt} + \frac{\theta^2}{2\gamma''^2} = 0;$$

où l'on remarquera que x'', γ'' et $\int \frac{dx''}{\gamma''}$, sont des constantes que nous dénoterons, pour plus de simplicité, par f, h, n. Ainsi en substituant

substituant à dt sa valeur $\frac{\gamma' dx'}{\theta}$, multipliant ensuite par $-\gamma' dx'$, on aura l'équation $gf\gamma' dx' - n\theta d\theta - \theta d\vartheta - \frac{\theta^2 dx'}{2h} = 0$.

Donc retranchant de celle-ci l'équation précédente, pour en éliminer les termes $\theta d\vartheta$, on aura

$$g(f - x')\gamma' dx' - \left(n - \int \frac{dx'}{\gamma'}\right)\theta d\theta - \left(\frac{1}{2h} - \frac{1}{2\gamma}\right)\theta^2 dx' = 0,$$

équation qui ne contient que les deux variables x' et θ, et par laquelle on pourra donc déterminer une de ces variables en fonction de l'autre.

Ensuite on aura t exprimé par la même variable, en intégrant l'équation $dt = \frac{\gamma' dx'}{\theta}$, et l'on déterminera les constantes par l'état initial du fluide, comme dans le problème précédent.

32. Le troisième cas a lieu lorsqu'un fluide coule dans un vase indéfini, mais qui est entretenu toujours plein à la même hauteur, par de nouveau fluide qu'on y verse continuellement. Ce cas est l'inverse du précédent; car on aura ici pour la surface inférieure les deux équations $\lambda'' = 0$ et $\frac{d\lambda''}{dt} + \frac{\theta}{\gamma''} \times \frac{d\lambda''}{dx''} = 0$; et pour la surface supérieure, on aura simplement l'équation $\lambda' = 0$, à cause du changement continuel des particules de cette surface. Ainsi il n'y aura qu'à changer dans les équations de l'article précédent les quantités x', γ' en x'', γ'', et prendre pour f, h, n les valeurs données de x', γ', $\int \frac{dx'}{\gamma'}$.

Au reste, nous supposons que l'addition du nouveau fluide se fait de manière que chaque couche prend d'abord la vîtesse de celle qui la suit immédiatement, et qu'ainsi l'augmentation ou la diminution de vîtesse de cette couche, pendant le premier instant, est la même que si le vase n'était pas entretenu plein à la même hauteur durant cet instant.

33. Enfin le dernier cas est celui où le fluide sort d'un vase de longueur déterminée, et qui est entretenu toujours plein à la même hauteur. Ici les particules des surfaces supérieure et inférieure se renouvellent entièrement; par conséquent on aura simplement pour ces deux surfaces les équations $\lambda'=0$, $\lambda''=0$; mais en même temps les deux abscisses x' et x'' seront données et constantes, ensorte qu'il n'y aura que les deux inconnues θ et Δ à déterminer en t.

Soit donc $x'=f$, $\gamma'=h$, $\int\frac{dx'}{\gamma'}=n$, $x''=F$, $\gamma''=H$, $\int\frac{dx''}{\gamma''}=N$; les deux équations $\lambda'=0$, $\lambda''=0$ deviendront

$$-gf+\frac{d\theta}{dt}n+\frac{d\vartheta}{dt}+\frac{\theta^2}{2h^2}=0,$$

$$-gF+\frac{d\theta}{dt}N+\frac{d\vartheta}{dt}+\frac{\theta^2}{2H^2}=0;$$

d'où chassant $\frac{d\vartheta}{dt}$, on aura

$$g(F-f)-(N-n)\frac{d\theta}{dt}-\left(\frac{1}{2H^2}-\frac{1}{2h^2}\right)\theta^2=0,$$

d'où l'on tire

$$dt=\frac{(N-n)\,d\theta}{g(F-f)-\left(\frac{1}{2H^2}-\frac{1}{2h^2}\right)\theta^2},$$

équation séparée, et qui est intégrable par des arcs de cercle ou des logarithmes.

34. Les solutions précédentes sont conformes à celles que les premiers auteurs auxquels on doit des théories du mouvement des fluides ont trouvées, d'après la supposition que les différentes tranches du fluide conservent exactement leur parallélisme, en descendant

dans le vase. (*Voyez* l'Hydrodynamique de Daniel Bernoulli, l'Hydraulique de Jean Bernoulli, et le Traité des Fluides de d'Alembert.) Notre analyse fait voir que cette supposition n'est exacte que lorsque la largeur du vase est infiniment petite, mais qu'elle peut, dans tous les cas, être employée pour une première approximation, et que les solutions qui en résultent sont exactes, aux quantités du second ordre près, en regardant les largeurs du vase comme des quantités du premier ordre.

Mais le grand avantage de cette analyse, est qu'on peut par son moyen approcher de plus en plus du vrai mouvement des fluides, dans des vases de figure quelconque; car ayant trouvé, ainsi que nous venons de le faire, les premières valeurs des inconnues, en négligeant les secondes dimensions des largeurs du vase, il sera facile de pousser l'approximation plus loin, en ayant égard successivement aux termes négligés. Ce détail n'a de difficulté que la longueur du calcul, et nous n'y entrerons point quant à présent.

Applications des mêmes formules au mouvement d'un fluide contenu dans un canal peu profond et presque horizontal, et en particulier au mouvement des ondes.

35. Puisqu'on suppose la hauteur du fluide fort petite, il faudra prendre les coordonnées z verticales et dirigées de haut en bas les abscisses x et les autres ordonnées y deviendront horizontales, et l'on aura (art. 23) $\cos\xi = 0$, $\cos\eta = 0$, $\cos\zeta = 1$. En prenant les axes des x et y dans le plan horizontal formé par la surface supérieure du fluide, dans l'état d'équilibre, soit $z = \alpha$ l'équation du fond du canal, α étant une fonction de x et y.

Nous regarderons les quantités z et α comme très-petites du premier ordre, et nous négligerons les quantités du second ordre et des suivans, c'est-à-dire celles qui contiendront les carrés et les produits de z et α.

L'équation de condition relative au fond du canal donnera (art. 26)

$$\varphi'' = \frac{d.\alpha\frac{d\varphi'}{dx}}{dx} + \frac{d.\alpha\frac{d\varphi'}{dy}}{dy},$$

d'où l'on voit que φ'' est une quantité du premier ordre.

Ensuite la valeur de la quantité λ se réduira à $\lambda' + \lambda''z$ (art. 25); et il faudra négliger dans l'expression de λ' les quantités du second ordre, et dans celle de λ'' les quantités du premier. Ainsi, à cause de $\cos\xi = 0$, $\cos\eta = 0$, $\cos\zeta = 1$, on aura, par les formules du même article,

$$\lambda' = \frac{d\varphi'}{dt} + \frac{1}{2}\left(\frac{d\varphi'}{dx}\right)^2 + \frac{1}{2}\left(\frac{d\varphi'}{dy}\right)^2, \quad \lambda'' = -g.$$

On aura donc (art. 27), pour la surface supérieure du fluide, l'équation $\lambda' - gz = 0$, et ensuite l'équation de condition

$$\frac{d\lambda'}{dt} + \frac{d\varphi'}{dx} \times \frac{d\lambda'}{dx} + \frac{d\varphi'}{dy} \times \frac{d\lambda'}{dy} - g\varphi'' + gz\left(\frac{d^2\varphi'}{dx^2} + \frac{d^2\varphi'}{dy^2}\right) = 0.$$

L'équation $\lambda' - gz = 0$, donne sur-le-champ $z = \frac{\lambda'}{g}$ pour la figure de la surface supérieure du fluide à chaque instant, et comme l'équation de condition doit avoir lieu aussi relativement à la même surface, il faudra qu'elle soit vraie, en y substituant à z cette même valeur $\frac{\lambda'}{g}$. Cette équation deviendra donc par là de cette forme :

$$\frac{d\lambda'}{dt} + \frac{d.\lambda'\frac{d\varphi'}{dx}}{dx} + \frac{d.\lambda'\frac{d\varphi'}{dy}}{dy} - g\varphi'' = 0,$$

et substituant encore pour φ'' sa valeur trouvée ci-dessus, elle se réduira à celle-ci :

$$\frac{d\lambda'}{dt}+\frac{d.(\lambda'-g\alpha)\frac{d\varphi'}{dx}}{dx}+\frac{d.(\lambda'-g\alpha)\frac{d\varphi'}{dy}}{dy}=0,$$

dans laquelle il n'y aura plus qu'à mettre à la place de λ' sa valeur, $\frac{d\varphi'}{dt}+\frac{1}{2}\left(\frac{d\varphi'}{dx}\right)^2+\frac{1}{2}\left(\frac{d\varphi'}{dy}\right)^2$; et l'on aura une équation aux différences partielles du second ordre, qui servira à déterminer φ' en fonction de x, y, t.

Après quoi on connaîtra la figure de la surface supérieure du fluide, par l'équation

$$z=\frac{d\varphi'}{gdt}+\frac{1}{2g}\left(\frac{d\varphi'}{dx}\right)^2+\frac{1}{2g}\left(\frac{d\varphi'}{dy}\right)^2;$$

et si on voulait connaître aussi les vîtesses horizontales p, q de chaque particule du fluide, on les aurait par les formules $p=\frac{d\varphi'}{dx}$, $q=\frac{d\varphi'}{dy}$ (art. 25).

36. Le calcul intégral des équations aux différences partielles est encore bien éloigné de la perfection nécessaire pour l'intégration d'équations aussi compliquées que celle dont il s'agit, et il ne reste d'autre ressource que de simplifier cette équation par quelque limitation.

Nous supposerons pour cela, que le fluide dans son mouvement, ne s'élève ni ne s'abaisse au-dessus ou au-dessous du niveau, qu'infiniment peu, ensorte que les ordonnées z de la surface supérieure soient toujours très-petites, et qu'outre cela les vîtesses horizontales p et q soient aussi infiniment petites. Il faudra donc que les quantités $\frac{d\varphi'}{dt}$, $\frac{d\varphi'}{dx}$, $\frac{d\varphi'}{dy}$ soient infiniment petites, et qu'ainsi la quantité φ' soit elle-même infiniment petite.

Ainsi négligeant dans l'équation proposée les quantités infiniment petites du second ordre et des ordres ultérieurs, elle se réduira à cette forme linéaire

$$\frac{d^2\varphi'}{dt^2} - g\,\frac{d.\alpha\frac{d\varphi'}{dx}}{dx} - g\,\frac{d.\alpha\frac{d\varphi'}{dy}}{dy} = 0,$$

et l'on aura

$$z = \frac{d\varphi'}{gdt}, \quad p = \frac{d\varphi'}{dx}, \quad q = \frac{d\varphi'}{dy}.$$

Cette équation contient donc la théorie générale des petites agitations d'un fluide peu profond, et par conséquent la vraie théorie des ondes formées par les élévations et les abaissemens successifs et infiniment petits d'une eau stagnante et contenue dans un canal ou bassin peu profond. La théorie des ondes que Newton a donnée dans la proposition quarante-sixième du second Livre, étant fondée sur la supposition précaire et peu naturelle, que les oscillations verticales des ondes soient analogues à celles de l'eau dans un tuyau recourbé, doit être regardée comme absolument insuffisante pour expliquer ce problème.

37. Si on suppose que le canal ou bassin ait un fond horizontal, alors la quantité α sera constante et égale à la profondeur de l'eau, et l'équation pour le mouvement des ondes deviendra

$$\frac{d^2\varphi'}{dt^2} = g\alpha\left(\frac{d^2\varphi'}{dx^2} + \frac{d^2\varphi'}{dy^2}\right),$$

Cette équation est entièrement semblable à celle qui détermine les petites agitations de l'air, dans la formation du son, en n'ayant égard qu'au mouvement des particules, parallèlement à l'horizon, comme on le verra dans l'article 9 de la Section suivante. Les élévations z, au-dessus du niveau de l'eau, répondent aux condensations de l'air, et la profondeur α de l'eau dans le canal, répond à la hauteur de l'atmosphère supposée homogène, ce qui établit une parfaite analogie entre les ondes formées à la surface d'une eau tranquille, par les élévations et les abaissemens successifs de l'eau, et les ondes formées dans l'air, par les condensations et raréfactions successives de l'air, analogie que plusieurs auteurs avaient déjà supposée, mais que personne jusqu'ici n'avait encore rigoureusement démontrée.

Ainsi comme la vîtesse de la propagation du son se trouve égale à celle qu'un corps grave acquerrait en tombant de la moitié de la hauteur de l'atmosphère supposée homogène, la vîtesse de la propagation des ondes sera la même que celle qu'un corps grave acquerrait en descendant d'une hauteur égale à la moitié de la profondeur de l'eau dans le canal. Par conséquent, si cette profondeur est d'un pied, la vîtesse des ondes sera de 5,495 pieds par seconde; et si la profondeur de l'eau est plus ou moins grande, la vîtesse des ondes variera en raison soudoublée des profondeurs, pourvu qu'elles ne soient pas trop considérables.

Au reste, quelle que puisse être la profondeur de l'eau, et la figure de son fond, on pourra toujours employer la théorie précédente, si on suppose que dans la formation des ondes l'eau n'est ébranlée et remuée qu'à une profondeur très-petite, supposition qui est très-plausible en elle-même, à cause de la ténacité et de l'adhérence mutuelle des particules de l'eau, et que je trouve d'ailleurs confirmée par l'expérience, même à l'égard des grandes ondes de la mer. De cette manière donc, la vîtesse des ondes déterminera elle-même la profondeur α à laquelle l'eau est agitée dans leur formation; car si cette vîtesse est de n pieds par seconde, on aura $\alpha = \frac{n^2}{30,196}$ pieds.

On trouve, dans le tome X des anciens Mémoires de l'Académie des Sciences de Paris, des expériences sur la vîtesse des ondes, faites par M. de la Hire, et qui ont donné un pied et demi par seconde pour cette vîtesse, ou plus exactement 1,412 pieds par seconde. Faisant donc $n = 1{,}412$, on aura la profondeur α de $\frac{66}{1000}$ de pied, savoir de $\frac{8}{10}$ de pouce, ou 10 lignes à peu près.

DOUZIÈME

DOUZIÈME SECTION.

Du mouvement des Fluides compressibles et élastiques.

1. POUR appliquer à cette sorte de fluides l'équation générale de l'article 2 de la Section précédente, on observera que le terme $S\lambda\delta L$ doit y être effacé, puisque la condition de l'incompressibilité à laquelle ce terme est dû n'existe plus dans l'hypothèse présente; mais d'un autre côté, il y faudra tenir compte de l'action de l'élasticité, qui s'oppose à la compression et qui tend à dilater le fluide.

Soit donc ε l'élasticité d'une particule quelconque Dm du fluide; comme son effet consiste à augmenter le volume $DxDyDz$ de cette particule, et par conséquent à diminuer la quantité $-DxDyDz$, il en résultera pour cette particule le moment $-\varepsilon\delta.(DxDyDz)$ à ajouter au premier membre de la même équation. De sorte qu'on aura pour toutes les particules le terme intégral $-S\varepsilon\delta.(DxDyDz)$ à substituer à la place du terme $S\lambda\delta L$. Or, δL étant égal à $\delta.(DxDyDz)$, il est clair que l'équation générale demeurera de la même forme, en y changeant simplement λ en $-\varepsilon$. On parviendra donc aussi, par les mêmes procédés, à trois équations finales semblables aux équations (A), savoir,

$$\left.\begin{aligned}\Delta\left(\frac{d^2x}{dt^2}+X\right)+\frac{D\varepsilon}{Dx}&=0\\ \Delta\left(\frac{d^2y}{dt^2}+Y\right)+\frac{D\varepsilon}{Dy}&=0\\ \Delta\left(\frac{d^2z}{dt^2}+Z\right)+\frac{D\varepsilon}{Dz}&=0\end{aligned}\right\}\ldots\ldots.(a).$$

Et il faudra de même que la valeur de ε soit nulle à la surface du fluide, si le fluide y est libre; mais s'il est contenu par des parois, la valeur de ε sera égale à la résistance que les parois exercent pour contenir le fluide, ce qui est évident, puisque ε exprime la force d'élasticité de ses particules.

2. Dans les fluides compressibles, la densité Δ est toujours donnée par une fonction connue de ε, x, y, z, t, dépendante de la loi de l'élasticité du fluide, et de celle de la chaleur, qui est supposée régner à chaque instant dans tous les points de l'espace. Il y a donc quatre inconnues, ε, x, y, z à déterminer en t, et par conséquent il faut encore une quatrième équation pour la solution complète du problème. Pour les fluides incompressibles, la condition de l'invariabilité du volume a donné l'équation (B) de l'article 3, et celle de l'invariabilité de la densité d'un instant à l'autre a donné l'équation (H) de l'article 11. Dans les fluides compressibles, aucune de ces deux conditions n'a lieu en particulier, parce que le volume et la densité varient à-la-fois; mais la masse qui est le produit de ces deux élémens doit demeurer invariable. Ainsi on aura $d.Dm = 0$, ou bien $d.(\Delta DxDyDz) = 0$. Donc, en différentiant logarithmiquement $\frac{d\Delta}{\Delta} + \frac{d.(DxDyDz)}{DxDyDz} = 0$, et substituant la valeur de $d.(DxDyDz)$, (cette valeur est la même que celle de $\delta.(DxDyDz)$ de l'article 2 de la Section précédente, en y changeant d en δ), on aura l'équation

$$\frac{d\Delta}{\Delta} + \frac{Ddx}{Dx} + \frac{Ddy}{Dy} + \frac{Ddz}{Dz} = 0 \ldots\ldots (b),$$

laquelle répond à l'équation (B) de l'article 3 de la Section citée, celle-là étant relative à l'invariabilité du volume, et celle-ci à l'invariabilité de la masse.

3. Si on regarde les coordonnées x, y, z comme des fonctions

des coordonnées primitives a, b, c et du temps t écoulé depuis le commencement du mouvement, les équations (a) deviendront, par des procédés semblables à ceux de l'article 5 de la Section précédente, de cette forme :

$$\left.\begin{aligned}\theta\Delta\left(\frac{d^2x}{dt^2}+X\right)+\alpha\frac{d\epsilon}{da}+\beta\frac{d\epsilon}{db}+\gamma\frac{d\epsilon}{dc}=0\\ \theta\Delta\left(\frac{d^2y}{dt^2}+Y\right)+\alpha'\frac{d\epsilon}{da}+\beta'\frac{d\epsilon}{db}+\gamma'\frac{d\epsilon}{dc}=0\\ \theta\Delta\left(\frac{d^2z}{dt^2}+Z\right)+\alpha''\frac{d\epsilon}{da}+\beta''\frac{d\epsilon}{db}+\gamma''\frac{d\epsilon}{dc}=0\end{aligned}\right\}\ldots.(c),$$

ou de celle-ci, plus simple,

$$\left.\begin{aligned}\Delta\left[\left(\frac{d^2x}{dt^2}+X\right)\frac{dx}{da}+\left(\frac{d^2y}{dt^2}+Y\right)\frac{dy}{da}+\left(\frac{d^2z}{dt^2}+Z\right)\frac{dz}{da}\right]+\frac{d\epsilon}{da}=0\\ \Delta\left[\left(\frac{d^2x}{dt^2}+X\right)\frac{dx}{db}+\left(\frac{d^2y}{dt^2}+Y\right)\frac{dy}{db}+\left(\frac{d^2z}{dt^2}+Z\right)\frac{dz}{db}\right]+\frac{d\epsilon}{db}=0\\ \Delta\left[\left(\frac{d^2x}{dt^2}+X\right)\frac{dx}{dc}+\left(\frac{d^2y}{dt^2}+Y\right)\frac{dy}{dc}+\left(\frac{d^2z}{dt^2}+Z\right)\frac{dz}{dc}\right]+\frac{d\epsilon}{dc}=0\end{aligned}\right\}\ldots.(d),$$

ces transformées étant analogues aux transformées (C) et (D) de l'endroit cité.

A l'égard de l'équation (b), en y appliquant les transformations de l'article 3 de la Section précédente, elle se réduira à cette forme $\frac{d\Delta}{\Delta}+\frac{d\theta}{\theta}=0$, les différentielles $d\Delta$ et $d\theta$ étant relatives uniquement à la variable t. De sorte qu'en intégrant on aura $\Delta\theta=$ fonct. (a, b, c). Lorsque $t=0$, nous avons vu dans l'article cité que θ devient $=1$; donc si on suppose que H soit alors la valeur de Δ, on aura $H=$ fonct. (a, b, c), et l'équation deviendra $\Delta\theta=H$, ou bien $\theta=\frac{H}{\Delta}$; c'est-à-dire, en substituant pour θ sa valeur,

$$\begin{aligned}&\frac{dx}{da}\times\frac{dy}{db}\times\frac{dz}{dc}-\frac{dx}{db}\times\frac{dy}{da}\times\frac{dz}{dc}+\frac{dx}{db}\times\frac{dy}{dc}\times\frac{dz}{da}\\ &-\frac{dx}{dc}\times\frac{dy}{db}\times\frac{dz}{da}+\frac{dx}{dc}\times\frac{dy}{da}\times\frac{dz}{db}-\frac{dx}{da}\times\frac{dy}{dc}\times\frac{dz}{db}=\frac{H}{\Delta}\ldots..(e),\end{aligned}$$

transformée analogue à la transformée (E) de l'article cité.

Enfin il faudra appliquer aussi à ces équations ce qu'on a dit dans l'article 8 de la même Section, relativement à la surface du fluide.

4. Mais si l'on veut, ce qui est beaucoup plus simple, avoir des équations entre les vîtesses p, q, r des particules, suivant les directions des coordonnées x, y, z, en regardant ces vîtesses, ainsi que les quantités Δ et ϵ, comme des fonctions de x, y, z, t, on emploiera les transformations de l'article 10 de la Section précédente, et les équations (a) donneront sur-le-champ ces transformées, analogues aux transformées (F) de ce dernier article,

$$\left.\begin{aligned} \Delta\left(\frac{dp}{dt}+p\frac{dp}{dx}+q\frac{dp}{dy}+r\frac{dp}{dz}+X\right)+\frac{d\epsilon}{dx}&=0\\ \Delta\left(\frac{dq}{dt}+p\frac{dq}{dx}+q\frac{dq}{dy}+r\frac{dq}{dz}+Y\right)+\frac{d\epsilon}{dy}&=0\\ \Delta\left(\frac{dr}{dt}+p\frac{dr}{dx}+q\frac{dr}{dy}+r\frac{dr}{dz}+Z\right)+\frac{d\epsilon}{dz}&=0 \end{aligned}\right\}\ldots\ldots(f).$$

Dans l'équation (b), outre la substitution de pdt, qdt, rdt, au lieu de dx, dy, dz, et le changement de D en d, il faudra encore mettre pour $d\Delta$ sa valeur complète,

$$\left(\frac{d\Delta}{dt}+\frac{d\Delta}{dx}p+\frac{d\Delta}{dy}q+\frac{d\Delta}{dz}r\right)dt,$$

et l'on aura, en divisant par dt, cette transformée,

$$\frac{d\Delta}{\Delta dt}+\frac{d\Delta}{\Delta dx}p+\frac{d\Delta}{\Delta dy}q+\frac{d\Delta}{\Delta dz}r+\frac{dp}{dx}+\frac{dq}{dy}+\frac{dr}{dz}=0,$$

laquelle, étant multipliée par Δ, se réduit à cette forme plus simple,

$$\frac{d\Delta}{dt}+\frac{d.(\Delta p)}{dx}+\frac{d.(\Delta q)}{dy}+\frac{d.(\Delta r)}{dz}=0\ldots\ldots(g).$$

A l'égard de la condition relative au mouvement des particules à la surface, elle sera représentée également par l'équation (I)

de l'article 12 de la Section précédente, savoir,

$$\frac{dA}{dt} + p\frac{dA}{dx} + q\frac{dA}{dy} + r\frac{dA}{dz} = 0 \ldots\ldots (i),$$

en supposant que $A = 0$ soit l'équation de la surface.

5. Il est aisé de satisfaire à l'équation (g), en supposant

$$\Delta p = \frac{d\alpha}{dt}, \quad \Delta q = \frac{d\beta}{dt}, \quad \Delta r = \frac{d\gamma}{dt},$$

α, β, γ étant des fonctions de x, y, z, t. Par ces substitutions, l'équation dont il s'agit deviendra

$$\frac{d\Delta}{dt} + \frac{d^2\alpha}{dtdx} + \frac{d^2\beta}{dtdy} + \frac{d^2\gamma}{dtdz} = 0,$$

laquelle est intégrable relativement à t, et dont l'intégrale donnera

$$\Delta = F - \frac{d\alpha}{dx} - \frac{d\beta}{dy} - \frac{d\gamma}{dz},$$

F étant une fonction de x, y, z sans t, dépendante de la loi de la densité initiale du fluide.

On aura ainsi,

$$p = \frac{\frac{d\alpha}{dt}}{F - \frac{d\alpha}{dx} - \frac{d\beta}{dy} - \frac{d\gamma}{dz}},$$

$$q = \frac{\frac{d\beta}{dt}}{F - \frac{d\alpha}{dx} - \frac{d\beta}{dy} - \frac{d\gamma}{dz}},$$

$$r = \frac{\frac{d\gamma}{dt}}{F - \frac{d\alpha}{dx} - \frac{d\beta}{dy} - \frac{d\gamma}{dz}}.$$

Donc substituant ces valeurs dans les équations (f), et mettant de plus pour ε sa valeur en fonction de Δ, x, y, z, t (art. 2), on aura trois équations aux différences partielles entre les inconnues α, β, γ et les quatre variables x, y, z, t, et la solution du problème ne dépendra plus que de l'intégration de ces équations ; mais cette intégration surpasse les forces de l'analyse connue.

6. En faisant abstraction de la chaleur et des autres circonstances qui peuvent faire varier l'élasticité indépendamment de la densité, la valeur de l'élasticité ε sera donnée par une fonction de la densité Δ, de sorte que $\frac{d\varepsilon}{\Delta}$ sera une différentielle à une seule variable, et par conséquent intégrable, dont nous supposerons l'intégrale exprimée par E.

Soit, de plus, la quantité $Xdx + Ydy + Zdz$ une différentielle complète, dont l'intégrale soit V, comme dans l'article 15 de la Section précédente.

Les équations (f) de l'article 4 étant multipliées respectivement par dx, dy, dz, et ensuite ajoutées ensemble, donneront, après la division par Δ, une équation de la forme

$$\begin{aligned} -dE - dV = &\left(\frac{dp}{dt} + p\frac{dp}{dx} + q\frac{dp}{dy} + r\frac{dp}{dz}\right)dx \\ &+ \left(\frac{dq}{dt} + p\frac{dq}{dx} + q\frac{dq}{dy} + r\frac{dq}{dz}\right)dy \\ &+ \left(\frac{dr}{dt} + p\frac{dr}{dx} + q\frac{dr}{dy} + r\frac{dr}{dz}\right)dz \ldots (l), \end{aligned}$$

dont le premier membre étant intégrable, il faudra que le second le soit aussi. Ainsi on aura de nouveau le cas de l'équation (L) de l'article 15 de la Section précédente, et on parviendra par conséquent à des résultats semblables.

7. Donc en général, si la quantité $pdx + qdy + rdz$ se trouve dans un instant quelconque une différentielle complète, ce qui a

toujours lieu au commencement du mouvement, lorsque le fluide part du repos, ou qu'il est mis en mouvement par une impulsion appliquée à la surface, alors la même quantité devra être toujours une différentielle complète (art. 17, 18, Sect. préc.).

Dans cette hypothèse on fera, comme dans l'article 20 de la Section précédente, $pdx + qdy + rdz = d\varphi$, ce qui donne

$$p = \frac{d\varphi}{dx}, \qquad q = \frac{d\varphi}{dy}, \qquad r = \frac{d\varphi}{dz},$$

et l'équation (l) étant intégrée, après ces substitutions, donnera

$$E = -V - \frac{d\varphi}{dt} - \frac{1}{2}\left(\frac{d\varphi}{dx}\right)^2 - \frac{1}{2}\left(\frac{d\varphi}{dy}\right)^2 - \frac{1}{2}\left(\frac{d\varphi}{dz}\right)^2 \ldots\ldots (m),$$

valeur qui satisfera en même temps aux trois équations (f) de l'article 4.

Or E étant $= \int \frac{d\epsilon}{\Delta}$ sera une fonction de Δ, puisque ϵ est une fonction connue de Δ; donc Δ sera une fonction de E. Substituant donc la valeur de Δ tirée de l'équation précédente, ainsi que celles de p, q, r, dans l'équation (g) de l'article 4, on aura une équation en différences partielles de φ, laquelle ne contenant que cette inconnue suffira pour la déterminer. De sorte que toute la difficulté sera réduite à cette unique intégration.

8. Dans les fluides élastiques connus, l'élasticité est toujours proportionnelle à la densité; de sorte qu'on a pour ces fluides $\epsilon = i\Delta$, i étant un coefficient constant qu'on déterminera en connaissant la valeur de l'élasticité pour une densité donnée.

Ainsi pour l'air, l'élasticité est égale au poids de la colonne de mercure dans le baromètre; donc si on nomme H la hauteur du baromètre pour une certaine densité de l'air qu'on prendra pour l'unité, n la densité du mercure, c'est-à-dire le rapport numérique de la densité du mercure à celle de l'air, rapport qui est le même que celui des gravités spécifiques, et g la force accélératrice de la gravité, on aura, lorsque $\Delta = 1$, $\varepsilon = gnH$; par conséquent $i = gnH$, où l'on remarque que nH est la hauteur de l'atmosphère supposée homogène. De sorte qu'en désignant cette hauteur par h, on aura plus simplement $i = gh$, et de là $\varepsilon = gh\Delta$.

Donc puisque $E = \int \frac{d\varepsilon}{\Delta}$, on aura $E = gh.l\Delta$. Or l'équation (g) de l'article 4 peut se mettre sous la forme

$$\frac{d.l\Delta}{dt} + \frac{d.l\Delta}{dx}p + \frac{d.l\Delta}{dy}q + \frac{d.l\Delta}{dz}r + \frac{dp}{dx} + \frac{dq}{dy} + \frac{dr}{dz} = 0.$$

Donc substituant $\frac{E}{gh}$, $\frac{d\varphi}{dx}$, $\frac{d\varphi}{dy}$, $\frac{d\varphi}{dz}$ à la place de $l\Delta$, p, q, r, et multipliant par gh, elle deviendra

$$gh\left(\frac{d^2\varphi}{dx^2} + \frac{d^2\varphi}{dy^2} + \frac{d^2\varphi}{dz^2}\right) + \frac{dE}{dt}$$
$$+ \frac{dE}{dx} \times \frac{d\varphi}{dx} + \frac{dE}{dy} \times \frac{d\varphi}{dy} + \frac{dE}{dz} \times \frac{d\varphi}{dz} = 0.$$

Il n'y aura donc plus qu'à substituer pour E sa valeur trouvée ci-dessus; et cette substitution donnera l'équation finale en φ,

$$\left.\begin{aligned}
0 = gh&\left(\frac{d^2\varphi}{dx^2} + \frac{d^2\varphi}{dy^2} + \frac{d^2\varphi}{dz^2}\right) - \frac{d^2\varphi}{dt^2} \\
&- \frac{dV}{dx} \times \frac{d\varphi}{dx} - \frac{dV}{dy} \times \frac{d\varphi}{dy} - \frac{dV}{dz} \times \frac{d\varphi}{dz} \\
&- 2\frac{d\varphi}{dx} \times \frac{d^2\varphi}{dxdt} - 2\frac{d\varphi}{dy} \times \frac{d^2\varphi}{dydt} - 2\frac{d\varphi}{dz} \times \frac{d^2\varphi}{dzdt} \\
&- \left(\frac{d\varphi}{dx}\right)^2 \times \frac{d^2\varphi}{dx^2} - \left(\frac{d\varphi}{dy}\right)^2 \times \frac{d^2\varphi}{dy^2} - \left(\frac{d\varphi}{dz}\right)^2 \times \frac{d^2\varphi}{dz^2} \\
&- 2\frac{d\varphi}{dx}\cdot\frac{d\varphi}{dy}\cdot\frac{d^2\varphi}{dxdy} - 2\frac{d\varphi}{dx}\cdot\frac{d\varphi}{dz}\cdot\frac{d^2\varphi}{dxdz} - 2\frac{d\varphi}{dy}\cdot\frac{d\varphi}{dz}\cdot\frac{d^2\varphi}{dydz}
\end{aligned}\right\} \ldots\ldots (n),$$

laquelle contient seule la théorie du mouvement des fluides élastiques dans l'hypothèse dont il s'agit.

9.

9. Lorsque le mouvement du fluide est très-petit, et qu'on n'a égard qu'aux quantités très-petites du premier ordre, nous avons vu dans l'article 21 de la Section précédente, que la quantité $pdx + qdy + rdz$ est aussi nécessairement une différentielle complète. Dans ce cas donc, les formules précédentes auront toujours lieu, de quelque manière que le mouvement du fluide ait été engendré, pourvu qu'il soit toujours très-petit, et que par conséquent la fonction φ soit elle-même très-petite.

Dans la théorie du son, on suppose que le mouvement des particules de l'air est très-petit; ainsi, regardant dans l'équation (n) la quantité φ comme très-petite, et négligeant les termes où elle monte au-delà de la première dimension, on aura pour cette théorie l'équation générale

$$gh\left(\frac{d^2\varphi}{dx^2} + \frac{d^2\varphi}{dy^2} + \frac{d^2\varphi}{dz^2}\right) - \frac{d^2\varphi}{dt^2}$$
$$- \frac{dV}{dx} \times \frac{d\varphi}{dx} - \frac{dV}{dy} \times \frac{d\varphi}{dy} - \frac{dV}{dz} \times \frac{d\varphi}{dz} = 0.$$

Or en négligeant de même les secondes dimensions de φ dans la valeur de E de l'article 7, on aura simplement

$$E = - V - \frac{d\varphi}{dt} = gh.l\Delta \text{ (art. 8).}$$

On peut supposer que la fonction φ soit nulle dans l'état de repos ou d'équilibre. On aura donc aussi dans cet état $\frac{d\varphi}{dt} = 0$, et par conséquent $gh.l\Delta = - V$, et $\Delta = e^{\frac{-V}{gh}}$.

Lorsque l'air est en vibration, soit sa densité naturelle augmentée en raison de $1 + s$ à 1, s étant une quantité fort petite, on aura donc en général $\Delta = e^{\frac{-V}{gh}}(1 + s)$, et de là, en négligeant les carrés de s, on aura $l\Delta = - \frac{V}{gh} - s$; donc $s = \frac{d\varphi}{ghdt}$.

A l'égard de la valeur de V qui dépend des forces accélératrices, en supposant le fluide pesant, et prenant, pour plus de simplicité, les ordonnées z verticales et dirigées de haut en bas, on aura par la formule de l'article 23 (Section précédente), $V = -gz$, g étant la force accélératrice de la gravité. Donc l'équation du son sera

$$gh\left(\frac{d^2\varphi}{dx^2} + \frac{d^2\varphi}{dy^2} + \frac{d^2\varphi}{dz^2}\right) + g\,\frac{d\varphi}{dz} = \frac{d^2\varphi}{dt^2}.$$

Ayant déterminé φ par cette équation, on aura les vîtesses p, q, r de l'air, ainsi que sa condensation s par les formules

$$p = \frac{d\varphi}{dx}, \quad q = \frac{d\varphi}{dy}, \quad r = \frac{d\varphi}{dz}, \quad s = \frac{d\varphi}{ghdt}.$$

10. Si on ne veut avoir égard qu'au mouvement horizontal de l'air, on supposera que la fonction φ ne contienne point z, mais seulement x, y, t. Alors l'équation en φ deviendra

$$gh\left(\frac{d^2\varphi}{dx^2} + \frac{d^2\varphi}{dy^2}\right) = \frac{d^2\varphi}{dt^2}.$$

Mais avec cette simplification même, elle est encore trop compliquée pour pouvoir s'intégrer rigoureusement.

Au reste, cette équation est entièrement semblable à celle du mouvement des ondes dans un canal horizontal et peu profond. *Voyez* la Section précédente, article 37.

Jusqu'à présent on n'a pu résoudre complètement que le cas où l'on ne considère dans la masse de l'air qu'une seule dimension, c'est-à-dire celui d'une ligne sonore, dont les particules ne font que des excursions longitudinales.

Dans ce cas, en prenant cette même ligne pour l'axe x, la fonction φ ne contiendra point y, et l'équation ci-dessus se réduira à

$$gh\,\frac{d^2\varphi}{dx^2} = \frac{d^2\varphi}{dt^2},$$

laquelle est semblable à celle des cordes vibrantes et a pour intégrale complète

$$\varphi = F(x + t\sqrt{gh}) + f(x - t\sqrt{gh}),$$

en dénotant par les caractéristiques ou signes F et f, deux fonctions arbitraires.

Cette formule renferme deux théories importantes, celle du son des flûtes ou tuyaux d'orgue, et celle de la propagation du son dans l'air libre. Il ne s'agit que de déterminer convenablement les deux fonctions arbitraires; et voici les principes qui doivent guider dans cette détermination.

11. Pour les flûtes, on ne considère que la ligne sonore qui y est contenue; on suppose que l'état initial de cette ligne soit donné, cet état dépendant des ébranlemens imprimés aux particules, et on demande la loi des oscillations.

Faisons commencer les abscisses x à l'une des extrémités de cette ligne, et soit sa longueur, c'est-à-dire celle de la flûte, égale à a. Les condensations s et les vîtesses longitudinales p, seront donc données, lorsque $t = 0$, depuis $x = 0$ jusqu'à $x = a$; nous les nommerons S et P.

Maintenant, puisque $s = \frac{d\varphi}{ghdt}$, et $p = \frac{d\varphi}{dx}$, si on différentie l'expression générale de φ de l'article précédent, et qu'on désigne par F' et f' les différentielles des fonctions marquées par F et f, ensorte que $F'x = \frac{dFx}{dx}$, $f'x = \frac{dfx}{dx}$, on aura

$$p = F'(x + t\sqrt{gh}) + f'(x - t\sqrt{gh}),$$
$$s\sqrt{gh} = F'(x + t\sqrt{gh}) - f'(x - t\sqrt{gh}).$$

Faisant $t = 0$ et changeant p en P et s en S, on aura

$$P = F'x + f'x, \quad S\sqrt{gh} = F'x - f'x.$$

Ainsi comme P et S sont données pour toutes les abscisses x depuis $x = 0$ jusqu'à $x = a$, on aura aussi dans cette étendue les valeurs de $F'x$ et de $f'x$; par conséquent, on aura les valeurs de p et s pour une abscisse et un temps quelconques, tant que $x \pm t\sqrt{gh}$ seront renfermées dans les limites o et a.

Mais le temps t croissant toujours, les quantités $x + t\sqrt{gh}$ et $x - t\sqrt{gh}$ sortiront bientôt de ces limites, et la détermination des fonctions $F'(x + t\sqrt{gh})$, $f'(x - t\sqrt{gh})$, dépendra alors des conditions qui doivent avoir lieu aux extrémités de la ligne sonore, selon que la flûte sera ouverte ou fermée.

12. Supposons d'abord la flûte ouverte par ses deux bouts, ensorte que la ligne sonore y communique immédiatement avec l'air extérieur; il est clair que son élasticité, dans ces deuxp oints, ne pouvant être contrebalancée que par la pression constante de l'atmosphère, la condensation s y devra toujours être nulle. Il faudra donc que l'on ait, dans ce cas, $s = 0$, lorsque $x = 0$ et lorsque $x = a$, quelle que soit la valeur de t, ce qui donne les deux conditions à remplir,

$$F'(t\sqrt{gh}) - f'(-t\sqrt{gh}) = 0,$$
$$F'(a + t\sqrt{gh}) - f'(a - t\sqrt{gh}) = 0,$$

lesquelles devront subsister toujours, t ayant une valeur positive quelconque.

Donc en général, en prenant pour z une quantité quelconque positive, on aura

$$F'(a + z) = f'(a - z) \text{ et } f'(-z) = F'z.$$

Donc, 1°. tant que z est $< a$, on connaîtra les valeurs de $F'(a + z)$ et de $f'(-z)$, puisqu'elles se réduisent à celles de $f'(a - z)$ et de $F'z$, qui sont données.

Mettons dans ces formules $a+z$ au lieu de z, elles donneront

$$F'(2a+z) = f'(-z) = F'z,$$
$$f'(-a-z) = F'(a+z) = f'(a-z).$$

Donc, 2°. tant que z sera $< a$, on connaîtra aussi les valeurs de $F'(2a+z)$ et de $f'(-a-z)$, puisqu'elles se réduisent à celles de $F'z$ et de $f'(a-z)$, qui sont données.

Mettons de nouveau dans les dernières formules $a+z$ pour z, et les combinant avec les premières, puisque z peut être quelconque, on aura

$$F'(3a+z) = F'(a+z) = f'(a-z),$$
$$f'(-2a-z) = f'(-z) = F'z.$$

Donc, 3°. tant que z sera $< a$, on connaîtra encore les valeurs de $F'(3a+z)$ et de $f'(-2a-z)$, puisqu'elles se réduisent aux valeurs données de $F'z$ et de $f'(a-z)$.

On trouvera de même, en mettant de rechef $a+z$ pour z,

$$F'(4a+z) = f'(-z) = F'z,$$
$$f'(-3a-z) = F'(a+z) = f'(a-z).$$

D'où l'on connaîtra les valeurs de $F'(4a+z)$ et de $f'(-3a-z)$, tant que z sera $< a$, et ainsi de suite.

On aura donc de cette manière les valeurs des fonctions $F'(x+t\sqrt{gh})$, et de $f'(x-t\sqrt{gh})$, quel que soit le temps t écoulé depuis le commencement du mouvement de la ligne sonore; ainsi on connaîtra pour chaque instant l'état de cette ligne, c'est-à-dire les vîtesses p et les condensations s de chacune de ses particules.

Il est visible, par les formules précédentes, que les valeurs de ces fonctions demeureront les mêmes, en augmentant la quantité $t\sqrt{gh}$ de $2a$, ou de $4a$, $6a$, etc. De sorte que la ligne sonore reviendra exactement au même état, après chaque intervalle de temps déterminé par l'équation $t\sqrt{gh}=2a$, ce qui donne $\frac{2a}{\sqrt{gh}}$ pour cet intervalle.

Ainsi la durée des oscillations de la ligne sonore est indépendante des ébranlemens primitifs, et dépend seulement de la longueur a de cette ligne et de la hauteur h de l'atmosphère.

En supposant la force accélératrice de la gravité g égale à l'unité, il faut prendre pour l'unité des espaces le double de celui qu'un corps pesant parcourt librement dans le temps qu'on prend pour l'unité (Section II, art. 2). Donc si on prend, ce qui est permis, h pour l'unité des espaces, l'unité des temps sera celui qu'un corps pesant met à descendre de la hauteur $\frac{h}{2}$; et le temps d'une oscillation de la ligne sonore sera exprimé par $2a$, ou, ce qui revient au même, le temps d'une oscillation sera à celui de la chute d'un corps par la hauteur $\frac{h}{2}$ comme $2a$ à h.

13. Si la flûte était fermée par ses deux bouts, alors les condensations s pourraient y être quelconques, puisque l'élasticité des particules y serait soutenue par la résistance des cloisons; mais par la même raison, les vîtesses p y devraient être nulles, ce qui donnerait de nouveau les conditions

$$F'(t\sqrt{gh})+f'(-t\sqrt{gh})=0,$$
$$F'(a+t\sqrt{gh})+f'(a-t\sqrt{gh})=0.$$

Ces formules reviennent à celles que nous avons examinées ci-dessus, en y supposant seulement la fonction marquée par f' négative. Ainsi, il en résultera des conclusions semblables, et on aura encore la même expression pour la durée des oscillations de la fibre sonore.

Il n'en serait pas de même, si la flûte était ouverte par un bout et fermée par l'autre.

Il faudrait alors que s fût toujours nulle dans le bout ouvert, et que p le fût dans le bout fermé.

Ainsi en supposant la flûte ouverte, où $x = 0$, et fermée, où $x = a$, on aurait les conditions

$$F'(t\sqrt{gh}) - f'(-t\sqrt{gh}) = 0,$$
$$F'(a + t\sqrt{gh}) + f'(a - t\sqrt{gh}) = 0.$$

D'où, par une analyse semblable à celle de l'article 12, on tirera les formules suivantes :

$$\begin{array}{llll} F'(a+z) = & -f'(a-z), & f'(-z) = & F'z, \\ F'(2a+z) = & -F'z, & f'(-a-z) = & -f'(a-z), \\ F'(3a+z) = & f'(a-z), & f'(-2a-z) = & -F'z, \\ F'(4a+z) = & F'z, & f'(-3a-z) = & f'(a-z), \end{array}$$

et ainsi de suite.

Or tant que z est $< a$, les fonctions $F'z$ et $f'(a-z)$ sont données par l'état primitif de la fibre sonore ; donc on connaîtra aussi par leur moyen les valeurs des autres fonctions

$$F'(a+z),\ F'(2a+z),\ \text{etc.}\ ; \qquad f'(-z),\ f'(-a-z),\ \text{etc.},$$

et par conséquent, on aura l'état de la fibre, après un temps quelconque t.

Mais on voit par les formules précédentes, que cet état ne reviendra le même qu'après un intervalle de temps déterminé par l'équation $t\sqrt{gh} = 4a$; d'ou il s'ensuit que la durée des vibrations sera une fois plus longue que dans les flûtes ouvertes ou fermées par les deux bouts, et c'est ce que l'expérience confirme à l'égard des jeux d'orgue qu'on nomme *bourdons*, et qui, étant bouchés par leur extrémité supérieure opposée à la bouche, donnent un ton d'une octave plus bas que s'ils étaient ouverts.

Voyez au reste, sur la théorie des flûtes, les deux premiers volumes de Turin, les Mémoires de Paris pour 1762, et les *Novi Commentarii* de Pétersbourg, tome XVI.

14. Considérons maintenant une ligne sonore d'une longueur indéfinie, qui ne soit ébranlée au commencement que dans une très-petite étendue, on aura le cas des agitations de l'air produites par les corps sonores.

Supposons donc que les agitations initiales ne s'étendent que depuis $x=0$ jusqu'à $x=a$, a étant une quantité très-petite. Les vîtesses et les condensations initiales P, S seront donc données pour toutes les abscisses x, tant positives que négatives; mais elles n'auront de valeurs réelles que depuis $x=0$ jusqu'à $x=a$; hors de ces limites, elles seront tout-à-fait nulles. Il en sera donc aussi de même des fonctions $F'x$ et $f'x$, puisqu'en faisant $t=0$, on a $P=F'x+f'x$, $S\sqrt{gh}=F'x-f'x$, et par conséquent $F'x=\frac{P+S\sqrt{gh}}{2}$, $f'x=\frac{P-S\sqrt{gh}}{2}$.

D'où il s'ensuit qu'en prenant pour z une quantité positive, moindre que a, les fonctions $F'(x+t\sqrt{gh})$ et $f'(x-t\sqrt{gh})$, n'auront de valeurs réelles que tant qu'on aura $x\pm t\sqrt{gh}=z$. Par conséquent, après un temps quelconque t, les vîtesses p et les condensations s seront nulles pour tous les points de la ligne sonore, excepté pour ceux qui répondront aux abscisses... $x=z\mp t\sqrt{gh}$.

On explique par là comment le son se propage et comment il se forme successivement de part et d'autre du corps sonore, et dans des temps égaux, des fibres sonores, égales en longueur à la fibre initiale a.

La vîtesse de la propagation de ces fibres sera exprimée par le coefficient $\sqrt{gh}$; elle sera par conséquent constante et indépen-

dante

dante du mouvement primitif, ce que l'expérience confirme, puisque tous les sons forts ou faibles paraissent se propager avec une vîtesse sensiblement égale.

Quant à la valeur absolue de cette vîtesse, en faisant, comme dans l'article 12, $g=1$ et $h=1$, elle deviendra aussi $=1$. Or l'unité des vîtesses est ici celle qu'un corps pesant doit acquérir en tombant de la moitié de l'espace h, qui est pris pour l'unité (Section II, art. 2). Donc la vîtesse du son sera due à la hauteur $\frac{h}{2}$.

15. En supposant, avec la plupart des physiciens, l'air 850 fois plus léger que l'eau, et l'eau 14 fois plus légère que le mercure, on a 1 à 11900 pour le rapport du poids spécifique de l'air à celui du mercure. Or prenant la hauteur moyenne du baromètre de 28 pouces de France, il vient 333200 pouces, ou $27766\frac{2}{3}$ pieds pour la hauteur h d'une colonne d'air uniformément dense et faisant équilibre à la colonne de mercure dans le baromètre. Donc la vîtesse du son sera due à une hauteur de $13883\frac{1}{3}$ pieds, et sera par conséquent de 915 par seconde.

L'expérience donne environ 1088, ce qui fait une différence de près d'un sixième; mais cette différence ne peut être attribuée qu'à l'incertitude des résultats fournis par l'expérience. Sur quoi voyez surtout un Mémoire de feu M. Lambert, parmi ceux de l'Académie de Berlin, pour 1768.

16. Si la ligne sonore était terminée d'un côté par un obstacle immobile, alors la particule d'air contiguë à cet obstacle n'aurait aucun mouvement; par conséquent, si a est la valeur de l'abscisse x qui y répond, il faudra que la vîtesse p soit nulle, lorsque $x=a$, quel que soit t, ce qui donnera la condition

$$F'(a+t\sqrt{gh})+f'(a-t\sqrt{gh})=0.$$

Or on a vu que la fonction $f'(a-t\sqrt{gh})$ a une valeur réelle tant que $a - t\sqrt{gh} = z$ (art. 14); donc puisque

$$F'(a + t\sqrt{gh}) = -f'(a - t\sqrt{gh}),$$

la fonction $F'(a + t\sqrt{gh})$, aura aussi des valeurs réelles, lorsque $a - t\sqrt{gh} = z$, c'est-à-dire lorsque $t\sqrt{gh} = a - z$. Par conséquent la fonction $F'(x + t\sqrt{gh})$ sera non-seulement réelle lorsque $x + t\sqrt{gh} = z$, mais encore lorsque $x + t\sqrt{gh} = 2a - z$; d'où il suit que dans ce cas les vîtesses p et les condensations s seront aussi réelles pour les abscisses $x = 2a - z - t\sqrt{gh}$.

Ainsi la fibre sonore, après avoir parcouru l'espace a sera comme réfléchie par l'obstacle qu'elle rencontre, et rebroussera avec la vîtesse, ce qui donne l'explication bien naturelle des échos ordinaires.

On expliquera de la même manière les échos composés, en supposant que la ligne sonore soit terminée des deux côtés par des obstacles immobiles qui réfléchiront successivement les fibres sonores et leur feront faire des espèces d'oscillations continuelles. Sur quoi on peut voir les ouvrages cités plus haut (art. 13), ainsi que les Mémoires de l'Académie de Berlin pour 1759 et 1765.

FIN.

NOTE I.

Sur la détermination des orbites des Comètes.

SOIT R la distance de la comète à la terre, Rl, Rm, Rn les trois coordonnées de la comète rapportées à la terre, où $l^2 + m^2 + n^2 = 1$; x, y, z les trois coordonnées de l'orbite de la comète autour du soleil, et r son rayon vecteur; ξ, η, ζ les trois coordonnées de l'orbite de la terre, et ρ son rayon vecteur; on aura

$$x = \xi + lR, \quad y = \eta + mR, \quad z = \zeta + nR.$$

Ensuite

$$\frac{d^2x}{dt^2} + \frac{x}{r^3} = 0, \quad \frac{d^2y}{dt^2} + \frac{y}{r^3} = 0, \quad \frac{d^2z}{dt^2} + \frac{z}{r^3} = 0,$$

$$\frac{d^2\xi}{dt^2} + \frac{\xi}{\rho^3} = 0, \quad \frac{d^2\eta}{dt^2} + \frac{\eta}{\rho^3} = 0, \quad \frac{d^2\zeta}{dt^2} + \frac{\zeta}{\rho^3} = 0;$$

donc substituant, on aura

$$\frac{d^2 . lR}{dt^2} - \frac{\xi}{\rho^3} + \frac{\xi + lR}{r^3} = 0,$$

$$\frac{d^2 . mR}{dt^2} - \frac{\eta}{\rho^3} + \frac{\eta + mR}{r^3} = 0,$$

$$\frac{d^2 . nR}{dt^2} - \frac{\zeta}{\rho^3} + \frac{\zeta + nR}{r^3} = 0;$$

savoir :

$$l\,\frac{d^2R}{dt^2} + \frac{2dl\,dR}{dt^2} + R\left(\frac{d^2l}{dt^2} + \frac{l}{r^3}\right) + \xi\left(\frac{1}{r^3} - \frac{1}{\rho^3}\right) = 0,$$

$$m\,\frac{d^2R}{dt^2} + \frac{2dm\,dR}{dt^2} + R\left(\frac{d^2m}{dt^2} + \frac{m}{r^3}\right) + \eta\left(\frac{1}{r^3} - \frac{1}{\rho^3}\right) = 0,$$

$$n\,\frac{d^2R}{dt^2} + \frac{2dn\,dR}{dt^2} + R\left(\frac{d^2n}{dt^2} + \frac{n}{r^3}\right) + \zeta\left(\frac{1}{r^3} - \frac{1}{\rho^3}\right) = 0.$$

Multipliant la première par $mdn - ndm$, la seconde par.... $-(ldn - ndl)$, la troisième par $ldm - mdl$, et les ajoutant ensemble, on aura, à cause de

$$l(mdn - ndm) - m(ldn - ndl) + n(ldm - mdl) = 0,$$

$$R\frac{(mdn - ndm)\,d^2l - (ldn - ndl)\,d^2m + (ldm - mdl)\,d^2n}{dt^2}$$
$$+\left(\frac{1}{r^3} - \frac{1}{\rho^3}\right)[\xi(mdn - ndm) - \eta(ldn - ndl) + \zeta(ldm - mdl)] = 0.$$

Ainsi on aura

$$R = \mu\left(\frac{1}{r^3} - \frac{1}{\rho^3}\right);$$

mais

$$r^2 = \rho^2 + 2(l\xi + m\eta + n\zeta)R + R^2;$$

donc

$$r^2 = \rho^2 + 2(l\xi + m\eta + n\zeta)\,\mu\left(\frac{1}{r^3} - \frac{1}{\rho^3}\right) + \mu^2\left(\frac{1}{r^3} - \frac{1}{\rho^3}\right)^2;$$

savoir :

$$(r^2 - \rho^2)\,\rho^6 r^6 + 2\mu(l\xi + m\eta + n\zeta)(r^3 - \rho^3)\,\rho^3 r^3 - \mu^2(r^3 - \rho^3)^2 = 0;$$

équation du huitième degré, mais qui est évidemment divisible par $r - \rho$, ce qui la rabaisse au septième.

NOTE II,

Sur le mouvement de rotation (Voyez *page* 239).

FAISONS, comme dans l'article 1,

$$x = x' + \xi, \quad y = y' + \eta, \quad z = z' + \zeta,$$

et

$$\xi = a\xi' + b\xi'' + c\xi''',$$
$$\eta = a\eta' + b\eta'' + c\eta''',$$
$$\zeta = a\zeta' + b\zeta'' + c\zeta'''.$$

Ces formules représentent naturellement les trois espèces de mouvement dont un système est susceptible. Les variables x', y', z' sont les coordonnées d'un point du système qu'on peut regarder comme son centre, et elles déterminent le mouvement commun de tout le système. Les neuf variables ξ', ξ'', ξ''', η', etc., entre lesquelles il y a six équations de condition (art. 2), déterminent le mouvement de rotation de tout le système autour de son centre. Enfin les quantités a, b, c ne dépendent que des distances mutuelles des corps, et servent à déterminer leurs mouvemens réciproques.

En prenant le centre du système dans un point fixe, lorsqu'il y en a un dans le système, ou dans son centre de gravité, lorsque le système est libre, on a la formule générale (art. 6, Sect. III),

$$S\left(\frac{d^2\xi\delta\xi + d^2\eta\delta\eta + d^2\zeta\delta\zeta}{dt^2} + X\delta\xi + Y\delta\eta + Z\delta\zeta\right)\text{m} = 0,$$

à laquelle il faudra ajouter les termes $\lambda\delta L + \mu\delta M + \nu\delta N +$ etc.

dus aux équations de condition $L=0$, $M=0$, $N=0$, etc., pour avoir l'équation générale du mouvement du système (Sect. IV, art. 11).

Il faut maintenant substituer à la place des variables ξ, η, ζ, leurs valeurs en a, b, c, ξ', ξ'', etc. de l'article précédent. Or si, dans les expressions de $d\xi$, $d\eta$, $d\zeta$ de l'article 14, on change, ce qui est permis, la caractéristique d en δ, on a

$$\begin{aligned}\delta\xi &= \xi'\delta a' + \xi''\delta b' + \xi'''\delta c',\\ \delta\eta &= \eta'\delta a' + \eta''\delta b' + \eta'''\delta c',\\ \delta\zeta &= \zeta'\delta a' + \zeta''\delta b' + \zeta'''\delta c',\end{aligned}$$

les valeurs de $\delta a'$, $\delta b'$, $\delta c'$ étant

$$\begin{aligned}\delta a' &= \delta a + c\delta Q - b\delta R,\\ \delta b' &= \delta b + a\delta R - c\delta P,\\ \delta c' &= \delta c + b\delta P - a\delta Q;\end{aligned}$$

et si l'on fait ces substitutions conjointement à celles de $d^2\xi$, $d^2\eta$, $d^2\zeta$ de l'article cité, dans l'expression $d^2\xi\delta\xi + d^2\eta\delta\eta + d^2\zeta\delta\zeta$, elle devient, en vertu des équations de condition de l'article 6,

$$d^2a''\delta a' + d^2b''\delta b' + d^2c''\delta c'.$$

De même la quantité $X\delta\xi + Y\delta\eta + Z\delta\zeta$ se change en celle-ci:

$$X'\delta a' + Y'\delta b' + Z'\delta c',$$

en faisant, pour abréger,

$$\begin{aligned}X' &= \xi'X + \eta'Y + \zeta'Z,\\ Y' &= \xi''X + \eta''Y + \zeta''Z,\\ Z' &= \xi'''X + \eta'''Y + \zeta'''Z.\end{aligned}$$

En supposant le système libre de tourner en tout sens autour de son centre, il est facile de voir que les équations de condition $L=0$, $M=0$, $N=0$, etc., données par la nature du système, ne pourront contenir que les coordonnées a, b, c, qui déterminent la disposition des corps entr'eux. Ainsi les quantités L, M, N, etc. ne pourront être fonctions que des a, b, c, relatives aux différens corps.

Ainsi en égalant séparément à zéro les termes de l'équation générale qui se trouveront multipliés par les variations δP, δQ, δR, qui sont communes à tous les corps du système, et ceux qui seront multipliés par les variations δa, δb, δc relatives à chacun de ces corps, on aura d'abord, pour tout le système en général, les trois équations

$$S\left(\frac{ad^2b''-bd^2a''}{dt^2}+aY'-bX'\right)\mathrm{m}=0,$$
$$S\left(\frac{cd^2a''-ad^2c''}{dt^2}+cX'-aZ'\right)\mathrm{m}=0,$$
$$S\left(\frac{bd^2c''-cd^2b''}{dt^2}+bZ'-cY'\right)\mathrm{m}=0;$$

ensuite on aura pour chacun des corps du système, les équations

$$\left(\frac{d^2a''}{dt^2}+X'\right)\mathrm{m}+\lambda\frac{dL}{da}+\mu\frac{dM}{da}+\nu\frac{dN}{da}+\text{etc.}=0,$$
$$\left(\frac{d^2b''}{dt^2}+Y'\right)\mathrm{m}+\lambda\frac{dL}{db}+\mu\frac{dM}{db}+\nu\frac{dN}{db}+\text{etc.}=0,$$
$$\left(\frac{d^2c''}{dt^2}+Z'\right)\mathrm{m}+\lambda\frac{dL}{dc}+\mu\frac{dM}{dc}+\nu\frac{dN}{dc}+\text{etc.}=0.$$

Et si le système est un corps solide composé d'élémens Dm pour lesquels les coordonnées a, b, c sont constantes relativement au temps t, on a $da=0$, $db=0$, $dc=0$; donc

$$da'=cdQ-bdR,\quad db'=adR-cdP,\quad dc'=bdP-adQ,$$

et de là

$$d^2a''=cd^2Q-bd^2R+bdPdQ+cdPdR-a\,(dQ^2+dR^2),$$
$$d^2b''=ad^2R-cd^2P+adPdQ+cdQdR-b\,(dP^2+dR^2),$$
$$d^2c''=bd^2P-ad^2Q+adPdQ+bdQdR-c\,(dP^2+dQ^2).$$

Si on substitue ces valeurs dans les équations précédentes, qu'on prenne pour axes des coordonnées a, b, c les trois axes principaux du corps, ce qui donnera $SabDm = 0$, $SacDm = 0$, $SbcDm = 0$ (art. 28, Sect. III), et qu'on fasse $Sa^2Dm = l$, $Sb^2Dm = m$, $Sc^2Dm = n$, on aura, en supposant nulles les forces accélératrices,

$$(l+m)\frac{d^2R}{dt^2} + (l-m)\frac{dPdQ}{dt^2} = 0,$$

$$(l+n)\frac{d^2Q}{dt^2} + (n-l)\frac{dPdR}{dt^2} = 0,$$

$$(m+n)\frac{d^2P}{dt^2} + (m-n)\frac{dQdR}{dt^2} = 0.$$

Ces équations s'accordent avec celles que nous avons trouvées d'une manière différente dans la Section troisième, puisque les quantités $\frac{dP}{dt}$, $\frac{dQ}{dt}$, $\frac{dR}{dt}$ sont les vîtesses de rotation autour des trois axes principaux du corps, qui étaient désignées par $\dot{\psi}$, $\dot{\omega}$, $\dot{\varphi}$ dans les équations de l'article cité. Elles prouvent en même temps la justesse de celles-ci sur laquelle on pouvait avoir quelques doutes à cause du passage des axes fixes aux axes mobiles ; mais l'analyse précédente, en rendant la formule générale indépendante de la position des axes de rotation, rend ce passage légitime.

Dans le même cas d'un corps solide qui n'est animé par aucune force accélératrice, nous avons vu que les équations des *aires* sont intégrables (art. 9, Sect. III). Si donc on fait les substitutions précédentes dans les équations intégrales, on aura des équations qui seront les intégrales de celles de l'article précédent.

Substituons d'abord les valeurs de ξ, η, $d\xi$, $d\eta$ dans l'expression $\xi d\eta - \eta d\xi$, on aura

$$\xi d\eta - \eta d\xi = (bdc' - cdb')(\xi''\eta''' - \eta''\xi''')$$
$$+ (cda' - adc')(\eta'\xi''' - \xi'\eta''') + (adb' - bda')(\xi'\eta'' - \eta'\xi''),$$

savoir,

savoir, par les formules de l'article 6,

$$\xi d\eta - \eta d\xi = (bdc' - cdb')\zeta' + (cda' - adc')\zeta'' + (adb' - bda')\zeta'''.$$

On trouvera de la même manière,

$$\zeta d\xi - \xi d\zeta = (bdc' - cdb')\eta' + (cda' - adc')\eta'' + (adb' - bda')\eta''',$$
$$\eta d\zeta - \zeta d\eta = (bdc' - cdb')\xi' + (cda' - adc')\xi'' + (adb' - bda')\xi'''.$$

Si on multiplie ces expressions par $\frac{D\mathrm{m}}{dt}$, qu'on les affecte du signe S, et qu'après avoir substitué les valeurs de da', db', dc', on fasse $da = 0$, $db = 0$, $dc = 0$, $SabD\mathrm{m} = 0$, $SacD\mathrm{m} = 0$, $SbcD\mathrm{m} = 0$, $Sa^2D\mathrm{m} = l$, $Sa^2D\mathrm{m} = m$, $Sc^2D\mathrm{m} = n$, qu'ensuite on les égale aux constantes C, B, A, on aura

$$(m+n)\frac{dP}{dt}\zeta' + (l+n)\frac{dQ}{dt}\zeta'' + (l+m)\frac{dR}{dt}\zeta''' = C,$$
$$(m+n)\frac{dP}{dt}\eta' + (l+n)\frac{dQ}{dt}\eta'' + (l+m)\frac{dR}{dt}\eta''' = B,$$
$$(m+n)\frac{dP}{dt}\xi' + (l+n)\frac{dQ}{dt}\xi'' + (l+m)\frac{dR}{dt}\xi''' = A;$$

d'ou l'on tire tout de suite, par les équations de condition de l'art. 3,

$$(m+n)\frac{dP}{dt} = A\xi' + B\eta' + C\zeta',$$
$$(l+n)\frac{dQ}{dt} = A\xi'' + B\eta'' + C\zeta'',$$
$$(l+m)\frac{dR}{dt} = A\xi''' + B\eta''' + C\zeta'''.$$

Ces équations s'accordent avec celles de l'art. 31 de la troisième Section, dans lesquelles $\dot{\psi}'$, $\dot{\omega}'$, $\dot{\varphi}'$ sont la même chose que $\frac{dP}{dt}$, $\frac{dQ}{dt}$, $\frac{dR}{dt}$, et où les coefficiens α, β, γ, α', β', γ', etc. répondent à ξ', ξ'', ξ''', η', η'', etc.

Si on ajoute ensemble les carrés des trois équations précédentes, on a tout de suite une équation entre dP, dQ, dR et dt, en vertu des équations de condition de l'article 5; cette équation est

$$(m+n)^2\frac{dP^2}{dt^2}+(l+n)^2\frac{dQ^2}{dt^2}+(l+m)^2\frac{dR^2}{dt^2}=A^2+B^2+C^2,$$

par laquelle on peut déterminer une des trois variables $\frac{dP}{dt}$, $\frac{dQ}{dt}$, $\frac{dR}{dt}$ par les deux autres.

On peut dans le même cas d'un corps solide qui n'est animé par aucune force accélératrice, avoir une seconde équation entre ces variables, par l'équation des forces vives; car en ajoutant ensemble les carrés des quantités $\frac{d\xi}{dt}$, $\frac{d\eta}{dt}$, $\frac{d\zeta}{dt}$, on a (art. 13), à cause des équations de condition,

$$\frac{d\xi^2+d\eta^2+d\zeta^2}{dt^2}=\frac{da'^2+db'^2+dc'^2}{dt^2};$$

donc en affectant tous les termes du signe S, après les avoir multipliés par Dm, on aura en général pour un système quelconque, lorsqu'il n'y a point de forces accélératrices (art. 35, Sect. III),

$$S\left(\frac{da'^2+db'^2+dc'^2}{dt^2}\right)D\text{m}=F.$$

Dans le cas d'un corps solide, on a $da=0$, $db=0$, $dc=0$, donc

$$da'^2=c^2dQ^2-2bcdQdR+b^2dR^2,$$
$$db'^2=a^2dR^2-2acdPdR+c^2dP^2,$$
$$dc'^2=b^2dP^2-2abdPdQ+a^2dQ^2.$$

Donc supposant comme ci-dessus $SabD\text{m}=0$, $SacD\text{m}=0$, $SbcD\text{m}=0$, et $Sa^2D\text{m}=l$, $Sb^2D\text{m}=m$, $Sc^2D\text{m}=n$, on aura

$$(m+n)\frac{dP^2}{dt^2}+(l+n)\frac{dQ^2}{dt^2}+(l+m)\frac{dR^2}{dt^2}=E.$$

On a ainsi deux des trois variables $\frac{dP}{dt}$, $\frac{dQ}{dt}$, $\frac{dR}{dt}$ exprimées par la troisième, mais on ne peut avoir la valeur de celle-ci que par l'intégration d'une des trois équations différentielles précédentes. Ensuite pour avoir la valeur finie des coordonnées ξ, η, ζ d'un point quelconque du corps, il faudra encore connaître les valeurs des quantités ξ', ξ'', ξ''', etc.; et l'on y parviendra en combinant les six équations de condition entre ces neuf quantités, comme il a été dit art. 29, sect. IX.

Fragment sur les équations générales du mouvement de rotation d'un système quelconque.

Les expressions que nous avons trouvées, page 227, sont très-propres à représenter les valeurs des sommes $S(d\xi^2+d\eta^2+d\zeta^2)m$, $S(\zeta d\eta-\eta d\xi)m$, etc. relatives à tous les corps m d'un système quelconque ; car il est clair que les signes sommatoires ne doivent affecter que les coordonnées a, b, c, et nullement les quantités ξ', η', etc. Ainsi on aura, après le développement,

$$
\begin{aligned}
&S(d\xi^2+d\eta^2+d\zeta^2)m \\
&= dP^2 S(b^2+c^2)m + dQ^2 S(a^2+c^2)m + dR^2 S(a^2+b^2)m \\
&- 2dPdQ\, Sabm - 2dPdR\, Sacm - 2dQdR\, Sbcm \\
&+ 2dP\, S(bdc-cdb)m + 2dQ\, S(cda-adc)m + 2dR\, S(adb-bda)m \\
&+ S(da^2+db^2+dc^2)m ;
\end{aligned}
$$

$$
\begin{aligned}
S(\xi d\eta-\eta d\xi)m &= \zeta' d\Gamma + \zeta'' d\Delta + \zeta''' d\Lambda, \\
S(\zeta d\xi-\xi d\zeta)m &= \eta' d\Gamma + \eta'' d\Delta + \eta''' d\Lambda, \\
S(\eta d\zeta-\zeta d\eta)m &= \xi' d\Gamma + \xi'' d\Delta + \xi''' d\Lambda ;
\end{aligned}
$$

en faisant pour abréger,

$$
\begin{aligned}
d\Gamma &= dP\, S(b^2+c^2)m - dQ\, Sabm - dR\, Sacm + S(bdc-cdb)m, \\
d\Delta &= dQ\, S(a^2+c^2)m - dP\, Sabm - dR\, Sbcm + S(cda-adc)m, \\
d\Lambda &= dR\, S(a^2+b^2)m - dP\, Sacm - dQ\, Sbcm + S(adb-bda)m ;
\end{aligned}
$$

et il est bon de remarquer que les valeurs des quantités $d\Gamma$, $d\Delta$, $d\Lambda$ sont les différences partielles de la valeur de $\frac{1}{2}S(d\xi^2+d\eta^2+d\zeta^2)m$, relatives aux variables dP, dQ, dR.

Si on différentie les trois dernières équations, on aura les valeurs des formules

$$S(\xi d^2\eta-\eta d^2\xi)m, \quad S(\zeta d^2\xi-\xi d^2\zeta)m, \quad S(\eta d^2\zeta-\zeta d^2\eta)m,$$

qui entrent dans les équations générales pour le mouvement d'un système quelconque de corps, autour de son centre de gravité ou d'un centre fixe, que nous avons données dans l'article 7 de la troisième section.

Ces équations deviendront ainsi, en substituant pour les différentielles de ξ', ξ'', etc., les valeurs de l'article 13,

$$\begin{aligned}
&\zeta' \,(d.d\Gamma - d\Delta dR + d\Lambda dQ) \\
+ &\zeta'' (d.d\Delta - d\Lambda dP + d\Gamma dR) \\
+ &\zeta''' (d.d\Lambda - d\Gamma dQ + d\Delta dP) + \mathrm{S}\,(\xi Y - \eta X)\,\mathrm{m} = 0, \\
&\eta' \,(d.d\Gamma - d\Delta dR + d\Lambda dQ) \\
+ &\eta'' (d.d\Delta - d\Lambda dP + d\Gamma dR) \\
+ &\eta''' (d.d\Lambda - d\Gamma dQ + d\Delta dP) + \mathrm{S}\,(\zeta X - \xi Z)\,\mathrm{m} = 0, \\
&\xi' \,(d.d\Gamma - d\Delta dR + d\Lambda dQ) \\
+ &\xi'' (d.d\Delta - d\Lambda dP + d\Gamma dR) \\
+ &\xi''' (d.d\Lambda - d\Gamma dQ + d\Delta dP) + \mathrm{S}\,(\eta Z - \zeta Y)\,\mathrm{m} = 0.
\end{aligned}$$

Si on ajoute celles-ci ensemble, après les avoir multipliées respectivement par ζ', η', ξ'; par ζ'', η'', ξ'' et par ζ''', η''', ξ''', et qu'on fasse pour abréger,

$$\begin{aligned}
X' &= \zeta' X + \eta' Y + \zeta' Z, \\
Y' &= \xi'' X + \eta'' Y + \zeta'' Z, \\
Z' &= \xi''' X + \eta''' Y + \zeta''' Z,
\end{aligned}$$

on aura, en vertu des formules des articles 2 et 5, les trois équations suivantes,

$$\begin{aligned}
d.d\Gamma - d\Delta dR + d\Lambda dQ &= \mathrm{S}\,(cY' - bZ')\,\mathrm{m}, \\
d.d\Delta - d\Lambda dP + d\Gamma dR &= \mathrm{S}\,(aZ' - cX')\,\mathrm{m}, \\
d.d\Lambda - d\Gamma dQ + d\Delta dP &= \mathrm{S}\,(bX' - aY')\,\mathrm{m},
\end{aligned}$$

qui ont toute la généralité et la simplicité dont la question est susceptible.

Autre fragment sur la rotation d'un système quelconque.

Ainsi on a en général,

$$d\xi^2 + d\eta^2 + d\zeta^2 = (cdQ - bdR + da)^2 + (adR - cdP + db)^2 + (bdP - adQ + dc)^2 \text{ (pag. 227).}$$

Si les forces accélératrices ne dépendent que de la situation respective des corps, elles ne seront fonctions que de a, b, c. Faisant

$$T = \frac{1}{2}\left[\frac{dP^2}{dt^2}\mathrm{S}(b^2+c^2)\mathrm{m} + \frac{dQ^2}{dt^2}\mathrm{S}(a^2+c^2)\mathrm{m} + \frac{dR^2}{dt^2}\mathrm{S}(a^2+b^2)\mathrm{m}\right]$$
$$- \frac{dQ}{dt}\frac{dR}{dt}\times \mathrm{S}\,bc\,\mathrm{m} - \frac{dP}{dt}\frac{dR}{dt}\times\mathrm{S}\,ac\,\mathrm{m} - \frac{dP}{dt}\frac{dQ}{dt}\times\mathrm{S}\,ab\,\mathrm{m}$$
$$+ \frac{dP}{dt}\mathrm{S}\left(\frac{bdc-cdb}{dt}\right)\mathrm{m} + \frac{dQ}{dt}\mathrm{S}\left(\frac{cda-adc}{dt}\right)\mathrm{m} + \frac{dR}{dt}\mathrm{S}\left(\frac{adb-bda}{dt}\right)\mathrm{m}$$
$$+ \mathrm{S}\,\frac{da^2+db^2+dc^2}{2dt^2}\,\mathrm{m}.$$

On aura, relativement aux variables dP, dQ, dR,

$$\frac{\delta T}{\delta dP}\,\delta dP + \frac{\delta T}{\delta dQ}\,\delta dQ + \frac{\delta T}{\delta dR}\,\delta dR = 0,$$

savoir (art. 15, p. 229) :

$$\frac{\delta T}{\delta dP}(d\delta P + dQ\delta R - dR\delta Q) + \frac{dT}{\delta dQ}(d\delta Q + dR\delta P - dP\delta R)$$
$$+ \frac{\delta T}{\delta dR}(d\delta R + dP\delta Q - dQ\delta P) = 0;$$

d'où l'on tire les équations

$$d.\frac{\delta T}{\delta dP} - \frac{\delta T}{\delta dQ}\,dR + \frac{\delta T}{\delta dR}\,dQ = 0,$$
$$d.\frac{\delta T}{\delta dQ} - \frac{\delta T}{\delta dP}\,dP + \frac{\delta T}{\delta dR}\,dR = 0,$$
$$d.\frac{\delta T}{\delta dR} - \frac{\delta T}{\delta dP}\,dQ + \frac{dT}{\delta dQ}\,dP = 0,$$

savoir, en changeant dP, dQ, dR en pdt, qdt, rdt, on aura

$$d.\frac{dT}{dp} + \left(q\frac{dT}{dr} - r\frac{dT}{dq}\right)dt = 0,$$
$$d.\frac{dT}{dq} + \left(r\frac{dT}{dp} - p\frac{dT}{dr}\right)dt = 0, \ldots\ldots (a)$$
$$d.\frac{dT}{dr} + \left(p\frac{dT}{dq} - q\frac{dT}{dp}\right)dt = 0,$$

comme dans les équations (A) dans la page 243; mais ces formules-ci sont générales, quelle que soit la variabilité de a, b, c.

Ainsi on aura tout de suite l'intégrale

$$\left(\frac{dT}{dp}\right)^2 + \left(\frac{dT}{dq}\right)^2 + \left(\frac{dT}{dr}\right)^2 = f^2.$$

Ensuite on aura aussi

$$pd.\frac{dT}{dp} + qd.\frac{dT}{dq} + rd.\frac{dT}{dr} = 0,$$

mais qui ne sera pas une différentielle complète à cause de la variabilité de a, b, c; mais on aura toujours, par le principe des forces vives, l'intégrale $T + V =$ const., V étant $= S\Pi m$, Π dénotant la fonction provenant des forces attractives (art. 34, Sect. III).

Enfin, en multipliant ces équations respectivement par $d\xi'$, $d\xi''$, $d\xi'''$, on aura en les ajoutant,

$$\begin{aligned}\xi' d.\frac{dT}{dp} + \xi'' d.\frac{dT}{dq} + \xi''' d.\frac{dT}{dr} \\ + \frac{dT}{dp}(r\xi'' - q\xi''')dt \\ + \frac{dT}{dq}(p\xi''' - r\xi')dt + \frac{dT}{dr}(q\xi' - p\xi'')dt = 0,\end{aligned}$$

savoir, à cause de $d\zeta' = (r\zeta'' - q\zeta''')dt$, etc. (pag. 226),

$$\xi' \frac{dT}{dp} + \xi'' \frac{dT}{dq} + \xi''' \frac{dT}{dr} = \text{const.} = l,$$

et de même, $\eta' \frac{dT}{dp} + \eta'' \frac{dT}{dq} + \eta''' \frac{dT}{dr} = m \ldots . (b).$

$$\zeta' \frac{dT}{dp} + \zeta'' \frac{dT}{dq} + \zeta''' \frac{dT}{dr} = n.$$

On peut remarquer que ces équations sont celles de la conservation des aires ; car on a (pag. 227)

$$d\xi = \xi' da' + \xi'' db' + \xi''' dc',$$
$$d\eta = \eta' da' + \eta'' db' + \eta''' dc',$$
$$d\zeta = \zeta' da' + \zeta'' db' + \zeta''' dc';$$

de là

$$\begin{aligned}\xi d\eta - \eta d\xi &= (\xi' a + \xi'' b + \xi''' c)(\eta' da' + \eta'' db' + \eta''' dc') \\ &\quad - (\eta' a + \eta'' b + \eta''' c)(\xi' da' + \xi'' db' + \xi''' dc') \\ &= (adb' - bda')\zeta''' - (adc' - cda')\zeta'' + (bdc' - cdb')\zeta',\end{aligned}$$

$$\begin{aligned}\xi d\zeta - \zeta d\xi &= (\xi' a + \xi'' b + \xi''' c)(\zeta' da' + \zeta'' db' + \zeta''' dc') \\ &\quad - (\zeta' a + \zeta'' b + \zeta''' c)(\xi' da' + \xi'' db' + \xi''' dc') \\ &= -(adb' - bda')\eta''' + (adc' - cda')\eta'' - (bdc' - cdb')\eta',\end{aligned}$$

$$\begin{aligned}\eta d\zeta - \zeta d\eta &= (\eta' a + \eta'' b + \eta''' c)(\zeta' da' + \zeta'' db' + \zeta''' dc') \\ &\quad - (\zeta' a + \zeta'' b + \zeta''' c)(\eta' da' + \eta'' db' + \eta''' dc') \\ &= (adb' - bda')\xi''' - (adc' - cda')\xi'' + (bdc' - cdb')\xi'.\end{aligned}$$

Or en prenant les sommes on trouve que

$$\frac{dT}{dp} dt = \mathrm{S}\,(bdc' - cdb')\,\mathrm{m},$$

$$\frac{dT}{dq} dt = \mathrm{S}\,(cda' - adc')\,\mathrm{m},$$

$$\frac{dT}{dr} dt = \mathrm{S}\,(adb' - bda')\,\mathrm{m};$$

de

Ainsi la vîtesse de rotation autour d'un axe fixe sera

$$\frac{K - \int dT - V}{\sqrt{(l^2 + m^2 + n^2)}}$$

elle sera donc constante lorsque $dT = 0$ et que V sera constant.

Si les forces accélératrices dépendent de l'attraction d'un corps dont les coordonnées relativement au centre des coordonnées a, b, c, et parallèlement aux axes des ξ, η, ζ, soient x, y, z, on aura

$$\Pi = \frac{1}{\sqrt{(z - \xi)^2 + (y - \eta)^2 + (z - \zeta)}} \quad \text{et} \quad V = S\Pi D\text{m}.$$

Or,

$$x^2 + y^2 + z^2 = r^2, \quad \xi^2 + \eta^2 + \zeta^2 = a^2 + b^2 + c^2 = r^2;$$

donc

$$\Pi = \frac{1}{\sqrt{r^2 + r^2 - 2(x\xi + y\eta + z\zeta)}} = \frac{1}{r} + \frac{x\xi + y\eta + z\zeta - \frac{r^2}{2}}{r^3} + \frac{3}{2}\frac{(x\xi + y\eta + z\zeta)^2}{r^5}.$$

Or $\xi = a\xi' + b\xi'' + c\xi'''$, etc.; donc

$$x\xi + y\eta + z\zeta = a(x\xi' + y\eta' + z\zeta') + b(x\xi'' + y\eta'' + z\zeta'') + c(x\xi''' + y\eta''' + z\zeta''').$$

Soit

$$x\xi' + y\eta' + z\zeta' = \lambda,$$
$$x\xi'' + y\eta'' + z\zeta'' = \mu,$$
$$x\xi''' + y\eta''' + z\zeta''' = \nu,$$

on aura

$$\Pi = \frac{1}{r} + \frac{a\lambda + b\mu + c\nu}{r^3} - \frac{a^2 + b^2 + c^2}{2r^3} + \frac{3(a\lambda + b\mu + c\nu)^2}{2r^5}$$

et (en ne retenant que le dernier terme),

$$V = \frac{3}{2r^5}\left(\frac{B+C-A}{2}\lambda^2 + \frac{A+C-B}{2}\mu^2 + \frac{A+B-C}{2}\nu^2 + 2F\mu\nu + 2G\lambda\nu + 2H\lambda\mu\right).$$

En n'ayant toujours égard qu'au dernier terme, on aura

$$b\,\frac{d\Pi}{dc} - c\,\frac{d\Pi}{db} = \frac{3\,(a\lambda + b\mu + c\nu)}{\mathrm{r}^5}(b\nu - c\mu),$$

$$c\,\frac{d\Pi}{da} - a\,\frac{d\Pi}{dc} = \frac{3\,(a\lambda + b\mu + c\nu)}{\mathrm{r}^5}(c\lambda - a\nu),$$

$$a\,\frac{d\Pi}{db} - b\,\frac{d\Pi}{da} = \frac{3\,(a\lambda + b\mu + c\nu)}{\mathrm{r}^5}(a\mu - b\lambda).$$

Donc multipliant par Dm et intégrant, on aura

$$\mathrm{S}\Big(b\,\frac{d\Pi}{dc} - c\,\frac{d\Pi}{db}\Big)Dm = \frac{3}{\mathrm{r}^5}\,[(C-B)\,\mu\nu + H\lambda\nu + F(\nu^2-\mu^2) - G\mu\lambda],$$

$$\mathrm{S}\Big(c\,\frac{d\Pi}{da} - a\,\frac{d\Pi}{dc}\Big)Dm = \frac{3}{\mathrm{r}^5}\,[(G\lambda^2 - \nu^2) + F\lambda\mu + (A-C)\lambda\nu - H\mu\nu],$$

$$\mathrm{S}\Big(a\,\frac{d\Pi}{db} - b\,\frac{d\Pi}{da}\Big)Dm = \frac{3}{\mathrm{r}^5}\,[(B-A)\lambda\mu + H\,(\mu^2-\lambda^2) + G\mu\nu - F\lambda\nu].$$

Il faudra donc ajouter ces termes aux trois équations (A), qui deviendront par conséquent,

$$\frac{d.\frac{dT}{dp}}{dt} + q\,\frac{dT}{dr} - r\,\frac{dT}{dq} + \frac{3\,[(C-B)\,\mu\nu + F(\nu^2-\mu^2) + H\lambda\nu - G\mu\lambda]}{\mathrm{r}^5} = 0,$$

$$\frac{d.\frac{dT}{dq}}{dt} + r\,\frac{dT}{dp} - p\,\frac{dT}{dr} + \frac{3\,[(A-C)\,\lambda\nu + G\,(\lambda^2-\nu^2) + F\lambda\mu - H\mu\nu]}{\mathrm{r}^5} = 0,$$

$$\frac{d.\frac{dT}{dr}}{dt} + p\,\frac{dT}{dq} - q\,\frac{dT}{dp} + \frac{3\,[(B-A)\,\lambda\mu + H\,(\mu^2-\nu^2) + G\mu\nu - F\lambda\nu]}{\mathrm{r}^5} = 0.$$

De là nous tirerons les équations suivantes,

$$\frac{d.\Big(\xi'\,\frac{dT}{dp} + \xi''\,\frac{dT}{dq} + \xi'''\,\frac{dT}{dr}\Big)}{dt} + (P)\,\xi' + (Q)\,\xi'' + (R)\,\xi''' = 0,$$

$$\frac{d.\Big(\eta'\,\frac{dT}{dp} + \eta''\,\frac{dT}{dq} + \eta'''\,\frac{dT}{dr}\Big)}{dt} + (P)\,\eta' + (Q)\,\eta'' + (R)\,\eta''' = 0,$$

$$\frac{d.\Big(\zeta'\,\frac{dT}{dp} + \zeta''\,\frac{dT}{dq} + \zeta'''\,\frac{dT}{dr}\Big)}{dt} + (P)\,\zeta' + (Q)\,\zeta'' + (R)\,\zeta''' = 0;$$

où (P), (Q), (R) désignent les parties des précédentes qui ne dépendent pas de p, q, r.

Faisons pour abréger, $F=0$, $G=0$, $H=0$; négligeons de plus, dans les premiers membres, les différences de A, B, C, on aura alors $\frac{dT}{dp}=Ap$, $\frac{dT}{dq}=Aq$, $\frac{dT}{dr}=Ar$, et nos équations deviendront

$$\frac{Ad.\frac{dL}{dt}}{dt}+\frac{3[(C-B)\mu\nu\xi'+(A-C)\lambda\nu\xi''+(B-A)\lambda\mu\xi''']}{r^5}=0,$$

$$\frac{Ad.\frac{dM}{dt}}{dt}+\frac{3[(C-B)\mu\nu\eta'+(A-C)\lambda\nu\eta''+(B-A)\lambda\mu\eta''']}{r^5}=0,$$

$$\frac{Ad.\frac{dN}{dt}}{dt}+\frac{3[(C-B)\mu\nu\zeta'+(A-C)\lambda\nu\zeta''+(B-A)\lambda\mu\zeta''']}{r^5}=0.$$

Faisant encore $A=B$, on aura

$$\frac{Ad.\frac{dL}{dt}}{dt}+\frac{3}{r^5}(C-A)(\zeta'''y-\eta'''z)\nu=0,$$

$$\frac{Ad.\frac{dM}{dt}}{dt}+\frac{3}{r^5}(C-A)(\xi'''z-\zeta'''x)\nu=0,$$

$$\frac{Ad.\frac{dN}{dt}}{dt}+\frac{3}{r^5}(C-A)(\eta'''x-\xi'''y)\nu=0.$$

. . . .

FIN DU DEUXIÈME ET DERNIER TOME.

LISTE

DES OUVRAGES DE M. LAGRANGE (*).

OUVRAGES SÉPARÉS.

Lettre du 23 juin 1754, adressée à Jules-Charles Fagnano, contenant une série pour les différentielles et les intégrales d'un ordre quelconque, correspondante à celle de Newton, pour les puissances (*imprimée à Turin*).

Additions à l'Algèbre d'Euler.

Mécanique analytique; 1re édit. en 1788; 2e édit., 1er vol., en 1811; 2e vol. en 1815.

Théorie des Fonctions analytiques; 1re édit en l'an V (1797); 2e édit. en 1813.

Résolution des Équations numériques; 1re édit. en l'an VI (1798); 2e édit. en 1808.

Leçons sur le Calcul des Fonctions. *La première édition fait partie de la deuxième édition des* Séances de l'École Normale, en 1801; *cet Ouvrage a été imprimé dans le* XIIe Cahier du Journal de l'École Polytechnique, en l'an XII (1804). En 1806, l'*Auteur en a donné à part une édition in-8°, contenant deux Leçons nouvelles, qui ont été insérées dans le* XIVe Cahier du Journal de l'École Polytechnique, en 1808.

RECUEILS DE L'ACADÉMIE DE TURIN.

MISCELLANEA TAURINENSIA.

Tome I.

Recherches sur la méthode *de maximis et minimis*.

Sur l'intégration d'une Équation différentielle à différences finies, qui contient la Théorie des Suites récurrentes.

Recherches sur la propagation du Son.

Tome II.

Nouvelles Recherches sur la propagation du Son.

Essai sur une nouvelle Méthode pour déterminer les *maxima* et *minima* des formules intégrales indéfinies.

Application de cette Méthode à la solution de différens Problèmes de Dynamique.

Tome III.

Sur différens Problèmes de Calcul intégral, (*avec des Applications à l'Hydrodynamique, à la Dynamique, à l'Astronomie physique*).

(*) Communiquée par M. Lacroix.

Tome IV.

Solution d'un Problème d'Arithmétique.

Sur l'intégration de quelques Équations différentielles où les indéterminées sont séparées, mais dont chaque membre en particulier n'est point intégrable.

Sur la Méthode des Variations.

Sur le Mouvement d'un corps attiré vers deux centres fixes, premier et deuxième Mémoires.

Tome V.

Sur la figure des Colonnes.

Sur l'utilité de la méthode de prendre un milieu entre les observations.

MÉMOIRES DE L'ACADÉMIE DE TURIN.

Année 1784. — 85, 1re partie.

Sur la percussion des Fluides.

2e partie.

Nouvelle Méthode de Calcul Intégral, pour les différentielles affectées d'un radical quarré sous lequel la variable ne passe pas le 4e degré.

MÉMOIRES DE L'ACADÉMIE DE BERLIN.

Tome XXI, année 1765.

Sur les Courbes tautochrones.

Tome XXII, année 1766.

Sur le passage de Vénus, du 3 juin 1769 (*ou sur les Parallaxes*).

Tome XXIII, année 1767.

Sur la solution des Problèmes indéterminés du second degré.

Sur la résolution des Équations numériques.

Tome XXIV, année 1768.

Additions au Mémoire sur la résolution des Équations numériques.

Nouvelle Méthode pour résoudre les Problèmes indéterminés, en nombres entiers.

Nouvelle Méthode pour résoudre les Équations littérales, par le moyen des séries.

Tome XXV, année 1769.

Sur la force des Ressorts pliés.

Sur le Problème de Képler.

Sur l'Élimination.

NOUVEAUX MÉMOIRES DE L'ACADÉMIE DE BERLIN.

Année 1770.

Nouvelles réflexions sur les Tautochrones.

Démonstration d'un Théorème d'Arithmétique.
Réflexions sur la résolution algébrique des Équations.

Année 1771.

Démonstration d'un Théorème nouveau concernant les Nombres premiers.
Suite des réflexions sur la résolution algébrique des Équations.

Année 1772.

Sur une nouvelle espèce de Calcul relatif à la Différentiation et à l'Intégration.
Sur la forme des Racines imaginaires des Équations.
Sur les Réfractions astronomiques.
Sur l'intégration des Équations aux différences partielles du premier ordre.

Année 1773.

Nouvelle solution du Problème du Mouvement de rotation d'un Corps.
Sur l'attraction des Sphéroïdes elliptiques.
Solutions analytiques de quelques Problèmes sur les Pyramides triangulaires.
Recherches d'Arithmétique.

Année 1774.

Sur les Intégrales particulières des équations différentielles.
Sur le mouvement des Nœuds des orbites des Planètes.

Année 1775.

Recherches sur les Suites récurrentes dont les termes varient de plusieurs manières différentes, ou sur les Équations linéaires aux différences finies partielles, et sur l'usage de ces Équations dans la théorie des hasards.
Addition au Mémoire sur l'attraction des Sphéroïdes elliptiques.
Suite des Recherches d'Arithmétique imprimées dans le volume de 1773.

Année 1776.

Sur l'altération des moyens mouvemens des Planètes.
Solution de quelques Problèmes d'Astronomie sphérique, par le moyen des séries.
Sur l'usage des Fractions continues dans le Calcul intégral.

Année 1777.

Recherches sur la détermination du nombre des Racines imaginaires dans les équations littérales.
Sur quelques Problèmes de l'Analyse de Diophante.
Remarques générales sur le Mouvement de plusieurs Corps qui s'attirent.
Réflexions sur l'Échappement.

Année 1778.

Sur le problème de la détermination des orbites des Comètes, premier Mémoire.
— Second Mémoire.

Sur la théorie des Lunettes.

Sur une manière particulière d'exprimer le temps dans les Sections coniques.

Année 1779.

Sur différentes questions d'Analyse relatives à la théorie des Intégrales particulières.

Sur la construction des Cartes géographiques, premier Mémoire.

— Second Mémoire.

Année 1780.

Théorie de la libration de la Lune.

Année 1781.

(1) Sur la théorie des Mouvemens des Fluides.

Théorie des variations séculaires des élémens des orbites des Planètes, 1re partie.

Année 1782.

(2) Théorie des variations séculaires, etc., 2e partie.

Année 1783.

Théorie des variations périodiques des Mouvemens des Planètes, 1re partie.

Sur les variations séculaires des Mouvemens moyens des Planètes.

Sur la manière de rectifier les méthodes ordinaires d'approximation pour l'intégration des équations du Mouvement des Planètes.

Sur une Méthode particulière d'approximation et d'interpolation.

Sur une nouvelle propriété du Centre de Gravité.

Sur le Problème de la détermination des Orbites des Comètes, troisième Mémoire.

Année 1784.

Théorie des variations périodiques du Mouvement des Planètes, 2e partie.

Année 1785.

Méthode générale pour intégrer les équations aux différences partielles du premier ordre, lorsque ces différences ne sont que linéaires.

Année 1786.

Théorie géométrique du Mouvement des Aphélies, pour servir d'Addition aux *Principes de Newton.*

Sur la manière de rectifier deux endroits des *Principes de Newton*, relatifs à la Propagation du Son et au Mouvement des Ondes.

---

(1) On trouve dans l'*Histoire* de cette année, page 17, un Rapport de Lagrange sur une Quadrature du Cercle.

(2) Rapport sur un moyen proposé pour connaître la figure de la Terre (*Histoire*, page 35).

Année 1787.

(*M. Lagrange présente à l'Académie de Berlin*, la Détermination des Variations séculaires et périodiques des élémens d'Herschel, par M. Duval-le-Roi.)

Année 1792 — 93.

Sur une question concernant les Annuités.

Recherches sur plusieurs points d'Analyse, relatifs à différens endroits des Mémoires précédens :

1° Sur l'expression du terme général des séries récurrentes ;

2° Sur l'attraction des Sphéroïdes elliptiques ;

3° Sur la Méthode d'interpolation ;

4° Sur l'Équation séculaire de la Lune.

(*M. Lagrange présente une* Addition de M. Duval-le-Roi à son Mémoire sur les Variations des élémens d'Herschel).

Année 1803.

Sur une loi générale de l'Optique.

RECUEILS DE L'ACADÉMIE DES SCIENCES DE PARIS.

MÉMOIRES.

Année 1772, 1ere Partie.

Recherches sur la manière de former des Tables des Planètes d'après les observations. (*Ce Mémoire roule principalement sur les Suites récurrentes.*)

Année 1774.

Recherches sur les Équations séculaires du Mouvement des Nœuds et des inclinaisons des Orbites des Planètes.

PRIX.

Tome IX.

Recherches sur la libration de la Lune, année 1764. (*C'est là où M. Lagrange a employé pour la première fois le principe des Vîtesses virtuelles.*)

Recherches sur les inégalités des Satellites de Jupiter, année 1766.

Essai d'une nouvelle méthode pour résoudre le Problème des trois corps, année 1772.

SAVANS ÉTRANGERS.

Tome VII.

Sur l'Équation séculaire de la Lune.

Tome X.

Recherches sur le dérangement d'une Comète qui passe près d'une Planète.

INSTITUT DE FRANCE.

MÉMOIRES DE LA PREMIÈRE CLASSE.

Année 1808.

Sur la Théorie des variations des élémens des Planètes, et en particulier des variations du grand axe de leurs Orbites.

Sur la Théorie générale des variations des Constantes arbitraires dans tous les Problèmes de la Mécanique.

Supplément au Mémoire précédent.

Année 1809.

Second Mémoire sur la Théorie de la variation des Constantes arbitraires dans les Problèmes de Mécanique.

MÉMOIRES INSÉRÉS DANS DES RECUEILS PARTICULIERS.

JOURNAL DE L'ÉCOLE POLYTECHNIQUE.

Cinquième Cahier, Tome II.

Essai d'Analyse numérique, sur la transformation des fractions.

Sur le principe des vîtesses virtuelles.

Sixième Cahier, Tome II.

Discours sur l'objet de la Théorie des Fonctions analytiques.

Solutions de quelques Problèmes relatifs aux Triangles sphériques, avec une Analyse complète de ces Triangles.

Douzième Cahier, *voyez* Ouvrages séparés.

Quinzième Cahier, Tome VIII.

Éclaircissement d'une difficulté singulière qui se rencontre dans le Calcul de l'attraction des Sphéroïdes, peu différens d'une Sphère.

SÉANCES DES ÉCOLES NORMALES.

Leçons d'Arithmétique et d'Algèbre données à cette École en l'an III (1794-95).

(*Réimprimées dans la seconde édition du même Recueil en* 1801, *et dans les* septième et huitième Cahiers du Journal de l'École Polytechnique, *publiés en* 1812, *pour remplir une lacune dans les Nos de ce Journal.*)

CONNAISSANCES DES TEMS.

Année 1814.

Sur l'origine des Comètes.

Année 1817.

Sur le calcul des Éclipses sujettes aux Parallaxes (*Mémoire qui avait déjà paru en allemand, dans les Éphémérides de Berlin, pour l'année* 1782.)

Essai d'Arithmétique politique, *imprimé dans une* Collection de divers Ouvrages d'Arithmétique politique, par Lavoisier, Lagrange et autres, *publiée en l'an IV* (1795—96) *par M. Roederer.*

N. B. M. Carnot, étant Ministre de l'Intérieur, a fait acquérir au Gouvernement les Manuscrits qu'a laissés Lagrange; et, sur son invitation, la Classe des Sciences Mathématiques et Physiques de l'Institut a nommé une Commission pour faire le choix de ceux qui se trouvent en état d'être imprimés : les autres seront classés et déposés à la Bibliothèque de l'Institut.

FIN.